GEOLOGIE FÜR JEDERMANN

TITELTAFEL

Blick in den großartigsten geologischen Aufschluß der Erde (Colorado-Cañon)

Auf dem Bild sind annähernd 1800 m mächtige Gesteinsschichten sichtbar: Zuunterst in der Schlucht des Colorado-Flusses kristalliner Schiefer (V) des Urgebirges (Archaikum), darüber die große Diskordanz (Au), die das Urgebirge von den Schichten des Algonkiums trennt (Kalkstein B, Schieferton H und Diabas d, Quarzit Sh). Es folgt die mit Pu bezeichnete Diskordanz gegen die Ablagerungen des Erdaltertums (Paläozoikum: Sandstein T, Schieferton Ba, darin eine Kalksteinbank Sn, weiterhin Kalkstein M, der „Rote-Wand-Kalkstein" R, schließlich ein Wechsel von Sandstein, Kalkstein, Schieferton). Außerdem sind einige große Verwerfungen zu erkennen, die die Schichten des Algonkiums vor Ablagerung der Sandsteinschicht T betroffen haben. Die Schicht R und die darüber liegenden Gesteine gehören bereits dem Karbon (Steinkohlenzeit) an (vgl. Abb. 39, S. 70).

Powell Plateau
Powell Plateau
K
C
Ssh
Ss
R
M
BA
M
BA
R
Ss
M
BA
Sn
Sh
Sh
T
T
Pu
Pu
Verwerfung
Verwerfung
Verwerfung
d
d
d
H
H
H
H
B
B
B
Au
V

GEOLOGIE FÜR JEDERMANN

Eine erste Einführung in geologisches Denken, Arbeiten und Wissen

PROF. DR. KURD v. BÜLOW

Überarbeitet von Dr. Werner von Bülow

10. Auflage
Mit 179 Abb. im Text, 124 Abb. auf 33 Schwarzweißtafeln und 8 Farbtafeln

KOSMOS · GESELLSCHAFT DER NATURFREUNDE
FRANCKH'SCHE VERLAGSHANDLUNG · STUTTGART

Den Schutzumschlag gestaltete Hansjoachim Kirbach. Die Karte von Mitteleuropa und die Zeichnungen wurden, soweit nicht anders angegeben, nach Skizzen des Verfassers von Herbert Eggers angefertigt. Die Versteinerungstafeln im Kapitel „Der Ablauf der Geschichte der Erde usw." stammen aus Lindemann, Die Erde I (Franckh'sche Verlagshdlg., Stuttgart) Farbtafeln Kosmos-Fotos.

51.—57. Tausend

Franckh'sche Verlagshandlung, W. Keller & Co., Stuttgart / 1974 / LH 14 Fi / ISBN 3-440-04061-5 / Gesamtherstellung: Konrad Triltsch, Graphischer Betrieb, Würzburg

GEOLOGIE FÜR JEDERMANN

EINLEITUNG

Geh vom Häuslichen aus und verbreite dich, so du kannst, über die ganze Welt.

Auf keine Naturwissenschaft paßt dieses Wort Goethes besser als auf die Geologie, die Wissenschaft vom Bau und Werdegang unserer Erde.

Der Stein am Wege, der fruchttragende Ackerboden, Hügel und Tal sind ebenso Zeugen erdgeschichtlichen Werdens wie das Farnblatt in der Kohle, das Erz im Gestein, die Muschel im Fels. Denn es gab eine Zeit, in der der Stein noch nicht war, der Boden noch fehlte, Hügel und Tal, Farnblatt, Erz und Muschel noch nicht ans Licht getreten waren.

Jeder Schritt vor das Haus zeigt uns die Umwelt als etwas Gewordenes, bei jedem Schritt rührt der Fuß an den Schutt — nicht von Jahrhunderten, nein, von Jahrmillionen. Jedes Steinchen, jedes Krümchen Boden treiben dahin im Strom des Werdens, ziehen die Bahn, die ihnen unumstößliche Gesetze vorschreiben. Jeder Berg, jedes Tal sind entstanden und müssen vergehen. Der Sand im Bach ist der Schutt zerfallender Gebirge, der Schlamm im See ist werdendes Gestein, der Schlamm im Meer ist künftiges Gebirge.

Die Formen der Landschaft, die Beschaffenheit des Ackerbodens, die Art der Gesteine des Steinbruches sind vorübergehende Erscheinungsformen zeitloser Gesetze. Überall auf der Erde gelten diese Gesetze, und überall können sie sich uns erschließen: am Bach im Wiesengrund, in der Sandgrube hinter dem Hause, auf der Steinhalde über dem Wald, im Dunkel des Bergwerkes.

Darum können wir, wo es auch sei, vom Häuslichen ausgehen, um vorzustoßen zu weiteren Fragen des Werdens unseres Heimatplaneten, um uns zu verbreiten über die ganze Welt.

Hierzu aber bedarf es eines Führers, der uns hinausgeleitet über die Grenzen des Nur-Häuslichen. Ein solcher Führer will dieses Buch sein.

Es gibt viele Bücher, die versuchen, dem Naturfreund die geheimnisvollen Reize der Erdgeschichtsforschung zu vermitteln. Keinem ist es bisher gelungen, dieses Ziel ganz zu erreichen. Auch diesem Buch wird es nicht beschieden sein. Niemals wird ein Buch allein es vermögen, den Naturfreund zum Geologen zu machen.

Warum können Bücher zur Pflanzenkunde hinführen, zur Tierkunde, zur Sternenkunde, ja auch zur Erdkunde — aber niemals zur Geologie? Nun, der Gegenstand der Pflanzen- und Tierkunde kann uns selbst auf dem Schreibtisch noch von sich erzählen, die Sterne scheinen ins Fenster der Studierstube, und ferne Länder bringt uns das Bild, die Karte nahe. Ein werdendes Gebirge aber und den wandernden Gletscher, den stäubenden Wüstensand und das Steinkohlenlager, die eiszeitlich entstandene Landschaft und die Wanderung des Sandkornes vom Fels zum Meer — die Gegenstände der Erdgeschichtsforschung müssen wir selbst aufsuchen. Erst unter der Hochgebirgssonne, im Rauschen der Brandung, im Rieseln des Waldbaches offenbart sich uns der Schritt der Erdgeschichte.

Die Menschheitsgeschichte, ihre Ereignisse und Gestalten sind uns vorstellbar; wenn wir es nicht wissen, so können wir es uns doch vorstellen, wie der Forscher Jahreszahlen, Reihenfolgen von Ereignissen ermittelt. Wir haben schließlich alle einmal von Urkunden, von Münzen, Wappen, Berichten, Aufzeichnungen gehört, die der Geschichtsforscher entdecken, sichten, auswerten muß. Darum glauben wir ihm seine Schilderungen; denn sie können jederzeit nachgeprüft werden.

Wenn aber der Geologe erzählt, daß Gebirge aus dem Meeresschoß aufsteigen und Festländer verschwinden, daß früher ganz andere Tiergeschlechter gelebt haben als heute, und daß der Stein in meiner Hand steingewordene Spuren von kriechenden Würmern einer seit undenklichen Zeiten verflossenen Periode enthält — das sollen wir ihm glauben? Kein Mensch ist Zeuge dieser Ereignisse gewesen. Woher will ein Mensch das also wissen? Ist nicht das ganze farbenbunte Gemälde der Erdgeschichte eitel Dunst und Phantasie?

Nein, es ist *nicht* Dunst, *nicht* Phantasie. Wir haben ja die Beweise! Die Beweise, daß früher einmal Eis über unsere Heimat ging, daß die Schlote der Erde rauchten und Meere kamen und vergingen, wo heute der Pflug geht und Essen rauchen.

Nur wer den Weg verfolgt und ihn einmal selbst zu wandern oder wenigstens zu verstehen sucht, den mühselige Forschung in Jahrhunderten durch das Dickicht der Erscheinungen brach — nur der wird die Ergebnisse der Erdgeschichtsforschung als das aufnehmen, was sie sind: Wissenschaftliche Erkenntnisse von tiefstem Wahrheitsgehalt, von höchster sittlicher Kraft.

Weil eine Einführung in geologisches Wissen und Denken sich daher nicht mit der Schilderung der „Erdgeschichte“ begnügen darf, sondern versuchen muß, den Leser den Weg zu führen, den die Forschung ging, *deshalb* kann kein *Buch* allein das Ziel der Hineinführung ins Wesen der Erdgeschichtsforschung erreichen — es bedarf mehr dazu: den Willen des Lesers, *selbst* zu sehen, *selbst* zu prüfen, *selbst* weiterzubauen. Es braucht den offenen Sinn des Natur- und Heimatliebenden, den festen Willen des Suchenden, das unermüdliche Auge des immer Wandernden und den prüfenden und sichtenden Verstand des Forschenden.

Wer glaubt, diese Dinge zu besitzen oder erwerben zu können, der greife getrost zu unserem Buch. Es wird aufrichtig bestrebt sein, ihn zu führen. Ob es ihn *ein*zuführen vermag, wird davon abhängen, wie es gelesen wird. Es kann das, was es erreichen will, nur erreichen, wenn es vom ersten bis zum letzten Wort gelesen und aufgenommen wird. Es ist kein Nachschlagewerk, kein Lehrbuch, sondern ein zusammenhängendes *Ganzes*, das *nur als Ganzes wirken kann*. Bild und Text ergänzen sich, jeder Abschnitt baut auf *allen* vorhergehenden auf.*) Wer es Wort für Wort liest, ohne Abschnitte zu überschlagen, selbst wenn er Bekanntes zu überschlagen vermeint, wird den roten Faden finden, der dem Buch äußerlich und hier und da zu fehlen scheint. Der wird auch den Weg ins Freie finden und den Zugang zum Verstehen der Gesetze der Erdgeschichte in Heimat und Fremde. Und dazu ein kameradschaftliches:

Glück auf!

*) Wo dem Leser etwa noch unbekannte Begriffe begegnen, ziehe er das Stichwörterverzeichnis zu Rate!

WAS IST —, WAS WILL —, WAS LEISTET DIE GEOLOGIE ALS WISSENSCHAFT UND ALS HILFE FÜR DAS PRAKTISCHE LEBEN?

Geologie ist Erdgeschichtsforschung.

Dem Ziel, den Werdegang der Erde aufzuhellen, verdankt die Geologie als einzige unter allen Naturwissenschaften die geschichtliche Fragestellung. Sie fragt: Wie wandelte sich das Bild der Erde von der Frühzeit des Planeten durch die erdgeschichtliche Entwicklung hindurch bis zum heutigen Tage?

Das Bild der Erde — das heißt die gesamte Erdoberfläche mit Festländern und Meeren, Gebirgen und Niederungen, Flüssen und Seen, mit ihrem Klima und demzufolge auch ihrer Pflanzendecke und ihrer Tierwelt — mit allem und jedem, was auf der Erde lebt und webt, Totem und Lebendigem.

Eine umfassendere irdische Fragestellung als diese kann es nicht geben. Darum kann es auch keine umfassendere, keine reichere, keine reizvollere irdische Wissenschaft geben als die Geologie, die Erdgeschichte. Ob wir dem Wechsel der Meere nachgehen, dem Wandern der Festländer; ob wir dem Wandel des Klimas nachspüren oder dem Werdegang der Tier- und Pflanzengeschlechter, dem Auf und Ab der Gebirge, der Geburt und dem Tod der Gesteine — jedes von ihnen ist ein Teil der sie alle umfassenden Geologie. Und in jedem Fall müssen wir auf gleichen Wegen zum Ziel vorzustoßen suchen.

Das ist das einigende Band aller, im weitesten Sinne „erd-geschichtlichen" Forschung: Die geschichtliche Fragestellung nach dem Wo, Wie, Warum, Wohin und Wann? und die Erdgebundenheit aller Zeugnisse der Erdgeschichte, aller Urkunden aus früheren Zeiten und Zuständen, von früheren Klimaten und Meeren, Gebirgen und Wüsten, Pflanzen und Tieren; denn alle haben sie ihren Niederschlag gefunden, ihre Spur hinterlassen in der Erdrinde selbst — anders wären sie ja der Forschung nicht zugänglich.

Die Spuren früherer Zeiten und Zustände sind die Gesteine, die die Erdrinde zusammensetzen: Finde ich einen Kalkstein, der die versteinerten Reste von Meerestieren enthält, und über ihm einen roten Sandstein mit den gleichen Kennzeichen, wie sie die Dünen der heutigen Wüste aufweisen, so entnehme ich daraus, daß dereinst an dieser Stelle ein Meer stand, dem die rote Sandwüste folgte. Eine ganz einfache Feststellung und doch — welche Fülle von unausweichlichen Schlußfolgerungen: Die Wüste kam nach dem Meer; das ist bereits eine geschichtliche Feststellung, ist bereits eine Reihe aufeinander folgender Ereignisse, das ist bereits Erdgeschichte!

Geologie ist Erdgeschichtsforschung.

Wer die Menschheitsgeschichte erforschen will, muß mancherlei Hilfswissenschaften beherrschen; er muß mit Urkunden, mit Münzen und den zahllosen anderen Möglichkeiten der geschichtlichen Überlieferung Bescheid wissen, er muß die Echtheit von Urkunden beurteilen können, muß den Aufbewahrungsort der Urkunden, die Archive, zu finden wissen und muß schadhafte Urkunden wiederherstellen können. So muß auch der Geologe mit den Urkunden der Erdgeschichte umzugehen verstehen; das heißt, er muß die Gesteine der Erdrinde kennen und die Minerale, die sie zusammensetzen; er muß die Entstehungsgeschichte oder die

Entstehungsmöglichkeiten aller Gesteine kennen, um von Fall zu Fall entscheiden zu können, wie ein Gestein entstanden ist; er muß beurteilen können, ob die erdgeschichtlichen Urkunden noch am Ort ihrer Entstehung liegen oder ob sie durch irgendwelche Eingriffe in ihrer ursprünglichen Lagerung „gestört" sind. Der Geologe muß so viel Vorstellungsgabe besitzen, daß er aus bescheidenen Bruchstücken ganze Lebewesen zu erkennen, daß er Versteinerungen zu deuten und in das System des Lebens und der Erdgeschichte einzuordnen vermag usw.

So ordnet sich alle geologische Arbeit dem Ziel der Erdgeschichtsforschung unter. In diesem Sinne sind die wichtigsten Hilfswissenschaften der Geologie: die Mineralogie, die sich mit den natürlich vorkommenden chemischen Verbindungen, den Mineralen, befaßt; die Petrographie, Lithologie oder Gesteinskunde, die alle vorkommenden Gesteine feststellt, sichtet, benennt und zu deuten versucht; die Lehre von den ausgestorbenen Lebewesen, die Paläontologie, deren Forschungsaufgabe es ist, früher lebende Tiere und Pflanzen aus den versteinerten Resten zu erkennen, in ein System zu ordnen und ihre verwandtschaftlichen Beziehungen in Raum und Zeit zu klären; die Tektonik, das ist die Lehre vom Bau der Erdrinde, von ihrem Aufbau aus verschieden gestalteten und verschieden gelagerten Gesteinsmassen (die Tektonik ermittelt am Erdbau das, was man am Bauwerk als Verband der Bausteine oder Bautechnik bezeichnet); in letzter Zeit gewinnen Geophysik und Geochemie zunehmend an Bedeutung, also Zweige der Geologie, die sich mit dem physikalischen Verhalten und der chemischen Zusammensetzung der Erde beschäftigen. Diese Aufzählung könnte noch fortgesetzt werden.

Den eigentlichen Kern geologischer Forschungsarbeit aber bildet die allgemeine Geologie: Sie ermittelt an der heutigen Erdoberfläche die Wege, auf denen die Natur zur Bildung von Gesteinen kommt, sei es durch Ablagerung in Flüssen, Wüsten, Mooren oder Meeren, sei es durch den glühenden Ausfluß tätiger Vulkane. Sie erforscht weiterhin die Lagerungsverhältnisse der Gesteine und die Kräfte, die die Gesteinsschichten aus ihrer ursprünglichen, ungestörten Lagerung gebracht haben. Sie erkundet die Reihenfolge der Gesteinsentstehung und die Reihenfolge, in der die erdgeschichtlichen Ereignisse das äußere Bild der Erde gewandelt haben. Schließlich scheint sie befugt, mit ihren Methoden die Entwicklung des Mondes und der Planeten zu ermitteln.

Da die allgemeine Geologie das Ziel hat, die im Bereich der Erdrinde tätigen Kräfte zu erkunden und den Einfluß, den sie auf die Gestaltung des Erdbildes, seiner Stoffe und Formen nehmen, bezeichnet man sie auch als dynamische Geologie.

Mit diesen Feststellungen stößt die Erdgeschichtsforschung bereits zu ihrem letzten Ziel vor: zu der Aufhellung der Reihen- oder Altersfolge aller Vorgänge auf der Erde und der aus ihnen hervorgehenden und hervorgegangenen Gesteine; das ist die historische Geologie, Stratigraphie oder Erdgeschichte schlechtweg.

Somit kann man die Geologie auch nennen: „Die Wissenschaft von der stofflichen Beschaffenheit, von dem Bau und der Geschichte unserer Erde."

Geologische Ermittlungen können daher nur in der Natur selbst, nicht am Schreibtisch geführt werden. Geologie kann nicht aus Büchern gelernt werden; nur ihre Grundlagen vermögen Bücher zu vermitteln; sie selbst kann sich nur erarbeiten, wer ins Gelände hinausgeht, um dort zu beobachten und zu lernen.

Wenn der Geologe, um zum Ziel der Erdgeschichte zu gelangen, sich vorher über die stoffliche Beschaffenheit und den Bau der Erdrinde klarwerden muß, dann setzt er sich in den Besitz von Kenntnissen, mit denen er auch dem praktischen Leben nützen kann.

Wie viele Berufe gibt es, die mit dem Boden unmittelbar oder mittelbar zu tun haben!

Da ist in erster Linie der Bergmann — Bergbau und Geologie sind nicht zu trennen —, ebenso der Landwirt und der Forstmann — ihnen ist der Boden das Mittel, Nahrung und Rohstoffe zu erzeugen; aber auch der Straßenbauer, der Tief- und Hochbauingenieur — was wäre eine Autobahn, ein Haus ohne geeigneten, zuverlässigen Baugrund? Weiter: Der Steinbruchbetrieb, der den Fels bricht, der Kanalbau, der stark vom Untergrund abhängt, der Brunnenbau, der ohne Kenntnis von der Erdschichtung nie erfolgreich Wasser erschließen wird (denn auch das Wasser ist ein Teil der Erdrinde); ja, gibt es überhaupt einen Berufsstand, der nicht mit dem Boden zu tun hätte, auf dem wir alle leben? Man überdenke diese Frage einmal, und man wird finden, daß wir alle gerade von dem, was täglich und überall um uns ist, daß wir von Boden und Landschaft am wenigsten wissen, obwohl wir mehr davon wissen müßten als von vielem anderen, das für unser Leben weniger wichtig ist.

Und doch: so viele Berührungspunkte das Leben mit dem Boden zu unseren Füßen hat, aus der Praxis des Bergbaues oder der Landwirtschaft, der Grundwasserkunde oder der Tiefbautechnik ist die geologische Wissenschaft n i c h t erwachsen.

Aus dem Erkenntnisdrang des Menschen heraus wuchs der Wille zur Erforschung der Erdgeschichte, wuchs die Sehnsucht, sich klarzuwerden über das Wesen des Raumes, der Welt, in die er gestellt ist. Als das Ziel aber erst einmal erkannt war — von Mitteleuropa ging die wissenschaftliche Zielsetzung aus; die Forschung der Welt machte sie sich zu eigen —, da griff die langsam sich formende Wissenschaft der Geologie tausend und aber tausend Anregungen aus der Praxis des Bergbaues, der Landwirtschaft und der Technik auf, da machte sie sich die Erfahrungen der jahrhundertelangen Praxis zunutze, um ihr Lehrgebäude aufzurichten. Nun konnte sie aber auch der Praxis mit Zinseszins zurückgeben, was sie von ihr empfangen hatte: Als die Geologie ihr Ziel sah und den Weg dorthin bewußt beschritt, hob sich der Bergbau von der Stufe der reinen Erfahrungsanwendung zur Höhe wissenschaftlichen Vorgehens, zur technischen Vervollkommnung der Gegenwart, deren Ziel noch keineswegs erreicht ist. Erst vor wenig mehr als 200 Jahren entwuchs der Bergbau den Kinderschuhen.

Die deutsche Geologie hat zahlreiche Forscher mit Namen von höchstem Klang hervorgebracht. Lange Zeit waren Deutsche die Lehrer der Welt, deutsche Forscher die Führer und Wegweiser im Reich der Erdgeschichte:

Den Thüringern Lehmann und Füchsel verdankt die Welt die ersten bewußt erdgeschichtlichen Feststellungen; zu Abraham Gottlob Werners Füßen in Freiberg in Sachsen saßen um die Wende des 18. Jahrhunderts Geologen aus vielen Ländern, um aus seinem Munde das erste, in sich geschlossene und zielbewußt ausgerichtete Gedankengebäude der Erdgeschichte zu vernehmen. Sein Schüler war Leopold von Buch, der kraft seiner lauteren und starken Persönlichkeit Jahrzehnte hindurch die letzte Instanz aller geologischen Streitfragen weit über Deutschlands, ja Europas Grenzen hinaus war. v. Hoff begründete in folgerichtiger Kleinarbeit die Forschungsrichtung der Geologie, in der wir heute noch leben und arbeiten; jene Forschungsrichtung, die darauf begründet ist, daß sie die Erfahrungen der Gegenwart, auf der heutigen Erdoberfläche, überträgt auf die Beobachtungen an den Gesteinen, die frühere Zustände der Erdoberfläche hinterlassen haben (Aktualismus; s. unten). Die Mitte und die zweite Hälfte des vorigen Jahrhunderts sah dann eine Fülle von Forschern von Rang, die auf gesamteuropäischem und amerikanischem Boden durch eingehendste Beobachtung und kritische Deutung die unerschütterliche Grundlage für unser heutiges Lehrgebäude der Erdgeschichte gelegt haben.

Die Geologie unserer Tage ist auf der einen Seite mehr und mehr in den Dienst der Technik, der Wirtschaft getreten, auf der anderen Seite besinnt sie sich in steigendem Maße wieder auf ihr eigentliches Wesen, das ihre Stärke ist — auch dann ihre Stärke, wenn es um wirtschaftliche Dinge geht: Die wissenschaftliche Erkenntnis muß der Praxis und ihren Anforderungen stets um einige Schritte voraus sein. Eine gute Theorie ist die beste Praxis!

Deshalb dürfen die wissenschaftliche Arbeit und der wissenschaftliche Arbeiter nicht ungestraft ausschließlich auf praktische Aufgaben angesetzt werden. Deshalb müssen beide die Freiheit und die Mittel haben, auch scheinbar abseitige Wege zu gehen, Dinge zu erforschen, die fernab von jeder unmittelbar praktischen Bedeutung liegen: das Verhalten der Meere der Vorzeit und die Tätigkeit längst verschwundener Vulkane, den Werdegang der Gebirge und die Entstehung der Gesteine in Meeren und Wüsten, Aufstieg und Tod der Tier- und Pflanzengeschlechter im Strom der Erdgeschichte. Je mehr der Mensch von diesen weiß, um so tiefer vermag er in die Geheimnisse der Natur einzudringen, die seine Heimat und Umwelt ist; um so leichter aber auch vermag er sie zu meistern, sobald die Notwendigkeiten des Lebens es erfordern.

Erkenntnisdrang und praktische Lebensnotwendigkeiten sind die Fundamente, auf denen die Geologie ruht. Deshalb müssen wir Erdgeschichtsforschung treiben.

DIE GEOLOGIE IST KEINE GEHEIMWISSENSCHAFT

Geologisch denken, heißt geschichtlich denken.

Wie jedes Lehrbuch der Menschheitsgeschichte, so erscheint uns auch jede Darstellung der erdgeschichtlichen Abläufe gleichsam als Beschreibung mit Zeitraffer. Auf dem winzigen Raum von wenigen Druckseiten finden wir d o r t Ereignisse dargestellt, die Jahrhunderte und Jahrtausende umfassen. Dort genügt der Maßstab des Jahres oder seines Vielfachen.

H i e r aber, i m L e h r b u c h d e r E r d g e s c h i c h t e, versagt dieser menschliche Maßstab. Die kleinste Einheit der Erdgeschichte mag eine Million Jahre sein. Schon dieser Zeitraum, der im Verlaufe der Erdgeschichte fast nichts bedeutet, ist für uns nicht mehr vorstellbar, wieviel weniger noch eine Milliarde, also 1000 Millionen Jahre, oder mehr!

Die Größenordnung erdgeschichtlicher Zeiträume — es ist dasselbe, wenn wir sagen: das unfaßbar langsame Schrittmaß erdgeschichtlichen Geschehens. Erdgeschichtliches Geschehen läuft so langsam ab, daß wir kurzlebigen Menschen, die wir doch mitten darin stehen, es gar nicht bemerken, sondern daß wir es als Stillstand, als unbedingte Ruhe empfinden.

Oder gibt es für uns etwas, das mehr Sinnbild ruhender Ewigkeit, das mehr Ausdruck einer erhabenen Unveränderlichkeit wäre, als die ragenden Zinnen des Hochgebirges, die sanften Wellen der heimatlichen Hügellandschaft, der Felsfindling im Flachland, die ewig gleichen Weiten des Weltmeeres?

Für den Geologen aber sind die Gipfelzacken nur zerfallende Ruinen, sind die Hügelwellen bescheidene Fundamente einst himmelragender Gebirgsketten, ist der Granitfindling im Flachland ein Körnchen zerstörten Gebirges und selbst zum Zerfall verurteilt, ist die Grenze des Meeres die wandelbarste Linie im Antlitz der Erde.

Der Laie, vor dessen Auge sich zum erstenmal das geschichtliche Geschehen mit seiner Unbeständigkeit alles Unveränderlichscheinenden — und sei es auch nur im Buch — auftut, gleicht dem Manne, der zum erstenmal im Zeitrafferfilm das Wachsen und Ranken, das Blühen und Reifen der geruhigen Pflanze im Zeitraum weniger Minuten nacherleben darf: Die Ranke nimmt ein fast gespenstisches Leben an, die langsam sich öffnende Frucht wird zur platzenden Granate.

So wandeln sich die ruhende Welt der Steine, die Ewigkeit von Berg und Tal, von Festland und Meer in ein unaufhörliches Wogen des Meeresspiegels, in ein rhythmisches Pulsen des Festlandes, in periodisch wiederkehrende gewaltige Geburtsakte der Gebirge, in Aufsteigen und Versinken, in Werden und Vergehen. Meere kommen und gehen, Festland wird Meer, Meer wird Gebirge; Wüste weicht dem Urwald, Fels dem Sumpf, Tropenwildnis erstickt unter unabsehbaren Eispanzern. Tiergeschlechter kommen, blühen und treten ab; die Pflanzengemeinschaften werden uns immer fremder, je weiter wir in die Erdgeschichte zurückblicken — und schließlich verdämmert alles in der grauen Ferne des unbekannten Beginns, weit entrückt in ferne Zeitalter der Mutter Erde, gleichwie die menschliche Frühgeschichte verdämmert im Nebel der Vorgeschichte, im Grau einer Vorzeit, von der wir jedoch hoffen dürfen, daß auch sie sich dereinst der Forschung erschließen wird. N i c h t s a n d e r e s b e d a r f e s, a l s e i n e r S p u r v o n s o l c h e m A h n e n, u m G e f ü h l u n d D e n k e n a u f d i e B a h n e r d g e s c h i c h t l i c h e r V o r s t e l l u n g e n z u f ü h r e n.

Hat der Anfänger in unserer Wissenschaft nur einmal die Fülle der Bilder auf sich wirken lassen, nur einmal empfunden, daß auch das, was wir Heimatlandschaft nennen, einmal anders war, ganz anders, als es heute ist, dann ist er auf dem Wege zum Geologen. Oft bedarf es nur eines winzigen Anstoßes: Eine versteinerte Meeresmuschel, eine steingewordene Koralle, auf Bergesgipfeln gefunden, ein finnischer Granitblock im heimischen Acker Norddeutschlands — sie überzeugen mehr als tausend gelehrte oder dichterische Worte! Auf einmal bekommt alles Bekannte ein neues Gesicht. Auf einmal erscheint die Gegenwart als Querschnitt im Strom der Zeit; die Heimatlandschaft als etwas, was nicht von je so war, wie es ist, und daher auch nicht so bleiben kann. Die bescheidenste Beobachtung erhält erdgeschichtliche Bedeutung.

Wenn der geologisch Geschulte im Frühjahr sieht, daß wieder ein großes Stück der Steilküste auf den Strand niedergebrochen ist und von den Wellen davongetragen wird, dann denkt er weiter und überlegt, zu welchem Ende dieser Kampf zwischen dem angreifenden Meer und der in die Verteidigung gedrängten Küste führen wird;

sieht er, daß das Hochwasser eines Gebirgsflusses das Ufer unterhöhlt hat, so daß ein großes Stück des Talhanges, seines Haltes beraubt, ins Flußbett abgerutscht ist, so sucht er sich die weitere Fortsetzung dieses Vorganges auszumalen; er ahnt, wie sich durch ständige Wiederholung des gleichen Geschehnisses allmählich das Flußtal verbreitert, wie es tiefer wird, wie schließlich ganze Berge im Flußbett davongetragen werden, wie das Gebirge erniedrigt und ganze Länder abgetragen werden können;

hört er von der Notwendigkeit, daß der goldene Ring der Deiche, die das Marschland der Nordseeküste schützen, hier und da erhöht werden muß, so kann er daraus schließen, daß die Küste sich senkt, und weiter folgern, daß im Laufe der Zeit diese Küstensenkung — wenn der Mensch nicht eingriffe — zur Überschwemmung eines breiten Küstenstreifens, zum Vordringen des Meeres auf das Festland führen würde;

die zackigen Formen der Alpengipfel, die bizarr gestalteten Felsgruppen des Elbsandsteingebirges oder des Pfälzer Berglandes, aus einzelnen Platten aufgebaute Granitklippen sind Überbleibsel der Verwitterung, Zeugnisse dafür, daß die Gesteinsdecke an diesen Stellen einst höher gewesen ist;

betrachtet er den Ackerboden und verfolgt, wie aus dem festen, gewachsenen Fels sich allmählich der humusreiche Mutterboden entwickelt, so denkt er daran, daß selbst der Fels nicht dem Angriff der Verwitterung, dem Zahn der Zeit, zu widerstehen vermag, daß aber andererseits die Pflanzendecke aus dem Zerstörungsschutt des Gesteins neue, lebentragende Erdschichten schafft;

der Staubsturm, der große Gesteinsmengen aus der Wüste in die umgebenden Steppen hinausträgt, die Schlammfluten der vom Hochwasser geschwellten Flüsse werden zu Transportmitteln für den Gesteinsschutt und damit Ausdruck für die ständige Erniedrigung, Einebnung des Landes durch äußere Kräfte;

sieht er, wie Fischer vom Nordseeboden Torfbrocken heraufholen (T. 27, S. 163), so entsteht vor seinem Auge ein Bild der Zeit, da dieses Meer noch Festland mit einzelnen Mooren war; begegnet ihm auf seinen Wanderungen weit von der heutigen Küste entfernt ein verwachsenes und verwaschenes Steilufer, so wird er fragen, ob sich das Land aus dem Meer gehoben oder die See das Land freigegeben hat;

trifft er im Steinbruch schrägstehende Gesteinsschichten an, von denen er weiß, daß sie einmal waagerecht gelegen haben müssen (T. 28, 2, S. 165), so wird er nach den Ursachen dieser Besonderheit fragen und nach den Kräften, die sie bewirkten;

blickt er vom Pfänder hinab auf die Einmündung des jungen Rheinstroms in die weite Wasserfläche des Bodensees, so sieht er eine Ebene, aufgeschüttet aus Alpenschutt, ein Delta. Der geologisch Geschulte denkt sich die Aufschüttung dieses Deltas fortgesetzt, bis der ganze Bodensee durch die Schuttmassen der Alpen ausgefüllt und zu Land geworden ist;

die Betrachtung eines Torfmoores oder eines Wiesen- oder Quellkalklagers wird ihm zum Anlaß, sich Gedanken über die Entstehung der Braun- und Steinkohlenlager, die Entstehung von Kalksteinschichten zu machen.

So findet der erdgeschichtlich Denkende überall Anregungen, die seinen Geist über die Gegenwart hinausführen in eine ferne Zukunft oder ihn zurückgeleiten zu den Geschehnissen einer weit zurückliegenden Vergangenheit.

Nur eins ist dazu nötig: die Augen offenzuhalten; wieder zu lernen, sich zu wundern und bei jeder Kleinigkeit, bei jeder Einzelheit zu fragen: Warum? Zu welchem Ende und wie? Der Geologe beobachtet und beachtet das Unscheinbarste; unwichtig Scheinendes wird ihm wichtig, regt sein Vorstellungsvermögen an, und ein wenig Detektivarbeit hilft ihm, das Gesehene zu deuten.

Detektivarbeit, das ist es, was den Geologen im Gelände ausmacht.

Wie der Detektiv aus unscheinbaren Anzeichen ganze Abläufe vor seinem geistigen Auge neu erstehen läßt und dabei im Grunde genommen nichts anderes tut, als seinen gesunden Menschenverstand spielen zu lassen — gewiß kommt ihm dabei, je länger desto mehr, die Erfahrung zu Hilfe —, so auch der Geologe.

Aus tausend Fragen folgen tausend Antworten und aus ihnen schließlich ein Gesamtbild des geologischen Aufbaues einer Gegend. Aus tausend kleinen Gesamtbildern aber ergibt sich in unermüdlicher, durch Generationen fortgesetzter Kleinarbeit das große Bild der gesamten Erdoberfläche.

Das ist das Geheimnis der Erdgeschichtsforschung wie jedes anderen Forschungszweiges der Naturwissenschaften. Der Streit vieler Geschlechterfolgen von Forschern und Liebhabern, der Austausch ihrer Erfahrungen durch Veröffentlichungen, Meinungsaustausch und die Niederlegung eigener Erfahrungen in geologischen Karten regen immer wieder dazu an, ein Gesamtbild der Erdoberfläche zu entwerfen, zeigen immer wieder die Lücken auf, die in unserem Wissen klaffen und die die neue Forschung zu schließen bemüht sein muß.

Welche Mittel stehen der Geologie für ihre Forschungsaufgaben zur Verfügung?

Der Geologe beobachtet, stellt fest, trägt zusammen und deutet, was er gesehen hat. Er trägt sein Teil zur Gemeinschaftsarbeit der wissenschaftlichen Forschung bei und zieht andererseits Nutzen aus der Arbeit der anderen.

Dazu braucht der Geologe dreierlei:

Er muß wissen, welches Ziel er erreichen will, und auf welchem Wege er es erreichen kann;
er bedarf einer Reihe grundlegender Kenntnisse, die verhältnismäßig einfacher Natur und leicht zu erwerben sind; dieses Buch soll ein erster Wegweiser zur Erlangung der grundlegenden Kenntnisse und zu dem sein, was festgestellt, beobachtet, zusammengetragen und gedeutet werden soll;
er braucht schließlich als Wichtigstes die Fähigkeit, in der Natur zu sehen, d. h. zu beobachten, und das bedeutet im Grunde genommen nichts anderes als den guten Willen dazu, alles, selbst das Unscheinbare zu beachten, sich „darüber zu wundern".

Ein alter Geologenspruch sagt: mente et malleo, d. h. mit dem Verstand und mit dem Hammer. Der Verstand steht an erster Stelle; denn ehe ich mit dem Hammer hinausgehe ins Gelände, um „Steine zu klopfen", um zu beobachten, muß ich mir ein Bild davon gemacht haben, was ich beobachten will.

Im Grunde genommen ist die Antwort auf die Frage, was beobachtet werden soll, sehr einfach, ebenso einfach wie die Ausführung schwierig ist, nämlich alles!

Bei allem, was ihm auffällt, stellt der Geologe erst einmal fest, was es ist, d. h. er ermittelt die stoffliche Zusammensetzung, also die Mineralien und Gesteine, die ihm auffallen; er ermittelt darüber hinaus, ob und welche Versteinerungen die fragliche Schicht enthält, sowie in welcher Lagerung sie sich in der Natur befindet und welche Schichten über ihr und unter ihr folgen.

Alles, was beobachtet wird, muß festgehalten werden: Notizbuch, Zeichenblock, Meßband, Fotoapparat sind deshalb für den Geologen unerläßlich; ganz unerläßlich ist für ihn auch der Besitz einer guten Karte, d. h. eines verkleinerten Abbildes der Erdrinde, die er zu erforschen beabsichtigt, eines Abbildes, in das er seine Beobachtungen eintragen kann. Das ist besonders wichtig; denn erst die verkleinerte Wiedergabe des im Gelände Beobachteten ermöglicht es, einen größeren Raum mit einem Blick zu überschauen, den räumlichen Zusammenhang der anfangs vereinzelten Beobachtungen zu erkennen und eine räumliche Vorstellung vom Auftreten und der Lagerung der Gesteinskörper im Kartenbereich zu gewinnen.

Da aber die Karte lediglich die Erdoberfläche darstellt, fehlt ihr die Ergänzung nach der Tiefe zu. Alles, was wir an der Erdoberfläche sehen, ist ja sozusagen nur ein zufälliger Schnitt durch den mehr oder weniger verwickelten Bau der Erdrinde.

Da die topographische Karte aber auch Taleinschnitte wiedergibt, besteht die Möglichkeit, auch tiefere Gesteinsschichten, die in diesen Taleinschnitten zutage kommen, auf der geologischen Karte mit darzustellen. Da ferner die ehedem waagerecht liegenden Gesteinsschichten vielfach schräg, manchmal sogar senkrecht aufgerichtet oder überkippt sind, treten die ursprünglich untereinander liegenden Bausteine der Erdrinde nunmehr nebeneinander an der Erdoberfläche zutage. Hinzu kommen künstliche Aufschlüsse, wie Bergwerke und Tiefbohrungen, die gemeinsam mit den oben genannten natürlichen Aufschlüssen Einblick in den Aufbau unter der Erdoberfläche liegender Gesteinskörper gewähren und damit die räumliche Vorstellung vom Bau der Erde ermöglichen.

Das Handwerkszeug

Das wichtigste Handwerkszeug ist die Karte, in Kulturländern die großmaßstäbliche Karte (bei uns das „Meßtischblatt" 1 : 25 000, auf dem vier Zentimeter einem Kilometer in der Natur entsprechen). In nicht kartierten Gebieten muß sich der Geologe die nötigen Kartenunterlagen selbst schaffen. Für Forschungsreisende und erkundende Geologen ist demnach die Kenntnis der einfachsten Kartenaufnahme Vorbedingung der Arbeit. In Kulturländern genügt das Vertrautsein mit der Karte, ihrem Inhalt und ihrer Anwendung, insbesondere dem Orientieren nach der Karte.

TAFEL I

Verwitterung

1. Sogenannte Opferkessel werden vom Frost erzeugt (Riesengebirge). Aufn. v. Bülow
2. Herausgewitterte Quarzgänge in einem norddeutschen Findling Aufn. v. Bülow
3. Verwitterungsboden und verwitterte Gesteinsschichten wandern hangabwärts, d. h. hier nach links (Gekriech, „Hakenwerfen") (Krumbach bei Frankenberg). Aufn. Heimatschutz Dresden
4. Mechanische Verwitterung und chemische Lösung gehen von Spalten und Klüften im (Kalk-) Gestein aus. Aufn. L. Müller
5. Der Kalkfels wird dadurch in ein „Karrenfeld" verwandelt. Aufn. L. Müller

1
2
3
4
5

T
T
1

2

3

Wer mit der topographischen Karte vertraut ist, wird sich sehr schnell in die geologische Karte einfinden — ist diese doch nichts anderes als eine topographische Karte, in die Angaben über Bodenbeschaffenheit, Gesteinszusammensetzung u. dgl. eingedruckt sind.

Man beschafft sich am zweckmäßigsten die geologische Karte der engeren Heimat oder eines sonst vertrauten Gebietes.

Schon beim ersten Blick auf die Karte wird man viel Bekanntes finden: dort den Granitsteinbruch, hier die Kalkfelsen des Flußufers; an anderer Stelle die moorige Wiese, den lehmigen Hang mit seinen Hohlwegen, die verschwiegene Waldquelle, den einzelnen Findlingsblock. Wieder anderwärts die Basaltkuppe, den Schiefersteinbruch, das Schwerspatbergwerk, die alte Erzhalde, die Dünen der Talaue, den Sandweg der Heide. So wird man zuerst vertraute Wanderwege auf der Karte im Geiste verfolgen und Bekanntes aufspüren, um in das Wesen der geologischen Kartendarstellung einzudringen. Dann wird man denselben Weg mit der Karte in der Hand gehen, man wird neue Strecken an Hand der Karte einschlagen und versuchen, sich ein Bild davon zu machen, welche Beobachtungen den die Karte entwerfenden Geologen bei seiner Arbeit im Gelände und am Zeichentisch geleitet haben könnten. So wird man schnell das Wesen der gar nicht so verwirrenden geologischen Kartendarstellung erfassen und in der Karte einen Wandergenossen gewinnen, den man bald nicht mehr missen möchte.

Am stärksten fallen auf der geologischen Karte die Farben ins Auge (vgl. die geologische Karte im Anhang!). Sie stellen die verschiedenen Gesteine des Kartenbereiches dar, doch nicht nach ihrer stofflichen Beschaffenheit, sondern vielmehr nach ihrem Alter zusammengefaßt: gleichalte Gesteine tragen die gleiche Farbe, verwandte Farben bezeichnen zeitlich zusammengehörige Gesteine. Im allgemeinen werden die älteren Systeme dunkler dargestellt als die mittleren, und diese wieder nicht so hell wie die jüngsten. Auch wählt man international möglichst immer die gleichen Farbgruppen für die gleichen Systeme: Die Gesteine der Kreidezeit sind fast immer grün dargestellt, die der Triaszeit violett, die des Jura blau usw. Innerhalb der Systeme unterscheiden sich ältere und jüngere Gesteine wieder durch dunklere oder hellere Schattierungen der gleichen Farbe, im Jura z. B. durch dunkel-, mittel- und hellblau.

Zusätzliche Zeichen, besonders waagerechte, schräge, senkrechte Linien („Schraffen"), Punkte, Kringel usw. geben die Möglichkeit, innerhalb derselben Farbe — also der Gesteine desselben Alters — die Gesteine nach ihrer stofflichen Beschaffenheit darzustellen: blau mit Punkten bedeutet etwa „Sandstein des Jura"; blau mit senkrechten Schraffen wäre „Ton des Jura" usw. Man sieht, der Grundsatz der Darstellung ist einfach: Farben für das erdgeschichtliche Alter, Zeichen für die Gesteinsbeschaffenheit. Ein Blick auf unser Kärtchen zeigt darüber hinaus, daß die am Rande jeder Karte befindliche Farben- und Zeichenerklärung („Legende") den gesamten Karteninhalt kurz erläutert, und zwar angeordnet nach der Altersfolge (meist die älteren Systeme

---

TAFEL II

Mechanische Verwitterung und Schuttwanderung

1. Schuttströme im Hochgebirge: Herkunft, Weg und Ende (Dolomiten) Aufn. Erich Fischer
2. Am Fuß der Hänge häuft sich der vom Frost erzeugte Gesteinsschutt zu mächtigen Halden (Nördliche Kalkalpen bei Innsbruck). Aufn. Erich Fischer
3. Ein Schuttstrom verschüttet Siedlungen, Gärten, Felder (Trieben, Ennstal). Aufn. Erich Fischer

unten, die jüngsten oben). Wer unser Kärtchen verständnisvoll durchgearbeitet hat, wird sich auf jeder anderen geologischen Karte auch zurechtfinden; denn alles, was die Karten enthalten, muß in der Legende angeführt sein. Zu aller Sicherheit treten zu Farben und Zeichen noch die sogenannten „Symbole", das sind Buchstabenabkürzungen für Alter und Gesteinsbeschaffenheit. So erhalten z. B. die Juraflächen das Symbol j; unterer, mittlerer und oberer Jura sind mit ju, jm, jo bezeichnet. Besondere Gesteine, beispielsweise im jm, könnten durch weitere zusätzliche Symbole (oft griechische Buchstaben) kenntlich gemacht werden. So ermöglichen die Symbole die eindeutige Wiedererkennung selbst winziger Farbflecken und ganz schmaler Bänder, auch wenn in solchen Fällen die Farbe selbst nicht einwandfrei zu erkennen sein sollte.

Unsere Tabelle S. 21 enthält eine Auswahl weiterer Zeichen, wie sie häufig vorkommen und deshalb dem Benutzer oder Zeichner geologischer Karten geläufig sein müssen: Da finden sich Zeichen für Brunnen, Bergwerke, verlassene Schächte, Tiefbohrungen, Findlinge, Bergrutsche, Fundorte von Versteinerungen, Grundwasserbeobachtungen, nutzbare Gesteine. Sie alle sind ebenfalls in der Legende jeder geologischen Karte, auf der sie vertreten sind, erklärt. Fast auf jeder Karte finden wir Zeichen für Verwerfungen, das sind Sprünge und Verschiebungen in der Erdrinde, sowie für „Streichen und Fallen", d. s. Zeichen, die die Lage einer Schicht im Raum angeben.

Die Wichtigkeit dieser Begriffe erheischt einige Hinweise (Abb. 1). Schichten sind plattenförmige Körper. Ihre Lage im Raum wird durch zwei Angaben bestimmt: 1. Durch ihre Neigung, d. h. durch den Winkel, den sie mit einer waagerechten Fläche bilden. Die Neigung gegenüber der Waagerechten bezeichnet man als „Einfallen" oder einfach „Fallen" der Schicht. 2. Durch Angabe der Richtung der Schicht, d. h. durch den Verlauf, den die Schicht zeigt, wenn sie beispielsweise an der Erdoberfläche zutage tritt (T. 28, S. 164); d. h. also durch die Himmelsrichtung der Schnittlinie zwischen der Schicht und einer sie schneidenden, waagerechten Ebene, „Streichen" der Schicht.

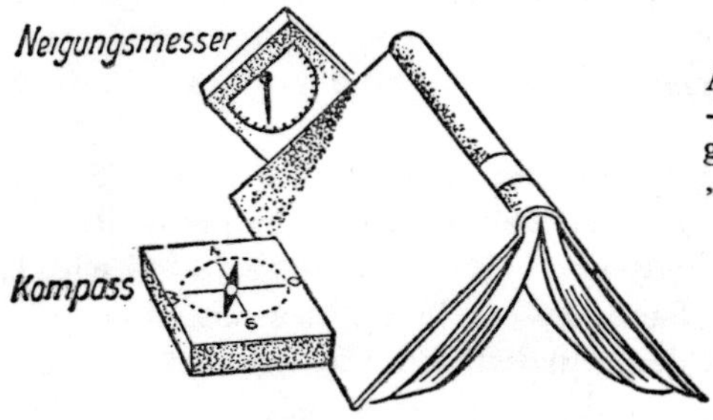

Abb. 1. Streichen und Fallen: Buchrücken und -kanten geben die „Streichrichtung" an, die Neigung der Deckel den Winkel und die Richtungen des „Fallens".

Man stelle einmal ein aufgeklapptes Buch mit dem Rücken nach oben auf den Schreibtisch (Abb. 1). Die Neigung der beiden Buchdeckel entspricht dem „Einfallen", die Himmelsrichtung, in der der Buchrücken verläuft, dem „Streichen". Die Neigung der Buchdeckel kann man mittels „Neigungsmesser" (Klinometer Abb. 10) bestimmen, ihre „Streichrichtung", indem man einen Kompaß benutzt, um festzustellen, in welcher Richtung die „Schnittlinie" zwischen Buchdeckel und Schreibtischplatte verläuft. Dazu braucht man den Kompaß nicht auf die „Waagerechte" Schreibtischplatte zu legen, sondern kann ihn auch an den Buchdeckel halten oder einfach die Richtung des Buchrückens ermitteln (Gebrauch des Kompasses s. Abb. 9). Wenn man Streichrichtung und Fallwinkel hat, muß man noch die Richtung des Fallens hinzufügen, um die Lage der Schicht im Raum wirklich eindeutig anzugeben. Denn wenn z. B. der Buchrücken von Nord nach Süd verläuft („nordsüdlich streicht"), dann „fällt" der eine Buchdeckel nach Osten, der andere nach Westen. Die Angabe würde also beispielsweise zu lauten haben: Streichen NS, Fallen 45° Ost oder — für den anderen Deckel — 45° West.

Einige Beispiele für Farben, Abkürzungen und Zeichen geologischer Karten (besonders älterer Karten)

System	Gebräuchliche Farbtöne	Gebräuchliche Abkürzungen*)	Unterteilung der Systeme (Beispiele)
Holozän	weiß oder sehr hell	a	as, al, am, at, ak usw. = holozäner Sand, Lehm, Mergel, Ton, Kalk usw.
Pleistozän	gelblich, bräunlich, daneben hellgrün	d	∂m Oberer Geschiebemergel dm Mittlerer Geschiebemergel ∂m Unterer Geschiebemergel } entsprechend s (Sand), g (Grand) usw.
Tertiär	gelb	b b_2 Jungtertiär b_1 Alttertiär	be = Eozän, bo = Oligozän, bm = Miozän, bp = Pliozän (boo = Ober-, bou = Unteroligozän) usw.*)
Kreide	grün	kr kro = Ob. Kreide kru = Unt. Kreide	Z. B.: kros = Senon, kroc = Cenoman usw.*)
Jura	blau	j	ju, jm, jo = Unt., Mittl., Ober. Jura (z. B.: ju α, ju β usw.)
Trias	veil, auch kreß	k = Keuper m = Muschelkalk s = Buntsandstein	Z. B.: mo = Oberer Muschelkalk mu oo = Oolithbänke des Unteren Muschelkalks ku_2 = eine bestimmte Schicht des Unteren Keuper
Perm	Zechstein = blau Rotliegendes = braun	z r	Z. B.: zu_1 = Konglomerat und Kupferschiefer des Unteren Zechstein ru α = eine bestimmte Schicht des Unteren Rotliegenden
Karbon	grau	Oberkarbon = st (Steinkohle) Unterkarbon = c (Kulm)	sto = Oberes Oberkarbon c_2 = Teil des Kulm
Devon	mattbraun und olivgrün	t	tu, tm, to = Unteres, Mittleres, Oberes Devon (z. B.: tuq = Quarzit des Unterdevon)
Silur Ordovizium	graublau	si	Nach den gleichen Grundsätzen
Kambrium	mattbraun	cb	Nach den gleichen Grundsätzen
Algonkium	mattgrün	ag	Nach den gleichen Grundsätzen
Grundgebirge	rosa		Z. B.: gl = Glimmerschiefer, gn (Gneis) usw.
Saure Tiefengesteine und Ergußgesteine	leuchtend rot		G = Granit, P = Porphyr, L = Liparit usw.
Basische Gesteine	meist leuchtend- bis mattgrün		G = Gabbro, D = Diabas, M = Melaphyr, B = Basalt

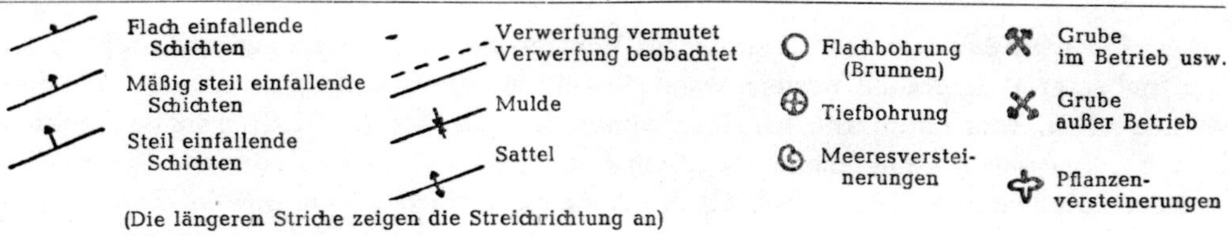

(Die längeren Striche zeigen die Streichrichtung an)

*) Es sind auch andere Abkürzungen im Gebrauch.

Das aufgestellte Buch wäre — geologisch gesehen — ein „Schichtensattel“ (Abb. 70a); das Zeichen dafür ist ein Strich in der entsprechenden Streichrichtung mit Pfeilen an beiden Seiten, die vom Strich wegzeigen (Tabelle). Umgekehrt, also mit dem Rücken nach unten, wäre es eine „Schichtenmulde“ (Abb. 70b); folgerichtig zeigen die beiden Pfeile für das Einfallen aufeinander zu. Man sieht auch hier, daß die geologischen Zeichen einfach zu verstehen, da folgerichtig durchdacht sind. *Man muß nur ein einziges Mal versuchen, sie zu verstehen.* Wer den Willen dazu hat, braucht keine weitere Anleitung als die Karte selbst, ein offenes Auge und ganz wenig Geduld. *Die geologische Karte ist nicht schwieriger als die topographische zu lesen.* Denn ein Meßtischblatt von der Nordseeküste enthält ja auch ganz andere Eintragungen als eines aus dem Mittelgebirge. Jedes will neu erarbeitet sein; nicht anders die geologische Karte.

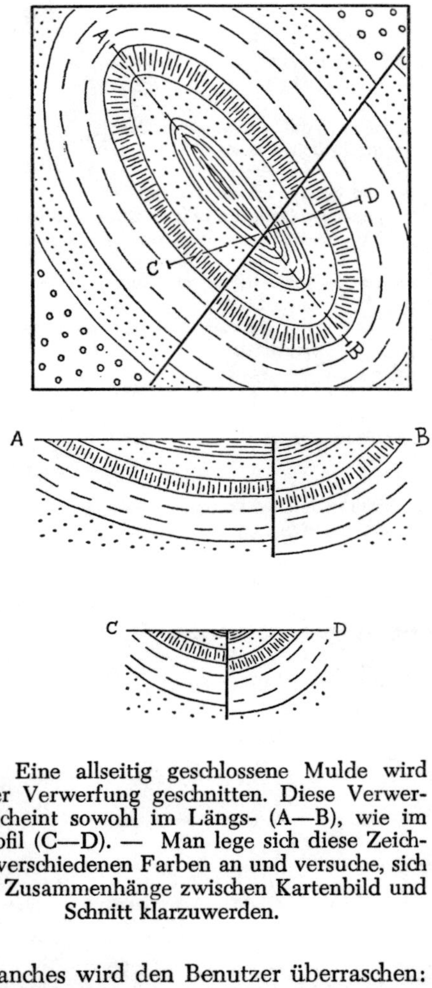

Abb. 2. Eine allseitig geschlossene Mulde wird von einer Verwerfung geschnitten. Diese Verwerfung erscheint sowohl im Längs- (A—B), wie im Quer-Profil (C—D). — Man lege sich diese Zeichnung in verschiedenen Farben an und versuche, sich über die Zusammenhänge zwischen Kartenbild und Schnitt klarzuwerden.

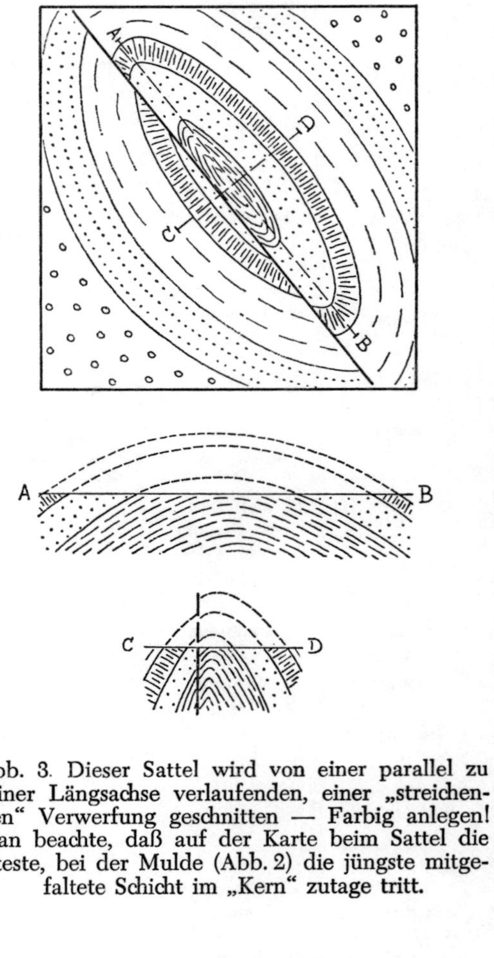

Abb. 3. Dieser Sattel wird von einer parallel zu seiner Längsachse verlaufenden, einer „streichenden“ Verwerfung geschnitten — Farbig anlegen! Man beachte, daß auf der Karte beim Sattel die älteste, bei der Mulde (Abb. 2) die jüngste mitgefaltete Schicht im „Kern“ zutage tritt.

Manches wird den Benutzer überraschen: Winzige Fundorte, Erzgänge usw. müssen oft übertrieben groß dargestellt werden, wenn sie — ihrer Wichtigkeit entsprechend — sichtbar werden sollen. Aber sind nicht auch Eisenbahnen, Landstraßen, Ortschaften auf den meisten Karten „übertrieben“, nur, damit sie überhaupt dargestellt werden können? Vieles wird weniger auffallend gezeichnet sein, als der Anfänger erwartet. Nun, mit der Zeit wird er auch hierfür die Berechtigung einsehen lernen. Vernachlässigt nicht auch jede topographische Karte „unwesentliche“ Einzelheiten?

Auch wird man sehr bald bemerken, daß die Farben für die Glutflußgesteine — Granit, Basalt und andere — nicht deren Alter angeben. Vielmehr sind diese nach ihrer stofflichen Beschaffenheit durch Farben unterschieden. Meist sind es sogar kräftige, leuchtende Farben. Das entspricht ihrer Bedeutung sowie dem Umstand, daß solche Gesteine oft unabhängig vom Alter die gleiche Beschaffenheit haben können. Das Alter eines Granites z. B. sagt also weniger über den Granit aus als etwa die Angabe besonderer Eigenschaften. Zudem sind Glutflußgesteine etwas so grundsätzlich anderes als die Schichtgesteine der einzelnen Systeme, daß sie eine andersartige Farbwahl und Darstellung rechtfertigen.

Den erfahrenen Geologen erkennt man daran, daß er die Karte nicht betrachtet, ohne sofort zu versuchen, sich ein Bild vom Bau des Kartengebietes zu machen. Er versucht, zu ergründen, warum das Kartenbild so und nicht anders ist. Wenn alle Schichten waagerecht liegen, dann beherrscht die Farbe der obersten Schicht die ganze Karte. Liegen die Schichten aber aufgerichtet nebeneinander, so entstehen im Kartenbild farbige Bänder und Streifen; Falten ergeben Kartenbilder von der Art der Abbildungen 2 und 3, Verwerfungen von der gleichen Art sowie der Abbildung 80. Nun ist es für den Anfänger oft nicht leicht, aus der Karte auf den Bau des Untergrundes zu schließen. Da hilft ihm das auf den Rand vieler Karten aufgedruckte Profil, der Schnitt, dessen Verlauf auf der Karte meist durch eine Profil- oder Schnittlinie angegeben ist. Karte und Profil ergeben ein räumliches Bild vom Aufbau des Kartenbereiches; vereinigt man beide zu einer Zeichnung, so entsteht das räumliche Blockdiagramm, die ideale Darstellungsform für Teile der Erdrinde (Abb. 24, 27, 45, 70 u. a.). Leider reichen unsere Kenntnisse nicht immer aus, um solche räumlichen Bilder zu entwerfen.

Schließlich gehören zu den meisten Karten auch Erläuterungen, die alles enthalten, was kartenmäßig nicht dargestellt werden kann: Listen von Versteinerungen, Gesteinsbeschreibungen, bergbauliche und Grundwasserverhältnisse, Beschaffenheit des Ackerbodens (die meisten geologischen Karten sind „abgedeckt“, geben also das feste Gestein an und nicht die Verwitterungsdecke, den „Boden“, der wie ein Schleier über allem liegt), erdgeschichtliche Abläufe, wirtschaftliche Besonderheiten usw.

Wer etwas Verständnis für geologische Karten gewonnen hat, versuche einmal, selbst ein Kärtchen zu entwerfen,*) selbst geologisch zu kartieren.

Mit Meßtischblatt, Bleistift, Kompaß und dem anderen Handwerkszeug versehen, wandere er hinaus und kartiere eine bestimmte kleine Fläche, etwa 1 km². Da muß jeder Weg, jeder Feldrain, jeder Wasserriß „begangen“, jeder „Aufschluß“ (Steinbrüche, Bahneinschnitte, Baugruben, Fuchslöcher usw.) untersucht werden. Jede Beobachtung wird mit Bleistift in die Karte eingetragen (Abb. 5): Der Kalksteinbruch, Kalkbröckchen im Maulwurfshaufen, rote Sandbröckchen, Lesesteine der Felder (Abb. 4), die Gesteinsart im Bachbett usw. Bald wird man finden, daß ein Teil der Fläche andere Gesteine enthält als ein anderer. Dann gilt es, die Grenze zwischen beiden festzustellen (Abb. 5b): Feldwege, Bahneinschnitte, Pflanzendecke und verschiedene andere Anzeichen helfen dabei. So gewinnt man bald „Grenzen“ zwischen verschiedenen Gesteinen, zwischen Kalk- und Sandstein, zwischen Lehm und Sand, zwischen Schiefer und Granit. Jede Fläche erhält eine ihr zukommende Farbe; Zeichen geben an, ob die Schichten waagerecht liegen oder geneigt. So entsteht die erste, wenn auch primitive und vielleicht nicht ganz richtige Karte (Abb. 5c),

*) Es empfiehlt sich, alle geeigneten Abbildungen dieses Buches mit Buntstift farbig anzulegen und dabei möglichst die üblichen Farben zu verwenden!

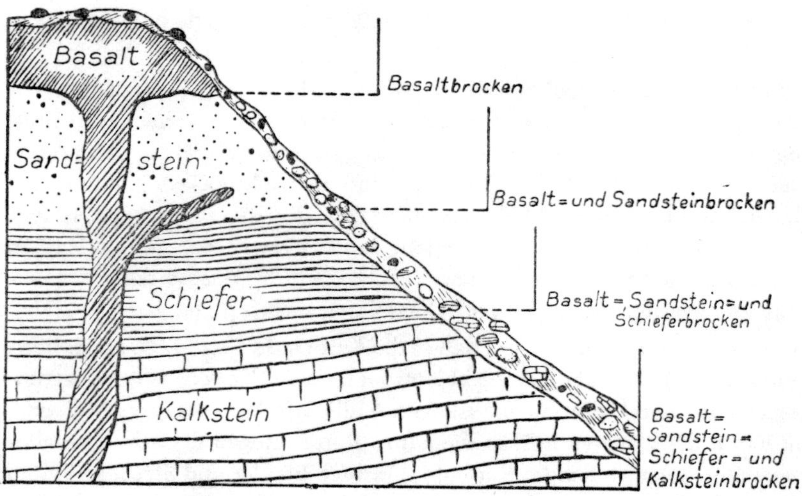

Abb. 4.
Eine wichtige Kartierhilfe

Wenn Mutterboden die Schichten verhüllt, läßt sich der Aufbau des Hanges doch aus den Lesesteinen ermitteln; oberhalb des anstehenden Kalksteines, Schiefers, Sandsteines können keine Stücke dieser Gesteine vorkommen! Wo der Geologe den letzten Brocken Schiefer findet, muß die obere Grenze der Schieferschicht liegen usw. Basalt hingegen findet sich am ganzen Hang.

die man nun mit der gedruckten geologischen Karte vergleicht. Aus seinen Fehlern lernt man mehr und gründlicher als aus einfacher Betrachtung fertiger Karten.

Und dann versuche man, auf Grund der eigenen Beobachtungen ein Profil durch das kartierte Gebiet zu entwerfen.

Wie entwirft man Profile? (Abb. 6). Grundlage ist der topographische Geländeschnitt, den man entsprechend der folgenden kleinen Aufgabe gewinnt: „Durch eine einfache Geländeform mit Höhenschichten im Abstande von 50 m oder durch einen beliebigen Ausschnitt aus einem topographischen Meßtischblatt (1 : 25 000) mit Höhenschichten ist ein Profil in einer gegebenen Richtung A—B hindurchzulegen. Die Lösung hat von der Vorstellung auszugehen, daß jeder Schnittpunkt der Linie A—B mit einer Isohypse (Höhenschicht) einerseits einer bestimmten Entfernung von den Endpunkten A und B, andererseits einer durch die betreffende Isohypse gegebenen Höhenlage entspricht. Man legt daher im verlangten Maßstabe (am besten

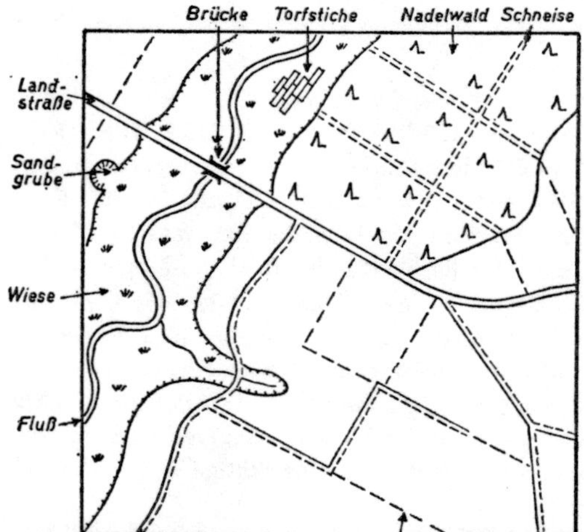

Abb 5. Wie eine geologische Karte entsteht.

5a. Der Geologe findet die topographische Karte vor (am besten das „Meßtischblatt" 1 : 25 000).

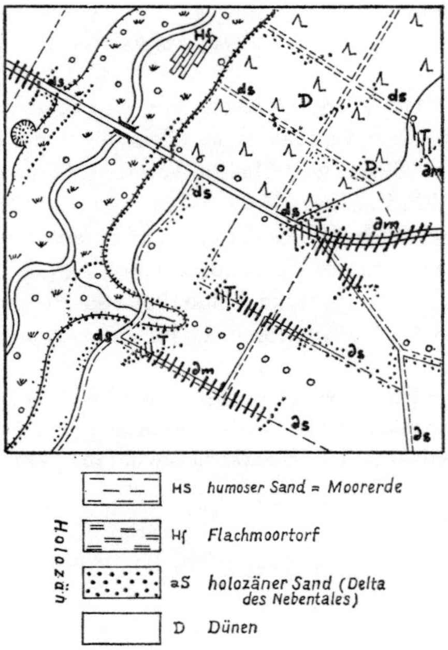

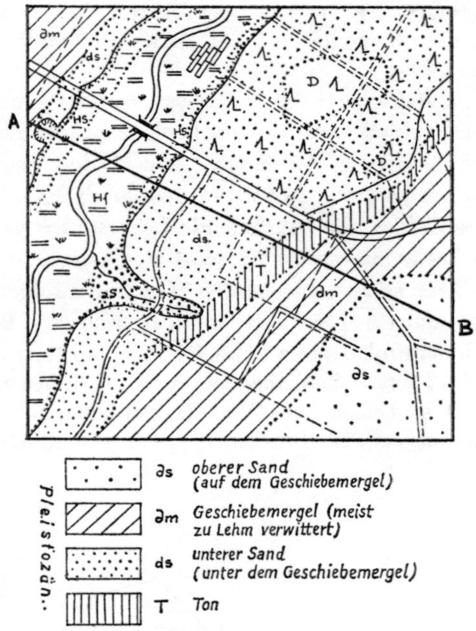

5b. Er geht jeden Weg, jeden Feldrain, jeden Tal- oder Waldrand ab und beobachtet sämtliche Aufschlüsse (Straßeneinschnitt links oben, Sandgrube links, Torfstiche im Tal) und trägt seine Beobachtungen ein: Punkte bedeuten Sand oder kiesigen Sand, schräge Schraffen Lehm, senkrechte Ton; Dünen sind an den Formen und der Bodenbeschaffenheit erkennbar. Wo Aufschlüsse fehlen, helfen ihm Handbohrungen (2 m tief), die Grenzen zwischen Lehm und Ton, Sand und Torf usw. zu finden (kleine Kreise).

5c. Sind die Grenzen an möglichst vielen Punkten ermittelt, so können sie zu durchgehenden Linien sinngemäß verbunden werden; die Flächen werden mit Farben (hier: schwarzen „Signaturen") gefüllt und durch Buchstabenzeichen genauer kenntlich gemacht. Beide werden in der „Farben- und Zeichenerklärung" erklärt. Zuoberst in der Erklärung stehen die jüngsten Schichten.

1 : 25 000) über einer Grundlinie A_1—B_1 die den Höhenschichten entsprechenden Horizontalen h_1, h_2 usf., sticht, von A_1 oder B_1 beginnend, die Entfernungen x_1, x_2, x_3, x_4 usw. auf der Grundlinie ab und errichtet hierüber die Senkrechten. Die Verbindung der Schnittpunkte dieser Senkrechten mit den entsprechenden Horizontalen ergibt die gesuchte Profillinie."

Man kann die Aufgabe dadurch vereinfachen, daß man unmittelbar durch Projektion der Isohypsen-Schnittpunkte auf die über der Grundlinie A_1—B_1 gezogenen Höhenlinien die gesuchten Punkte erhält; hierdurch erspart man das Abmessen mit dem Zirkel.

Der Weg zum g e o l o g i s c h e n Profil ist nun nicht mehr weit. Im einfachsten Fall gleichförmiger Lagerung aller Schichten geschieht das in folgender Weise: Die Schnittpunkte der geologischen Grenzen mit der Schnittlinie werden wie vorher in das Profil übertragen, dann wird in den so gewonnenen Punkten die aus der Karte entnommene Neigung der Schichten (das Fallen) ein-

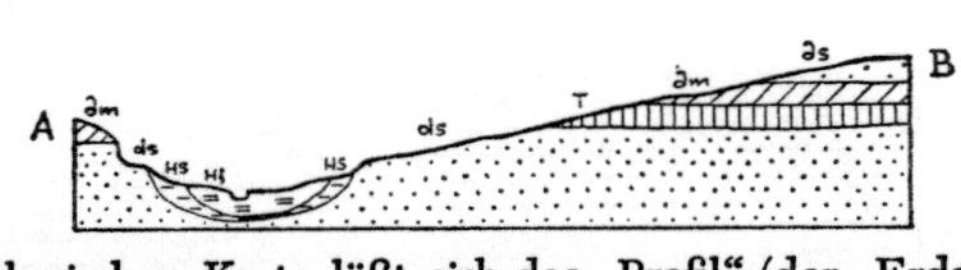

5d. Aus der fertigen geologischen Karte läßt sich das „Profil" (der „Erdschnitt") ableiten (die dazu erforderlichen Höhenlinien fehlen der Übersichtlichkeit halber in unserer Karte). Der Schnitt ist nach der Linie A—B in Fig. 5 c gelegt.

getragen. Wo Tiefbohrungen bekannt sind, trägt man ihre „Schichtenfolge“ an der ihnen zukommenden Stelle im Profil ein. Kartenbild und Profil auf einem Pappkästchen vereinigt, ergeben ein räumliches Bild.

Wie der kartierende Geologe, so geht auch der erkundende Geologe vor. Nur besteht ein Unterschied: der Kartierer beobachtet a l l e s , der Erkunder jedoch im allgemeinen nur das, was ihm beim Auffinden des oder der gesuchten Stoffe weiterhelfen kann: sucht er eine Goldlagerstätte, so wird er dem goldführenden Fluß aufwärts folgen, bis er an die Quelle des Goldes, die „anstehende Lagerstätte“ gelangt (Abb. 96). Sucht er Steinkohlen, so muß er kartieren, um die Gesteinsfolge kennenzulernen, von der die Kohle ein Teil ist (Abb. 7); er kann so aus „hangenden“ Gesteinen folgern, daß die gesuchte Kohle darunter zu vermuten sein wird. Sucht er Erdöl, so muß er z. B. „Sättel“ aus porösem Gestein ermitteln, also wiederum kartieren (Abb. 94). Und so fort.

Daß gerade dem erkundenden Geologen heute eine Reihe von neuartigen Mitteln zur Verfügung steht, sei beiläufig erwähnt. Magnetisierbare Erzlager verraten sich durch Beeinflussung empfindlicher magnetischer Instrumente; elektrische „Schürfmethoden“ lassen Rückschlüsse auf die Leitfähig-

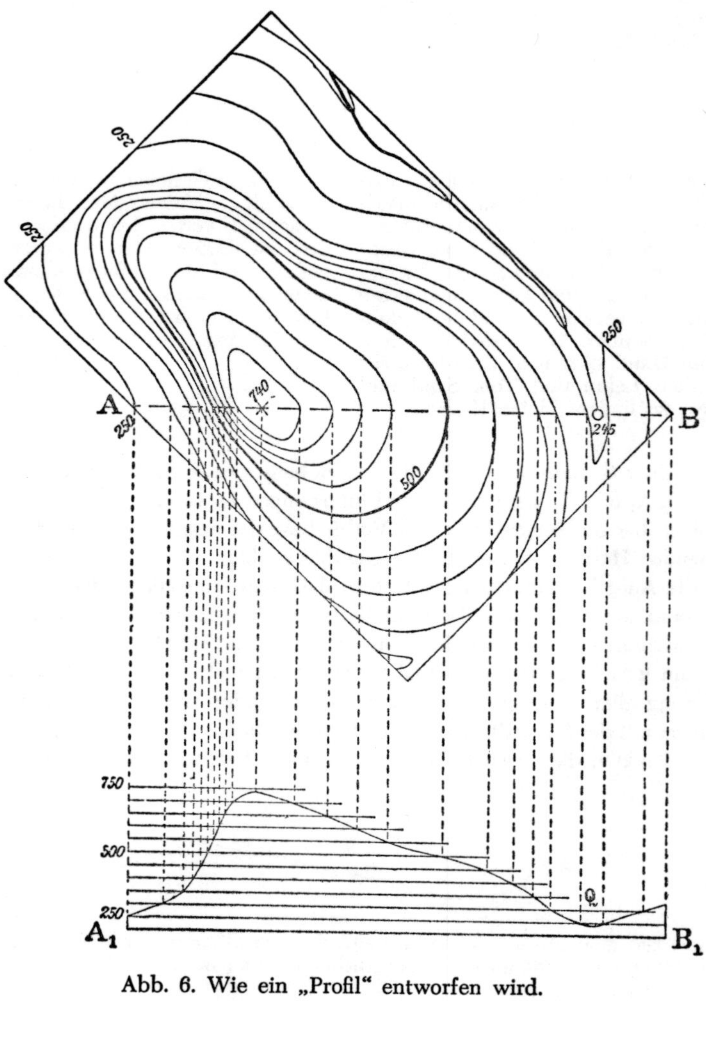

Abb. 6. Wie ein „Profil“ entworfen wird.

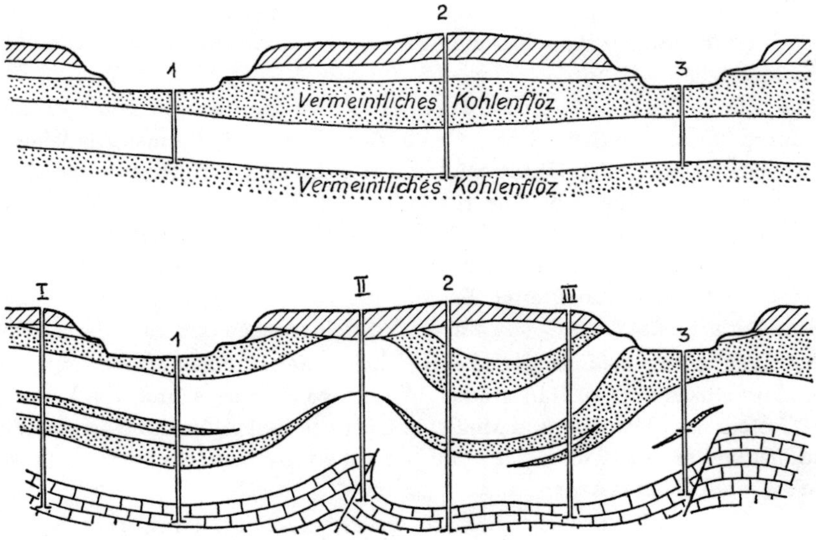

Abb. 7. Die Bedeutung sorgfältiger geologischer Untersuchungen wird besonders deutlich beim Abbau von Bodenschätzen.

Beispiel: Bei 1 und 3 (oberes Bild) wird Braunkohle gewonnen. Der bisher unbekannte weitere Verlauf des Lagers soll durch die Bohrungen 1 bis 2 festgestellt werden. Da alle Bohrlöcher in gleicher Tiefe Kohle antreffen, hegt der Beobachter keinerlei Bedenken, das Bild der oberen Zeichnung als zutreffend anzusehen. Dabei hat er jedoch die Neigung der Schichten und die Lebewesen der Kohle nicht berücksichtigt. Er hätte dann gefunden, daß die oben in 2 und 1 durchbohrte Kohle einem anderen Flöz als bei 3 angehört; ebenso hätte er die Kohlespuren am Grunde von 2 und 1 nicht zu einem großen Flöz verbinden dürfen. Da der Geologe Zweifel an der Richtigkeit des (oberen) Bildes hegt, läßt er die weiteren Bohrungen I—III niederbringen sowie 1, 2 und 3 vertiefen. Seine Vorsicht gibt ihm recht: es liegen 2 gefaltete Flöze vor; das Flöz im Abbau 3 ist nicht dasselbe wie bei 1!

keit der Gesteine des Untergrundes und damit auf die Art der Gesteine (Erze!) oder auf ihren Wassergehalt zu. Künstliche Erderschütterungen (Sprengungen) pflanzen sich in verschiedenartigen Gesteinen verschieden schnell fort und werden mittels „Erdbebenmessern“ verfolgt („Seismische Methoden“). Die Schwerkraft ändert sich je nach der Schwere der Gesteine der Erdrinde; „gravimetrische Messungen“ gestatten somit die Feststellung leichten und schweren Gesteins (z. B. Salz und Erze) im Untergrund. Kurzum, die Hilfsmittel der „Geophysik“ vermitteln Einblicke in den verborgenen Bau der Erde. Doch geht ihre Anwendung über die Aufgaben des „Feldgeologen“ zur Zeit noch weit hinaus und lohnt nur, wo wirtschaftliche Fragen zu beantworten sind, so bei der Aufsuchung von Salz, Erdöl, Erzgängen und dergleichen. Heute haben die Regierungen der meisten Kulturländer diese wichtigen, aber kostspieligen Untersuchungen in die Hand genommen. Auch die Bergbau- und besonders die Erdölindustrie bedienen sich ihrer in wachsendem Umfang. Nie aber werden diese Methoden den Geologen ausschalten, denn nur der geologisch Geschulte vermag ihre Ergebnisse zu deuten.

Nun wissen wir, wie der Geologe im Felde vorgeht: Er will sich kartenmäßig Klarheit verschaffen über die Gesteine, ihre Beschaffenheit, Verbreitung, Lagerung. Dazu braucht er neben der Karte und dem Bleistift, neben seinem offenen Blick und dem eisernen Willen, nichts zu übersehen, neben gesunden Gliedmaßen und etwas Ausdauer einiges Werkzeug.

Das Wichtigste ist folgendes: Neben Karte, Bleistift (und Farbstiften), Radiergummi, Bleianspitzer, Taschenmesser braucht man den Geologenhammer, einen oder mehrere Meißel, den Geologenkompaß (möglichst mit Klinometer), ein Säurefläschchen, eine gute Lupe (8- bis 16fach); ferner wird man Einwickelpapier und Etiketten für Funde, Notizblock, Zeichenheft,

Fotogerät und Fernglas nicht entbehren können. Ein kleiner Erdbohrer tut oft gute Dienste, häufig auch ein Reisemikroskop. Kartentasche und Rucksack sind selbstverständlich, ebenso derbe Kleidung.

Die Anschaffung des Geologenhammers ist Vertrauenssache. Nur namhafte Firmen liefern brauchbares, zweckdienliches Gerät von erprobten Formen, tadellosem Stahl, mit trockenem Eschen- oder Hickorystiel, der — sich oben verdickend — in eine entsprechende Öffnung des Kopfes paßt. Für den Anfang wählt man einen 40—50 cm langen Stiel. Ein Reservehammer im Quartier empfiehlt sich. Der Hammer dient zum Zurechtschlagen von Sammlungs- und Handstücken (6×9 cm), zum Anschlagen von Gesteinsproben (Gewinnung von frischen, d. h. nicht verwitterten Bruchflächen), zum Scharren im losen Gestein (dazu besser eine Schürfhacke), zum Gewinnen von Versteinerungen und zu anderen Zwecken.

Ein kegeliger und ein keilförmiger Meißel helfen den Hammer schonen; sie gestatten die leichtere „Formatisierung" zu Handstücken, die sichere Herausschälung von Versteinerungen aus dem Gestein usw. Hammer und Meißel müssen von Zeit zu Zeit von sachkundiger Hand nachgeschärft und neu gehärtet werden (auf Rotglut erhitzen und die Schneide in wenige mm tiefem Wasser abkühlen lassen).

Der Geologen-Kompaß (Abb. 8) unterscheidet sich durch zwei Besonderheiten vom gewöhnlichen Kompaß: erstens ist er auf einer Metallplatte angebracht, deren Längskanten der NS-Linie des Kompasses gleichlaufen (oder er weist sonst eine entsprechende Kante auf), und zweitens sind Ost und West miteinander vertauscht. Gelegentlich trägt die Grundplatte noch eine Dosenlibelle zur Nachprüfung der waagerechten Lage des Gerätes, sowie das Innere des Kompasses einen pendelförmigen Neigungsmesser (Klinometer).

Die Längs-, d. i. die Anlegekante, legt man an die Linie, deren Richtung man bestimmen will; da die Nadel nur einspielt, wenn der Kompaß waagerecht gehalten wird, bedeutet die Anlegelinie den erforderlichen Schnitt zwischen der Schichtfläche und einer waagerechten Ebene, also den Schnitt, der die Streichrichtung angibt. Diese Richtung bestimmt sich danach leicht als der Winkel zwischen der N—S-Linie der Kompaßskala und der Nordnadel. Um Irrtümer bei der Ablesung dieses Winkels zu vermeiden, sind die Bezeichnungen für Ost und West vertauscht, d. h. West steht rechts von Nord, also dort, wo auf dem gewöhnlichen Kompaß „Ost" steht.

Der Grund hierfür ist leicht einzusehen, wenn man sich folgendes klarmacht oder — noch besser — mit einem beliebigen, d. h. nicht geologischen Kompaß nachprüft (Abb. 9): Wir stellen, wie bereits oben erwähnt, ein Buch mit dem Rücken nach oben so auf den Tisch, daß der Rücken N—S verläuft, und legen den Kompaß, an dem O und W nicht vertauscht sind, an die „Streichrichtung". Drehen wir nun das Buch mit dem vom Körper des Beschauers entfernt liegenden Ende um einen beliebigen Winkel gegen Osten (Abb. 9), so wird sich die Magnetnadel, da sie die N—S-Richtung beibehält, scheinbar um denselben Winkel nach Westen drehen (oder anders ausgedrückt: die Kompaßskala dreht sich unter der stehenbleibenden Nadel nach Osten weg). Die Ablenkung unserer Schicht (Buch) nach Osten gibt sich also auf einer gewöhnlichen Kompaßskala als Abweichung der Nadel gegen Westen kund. Um nun Fehlablesungen zu verhüten, vertauscht man auf dem Geologenkompaß von vornherein O und W.

Zur Feststellung des Streichens einer Gesteinsfläche verfährt man so, daß man die Anlegekante — Nord vom Körper weg — waagerecht anlegt und einfach den Winkel zwischen N und der Nadel abliest. So bedeutet „N 30 O"*) eine Richtung, die von NS um 30° nach Osten abweicht.

Das Fallen bestimmt man mittels Klinometer, wie er sich im Geologenkompaß befindet, oder wie man ihn sich aus einem Winkelmesser nach Abb. 10 selbst herstellen kann. Diesen legt man auf der Fall-Linie an, das ist die Linie, längs derer ein Steinchen oder

*) Osten wird häufig mit E (= east) abgekürzt.

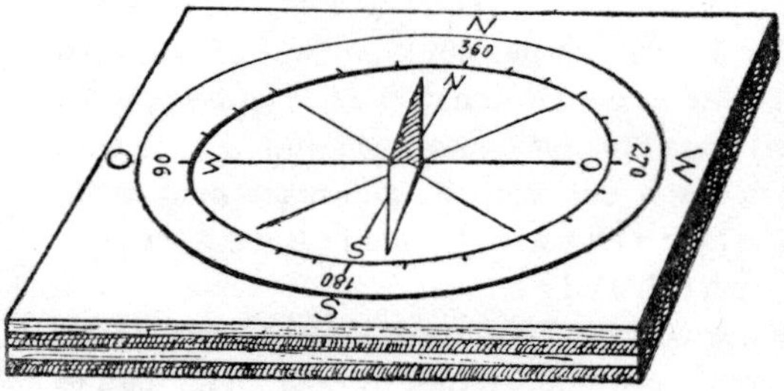

Abb. 8. Ein in Sperrholz oder eine Schachtel eingelassener Kompaß mit zusätzlicher Bezeichnung der Himmelsrichtung (O und W vertauscht) tut gute Dienste als Geologenkompaß.

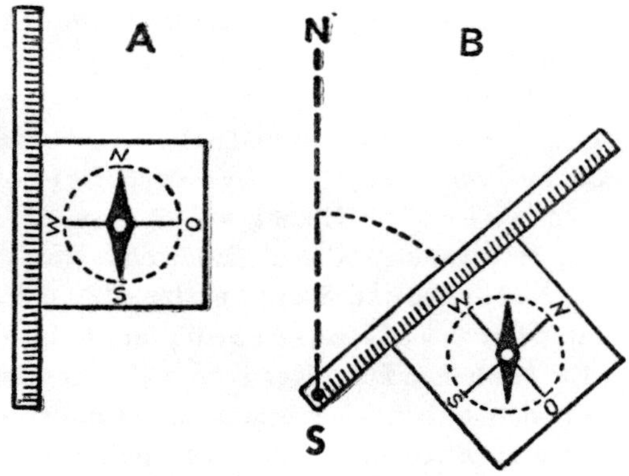

Abb. 9. Der Versuch mit dem Kompaß und dem Buchrücken (oder Lineal) (s. a. Abb. 1)

ein Wassertropfen die geneigte Fläche hinabrollt. Man kann die Fall-Linie auch dadurch feststellen (das Auge täuscht sich leicht!), daß man mittels des Klinometers eine Waagerechte ermittelt (0° Neigung); die gesuchte Linie steht zu dieser im rechten Winkel.

Da Fallen und Streichen rechtwinklig zueinander verlaufen, genügt es, die Lage einer Schicht oder sonstigen geologischen Fläche beispielsweise folgendermaßen zu kennzeichnen: „Streichen N 30°, Fallen 55° W". Am Beispiel mit dem Buch wurde klar, daß zu jeder Streichrichtung zwei Fallrichtungen — die beiden Buchdeckel — möglich sind. Man muß also durch Beifügung einer Himmelsrichtung angeben, nach welcher von beiden möglichen Seiten die gemessene Fläche fällt. Dabei genügt eine grobe Angabe der Haupthimmelsrichtung, denn es ist etwa in unserem Beispiel klar, daß das Fallen N 60° W erfolgt, d. h. um 90° von der Streichrichtung abweicht.

S a l z s ä u r e, mit Wasser etwa 1 : 5 verdünnt, führt man in einer wohlverwahrten Tropfflasche bei sich. Am besten haben sich bisher die Hartgummifläschchen bewährt, wie sie zur Aufbewahrung von Füllhaltertinte dienen sowie die in Apotheken verwendeten, langschnäbligen Tropfflaschen mit Schraubdeckel aus Kunststoff. Salzsäure muß immer zur Hand sein. Durch einfaches Betupfen mit verdünnter Salzsäure erkennt man Kalk, Kalkspat, Kalkstein ohne weiteres an dem aufschäumenden Kohlendioxid und kann sie von ähnlich aussehenden Mineralien leicht unterscheiden (Vorgang: Kohlensaures Kalzium + 2 Salzsäure = Chlorkalzium + Kohlendioxid + Wasser nach der Formel: $CaCO_3 + 2\,HCl = CaCl_2 + CO_2 + H_2O$).

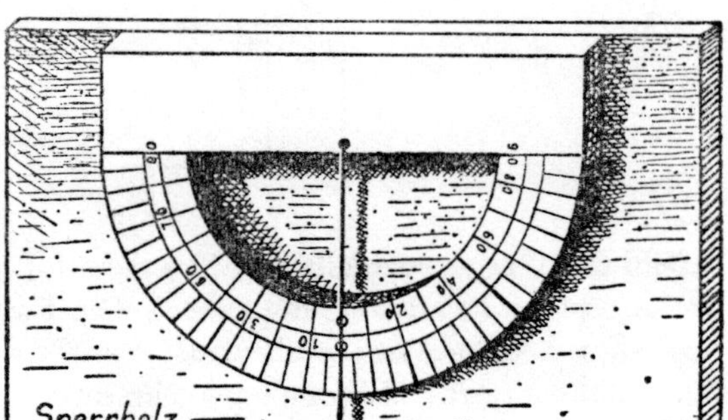

Abb. 10. Selbsthergestellter Klinometer (Neigungsmesser), bestehend aus Winkelmesser (aus Papier), auf Holz geklebt, ausgesägt, auf rechteckiger Holztafel angebracht und mit Pendel versehen. (Die Hälften des Gradbogens sind vertauscht, damit das Pendel in der abgebildeten Lage auf 0° steht.)

Gute, stark vergrößernde Lupen sind ziemlich teuer. Doch lohnt sich diese Ausgabe immer. Notfalls genügen auch Einschlaglupen.

Als Einwickelpapier dient Zeitungspapier, zu Etiketten verwendet man einfaches Notizpapier. Schächtelchen und Glasröhrchen für zarte Funde hat der zünftige Geologe stets bei sich. Jeden Fund sofort mit Etikett versehen und gut eingepackt verstauen! Das Etikett enthält — mit Bleistift, nicht mit Tinte! — Fundort, Tag und erste Bestimmung, oder aber nur eine Nummer, unter der man die gleichen Angaben im Notizbuch vermerkt. Skizzenbuch und Fotogerät können sich gegenseitig nicht voll ersetzen; man braucht beide!

Ein spazierstockförmiger Erdbohrer oder ein 1-Meter-Bohrer mit Holzhammer helfen die Bodenbeschaffenheit erkunden, wenn der Verwitterungsboden dick ist oder wenn man es — wie im Flachland — nur mit weichen Bodenarten zu tun hat. Da hilft auch ein kleiner Pflanzspaten recht gut, den man in der Rocktasche unterbringen kann.

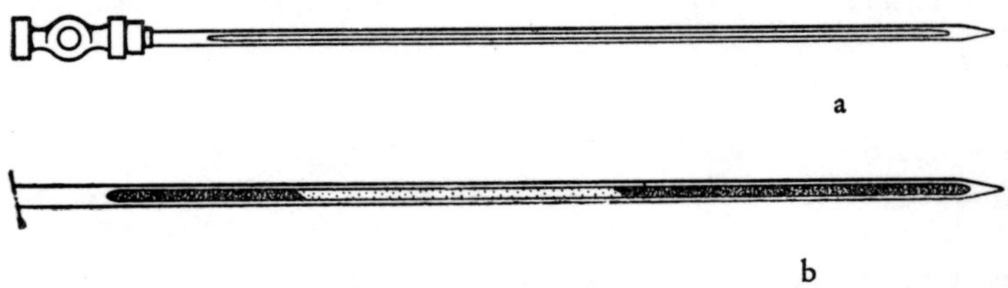

Abb. 11. Erdbohrer. a 1-m-Bohrer, b Unterteil des 2-m-Bohrers mit geschichteten Proben aus 1—2 m Tiefe

Für die Karte empfiehlt sich eine buchdeckelartige Klapptasche (leder- oder kalikoüberzogene Pappe) von 1/8 Meßtischblattgröße, in der das entsprechend gefaltete Kartenblatt offen daliegt, beiderseits durch ein umgelegtes Gummiband gehalten. Bleistift, Gummi, Maßstab (kleines Lineal oder Zirkel) finden am besten ihren Platz in Schlaufen oder an Bindfäden an dieser Tasche (Abb. 12). Das Taschenmesser dient neben anderem auch zur Bestimmung der Härte von Mineralen *).

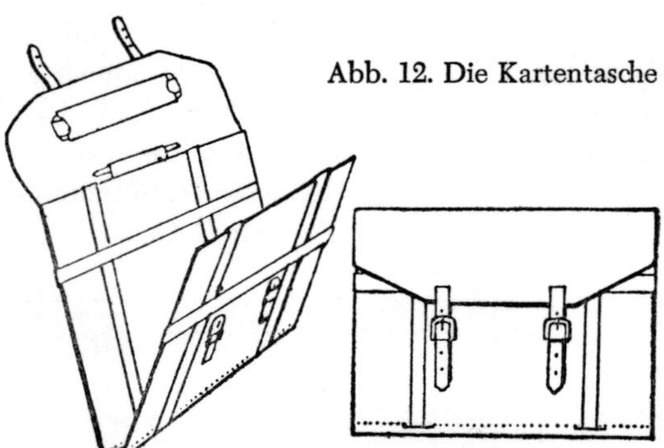

Abb. 12. Die Kartentasche

Gelegentlich werden besondere Hilfsmittel nötig werden, so, wenn wir Höhlen oder Gletscher, Vulkane oder Grundwasser, Moore oder den Boden von Seen usw. erkunden wollen. Die Ausrüstung im Hochgebirge wird manches enthalten müssen, was der Flachlandsgeologe niemals braucht. Immer aber werden die oben aufgezählten Hilfsmittel zur Hand sein müssen, wenn man erfolgreich arbeiten will.

Für die Heimarbeit braucht man Werkzeug (Hämmerchen, Meißel, Präpariernadeln usw.), gegebenenfalls ein Mikroskop (für mineralogische und petrographische Untersuchungen ein Polarisationsmikroskop). Die Kartenzeichnung wird auf dem Reinblatt in Ausziehtuschen und Wasserfarben ausgeführt; die gesammelten Funde werden geordnet und in der üblichen Art und Weise untergebracht.

*) Vgl. S. 139.

DAS GESETZ DER ERDGESCHICHTE

Geologisch denken, heißt geschichtlich denken.

Alle Einzelerscheinungen in der Natur sind Ausschnitte aus großen erdgeschichtlichen Abläufen: Das S a n d k o r n treibt zum Meer, weil es erdgeschichtlichen Gesetzen folgt; es ist nichts anderes als ein Teil des Gebirges, das, von der Verwitterung zermürbt, vom Fluß in das Sammelbecken des Meeres getragen wird. Die M u s c h e l verwendet den vom Gebirge her im Flußwasser mitgebrachten, gelösten kohlensauren Kalk zum Aufbau ihrer Schalen; diese ihrerseits tragen nach dem Tode der Meeresmuschel bei zum Aufbau kalkiger Schlammschichten am Meeresboden, die dereinst wieder zu Gesteinen des Festlandes werden sollen.

S o w i r d d a s U n s c h e i n b a r e b e d e u t s a m , w i r d d a s B e s c h e i d e n e A u s d r u c k e r d b e h e r r s c h e n d e r G e s e t z e d e s W e r d e n s.

Wer diese Selbstverständlichkeit sich bewußt zu eigen macht, denkt geologisch; wer sie nicht erkennt, wer im Kleinen nicht das Ganze sieht, wird unserer Wissenschaft immer fremd gegenüberstehen.

Wie lautet nun das Gesetz, das alles Erdgeschichtliche regelt und leitet, das das Bild unserer Erdoberfläche formt und seinen Wandel bestimmt?

Es lautet einfach genug, um von jedem begriffen zu werden:

D i e K r ä f t e , d i e v o n a u ß e n her auf die Erdoberfläche einwirken, sind bestrebt, die Höhen zu erniedrigen und die Senken auszufüllen — kurz: die E r d o b e r f l ä c h e e i n z u e b n e n.

Daß sie dieses Ziel nicht erreichen, dafür sorgt der Erdball selbst, dafür tragen d i e K r ä f t e d e s E r d i n n e r n Sorge: Vulkane schütten Berge und ganze Gebirge auf, Bewegungen innerhalb der Erdkruste schieben die flachliegenden Gesteinsschichten zu Gebirgen zusammen, lassen den Meeresboden, lassen ganze Kontinente steigen oder sinken — kurz: sie s c h a f f e n n e u e H ö h e n u n t e r s c h i e d e und machen derart das Streben der äußeren Angreifer zunichte. Aber die neuen Höhenunterschiede regen die äußeren, einebnenden Vorgänge zu neuem Spiel an.

Hochgebirgsgipfel zerfallen, gelockert von Frost, Pflanze, Sonnenstrahlung und von der lösenden Kraft der Niederschläge; ihr Gestein zerbröckelt zu Schutt, der Schutt gerät in die Wasserläufe. Blöcke werden im Fluß zu Geröll zersplittert, gerundet, abgerollt; im Strom wird das Geröll zu Sand, im Unterlauf der Sand zu Schlamm. Im Binnensee, den der Fluß durchströmt, oder im Meer kommt der Schlamm zur Ruhe. So lange geht dieses Spiel, bis das Gefälle des Flusses ausgeglichen ist; bis die Höhen so weit abgetragen, die Niederungen so weit aufgefüllt sind, daß dem Wasser gerade noch die Kraft bleibt, zum Meer zu fließen, nicht mehr aber um Geröll zu tragen und seine Ufer zu zerstören — kurz, bis zur fast vollendeten Einebnung.

E h e aber dieser Endzustand erreicht wurde, h a t b i s h e r i m m e r n o c h i m L a u f e d e r E r d g e s c h i c h t e i r g e n d e i n e e r d i n n e r e B e w e g u n g d e n v ö l l i g e n A u s g l e i c h v o n H o c h u n d T i e f v e r h i n d e r t , sei es, daß das Gebirge erneut emporsteigt und so trotz der Abtragung nicht niedriger wird (vielleicht trifft das für die heutigen Alpen zu);

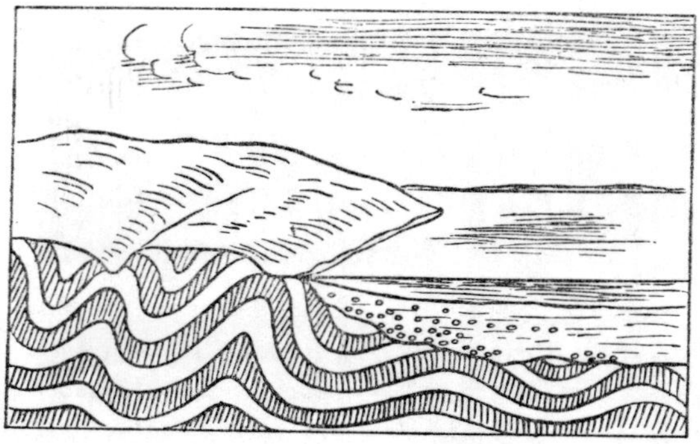

Abb. 13. Der Schutt des abgetragenen Festlandes erfüllt das Meer.

sei es, daß eine Senkung im Mündungsbereich des Flusses das Gefälle von neuem belebt (dieser Fall trifft teilweise auf die heutige Nordsee zu);
sei es auch, daß dem Strom sich eine Gebirgsschwelle in den Weg stellt und ihn zwingt, seitlich auszuweichen; geht der Aufstieg des Gebirges so langsam vor sich, daß der Fluß nicht abgelenkt wird, sondern ihm Zeit bleibt, die allmählich aufsteigende Gebirgsschwelle zu durchnagen, so behält er seinen Lauf bei, aber lange noch werden Stromschnellen und Wasserfälle die Störung des Gefälles bezeugen (dieser Fall ist beim Rhein im Rheinischen Schiefergebirge verwirklicht; alte Flußbetten auf der Hochfläche des Schiefergebirges und hoch oben an den Hängen der heutigen Flußtäler deuten nicht an, daß der Rhein früher höher geflossen ist, sondern vielmehr, daß die Gebirgsoberfläche einst so tief lag, daß der Rhein ungehindert über sie hinwegfließen konnte) (T. 27, S. 163).

Die gleichen Wirkungen wie Erdbewegungen können vulkanische Ereignisse hervorrufen.

Ein erdgeschichtlicher Erfahrungssatz besagt, daß sinkende Meeresräume ungeheure Mengen von Festlandschutt aufnehmen (Abb. 13), und daß — sind sie erst gefüllt — aus ihrem Schoße die Hochgebirge emporquellen (wie kämen anders versteinerte Meerestiere auf die Gipfel der Hochgebirge!).

Damit schließt sich der allumfassende Ring erdgeschichtlichen Geschehens: Gebirge zerfallen zu Schutt; sie wandern als Schlamm ins Meer (Holland besteht z. T. aus Alpenschutt, und in den Marschen der Nordsee sammeln sich zu Tonstaub zermahlene Gesteine der deutschen Mittelgebirge), der Schlamm wird zu Stein *), und der Stein wird zu neuen Gebirgen aufgestaucht. Aber während das neue Gebirge emporsteigt, beginnt bereits die Zerstörung an ihm zu nagen: Der Kreislauf vom Gebirge zum Meer, vom Meer zum Gebirge setzt von neuem ein (Abb. 14).

Zwar hat sich das Erdbild gewandelt; denn Gebirge sind verschwunden und Meere haben neuen Bergketten Platz gemacht. Die Gesetze aber, die das Bild der Erdoberfläche formten und weiterhin formen werden, sind die gleichen, die sie von jeher waren und immer sein werden.

Aus dem Widerspiel der äußeren und der inneren Kräfte entspringt das jeweilige Bild der Erdoberfläche, ergibt sich die Umgrenzung der Festländer und Meere, die Verteilung von Hoch und Tief.

*) D. h. das Gestein ist fossiler Schlamm. Fossil (wörtlich übersetzt „ausgrabbar") bedeutet „vor der Gegenwart entstanden", bei Lebewesen meistens ausgestorben. Der Gegensatz zu fossil ist rezent = neu, modern. Also ist das obengenannte Gestein ein fossiler Schlamm, der Schlamm aber ein rezentes Gestein. Ebenso gibt es rezente neben den fossilen Lebewesen, die Wissenschaft von den rezenten ist die Biologie, die von den fossilen die Paläontologie, auch Paläobiologie.

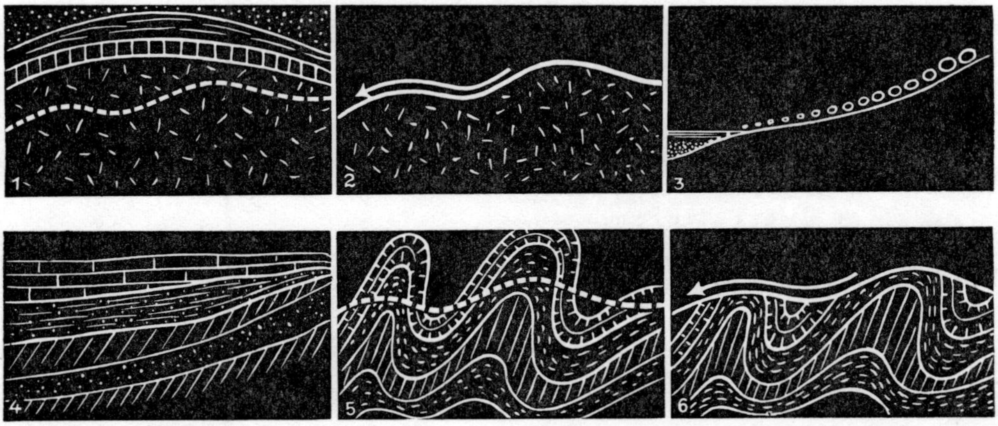

1. Der Granitstock wird . . .
2. **durch die Abtragung freigelegt; er wandert ins Meer.**
3. Granitblöcke im Oberlauf, Schotter und Kies im Mittellauf, **Quarzsand im Unterlauf des Flusses, so gelangt er in die See.**
4. Der Sand wird zu Sandstein, den später andere Schichten bedecken.
5. Die Schichten türmen sich zum Faltengebirge auf, das
6. alsbald wieder — Block um Block, Korn um Korn — dem Meere zuwandert, aus dem es kam.

Abb. 14. Der Kreislauf der Gesteine offenbart sich in jedem einzelnen Sandkorn.

Im Widerspiel dieser Kräfte belebt sich das Erdbild ständig. Es ist nicht ewig; was wir heute sehen, was das Gesicht unserer Heimat ausmacht, ist nicht von Dauer, ist nichts als ein Querschnitt im Strom des erdgeschichtlichen Werdens, wird morgen anders sein, als es heute ist, ist heute anders, als es gestern war.

Den Wandel des Erdbildes aufzuhellen, aus bescheidenen Anzeichen wieder vor das geistige Auge des Forschers zu zaubern, ist eine der großen Aufgaben der Erdgeschichtsforschung. (Die geographischen Verhältnisse früherer Zeiten zu ermitteln — und zwar für jeden Zeitabschnitt der Erdgeschichte besonders — ist Aufgabe der Paläogeographie, d. h. der „Alt-Erdbeschreibung", die ihrerseits die Grundlagen für die Erdgeschichte selbst bietet; denn die zeitlich richtige Aneinanderreihung der für die einzelnen Abschnitte der Erdgeschichte gewonnenen paläogeographischen Bilder ergibt in ihrer Gesamtheit den Ablauf der Erdgeschichte.)

Alle Vorgänge, die sich auf und in der Erdrinde abspielen, ordnen sich in den großen Kreislauf ein:

Die Entstehung von Gebirgen, das Aufdringen der Gesteine der Tiefe zur Erdoberfläche, das Sinken und Steigen des Festlandes, des Meeresbodens — auf der einen Seite;
auf der anderen Seite:
die Zerstörung vorhandener Gesteine durch Wetter, Pflanze, Tier und Mensch;
der Transport des Gesteinsgutes durch Bach, Fluß, Strom und Brandung, durch das im Erdreich umgehende Grundwasser, durch Wind und Gletschereis;
die Ablagerung von Schlamm in Seen und Meeren, von Sand in Deltas, von Torf in Mooren, von Salz in Wüsten und verdunstenden Meeren, von Erzen in den Klüften der Berge.

Zerstörung, Transport und Ablagerung beherrschen den äußeren Bogen des Kreislaufes, Vulkanismus und Erdbewegungen den inneren. Keiner von ihnen ist ohne den anderen denkbar.

Jedes Mineral, jedes Erz, jedes Gestein vom Granit bis zum Dünensand — auch dieser zählt ebenso wie alle anderen festen, losen und sogar flüssigen oder gasförmigen Massen, die in beträchtlichem Umfange am Aufbau der Erdrinde beteiligt sind, im geologischen Sinne als „Gestein" — ist an einer bestimmten Stelle des Kreislaufes entstanden, wird von ihm mitgerissen zu neuem Werden.

Jedes Mineral, Erz oder Gestein ist die Frucht einer Reihe von Vorgängen aus dem großen Kreislauf; jedes kommt irgendwoher, entsteht irgendwann und irgendwo und geht irgendwann und irgendwohin in neue Formen über. Aus jedem lassen sich seine Herkunft, seine Entstehungsumstände und bis zu einem gewissen Grade auch seine Zukunft ablesen.

So verstehen wir aus dem Gesetz des Kreislaufes jedes Mineral und jedes Gestein, aber auch jede Form der Landschaft, der Gebirge und der Ebenen, der Berggipfel und Hochflächen ebenso wie die der Meerestiefen.

Aus dem Gesetz vom Kreislauf ergeben sich die Gruppen der Forschungsziele und des Wissensgutes, die unsere Wissenschaft ausmachen, ergibt sich daher auch die Gliederung dieses Buches:

Hat das erste Kapitel uns mit den Besonderheiten geologischen Denkens und den Wegen erdgeschichtlicher Forschung bekannt gemacht, gab das zweite einen Einblick in das beherrschende Gesetz erdgeschichtlichen Werdens, so bauen die folgenden auf dieser Grundlegung auf: Das nächste Kapitel schildert die Vorgänge äußerer und innerer Herkunft, die das Erdbild formen (sogenannte allgemeine oder dynamische Geologie); im folgenden Kapitel werden die Stoffe, d. h. die Mineralien und Gesteine behandelt, die als Niederschlag der einzelnen Phasen des großen Kreislaufes entstehen und in ihrer Gesamtheit den Erdbau zusammensetzen (mineralogische und gesteinskundliche Grundlage); hierher gehören auch die nutzbaren Bodenschätze.

Das letzte Kapitel schließlich bringt als „Schichtenkunde“ (Stratigraphie) die Krönung des Gebäudes, nämlich die Zusammenfassung dessen, was über den Wandel des Erdbildes im Laufe der Zeit aus den Gesteinen abgelesen werden kann und was sich aus ihrem Inhalt an Resten des organischen Lebens (Versteinerungen) über den Werdegang des Lebens im Verlaufe der erdgeschichtlichen Entwicklung ergibt. Es enthält also die eigentliche Erd- und Lebensgeschichte, Ziel und Lohn aller geologischen Arbeit.

TAFEL III

Felsformen der Verwitterung

1. Porphyrfelsen bei Münster am Stein. Mauern hemmen die Wanderung des Schuttes. Aufn. Prof. Rauh
2. Riff-Felsen in der Fränkischen Schweiz (S. 57). Aufn. Plösser
3. Gneisfels auf dem Kaitersberg bei Kötzting, Bayerischer Wald Aufn. A. Pech
4. Der Quarzgang des bayerischen Pfahles bei Weißenstein (Bayerischer Wald) (vgl. T. 1, S. 17, Abb. 2) Aufn. A. Pech

1

2

3

4

WIE DIE NATUR DAS BILD DER ERDE FORMT

(Die geologischen Kräfte)

DIE ÄUSSEREN KRÄFTE

haben ihren Ursprung in der Sonnenstrahlung. Die Sonne hält mit ihrer Wärmeeinstrahlung den Kreislauf des Wassers in Gang, bedingt die atmosphärischen Kreisläufe und bestimmt, welche von den äußeren Kräften unter dem jeweiligen Klima zu Einfluß auf Gestein und Erdoberfläche gelangen. Da diese Kräfte ihren Ursprung außerhalb der Erde haben, bezeichnet man sie auch als „außenbürtig" (exogén). Den Teil der allgemeinen Geologie, der sich mit außenbürtigen Kräften befaßt, nennt man daher wohl auch „Exogene Dynamik". — Die außenbürtigen Kräfte erstreben die Einebnung der Erdoberfläche.

Sie suchen zu zerstören, was sich über den Meeresspiegel, was sich über seine Umgebung erhebt; sie befördern die zerstörten Gesteine, den Gesteinsschutt meerwärts oder zu den anderen großen Schuttabladeplätzen der Erde, in die Wüstenbecken; sie laden den Gesteinsschutt im Meer, in Binnenseen, in Wüsten oder sonstigen Vertiefungen ab. Zerstörung, Beförderung, Ablagerung sind das Werk der außenbürtigen Vorgänge.

Es wurde soeben gesagt, daß die Sonnenkraft den exogenen Teil des erdgeschichtlichen Kreislaufes bedingt und aufrechterhält. Das ist besonders sinnfällig, wenn wir an den mit dem Kreislauf des Wassers gekoppelten Ausschnitt der außenbürtigen Vorgänge denken. Denn das Wasser hat in jeder Form, in der es am Kreislauf teilnimmt, Einfluß auf die Zerstörung, den Transport und die Ablagerung der Gesteine, sowohl als Regen und Schnee, als gefrierende Bodenfeuchtigkeit, als sickerndes Grundwasser, als gleitendes Gletschereis, als das fließende Wasser der Bäche und Ströme und schließlich als See und Meer.

Sinnfällig ist auch der Anteil der durch die Sonneneinstrahlung in Bewegung gehaltenen Luft am Kreislauf der Stoffe in der Natur: Nicht nur in Wüsten, sondern auch in unseren Breiten spielt der Wind eine Rolle als Transportmittel für Staub und Sand. Das vom Wind aufgegriffene Gesteinsgut wird in feuchten Senken wieder abgelagert. Zur eigentlichen Zerstörung durch Wind kommt es jedoch nur in Wüstengebieten, in denen sandbeladener Wind wie ein Sandstrahlgebläse unmittelbar auf den Fels einwirkt.

Weniger sinnfällig, doch ebenfalls durch die Sonne bedingt und ebenfalls zum Kreislauf sich fügend, ist die Rolle der Lebewesen bei Zerstörung, Transport und Neubildung von Gesteinen: Die Zerstörung des festen Gesteins beginnt zumeist durch die Eingriffe niederer

---

TAFEL IV

Landschaftsformen der Verwitterung

1. Weitgehend eingeebnetes, gealtertes Bergland aus kristallinen Gesteinen (Böhmerwald bei Eisenstein) Aufn. A. Pech
2. Kalksteinschicht, muldenförmig gelagert Aufn. Dr. Creder
3. Kalkalpen-Formen Aufn. Dr. Creder
4. Bergformen der kristallinen Ostalpen Aufn. Dr. Creder

Pflanzen; der Transport von Mineralstoffen im tierischen Körper als Phosphorsalz oder Kalksalz der Knochen, als Schwefel im Eiweiß usw. spielt keine sehr große Rolle, ist aber unleugbar vorhanden; Neubildungen durch Lebewesen finden auf dem Lande hauptsächlich in Mooren statt, in denen sich Pflanzen zu oft recht beträchtlichen Massen von neuem Gestein anhäufen können. Im Meere kommt es zu mächtigen Neubildungen durch Tiere und ihre Reste. Sonnenbedingte, außenbürtige Kreisläufe fügen sich dem Kreislauf der Gesteinszerstörung und Gesteinsneubildung ein: ebenso wie der Wassertropfen, wie jedes Gestein folgt auch jedes chemische Element seinem ihm eigenen Kreislauf.

Zerstörung der Gesteine

Die zerstörende Tätigkeit des Wassers

Das Wasser in jeglicher Form hat den größten Anteil an der Zerstörung der Gesteine nicht nur in unseren Breiten und in anderen feuchten Klimaten, sondern bis zu einem gewissen Grade auch in den an Feuchtigkeit armen Wüsten- und Steppengebieten: Als Niederschlag (Meteorwasser) ist es einer der Hauptträger der Verwitterung, dem jedes an der Luft liegende Gestein ausgesetzt ist. Es ist gleichsam der Inbegriff dessen, was die Redensart unter dem Zahn der Zeit versteht. Es nimmt an der Zerstörung ferner Anteil als unterirdisches Wasser, d. h. als Boden- oder Grundwasser, und als Wasser, das in unterirdischen Hohlräumen offen dahinfließt (Höhlenflüsse usw.). Eine besonders wichtige Rolle spielt das an der Oberfläche strömende Wasser, eine geringere die Zerstörung der Gesteine durch stehende Gewässer.

Niederschläge und Verwitterung

Im Kreislauf des Wassers kehrt jeder Tropfen im Laufe von schätzungsweise 4000 Jahren wieder an den Ausgangspunkt des Kreislaufes zurück, indem er, dem Meere zugeflossen, aus dem Meere verdunstet, in Form von Wolken und Niederschlägen dem Quellgebiet der Ströme wieder zugeht. Jeder Tropfen Wasser fällt in gewissen Abständen immer wieder als Regen, Schnee oder Tau zur Erde. Im deutschen Flachland sind es 500—800 mm, im Mittelgebirge 600 bis mehr als 2000, in den Alpen 1000—2500 mm Niederschläge, die im Jahr auf 1 mm^2 Boden fallen. Die höchsten irdischen Niederschläge dürften mit $>$ 12 000 mm, d. h. mit einer Wassersäule von 12 m Höhe, in gewissen Teilen der Tropen erreicht werden (Hawai).

Bei weitem nicht die ganze Menge Wasser, die als Niederschläge fällt, steht jedoch zur Zerstörung der Gesteine zur Verfügung: Ein großer Teil verdunstet unmittelbar, ein weiterer wird von der Pflanzendecke aufgenommen und wieder in die Luft entführt, und nur ein letzter Teil fließt oberflächlich ab oder sinkt in den Erdboden ein, um sich dort dem Grundwasser zuzugesellen. Die Größe der verschiedenen Anteile wechselt stark. Ein bedeutsamer Unterschied besteht zwischen dem Teil der Festländer, die vorwiegend feucht sind, in denen also mehr Niederschläge fallen, als durch Verdunstung wieder verlorengehen (humides Klima), und den Kerngebieten der Kontinente, deren Klima arid (trocken) ist, d. h. in denen weniger Regen fällt, als die Verdunstung aufzehren könnte.

Nur, was nicht durch die unmittelbare Verdunstung oder durch den Verbrauch seitens der Pflanzendecke verlorengeht, steht für die Verwitterung zur Verfügung.

Abb. 15. Dieses Kärtchen zeigt die Ursache der umfangreichen Bodenzerstörungen („Bodenerosion") in Nordamerika.

(Zeichnung Schwarzenbeck)

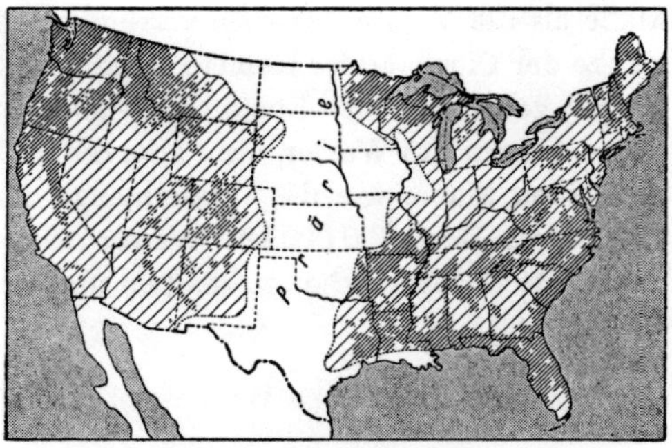

Eine alte Regel besagt, daß sich Verdunstung, Abfluß und Versickerung wie 1 : 1 : 1 verhalten, d. h. daß ein Drittel verdunstet, ein Drittel abfließt und ein Drittel in den Boden versickert. Diese alte Regel scheint nach neueren Untersuchungen im rohen Durchschnitt zuzutreffen.

Selbstverständlich spielt der Wind bei der Verdunstung eine Rolle — im Windschatten verdunstet wesentlich weniger als an windigen Stellen; es spielt die Bodendurchlässigkeit mit — in Sand versickert mehr als in Ton, im klüftigen Kalkgebirge versickert sogar der größte Teil des fallenden Himmelwassers. Das Verhältnis 1 : 1 : 1 wird natürlich auch durch die Art und Dichte der Pflanzendecke abgewandelt: So läßt natürlicher Wald nur etwa drei Viertel der Niederschläge überhaupt zu Boden gelangen; dort aber verdunstet höchstens ein Drittel der Menge, die außerhalb des Waldes verdunsten würde. Dafür versickert im Wald mehr Wasser in den Boden, wird aber, ehe es zum Grundwasser gelangt, von den Wurzeln wieder aufgenommen und in die Luft zurückgepumpt. Das bedeutet in der Endwirkung, daß sich die Verdunstung in ihrem Verhältnis zum Einsickern im Wald nicht viel anders als auf Freiflächen verhält; nur liegt der Grundwasserspiegel im Wald im allgemeinen tiefer als im Freiland. Eine andere Wirkung des Waldes beruht darauf, daß die Bodenstreu und die Moosdecke sehr viel auffallendes Wasser festhalten und es nur langsam abgeben; der Wald wirkt somit regelnd und ausgleichend auf den Abfluß ein, er verhütet plötzliche Hochwässer. Auch ist erwiesen, daß Waldbäche bei trockener Witterung weniger nachlassen als die im Freiland dahinziehenden Wasserläufe. All das wirkt dahin zusammen, daß der Wald die abtragende und zerstörende Wirkung der Niederschläge einschränkt. Die rücksichtslose Entwaldung Nordamerikas mit ihren ungeheuren Schädigungen der Kulturländereien durch Staubsturm, plötzliche Hochwässer usw. ist ein unheimlicher Beweis für die Richtigkeit dieser Feststellung. Diese Bodenzerstörung erreicht in den heißen Ländern unvorstellbares Ausmaß: Mehr als 2 Millionen km² Boden sollen in den Vereinigten Staaten von Nordamerika entwertet sein; der Staat gibt hier jährlich allein zum Studium der Bodenzerstörung („Bodenerosion") umgerechnet 500 Millionen Mark aus (Abb. 15 u. T. 22, S. 134). In den Tropen werden die zerstörten Flächen auf mehr als 4 Millionen km² geschätzt. Den ersten Anlaß gibt immer falsche Bodenbewirtschaftung und Zerstörung der Pflanzendecke durch den Menschen.

Während die abfließenden 30% eine vorwiegend mechanisch wirkende Tätigkeit ausüben, wirkt das in den Boden und die Gesteine eindringende Wasser vorwiegend chemisch, d. h. lösend und umsetzend.

Die Menge des Wassers eines Flusses nimmt im humiden Klima nach dem Unterlauf hin zu, denn oberflächliche und unterirdische Zuflüsse vermehren die Wassermenge in stärkerem

Maße als die Verdunstung sie verringern könnte. Im Gegensatz dazu nimmt die Wassermenge der Flüsse arider Gebiete ständig ab: So hat der Nil zwar ein dreizehnmal so großes Einzugsgebiet wie der Rhein, führt aber an der Mündung erheblich weniger Wasser als dieser. Da nur das Wasser, nicht aber die im Wasser gelösten Stoffe mitverdunsten, nimmt in demselben Maße, wie die Wassermenge abnimmt, der Salzgehalt des Flußwassers arider Gebiete zu. Rund 360 000 km^3 Wasser nehmen Jahr für Jahr am Kreislauf teil und arbeiten daran, die Erdoberfläche abzuflachen und einzuebnen!

Die chemischen Wirkungen des Niederschlagswassers auf die Erdrinde

Niederschläge bestehen aus destilliertem Wasser. Es gibt kaum einen Stoff in der Natur, der der lösenden Kraft destillierten Wassers auf die Dauer widerstehen könnte. Doch ist die Löslichkeit der frei in der Natur vorkommenden Minerale und Gesteine sehr verschieden.

Am leichtesten löslich sind Alaun, Kalisalze, Steinsalz (100 Teile Wasser vermögen 27 Teile Steinsalz zu lösen). Das bedeutet, daß Alaun, Kalisalz, und Steinsalz nur im ariden Klima an der Oberfläche Bestand haben. Gips hingegen, d. i. wasserhaltiges Kalziumsulfat, löst sich nur zu 0,2 Teilen in 100 Teilen Wasser, d. h. er ist verhältnismäßig leicht löslich, aber doch wieder nicht so leicht, daß er in unserem Klima nicht auch an der Oberfläche beständig wäre. Wir finden demzufolge auch bei uns ausgedehnte Gipslandschaften (z. B. Südharz). Wir finden aber auch Gips in sehr vielen Wässern gelöst.

Kalk ist ebenfalls eines der leichtest löslichen Mineralien: 10 000 Teile Wasser vermögen 10 Teile Kalziumkarbonat aufzunehmen; enthält das Wasser Kohlensäure, was fast überall der Fall ist, so erhöht sich die Löslichkeit (als Bikarbonat) auf das Zehnfache. Die Löslichkeit von Kalzium-Magnesium-Karbonat, das ist Dolomit, der ebenfalls gebirgsbildend auftritt, beträgt in kohlensäurehaltigem Wasser 3 Teile auf 10 000 Teile Wasser. Alle übrigen Karbonate, wie Eisenspat, Manganspat, Bariumkarbonat usw., verhalten sich ähnlich.

Ein sehr großer Teil aller Minerale sind Kieselsäureverbindungen (Silikate), die auch die wichtigsten Gesteine zusammensetzen. Die Silikate sind zwar schwer löslich, vermögen aber auf die Dauer ebenfalls nicht der zerstörenden Wirkung des Regenwassers, d. h. der Verwitterung, zu widerstehen.

Die Tätigkeit des Wassers wird durch eine Reihe von stärkeren chemischen Mitteln der Verwitterung unterstützt, von denen wir die nahezu überall vorhandene Kohlensäure (genauer: Kohlendioxid, CO_2) bereits kennengelernt haben. Besonders gegenüber den Karbonaten entwickelt die aus der Luft und aus dem Humus des Bodens stammende Kohlensäure ihre Hauptwirkung. Ferner unterstützen die Wirkung des reinen Wassers der Sauerstoff der Luft und die Gegenwart von organischen Stoffen, d. h. von solchen Stoffen, die bei der Zerstörung tierischer und pflanzlicher Leichen frei werden. Während der Sauerstoff oxidierend wirkt und mit dem zerfallenden Gestein oder Mineral Verbindungen eingeht, wirken organische Stoffe meist reduzierend, d. h. sie entziehen dem Mineral den Sauerstoff, den es in chemischer Bindung enthält. Ferner wirken zahlreiche Säuren mit (schweflige Säure, Schwefelsäure, salpetrige Säure, Salpetersäure, Humussäure u. a.), sowie Schwefelwasserstoff, Kochsalz (Natriumchlorid) und Ammoniak (NH_3), das bei der Zersetzung organischer Massen entsteht. Alle diese Stoffe wirken miteinander, selten einzeln für sich; sie ergeben verwickelte Umsetzungen, sie zeitigen schnell durchlaufene Stufen chemischer Verbindungen und letzthin bestimmte Enderzeugnisse bzw. Rückstände der Gesteinszerstörung.

Insgesamt und auf einfachste Formel gebracht, können wir folgende wichtige Vorgänge der chemischen Verwitterung unterscheiden, deren Hauptträger das Wasser ist:

Oxidationsvorgänge

Eisenverbindungen, Eisenmineralien, Eisenerze, wie Magnetit, Roteisen und andere, werden letzthin zu Brauneisen, d. h. zu Rost. Kupfer (Cu) wird durch Sauerstoff (O) zu Rotkupfererz oxidiert (Cu_2O) und weiterhin durch Wasser (H_2O) und Kohlensäure (CO_2) in grünen Malachit umgewandelt ($CuO \cdot CO_2 \cdot H_2O$). Eisenoxidul, wie es in zahlreichen Silikaten vorkommt, wird zu wasserhaltigem Eisenoxid, d. h. die grüne Farbe vieler Gesteine und Mineralien, die Eisenoxidul enthalten, verwandelt sich in das Braun des Rostes.

Von den Schwefelmetallen werden Bleiverbindungen zu $PbSO_4$ (Bleivitriol), Kupferschwefelverbindungen wandeln sich in Kupfervitriol um, Eisenschwefelverbindungen in Eisenvitriol. Die Vitriole werden gelöst und weiterhin verändert: Eisenvitriol wird zu Brauneisen, Vitriolblei zu Weißblei ($PbCO_3$ = Bleikarbonat), Kupfervitriol wird zu Malachit und zu Kupferlasur; ähnlich werden Arsen- und Antimonerze oxidiert und weiterhin verändert. Durch Kieselsäure, die bei der Verwitterung der Silikate ebenfalls fast überall frei wird, werden Zink- und Kupfervitriol in Kieselzinkerz ($H_2Zn_2SiO_5$)*) und Kieselkupfer umgewandelt.

Alle diese Vorgänge spielen sich im obersten Teil der Erdrinde ab, d. h. so weit, wie der Sauerstoff der Luft einzudringen vermag; das bedeutet, daß diese Oxidationszone ihr Ende am Grundwasserspiegel findet. So kommt es, daß alle unsere oberflächennahen Erzlagerstätten einen sogenannten „Eisernen Hut" tragen, der aus den Verwitterungserzeugnissen der Erze besteht und in seiner Farbe durch den Rost bestimmt wird.

Zu den Oxidationserscheinungen gehört der gelegentlich zu beobachtende und durch nichts einzudämmende Brand von oberflächennahen Kohlenflözen. In diesen Kohlenflözen wird der in größerer Menge vorhandene Schwefelkies oxidiert, die Oxidationswärme entzündet die Kohlen, die allmählich zu Asche werden und dadurch dem Luftsauerstoff immer weiteren Eintritt in das Erdinnere gewähren. Aus Amerika ist ein Fall bekannt, in dem ein künstlich entzündetes Kohlenlager seit Jahrzehnten brennt.

Als Oxidationserscheinung ist ferner die Ausbleichung zahlreicher Schichtgesteine (s. diese) zu erwähnen: Dunkler Kalk, Mergel oder Tonschiefer verdanken ihre Färbung meist der Beimengung von organischen Bestandteilen, d. h. humusähnlichen Kohlenwasserstoffen, die ihnen zu einer Zeit beigemengt wurden, in der sie — noch nicht zu Gesteinen verfestigt — als Schlamm am Boden von Seen und Meeren ruhten. Durch Oxidation werden diese Stoffe gleichsam verbrannt, so daß die dunkle Färbung des Gesteins sich allmählich in einen helleren Ton umwandelt, der sich von der Oberfläche langsam in die Tiefe weiterfrißt. Am Grundwasserspiegel findet auch dieser Vorgang sein Ende.

Wasseraufnahme

Viele Silikatminerale — und zu den Silikaten gehören die wichtigsten gesteinsbildenden Minerale überhaupt — und viele Erze nehmen Wasser chemisch auf. Roteisen und Magneteisen wandeln sich in Brauneisen um. Mn_2O_3 (Braunit) wird zu $Mn_2O_3 \cdot H_2O$ (Manganit)**). Rote Eisenverbindungen werden braun oder gelb, je nach dem Grad der Wasseraufnahme, auch Eisenspat ($FeCO_3$ = Eisenkarbonat) kann sich durch Wasseraufnahme in Brauneisen umwandeln, doch nimmt er auch Sauerstoff auf und gibt dafür CO_2 ab. Mangankarbonate wandeln sich in wasserhaltige Oxide um, Kalziumsulfat, d. h. Anhydrit, nimmt Wasser auf und verwandelt sich dadurch in Gips. Mit der Wasseraufnahme ist eine etwa 60%ige Raumvergrößerung verbunden, die dazu führt, daß dem Gips der Platz zu eng wird, so daß sich seine Schichten in schlangenförmige Falten legen müssen. So entsteht der sogenannte Gekrösegips (Abb. 16).

*) H = Wasserstoff, Zn = Zink, Si = Silicium.

**) Mn = Mangan.

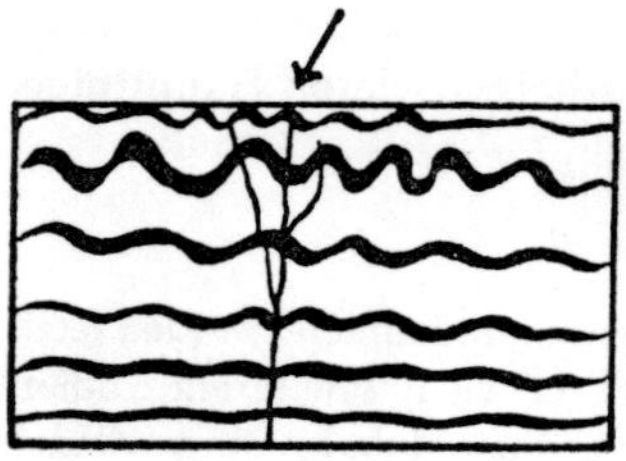

Abb. 16. Die „Alabasterschnüre" des Anhydrites dehnen sich bei Wasseraufnahme, d. h. bei der Umwandlung in Gips aus und legen sich in Falten. An der wasserbringenden Spalte ist die Faltung am stärksten.

Reduktionsvorgänge

werden besonders durch organische Stoffe sowie durch den bei der Zersetzung von tierischen Resten freiwerdenden Schwefelwasserstoff verursacht. Besonders sind es wieder Eisenoxide, die diesem Vorgang unterliegen. Sie verwandeln sich durch Abgabe von Sauerstoff in Eisenoxidulverbindungen, die ihrerseits in kohlensäurehaltigem Wasser löslich sind; das bedeutet, daß die Reduktion etwa durch Schwefelwasserstoff an sich unlösliche Stoffe löslich und damit für die weitere Verwitterung angreifbar macht: Die Eisenverbindungen werden weiter zu $FeCO_3$ (Eisenkarbonat, d. h. Eisensalz der Kohlensäure) und durch überschüssige Kohlensäure in Lösung gehalten. Entweicht die überschüssige Kohlensäure aus dem lösenden Wasser, so schlägt sich FeO unter Aufnahme von Sauerstoff und Wasser als Rost nieder.

Eisenoxidsilikate werden ihres Sauerstoffes beraubt; Schwefelsäuresalze unterliegen dem gleichen Vorgang, sie werden in Schwefelmetalle umgewandelt. Daher kommt es, daß Schwefeleisen (FeS_2)*) sich so häufig in Braunkohle und Torf findet und häufig in Tongesteinen als Versteinerungsmittel von tierischen Resten auftritt (die reduzierenden Stoffe des verwesenden Tierkörpers sind der Anlaß zur Neubildung von Schwefelkies um den Tierrest herum geworden). Auch treten neben dem Schwefelkies andere Schwefelmetalle, so Verbindungen von Kupfer, Silber usw. (z. B. im versteinerungsreichen Mansfelder Kupferschiefer) auf.

Bei der Reduktion von Gips kann unter Umständen Kohlensäure mitwirken, das Kalzium als Karbonat zurückbleiben und der Schwefel frei werden, d. h. als reiner „gediegener" Schwefel im Gestein auftreten, wie z. B. in den tertiären Kalkschichten Siziliens und Südpolens.

Erheblich stärkere Reduktionswirkungen, als durch die genannten reduzierenden Stoffe, spielen sich als Folge der Tätigkeit von Bakterien ab, die dadurch zu einem wichtigen Träger der Gesteinszerstörung werden.

Zersetzung durch kohlensäurehaltiges Wasser

Dieser Vorgang ist allgemein verbreitet und daher von großer Bedeutung. So werden die kohlensauren Salze des Kalziums, des Magnesiums und des zweiwertigen Eisens (Kalkspat bzw. Kalkstein, Magnesiumspat und Eisenspat) durch die Kohlensäure in sogenannte Doppelkarbonate umgewandelt und als solche leicht gelöst. Häufig finden sich Sandsteine oder Konglomerate (s. diese), die durch ein kalkiges Bindemittel zusammengehalten werden. Wenn dieses Bindemittel gelöst wird, zerfallen die Sandsteine usw. und werden ein leichter Raub der Abtragung. Magnesiumhaltiger Kalkstein wird durch die Fortführung des Kalziums verhältnismäßig reicher an Magnesium; so entsteht lediglich durch die Herauslösung des Kalziums aus Kalkstein gelegentlich Dolomit, dessen poröse, zellige Beschaffenheit darauf hindeutet, daß ein Bestandteil fortgeführt ist. Da aber im Laufe der Zeit auch das Magnesium gelöst wird, tritt der Fall ein, daß die anstehenden Dolomitgesteine durch Lösungen (zumeist von oben her) weitere Mg-Massen zugeführt bekommen, so daß der Gehalt an diesen Stoffen sich nicht nur verhältnismäßig, sondern auch tatsächlich anreichert. Ganz ähnliche Vorgänge spielen sich ab, wenn der Gehalt an Zinkkarbonat (Galmei-Erz) in einem Kalkstein durch Fortführung des Kalzium- bzw. Magnesiumkarbonats angereichert wird. Derart können recht reiche Zinklagerstätten entstehen, wie es z. B. in der Gegend von Aachen und in Kärnten der Fall ist.

*) Fe = Eisen, S = Schwefel.

Das wichtigste Kapitel der Wirkungen kohlensäurehaltigen Wassers umfaßt die Zersetzung der Silikatmineralien: Die Kieselsäuresalze der verschiedensten Stoffe bilden die Hauptmasse der erstarrenden Erdrinde; damit sind sie die wichtigsten Ausgangsstoffe für die aus der Zerstörung der ursprünglichen Erdrinde hervorgegangenen Schichtgesteine. Hinzu kommt, daß die vulkanischen Erguß- und Tiefengesteine (s. diese) zum ganz überwiegenden Teil ebenfalls aus Kieselsäureverbindungen, wie Feldspäten, Hornblenden, Augiten, Glimmern usw., zusammengesetzt sind.

Die Zerstörung dieser wichtigen Gesteinsbildner trifft also einen großen Teil aller Gesteine der Erdrinde. Die Vorgänge, die sich dabei abspielen, sind so außerordentlich verwickelt, daß sie bis heute noch nicht als restlos geklärt gelten dürfen.

Wir beschränken uns deshalb darauf festzustellen, daß schon durch chemisch reines Wasser Umwandlungen vermittelt werden können: Die Alkalien (Kalium, Natrium usw.) sowie die Erdalkalien (Kalzium, Magnesium usw.) gehen als Wassersauerstoffverbindungen (Hydroxide) in Lösung. Je höher die Temperatur ist, desto größer ist die aufspaltende elektrolytische Wirkung des reinen Wassers (Hydrolyse). Das bedeutet, daß die Wirkung des Regenwassers in den Tropen sehr viel stärker ist als etwa in gemäßigten Breiten oder gar in kühlen und polaren Gebieten.

Ein Beispiel: Der wichtige Kalifeldspat (Orthoklas) besteht aus rund 17% K_2O, 18,5% Al_2O_3 (das sind Sauerstoffverbindungen des Kaliums und des Aluminiums) und rund 64—65% SiO_2 (Si=Silicium, O=Sauerstoff, SiO_2=sog. Kieselsäure). Aus ihm entsteht unter dem Einfluß chemisch reinen Wassers in erster Linie rund 46—47% Kaolin, d. h. wasser- und kieselsäurehaltige Tonsubstanz $2\,H_2O \cdot Al_2O_3 \cdot 2\,SiO_2$ (Al_2O_3 = Tonerde) (siehe weiter unten!); Kalium und zwei Drittel des Siliziumdioxides (SiO_2) gehen in Lösung; statt dessen wird Wasser aufgenommen. Nebenbei bildet die Kohlensäure Salze der Alkalien und Erdalkalimetalle und weiterhin Doppelkarbonate aus Kalzium, Magnesium und zweiwertigem Eisen, die gelöst fortgeführt werden (Abb. 17).

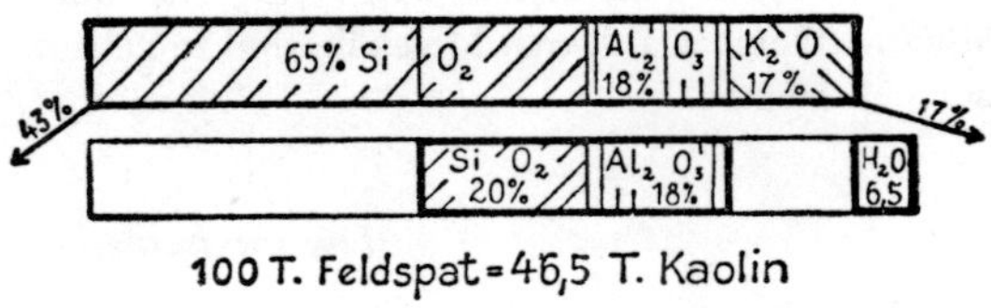

Abb. 17. Die Verwitterung eines Feldspates (oben) zu Kaolin (unten).

Die Kieselsäure (SiO_2) zeigt ein besonderes Verhalten: Wenn mehr als 10 000 Teile Wasser auf 1 Teil Kieselsäure entfallen, wird diese gelöst und fortgeführt; steht weniger Wasser zur Verfügung, so wird die Kieselsäure als wasserhaltiger Opal oder als wasserfreier Quarz wieder ausgeschieden. So kommt es, daß Schichten von Tonschiefer, Grauwacke, Porphyr und anderen Gesteinen häufig von Quarzadern durchzogen sind; das ist ehemals gelöste Kieselsäure, die in den Spalten des Gesteins wieder ausgeschieden wurde.

Zusammenfassend kann man die Zersetzung bzw. Verwitterung der wichtigen Kieselsäuresalze (Silikate) dahin kennzeichnen, daß die Alkalien (Kalium, Natrium), die wasserhaltigen Alkalisilikate, die Alkalikarbonate, sowie die Erdalkalien (Kalzium, Magnesium, Barium usw.) ebenso wie das Kieselsäurehydrat in Lösung gehen. Zurückbleiben: kolloidale wasserhaltige Tonerde und ein Teil der Kieselsäure, die den Hauptbestandteil des Tones und des Lehmes ausmachen; übrig bleiben ferner Eisenoxidhydrat, das ist Rost, und eine kleine Gruppe von wasserhaltigen Magnesiumsilikaten, wie z. B. Serpentin oder der bekannte Speckstein.

Diese vier sind die letzten, fast unverwitterbaren, unangreifbaren Zersetzungsrückstände bei der Verwitterung der meisten Silikate.

Natürlich bestehen Unterschiede in der Verwitterung der einzelnen Feldspäte, der Glimmerminerale, der Augite, Hornblenden usw., aber das Endergebnis ist in nahezu allen Fällen das gleiche: Tonsubstanz, Rost, Kieselsäure als Opal oder Quarz, dazu die genannten Magnesiumsilikate. Außerdem haben neuere Untersuchungen gezeigt, daß sich bei der Verwitterung auch bisher wenig beachtete Mineralien bilden können, die ihrerseits wichtige Bestandteile des Tones und damit auch des Lehmes sind (sog. glimmerartige Tonmineralien s. u.).

Ein Hergang mag noch erwähnt sein: das ist die Umwandlung gewisser Mineralien in Serpentin, die sogenannte Serpentinisierung von Olivin-, Hornblende- und Augit-haltigen Gesteinen, also jenen Gesteinen, die man früher ihrer Farbe wegen einfach als Grünstein bezeichnete. Die Umwandlung von Olivin, $2\,MgO \cdot SiO_2$, in Serpentin geschieht im wesentlichen wiederum durch Wasseraufnahme: $3\,MgO \cdot 2\,SiO_2 \cdot 2\,H_2O$ (Mg = Magnesium, O = Sauerstoff, Si = Silicium).

Eines der wichtigsten Kapitel der Verwitterungslehre ist das der Tonbildung. Überlegt man einmal, wie denn die Verwitterungsschicht der Gesteine beschaffen ist, die uns draußen im Gelände begegnet, wie also der Ackerboden oder Waldboden aussehen, die sich ja aus verwitternden und verwitterten Gesteinen zusammensetzen, so wird man bemerken, daß diese Verwitterungsrückstände mehr oder weniger tonig sind, d. h. sobald sie feucht sind, sich kneten und formen lassen. So sind besonders tonig die Verwitterungsrückstände der Glutflußgesteine: Granit, Porphyr, Trachyt, Phonolit, Basalt, Diabas, auch der Schichtgesteine, die aus ihnen hervorgehen, wie Tonschiefer, Grauwacke usw. Alle bilden sie tonige Verwitterungsrückstände. Früher glaubte man, Ton sei gleichsam verunreinigter Kaolin. Kaolin ist ein helles, quellbares Tonmineral, das bei der Verwitterung von Silikaten in Gegenwart von Kohlensäure entsteht ($H_4Al_2Si_2O_9$). Reinen Kaolin finden wir gelegentlich in älteren Formationen; auch der Bauxit gehört in die Gruppe der tonigen Verwitterungsrückstände (Aluminiumerz!), wie sie beispielsweise die tropischen Verwitterungsböden im großen Umfange zusammensetzen (Bauxit = Aluminium- und Eisenhydroxid). Doch die besonderen Eigenschaften, die die Tone auszeichnen — Plastizität, Wasseraufnahmevermögen u. a. — beruhen nicht nur auf dem Gehalt an Kaolin, sondern mehr noch auf der winzigen — „kolloidalen" — Korngröße der Mineralteilchen und auf den erst in den letzten Jahrzehnten erforschten weiteren glimmerartigen Tonmineralien, die sich erst während der Verwitterung bilden, wie z. B. Illit, Montmorillonit u. a. Deren Moleküle sind so gebaut, daß sie erhebliche Wassermengen in sich aufnehmen können.

Die mechanischen Wirkungen

Neben der chemischen Wirkung des Niederschlagswassers läßt sich auch eine rein mechanische Wirkung des Regens usw. feststellen. Allerdings geraten wir dabei sogleich in das Gebiet des Transportes zerstörten Gesteingutes. Denn der auffallende Regentropfen oder das durch Spalten in den Fels eindringende und ihn auf irgendeiner Fuge wieder verlassende Wasser rinnt die Felswand hinab und gräbt sich langsam Rinnen in das harte Gestein, d. h., daß das rinnende Regenwasser durch andere Vorgänge gelockerte Gesteinsbestandteile vollends aus dem Zusammenhang heraustrennt und sie sogleich davonträgt. Dabei spielt natürlich auch die lösende Kraft des „steten Tropfens" ihre Rolle.

Die unmittelbar mechanisch zerstörenden Wirkungen sind in unseren Breiten nahezu gleich Null und auch sonst recht unbedeutend. Wir finden zwar die Spuren von Regentropfen im versteinerten Wüstenschlamm gelegentlich in fossilem *) Zustand erhalten, wir finden zwar Regenrinnen in löslichen und nichtlöslichen Gesteinen, wie in Salz, Kalkstein, selbst in Granit; wir finden in Wüsten Rillen in den Fels gegraben, die durch die ätzende Wirkung des chemisch reinen Wassers entstanden sein werden. Aber alle diese Dinge gehören im weiteren Sinne bereits in das Kapitel „Transport".

In die gleiche Gruppe gehört die auffallende Bildung von Karren oder Schratten im Hochgebirge, die sich besonders in der Nähe der Schneegrenze auf flach geneigten Kalkflächen zu

*) Vgl. Anm. S. 321

Gesteinsbildende Mineralien I

1. Reihe (von links nach rechts): Quarz, Orthoklas (Feldspat), Mikrolin (Feldspat). 2. Reihe: Oligoklas (Feldspat), Leuzit (mit schwarzem Granat) [Melanit], Granat. 3. Reihe: Augit, Hornblende, Grüner Turmalin, Epidot. 4. Reihe: Biotit (Glimmer), Muskovit (Glimmer)

Gesteinsbildende Mineralien II

1. Reihe (von links nach rechts): Kalkspat, Flußspat. 2. Reihe: Anhydrit, Gips. 3. Reihe: Talk, Steinsalz. 4. Reihe: Schwerspat, Glaukonit

Gesteinsbildende u. a. Mineralien
1. Reihe (von links nach rechts): Graphit, Chalcedon. 2. Reihe: Kaolin, Marmor.
3. Reihe: Chlorit, Faser-Serpentin (Asbest)

Mineralien der Härteskala (nach Mohs)
1. Reihe (von links nach rechts): Talk (Härte 1), Gips (Härte 2), Kalkspat (Härte 3). 2. Reihe: Flußspat (Härte 4), Apatit (Härte 5), Feldspat (Härte 6). 3. Reihe: Quarz (Härte 7), Topas (Härte 8). 4. Reihe: Korund (Härte 9), Diamant (Härte 10)

ganzen Karrenfeldern zusammenschließen. Auch diese Karren (T. 1, S. 17) werden offensichtlich durch ablaufendes Regen- und Schmelzwasser erzeugt und dienen diesem dann weiterhin zum schnellen Abfluß. Vorwiegend dürfte aber bei der Bildung der Karren die Lösungskraft des Wassers und nicht seine Fähigkeit, mechanisch zu zerstören, beteiligt sein.

Hier mögen auch die Erdpyramiden genannt sein, die sich z. B. in der Gegend von Bozen in prächtiger Ausbildung bis zu 30 m Höhe finden, die wir aber auch nach jedem Regenguß im kleinen Maßstab in Sand- und Kiesgruben antreffen können (auch T. 10, S. 82). Sie entstehen häufig dadurch, daß das auf den Boden auffallende Wasser das Erdreich überall dort wegspült, wo es nicht durch einen Feldstein oder einen Kiesel vor der Abspülung geschützt wird.

Rein mechanisch wirkt das Wasser, das in Felsspalten eindringt, dort gefriert und wieder auftaut. Da Wasser in gefrorenem Zustand einen größeren Raum einnimmt als im flüssigen — die wassergefüllte Flasche springt, wenn ihr Inhalt gefriert —, übt gefrierendes Spaltenwasser eine sehr kräftige Sprengwirkung auf den Fels aus (T. 1, 2, S. 17, 18). Auf feinsten Haarrissen dringt die Feuchtigkeit ein und vermag von hier aus Gesteinsblöcke vollkommen auseinanderzusprengen. Vor allem die häufige Wiederholung des Frierens und Auftauens, wie sie in der Übergangsjahreszeit bei uns überall, im Sommer auch im Hochgebirge unweit der Schneegrenze sich abspielt, wirkt besonders nachhaltig. Das Abspringen großer Gesteinsschalen an freistehenden Felsen, das Niederbrechen großer Stücke der Steilküste am Meer sind darauf zurückzuführen, daß die äußerste Schicht des Steines oder Steilufers durchfeuchtet wird und sich beim Gefrieren von dem nicht durchfeuchteten Teil ablöst. In Granit treten die bekannten „Opfersteine“ auf, deren Entstehung so zu erklären ist: In einer winzigen Vertiefung des Felsens sammelt sich etwas Feuchtigkeit, die zwischen die Feldspat- und Quarzkristalle des Granites einzieht. Die Feuchtigkeit gefriert, die Kristalle werden voneinander getrennt und allmählich gelockert, so daß sie in der trockenen Zeit vom Wind herausgehoben werden können. Derart vertieft sich die Mulde im Gestein und wächst sich schließlich zu einem sogenannten Opferkessel aus, der somit diesen Namen zu Unrecht trägt (T. 1, S. 17).

Es sei hier eingeschaltet, daß die chemische Verwitterung dadurch zum Teil erst möglich gemacht wird, daß mechanische Vorgänge dem Träger chemischer Verwitterung, dem Wasser, den Weg in den Fels bahnen: Sehr häufig sind zwar Fugen zwischen den Gesteinsschichten, haarfeine Spältchen zwischen den einzelnen, das Gestein zusammensetzenden Körnern und Kristallen bereits vorhanden; meist aber müssen diese Fugen und Spältchen erst durch mechanische Einwirkungen ausgeweitet werden, ehe das Wasser bequem in sie eindringen kann. Das geschieht insbesondere durch den Wechsel von Sonneneinstrahlung am Tage und Abkühlung bei Nacht. Dadurch werden die verschieden beschaffenen und verschieden gefärbten Gesteinsbestandteile (dunkle erwärmen sich stärker als helle) verschieden stark erwärmt und abgekühlt und damit verschieden stark ausgedehnt und zusammengezogen. Derart lockert sich langsam der Zusammenhang zwischen den einzelnen Gesteinskörnern. Damit öffnen sich immer zahlreicher werdende Wege für Wasser, Kohlensäure, Luft und die übrigen Faktoren der chemischen Verwitterung, daß diese immer weiter, immer tiefer in den ursprünglich dicht und geschlossen erscheinenden Fels eindringen kann.

Es ist auch hier wie überall bei der Verwitterung, daß man den einen Vorgang nicht von den übrigen getrennt betrachten darf; sie arbeiten alle Hand in Hand.

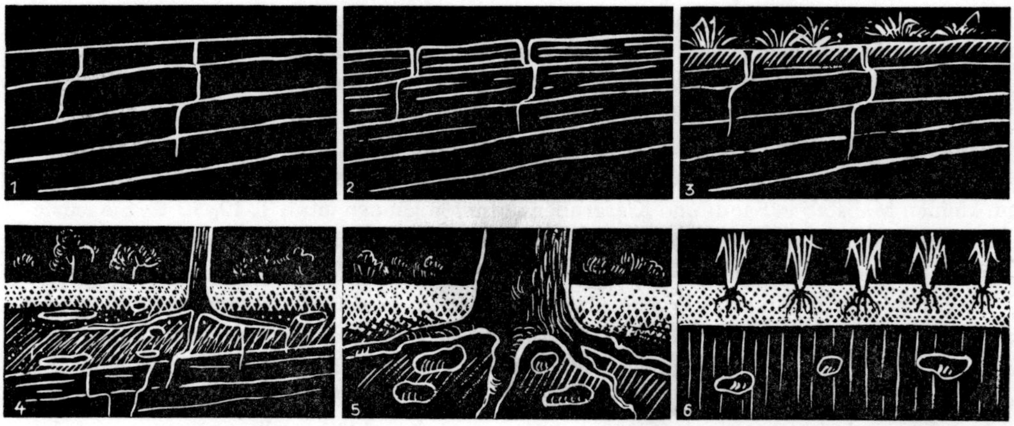

1. Das frische Gestein (hier ein Schichtgestein) . . .

2. wird von der Verwitterung gelockert. Klüfte und Schichtfugen werden erweitert.

3. Die erste bescheidene Pflanzendecke legt eine dünne Humuslage darauf.

4. Durch Verwitterung und die Einwirkung der Pflanzendecke zerfällt das Gestein von oben her allmählich zu „Erde",

5. die Humusschicht wird immer stärker und geht allmählich in das völlig in „Boden" verwandelte Gestein über.

6. Unter Acker verarmt der Unterboden, denn die Mühe des Landmannes kommt fast ausschließlich dem „Mutterboden" zugute. Die scharfe Pflugsohle zeigt es deutlich an.

Abb. 18. Vom Fels zum Ackerboden

Die Bildung des Bodens

Im allgemeinen werden die Erzeugnisse der Verwitterung, nämlich das gelockerte und zerkleinerte Gestein, sowie seine chemisch gelösten Bestandteile durch die Kräfte, die den Transport zu den großen Sammelbecken hin vermitteln, fortgeführt. Es gibt aber auch weite Gebiete an der Erdoberfläche, in denen die fortschaffenden Kräfte so schwach sind, daß sie das sich ständig vermehrende Verwitterungsgut nicht völlig fortzuräumen vermögen. In solchem Falle bleiben die Verwitterungsrückstände liegen und häufen sich zu immer mächtiger werdenden Schichten an. Das ist besonders in völlig ebener Lage der Fall, wie stellenweise auf den Hochflächen des Rheinischen Schiefergebirges oder in den weiten Ebenen des Flachlandes.

Solche Verwitterungsdecken entwickeln sich unter dem Einfluß der Pflanzendecke zu dem, was wir als Boden, d. h. als Wald- und Ackerboden kennen (Abb. 18).

Voraussetzung für die Entstehung von „Boden" ist also das Vorhandensein von fein zerteiltem und chemisch aufgeschlossenem Verwitterungsgut. Dieses allein aber macht den Boden noch nicht aus, denn Boden ist mehr als totes Verwitterungsgut; Boden ist eine Lebensgemeinschaft, in der sich ein Kreislauf abspielt, vergleichbar dem, der sich zwischen den Bewohnern eines Waldes und dem Walde selbst, den Bewohnern des Meeres und dem Meere selbst vollzieht.

Unter Boden verstehen wir demnach die belebte Verwitterungsschicht an der Grenze zwischen dem unbelebten Gestein der Erdrinde und der Lufthülle. Der Boden ist der Mittler zwischen dem toten Gestein der Erdrinde und dem Leben, das die Erde bevölkert.

Das wird uns am besten klar, wenn wir etwa vor die Wand einer Sandgrube, an den Fuß eines Steinbruches treten oder einen Schurf, einen Einschlag von etwa 1—2 m Tiefe ausheben (Abb. 19). Wir finden dann zuunterst das Ausgangsgestein der Bodenbildung,

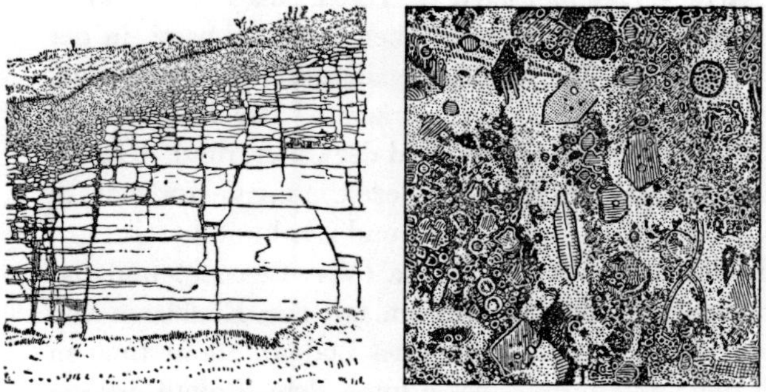

Der Boden vermittelt zwischen dem „toten" Gestein und der lebenden Pflanze. Unter dem Mikroskop sieht man daher neben Kleinlebewesen Mineralkörnchen und gestaltlose Humusklümpchen.

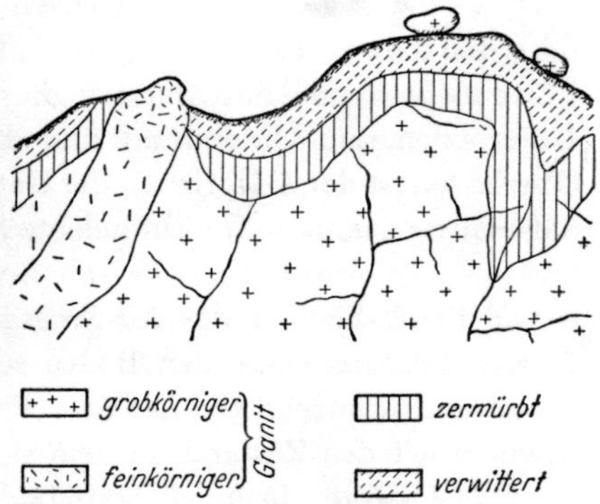

Je leichter das Gestein verwittert, desto tiefgründigeren Boden liefert es.

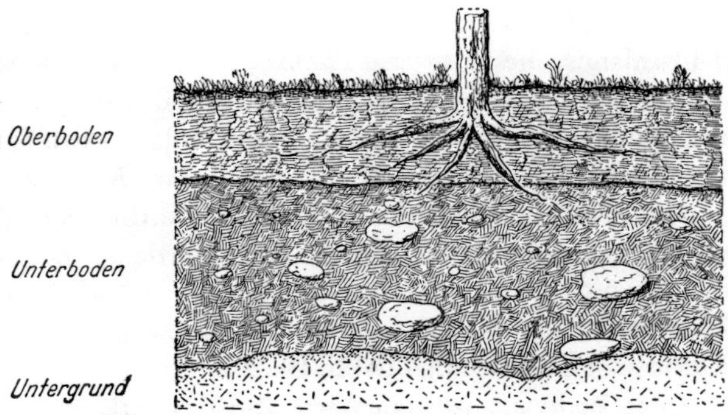

Ein normales Bodenprofil besteht aus drei „Horizonten".

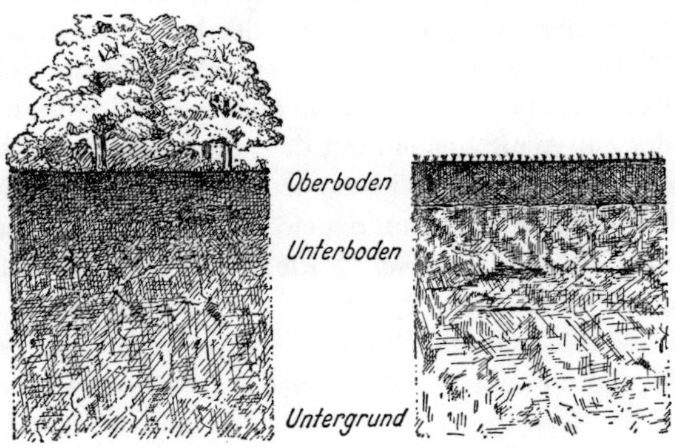

Guter brauner Waldboden — und wie er durch Ackernutzung geschädigt wird

Abb. 19. Bodenkundliche Begriffe
(Zeichnung Schwarzenbeck)

also dasjenige Gut, das durch die Verwitterung zur Bodenbildung vorbereitet ist; zuoberst finden wir den Mutterboden, der die eigentliche Nährschicht des Bodens ist und deren Aussehen von der Pflanzendecke geprägt wird, die auf ihm steht: Der Mutterboden (die Krume) ist schwarz oder wenigstens dunkel gefärbt von den Resten toter Pflanzen, jenen kohlenstoffreichen Verbindungen, die man Humus nennt. Krume heißt diese Lage, weil sie krümelig-locker ist. Das Ausgangsgestein der Bodenbildung kann sehr verschieden sein; es kann Granit oder Kalkfels, Sandstein oder steifer Ton, Sand oder milder Lehm sein. Es bildet den Roh- und Baustoff des Bodens und bleibt der Untergrund.

Zwischen Untergrund und Krume („Oberboden") schiebt sich eine Übergangszone ein, der „Unterboden"; dieser ist nicht so reich an Humus wie der Oberboden und nicht so wenig verwittert wie der Untergrund. In ihn reichen die Pflanzenwurzeln noch hinein, dringen der Sauerstoff und die Kohlensäure der Luft ein; in ihm wandert das Regenwasser in die Tiefe und sickert von Pore zu Pore. Er stellt die Kraftreserve des Bodens dar, aus ihm schöpft die Pflanze Nahrung und Wasser. Im Unterboden vollzieht sich der Vorgang der Belebung der toten Masse; sie wird chemisch aufgeschlossen, d. h. dem Pflanzenleben erschlossen.

Oberboden, Unterboden und Untergrund bilden das „Profil" des Bodens. Bei uns ist das Bodenprofil meist dreifarbig: oben humusschwarz, in der Mitte meist braun (Rost!), unten aber trägt es die Farbe des Ausgangsgesteins. Oberboden, Unterboden und Untergrund sind die „Bodenlagen" oder „Horizonte" des Bodens. Der Oberboden ist der A-Horizont, der Unterboden der B-Horizont, und der Untergrund, d. h. das angewitterte, aber noch nicht belebte Ausgangsgestein, trägt die Bezeichnung C-Horizont. In und auf A spielt sich das Leben ab, B wird dem Leben erschlossen und C ruht noch.

Die Beschaffenheit des Ausgangsgesteins, aus dem das Klima (Verwitterung) und das Leben (Pflanzendecke) den Boden schaffen, bestimmt gemeinsam mit den Einflüssen von Klima und Pflanzendecke das Aussehen und die Besonderheiten des Bodens. Sie bestimmen insonderheit den Zustand, in dem sich die Verwitterungsmasse unter dem Einfluß der genannten Faktoren befindet. Statt Bodenzustand wird vielfach auch der Ausdruck Bodentyp verwendet. Bodentyp ist die Gesamterscheinung des Bodens, wie sie aus dem Wechselspiel zwischen Muttergestein, Klima und Pflanzendecke entsteht*).

Ein Beispiel: Ausgangsgestein (auch Bodenart genannt) sei Lehm, das Klima sei das Norddeutschlands; die natürliche Pflanzendecke dieses Klimas und dieser Bodenart ist ein Mischwald — der Bodentyp oder Bodenzustand, den sie gemeinsam erzeugen, ist der des „Braunen Waldbodens". Wäre die Bodenart eine andere, etwa Sand oder Kalkstein, so würde statt der Braunerde „Rostfarbener Waldboden" oder „Kalkhumusboden" entstehen; wäre das Klima anders, etwas feuchter, wie z. B. an der Nordsee, so würde der Wald sich ebenfalls ändern, vielleicht auch zu Heide werden; dann würde der Bodentyp ebenfalls ein ganz anderer werden, etwa der des „Heidebodens". Ändert sich allein die Pflanzendecke — das ist nur durch Menschenarbeit möglich —, dann würde sich auch der Boden ändern und den Typ eines Kulturbodens annehmen (Abb. 19, 20).

Unter Bodenart verstehen wir also das zerkleinerte Muttergestein und unter Bodentyp (Bodenzustand) den Aufbau und das Aussehen, die diese Masse aufgrund ihrer stofflichen Eigenschaften unter dem Einfluß der Umwelt annimmt. Das bedeutet, daß sich der Boden als Ganzes ändern muß, sobald sich das Gestein ändert, auf dem er liegt; der Boden des deutschen Buntsandsteins ist ein anderer als der des benachbarten Muschelkalkes, und dieser wieder hat wenig gemein mit dem des Gipses oder des Tonschiefers oder Granites.

Andererseits aber muß beispielsweise ein Granitboden ganz verschieden ausfallen, je nachdem ob er unter unserem deutschen, kühl-gemäßigten Klima liegt oder ob er im arktischen Bereich, im subtropischen Mittelmeergebiet, in Wüsten oder unter dem tropischen Urwald sich bildet. Denn in jedem Fall sind die Kräfte und das Ausmaß der an der Verwitterung und Bodenbildung beteiligten Verwitterungsvorgänge ebenso verschieden wie die Pflanzendecke, die die rohen Gesteine erst in Boden umwandelt: In der Wüste fehlt die Pflanze fast ganz, die Verwitterung bleibt dort den mechanischen und chemischen Einwirkungen der Umwelt vorbehalten. Im feuchtwarmen Tropenurwald aber läßt die dichte Pflanzendecke kaum einen mechanischen Verwitterungsvorgang zur Geltung kommen neben der Humussäure und dem reichlich vorhandenen und recht warmen Bodenwasser. Werden wir also in den Wüsten

*) Daß ein Boden sich selbst die ihm zusagende Pflanzenwelt „aussucht", ergibt sich daraus, daß viele Pflanzen an bestimmte Böden gebunden sind. Wo sie auftreten, kann man daher auf den Boden zurückschließen. Unter den bodenanzeigenden Pflanzen gibt es solche, die Kalk suchen, andere, die ihn meiden; es gibt Kali-, Salz-, Stickstoff-, Gipsanzeiger. Der Forstmann kennt Pflanzen, die nur bei bestimmten Säuregraden des Bodens vorkommen, der Bergmann solche, die ihm den Fundort von Erzen verraten: Arsen und Zink in Südwest-Polen und Kärnten, auch im Mittelmeergebiet, Gold in Brasilien (fraglich), Silber in Nordamerika, Kupfer in Thüringen usw. Manche Pflanzen ziehen Spurenelemente aus dem Boden; so finden sich Spuren von seltenen Elementen im Tabak, in der Zuckerrübe; Meerpflanzen speichern Jod usw.

so gut wie gar keinen „Boden" in unserem Sinne erwarten dürfen, so in den Tropen eine belebte und durch pflanzliche Stoffe veränderte Bodenschicht in einem Ausmaß, wie wir es uns in gemäßigtem Klima kaum vorstellen können.

Wir können also die Böden der Erde gliedern nach den „Klimazonen", die den Erdball umgürten; wir werden dann finden, daß die Böden Mitteleuropas innerhalb eines dieser Klimastreifen, und zwar der nördlichen gemäßigten Zone, liegen und diesem Umstand ihre Besonderheiten und ihre gemeinsamen Kennzeichen verdanken. Wir werden aber darüber hinaus untersuchen müssen, wieweit der Mensch, der ja — nicht nur in Deutschland — kaum einen Quadratmeter Boden unberührt und unverändert gelassen hat, durch seine Arbeit auf den Boden einwirkt und ihn nach seinem Willen geformt hat. Daraus ergibt sich die Gliederung des folgenden Abschnittes über die Bodenbildung, der gleichsam als Anhang des Kapitels über chemische Verwitterung erscheint.

Gleichzeitig wird uns der Boden, insbesondere die zonenförmige Anordnung verschiedener Bodengruppen rund um die Erde, zum Ausdruck der unter den verschiedenen Klimaten vorherrschenden Verwitterungskräfte.

In den feuchtheißen Tropengebieten, deren Jahrestemperatur erheblich über der unseren liegt, spielt sich infolge der höheren Wärme des Bodenwassers eine sehr viel lebhaftere Hydrolyse ab als bei uns. Darunter versteht man diejenigen chemischen Vorgänge, die vom reinen Regenwasser ausgehen (s. S. 43). Außerdem enthält das Bodenwasser mehr Kohlensäure und salpetrige Säure als in unseren Breiten. Die Folge davon ist eine außerordentlich tiefreichende Verwitterung, die sehr schnell Höhenunterschiede ausgleicht und alles mit einer dicken Decke von Verwitterungsboden überzieht. Wo abräumende Kräfte fehlen, kommt es infolge dieser anhäufenden (akkumulativen) Verwitterung zu mehr als 100 m dicken Verwitterungsschichten. Meilenweit findet man in diesen Gebieten kein Stückchen frischen Fels, keinen Gesteinsblock und keine aufragenden Felsgruppen. Man findet aber den alles bedeckenden Verwitterungsboden, den ziegelroten Laterit und verwandte Böden, die im wesentlichen aus Aluminium- und Eisenoxidhydraten, also Sauerstoffwasserverbindungen des Aluminiums und des Eisens, sowie aus Kieselsäure und Quarz bestehen. Die chemische Zersetzung ist so stark, daß durch die Umwandlung in diese Verwitterungsrückstände der ursprüngliche Gesteinscharakter völlig verlorengeht; man kann an der Oberfläche häufig kaum unterscheiden, ob der Boden aus Granit, Sandstein oder einer anderen Masse hervorgegangen ist. Da selbst Eisen stark in Lösung geht, findet man in diesen Gebieten, besonders aber in den Randgebieten der feuchtheißen Tropen, in denen trockene und nasse Jahreszeiten miteinander wechseln, das Eisen häufig an der Oberfläche in Form von schlackenartigen harten Krusten ausgeschieden (Laterit). Das rührt daher, daß die eisenbeladenen Bodenlösungen in der trockenen Jahreszeit aufsteigen, an der Oberfläche verdunsten, ihren Gehalt an gelösten Stoffen aber an der Erdoberfläche zurücklassen.

Überraschenderweise spielt in den Tropen die Verwitterung durch Humusbestandteile bei weitem nicht die Rolle, die man angesichts der geradezu ungeheuerlichen Erzeugung pflanzlicher Stoffe im Urwald erwarten müßte. Das kommt daher, daß die abgestorbenen Pflanzenmassen mit beträchtlicher Geschwindigkeit wieder in ihre Urbestandteile zerfallen, also nicht so lange als Humus erhalten bleiben wie in unserem kühleren Klima. Der Humuszerfall ist also so stark, daß trotz der großen Menge von Humus verhältnismäßig wenig übrigbleibt, der auf den Gesteinsuntergrund einwirken könnte.

Gehen wir von den feuchten Tropen in die warm-trockenen (ariden) Nachbargebiete, die Savannen, Steppen und Wüsten, so werden wir bemerken, daß die mechanische Verwitterung immer stärker in den Vordergrund tritt: Je stärker sich die Pflanzendecke lichtet, desto mehr vermag der Wind unmittelbar auf den entblößten Boden einzuwirken; ebenso macht sich die Sonneneinstrahlung und ihr Gegenstück, die nächtliche Abkühlung, unmittelbar im Gestein durch Sprengung des inneren Zusammenhaltes geltend (T. 20, S. 124). Auch die seltenen, aber oft recht heftigen Regen wirken unmittelbar durch ihre Fall- und Fließkraft auf den Fels ein. Selbstverständlich fehlt auch die chemische Verwitterung nicht ganz, denn in Halbwüsten fallen immer noch rund 200 mm Regen im Jahr. Wir sprachen schon davon, daß in den trockenen Jahreszeiten die Bodenfeuchtigkeit an die Erdoberfläche steigt, um den dort durch Verdunstung entstehenden Verlust auszugleichen. Infolgedessen wird die Bodenoberfläche in diesen Gebieten sehr stark mit den vom Bodenwasser mitgebrachten löslichen Stoffen durchtränkt und zerfressen. Diese Stoffe, unter denen naturgemäß die leichter löslichen am stärksten vertreten sind, überziehen die Oberfläche von Felsen in Form von sogenannten Schutzrinden, sie bilden sich an der Erdoberfläche als Hartrinden und schlackige Eisenzusammenballungen, sie blühen aus den feinen, gitterförmig angeordneten Spaltennetzen verwitternder Felsen aus und ordnen sich zu einem das Spaltennetz nachzeichnenden Gitter von neu entstehenden Mineralen an. So gibt es Steingitter von kalkiger Zusammensetzung, solche aus Gips und einer ganzen Reihe anderer Stoffe. Ausblühende Kriställchen wirken sprengend, wie der Frost in anderen Klimaten es tut. Die Humusverwitterung spielt keine nennenswerte Rolle, da die trockene Jahreszeit aufzehrt, was in der nassen Jahreszeit etwa an pflanzlichen Massen gebildet wurde.

Eine größere Rolle spielen pflanzliche Einwirkungen auf das Erdreich erst im halbariden (semiariden) Bereich, d. h. in den eigentlichen *Steppen* (bis zu 450 mm Niederschläge im Jahr), die in der Vegetationsperiode, also im Frühjahr, vielfach außerordentlich naß sind, während sie in der trockenen Jahreszeit von der aufsteigenden Bodenfeuchtigkeit zehren. Die Steppen sind die Heimat vieler Gräser; Graswurzeln durchziehen den Boden nach allen Richtungen und bis in große Tiefen und führen gemeinsam mit dem jahreszeitlich gegensätzlichen Klima eine gründliche Durchtränkung des Bodens mit schwarzen Humusbestandteilen herbei. Es entstehen die sogenannten *Schwarzerden*, die durch eine mächtige, sehr dunkle Humusschicht ausgezeichnet sind — ihr Mutterboden ist bis zu 1 m und mehr dick — und darunter gleich das nahezu unverwitterte Ausgangsgestein erkennen lassen. Allerdings schalten sich zwischen Krume und Untergrund, oft auch mitten in die Krume oder über die Krume, die mineralischen Ausscheidungen der aufsteigenden Bodenlösungen ein. Wir dürfen sie somit als *letzten Ausklang der tropisch-heißen und der wüstenhaften Verwitterungsvorgänge an den Grenzen der gemäßigten Zone* ansprechen. Wir werden weiter unten sehen, daß derartige subtropische Vorposten auch im deutschen Raum hier und da zu finden sind. Wird die klimatische Trockenheit besonders stark, wie etwa im Bereich der ungarischen Tiefebene oder in der Umgebung des Kaspischen Meeres, so können die ausblühenden Bodensalze, die zum Teil aus Soda und dergleichen bestehen, den Boden derartig überkrusten, daß seine Kultivierung die allergrößten Schwierigkeiten macht (sogenannte Sodaböden u. a.).

Nachdem wir die halbtrockenen Gebiete hinter uns gebracht haben, führt uns unsere Wanderung weiter in das eigentlich *humide Gebiet*, also in feuchtes Klima, in dem durchweg mehr Niederschläge fallen, als die Verdunstung aufzuzehren vermag (s. o.!). In diesem Bereich, zu dem auch *Mitteleuropa* gehört, spielen sich mechanische und chemische Vorgänge bei der Verwitterung und damit auch bei der Bodenbildung zu etwa gleichen Teilen ab. *Wir haben demnach Gelegenheit, sämtliche Hauptfaktoren der Verwitterung und Bodenbildung sozusagen vor der Haustür kennenzulernen.*

Die *chemischen* Einwirkungen auf das verwitternde Gestein lassen sich in zwei Gruppen unterteilen: Die eine umfaßt die oben geschilderten Erscheinungen der chemischen Verwitterung, deren Hauptträger das Wasser ist, dem sich die bei uns so gut wie nirgends fehlende Kohlensäure zugesellt. Das Ergebnis der *Kohlensäureverwitterung* im feuchtgemäßigten Klima sind rostfarbene Ablagerungen, denen der Tongehalt seinen Stempel aufdrückt. Daneben macht sich die sogenannte *Humusverwitterung* geltend, und zwar um so mehr, je weiter wir nach Norden kommen. Das Kennzeichen der Humusverwitterung, deren Träger insonderheit die von Regenwasser in den Boden gespülten Humussäuren sind, ist die Tatsache, daß nicht nur, wie bei der Kohlensäureverwitterung, Alkalien und Erdalkalien gelöst werden, sondern auch Eisenverbindungen und selbst Tonerdeverbindungen zersetzt und in einen Zustand übergeführt werden, der es ihnen möglich macht, mit der Bodenfeuchtigkeit in die Tiefe zu sickern. Das Ergebnis der Humusverwitterung in unserem Bereich ist demnach ein stark ausgelaugter Boden, dem sowohl die Rostfarbe des Eisens wie die Beschaffenheit der tonigen Böden der Kohlensäureverwitterung fehlen. Bei reiner Humusverwitterung ergibt sich als Zersetzungsrückstand ein gebleichter und ausgelaugter Quarzsand. Wir sprechen deshalb von Bleicherden im Gegensatz zu den durch Kohlensäureverwitterung erzeugten braunen und rostfarbenen Böden. Am stärksten ist die Humusverwitterung bei uns in den Gebieten um die Nordsee mit ihrem „atlantischen“, d. h. feuchten und die Erhaltung von Humus begünstigenden Klima („Ortstein“-Boden — Abb. 20 b).

Je weiter wir polwärts gehen, desto stärker überwiegt die Humusverwitterung, nicht etwa, weil die Erzeugung pflanzlicher Stoffe zunähme, im Gegenteil: Trotz der abnehmenden pflanzlichen Erzeugung nimmt der Einfluß der Humussäure auf den Boden zu. Das rührt daher, daß die geringen erzeugten Massen infolge der schwachen Verdunstung ständig feucht bleiben und daher (Luftabschluß!) nicht verwesen können, sondern als Humus liegen bleiben.

Aber auch diesem Hergang ist eine Grenze gesetzt, die etwa dort verläuft, wo die geschlossene Walddecke sich in die Froststeppe und schließlich in die fast pflanzenfreien polaren Flächen verliert. Hier, wo die Pflanzendecke stark zurücktritt, überwiegt die mechanische Verwitterung, und zwar ist ihr Hauptträger der Frost. Frost sprengt nicht nur alle an der Oberfläche liegenden Felsen und Gesteinsbruchstücke zu scharfkantigem Schotter auseinander (Abb. 26), sondern er durchsetzt auch den Boden und erzeugt in ihm merkwürdige Formen, die unter dem Namen Vieleckböden (Polygonböden) oder Strukturböden bekannt sind und die auf Wärmeausgleichsbewegungen („Strömungen“) zurückgeführt werden. Frost im Boden bewirkt auch, daß die im kurzen Sommer auftauenden oberen Bodenschichten auf dem noch gefrorenen Unterboden ins Gleiten kommen und in Form von Fließerde die Mulden und Täler erfüllen. Diese Erscheinung, die man auch mit dem Wort Bodenfließen (Solifluktion) bezeichnet, bewirkt, daß die Landschaften des Nordens oft wie breitgelaufen aussehen — und sie sind es ja auch in der Tat. Da im kalten Bodenwasser arktischer und antarktischer Bereiche die Fähigkeit zu lösen gering ist, ist das Wasser arm an gelösten Stoffen. Die Folge davon ist, daß im Boden nicht, wie es äquatorwärts der Fall ist, die tonigen Bestandteile durch eben dieses Wasser ausgefällt werden können. Und das bedeutet nichts anderes, als daß die wenigen tonigen Bestandteile arktischer Böden mit dem Bodenwasser talwärts oder in die Tiefe wandern, nicht aber dem Oberboden und damit der Pflanzenwelt erhalten bleiben. Die mechanische Verwitterung überwiegt so weit, daß wir in diesen Gebieten vielfach schon gar nicht mehr von Boden in unserem Sinne reden können, denn dem Boden fehlt ja das, was das Wesen des Bodens ausmacht, nämlich das Leben. Ähnlich ist es im Hochgebirge (T. 2, S. 18).

Böden Mitteleuropas

Die beiden deutschen Staaten gehören zur mitteleuropäischen Zone der Braunerden, die sich unter sommergrünem Laubwald bilden (im Gegensatz dazu finden wir im Bereich der südeuropäischen immergrünen Laubhölzer gelb gefärbte, auch rote Böden, die sogenannten Gelb- oder Roterden [Terra rossa], deren Farbe darauf hindeutet, daß der Grad der Koppelung des Eisens an Sauerstoff hier geringer ist als in Mitteleuropa; eine Tatsache, die auf die höhere Jahreswärme jener Gebiete zurückzuführen ist). Im Norden wird der mitteleuropäische Raum begrenzt durch die Zone der von Nadelholz beherrschten nordeuropäischen Bleicherde; deren Farbe wieder beruht, wie wir soeben gesehen haben, auf der Tatsache, daß hier die Humusverwitterung vorherrscht, der auch das Eisen zum Opfer fällt *). Entsprechend ist die Anordnung der nach den vorherrschenden Farben gekennzeichneten Bodenzonen.

Die deutschen Böden stehen räumlich in der Mitte zwischen den Roterden Südeuropas und den Bleicherden Nordeuropas. Man kann sagen, daß sie bis zu einem gewissen Grad Kenn-

*) Die Bleicherden werden nach einem russischen Wort auch als Podsolböden bezeichnet, die die graue Farbe des Erdreiches „unter der Asche“, d. h. unter Feuerstellen, haben.

zeichen beider Bodenzonen in sich vereinigen. Im Gegensatz aber zu den Tropen, in denen die chemische Verwitterung den Gesteinscharakter völlig übertönt (S. 49), im Gegensatz auch zu Nordeuropa, in dem die Humusverwitterung so völlig vorherrscht, daß der Gesteinsuntergrund nahezu gleichgültig für die Bodenbeschaffenheit wird, herrschen im deutschen Raum weder die chemische Verwitterung noch der Einfluß der Humussäure so stark vor, daß der Gesteinscharakter übertönt würde. Die Folge davon ist, daß die Beschaffenheit der deutschen Wald- und Ackerböden nicht nur vom Klima und der klimabedingten Pflanzendecke, dem Laubwald, bestimmt wird, sondern darüber hinaus weitgehend von der stofflichen Zusammensetzung des Muttergesteins abhängt.

Wir werden also unter dem gleichen Laubwald im gleichen deutschen Klimabereich zwar grundsätzlich Braunerde erwarten dürfen; wir werden aber darüber hinaus erwarten müssen, daß die Braunerde etwa auf Granituntergrund anders ausfällt als Braunerde auf Basalt oder Kalk, auf Lehm oder gar auf Sand. Daraus ergibt sich eine Vielzahl verschiedener Bodentypen in Mitteleuropa.

Weiterhin werden wir auch eine gewisse Abhängigkeit vom jeweiligen Klima feststellen müssen: In den niederschlagsarmen Bereichen der Magdeburger Börde, Nordböhmens oder des südwestpolnischen Flachlandes stehen bei weitem nicht soviel Niederschläge zur Auswaschung des Bodens zur Verfügung, wie etwa im ozeanischen Klima Nordwestdeutschlands. Da in diesem letztgenannten Bereich auch die Erhaltungsbedingungen für den pflanzlichen Humus infolge der ständigen Durchfeuchtung besser sind, werden wir dort eine sehr viel stärkere Beteiligung der Humusverwitterung an der Bodenbildung erwarten müssen, während wir in den Trockengebieten Anklänge der Bodenbeschaffenheit an die Schwarzerdeböden der südosteuropäischen Steppen vorfinden werden.

Die geologische Karte auf der einen Seite, die Regenkarte auf der anderen Seite werden uns demnach die Erklärung für die Verbreitung der wichtigsten Bodentypen im deutschen Raum zu geben haben.

So gut wie alle deutschen Verwitterungsböden sind erst nach der Eiszeit entstanden. Das große norddeutsche Flachland, die Lockermassen der süddeutschen Voralpenebene und die breiten Talauen unserer Ströme sind erst durch das Eis, durch sein Schmelzwasser und durch die Hochwässer der nacheiszeitlichen Flüsse geschaffen worden. Alle übrigen Gebiete haben während der Eiszeit unter dem arktischen Klima und seiner schütteren Pflanzendecke und dem fast überall sich abspielenden Bodenfließen keine Gelegenheit gehabt, sich zu pflanzentragenden und von Pflanzen geformten Böden zu entwickeln. Sowohl in den eiszeitlichen Aufschüttungsgebieten wie in den letztgenannten Bereichen kam es zu einer Bodenbildung im Sinne der Belebung durch die Pflanzenwelt infolgedessen erst nach dem Verschwinden des Eises und seines ungünstigen Klimas. Erst in den letzten 20000 Jahren entwickelte sich somit der fruchttragende deutsche Boden. Wie er sich seitdem gebildet und wieder verschlechtert hat, läßt Abb. 20d (auch 175) erkennen.

TAFEL V

Landschaftsformen der Verwitterung

1. Vor dem Steilrand der Schwäbischen Alb (Standpunkt des Photographen) ist die Achalm bei Reutlingen als Auslieger stehengeblieben. Aufn. Näher
2. Die Bergformen des Sächsischen Elbsandsteingebirges spiegeln die waagerechte Lagerung in den Hochflächen und den senkrechten Abstürzen wider (Vorn links: Verwitterungserscheinungen; im Elbtal Prallhang und Gleithang). Aufn. Max Nowak

1

2

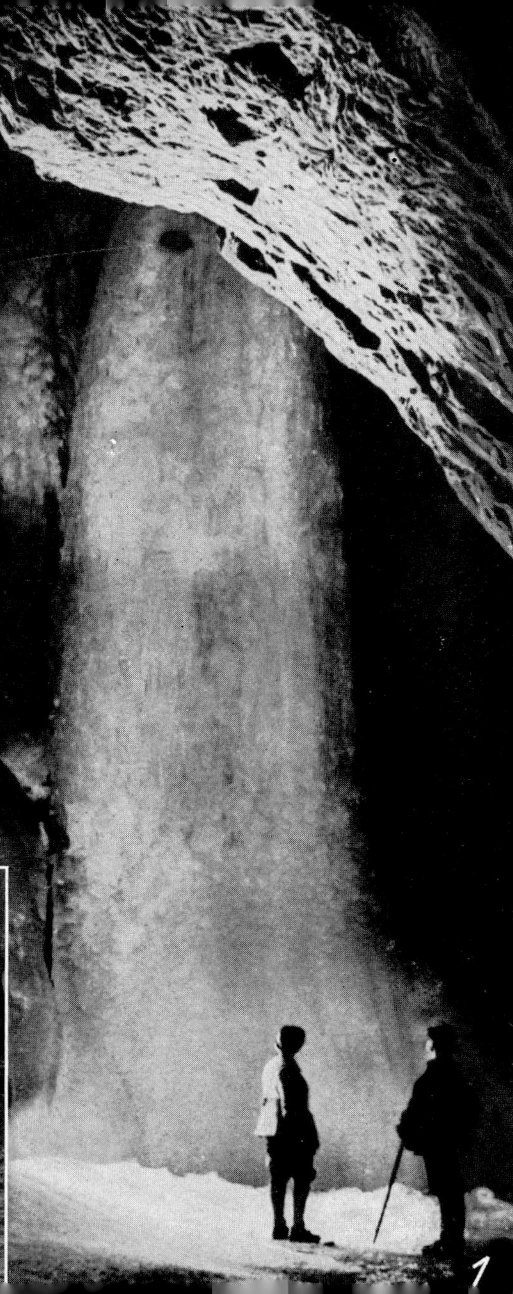
1

2

3

4

5

Die deutsche Landwirtschaft hat also nicht nur damit zu kämpfen, daß sie vielfach Steppenpflanzen auf Waldboden und im Waldklima ziehen muß, sondern auch damit, daß der Boden einer ständig fortschreitenden Versäuerung und Verarmung unterliegt. Beide Umstände zwingen den Landwirt, seine ganze Kraft einzusetzen, um den Boden durch künstliche Hilfsmittel gesund und leistungsfähig zu halten. Das ist nur möglich, wenn er dem Boden ständig Humus und Nährsalze zuführt, sowie durch geeignete Bodenbearbeitung und möglichst dauernde Beschattung dafür sorgt, daß das Gefüge des Bodens so bleibt, wie es die Pflanzenwurzel und das Kleinleben des Bodens benötigen.

Abb. 20. Bodenprofile

20a. Am Fuß der Hänge häuft sich das von oben heruntergespülte Erdreich („Hangfußboden").

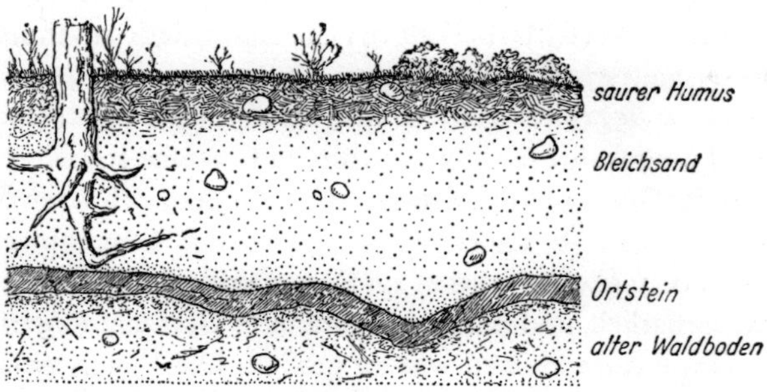

20b. Heideboden hat ehemaligen Waldboden fast wertlos gemacht. Der Boden ist nur sehr schwer zu „meliorieren".

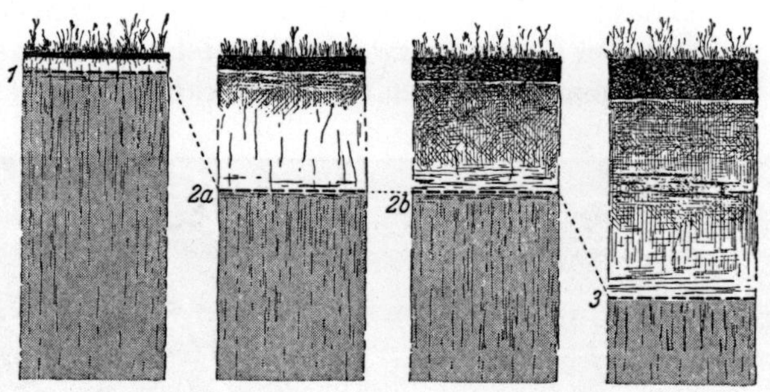

20c. Noch nach Jahrhunderten erkennt man die stufenweise Absenkung des Grundwasserspiegels (1—3) an Roststreifen, selbst wenn sich darüber ein guter Waldboden (Braunerde) entwickelt hat (rechts).

Fels- und Landschaftsformen, die die Verwitterung erzeugt

(T. 3—5, S. 35, 36, 53)

Die Gesteine unterliegen dem Angriff der Verwitterung in sehr verschiedenem Maße. Das eine ist leichter löslich als das andere, ein drittes verwittert sehr viel schneller als ein viertes, das bei gleicher stofflicher Zusammensetzung infolge seines dichteren Gefüges widerstandsfähi-

---

TAFEL VI

Das unterirdische Wasser

1. Tropfsteine aus Wasser (in der „Eisriesenwelt", Eishöhle b. Salzburg i. Tennengebirge), zarte Stalaktiten und plumpe Stalagmiten Aufn. Erich Fischer
2. Stalaktiten aus kohlensaurem Kalk (Syrauer Höhle, Sachsen) Aufn. Heimatschutz Sachsen
3. Im Marmorbruch ist ein zu Höhlen erweitertes Kluftsystem freigelegt worden (Gebückte Figur als Maßstab). (Katzbachgebirge) Aufn. v. Bülow
4. In Klüften hat das Grundwasser ein Netz von Quarzkristallen ausgeschieden (Ratingen bei Düsseldorf). Aufn. v. Bülow
5. Terrassen aus kalkigem Quellsinter. Das Watteschloß von Denizli in Westkleinasien Aufn. Friedrich v. Rummel

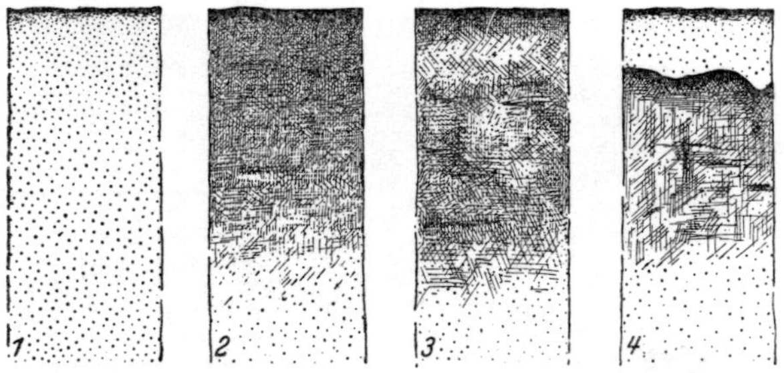

20d. Seit der Eiszeit hat sich die rohe Verwitterungsrinde (1) allmählich belebt und zu braunem Waldboden (in Trockenbereichen zu Schwarzerde) (2) entwickelt. Mit der eiszeitlichen Klimaverschlechterung ist sie humusarm und fleckig geworden (3). Durch menschliche Schuld bildete sich dann vielfach Ortstein (4).

ger ist. Es ist nicht übertrieben, wenn man sagt, daß die allgemeine Gestaltung einer Landschaft, daß die Verteilung und Größe der Bodenerhebungen und Vertiefungen in erster Linie durch die Verwitterbarkeit der die Landschaft zusammensetzenden Gesteine bestimmt wird. Feste, wetterbeständige Gesteine müssen einfach deshalb, weil sie von der Verwitterung langsamer angegriffen werden, allmählich immer höher über ihre Umgebung hervortreten, während umgekehrt leichter zerstörbare Gesteine schneller abgetragen und fortgeräumt werden. Wo der Geologe auffallende Felsbildungen, sich über die Umgebung erhebende Bergkuppen findet, wird er sofort auf eine von der Umgebung abweichende Gesteinsbeschaffenheit schließen; ebenso wird er im allgemeinen dort, wo sich Vertiefungen zeigen, auf leichte Verwitterbarkeit und daher fortgeräumte Gesteine folgern dürfen.

Das gilt im kleinen wie im großen: Die Fugen zwischen den Schichten eines Sandsteines auf der verwitterten Außenseite des Felsens können als kleine Rippen hervortreten, oder sie springen zurück, so daß die Schichten selbst als Rippen, die Fugen als Rillen sichtbar werden. Im ersten Falle sind die Schichtfugen durch Sickerwasser etwa mit Rost ausgekleidet worden, so daß das Gestein hier stärker zusammenhält, als in den nicht durch Rost verhärteten Teilen zwischen den Fugen. Im zweiten Falle fehlt der Rostzement in den Fugen, so daß die Verwitterung gerade bei ihnen besonders leichtes Spiel hatte.

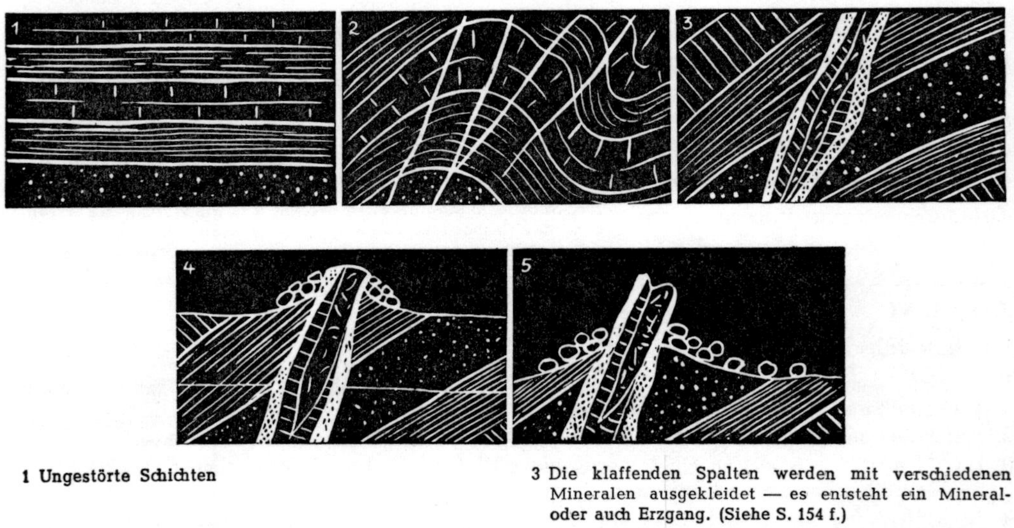

1 Ungestörte Schichten

2 werden gefaltet und von Klüften durchsetzt.

3 Die klaffenden Spalten werden mit verschiedenen Mineralen ausgekleidet — es entsteht ein Mineral- oder auch Erzgang. (Siehe S. 154 f.)

4, 5 Das Gelände wird abgetragen, der widerständige Gang bleibt als steile Mauer stehen.

Abb. 21. Entstehung und Zutagetreten eines „Ganges“ (vgl. Taf. 3, S. 35 u. Taf. 1, S. 17)

Aber nicht nur Fugen, sondern auch Punkte im Gestein, die von Hause aus weniger mit Bindemitteln versorgt sind, geben der Verwitterung die Möglichkeit, sich in das Gestein hineinzuarbeiten, so daß näpfchenförmige Vertiefungen entstehen, die mit der Zeit größer werden und seitlich oder auf- und abwärts — je nach Anordnung der Schwächepunkte — zu Nischen oder Rillen zusammenfließen. Besonders sinnfällig wird die auswählende Arbeit der Verwitterung (selektive Verwitterung) dann, wenn andersartige Gänge das Gestein durchziehen (Abb. 21 u. T. 1, S. 17). Mit der Zeit treten beispielsweise Quarzgänge, Erzadern und -gänge als Rippen aus der Felswand hervor.

Auch in größerem Maßstab finden wir die gleichen Erscheinungen: Die „Teufelsmauern", die in auffälliger Weise im Gelände hervortreten, sind ein Beweis dafür (Nordharz). Besonders schön ist das Beispiel der aus liegenden Basaltsäulen zusammengesetzten Teufelsmauer von Oschitz in der Tschechoslowakei. Leider hat der Steinbruchsbetrieb von dieser 25 km langen Mauer nur ein kleines Stück übriggelassen. Ein besonders bekanntes Beispiel ist neben vielen anderen der riesige Quarzgang des Pfahls im Bayerischen Wald (T. 3, S. 35).

Daß der Wechsel von weichen und harten Schichtgesteinen das Landschaftsbild bestimmen kann, wird besonders deutlich am Beispiel der bastionsartigen Felsen in der Sächsischen Schweiz (Kreidesandstein); ganz ähnlich verhalten sich auch Glutflußgesteine, nur daß hier nicht Schichtfugen der Verwitterung den Weg ebnen, sondern daß diese den feinen Spalten und Klüften der Gesteine, die im Gegensatz zu den Schichtfugen oft senkrecht verlaufen, folgt. Besonders deutlich ist das bekannte Beispiel der Matratzenverwitterung des Granites (Abb. 26). Aber auch bei den Felsbildungen des Elbsandsteingebirges usw. spielen neben den Schichtfugen Klüfte und Spalten eine Rolle (T. 5, S. 53). Anders wäre ja die Herausarbeitung von senkrechten Felspfeilern nicht zu verstehen.

Im süddeutschen Jura treten inmitten der Schichtgesteine Klötze von ungeschichtetem Riffkalk (Abb. 141, T. 3, S. 35), ehemaligen Schwammriffen, auf, ebenso in den Zechsteinablagerungen Thüringens und in den Kalkschichten der Eifel. Während die Gesteinsschichten rundum fortgeräumt werden, bleiben diese Riffe als Pfeiler stehen, so daß man heute wieder sich vorstellen kann, wie sie dereinst am Meeresboden wuchsen und sich über die geschichteten Schlammassen der Umgebung steil emporreckten.

Von der Unterschiedlichkeit des Widerstandes, den die Gesteine der Verwitterung und damit der Abtragung entgegensetzen, hängt es ab, wie stark sie im Gelände hervortreten,

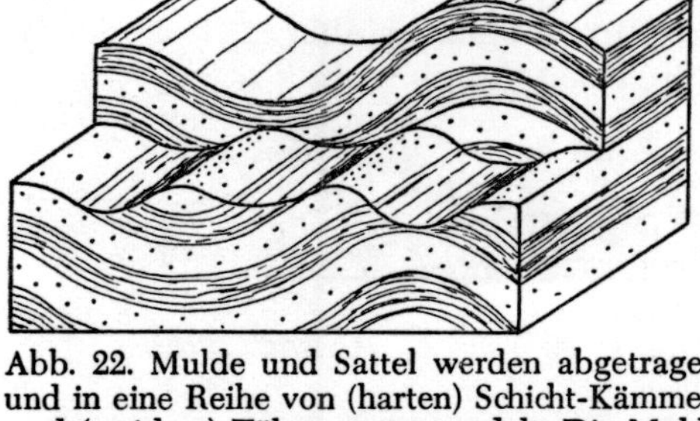

Abb. 22. Mulde und Sattel werden abgetragen und in eine Reihe von (harten) Schicht-Kämmen und (weichen) Tälern umgewandelt. Die Mulde wird vorübergehend zum Berg, der Sattel zum Tal (Umkehrung des Reliefs).

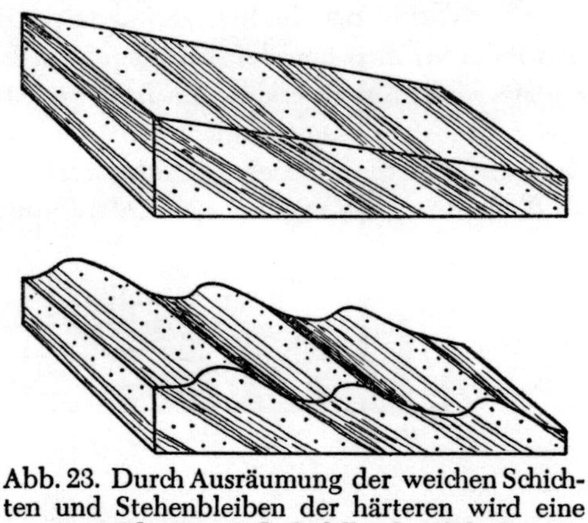

Abb. 23. Durch Ausräumung der weichen Schichten und Stehenbleiben der härteren wird eine geneigte Ebene mit flach fallenden Schichten in eine „Schichtstufenlandschaft" umgewandelt.

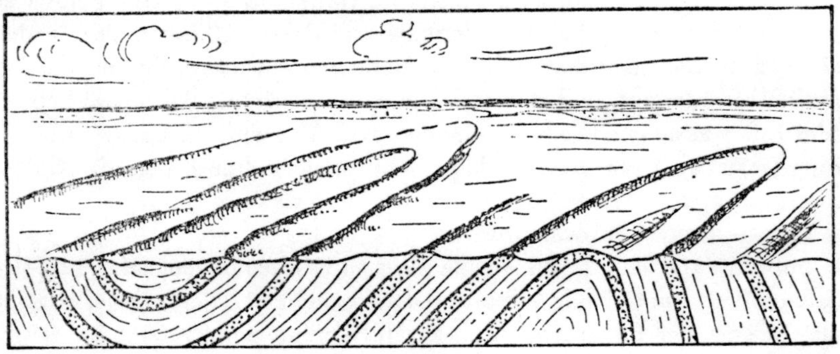

Abb. 24. Faltenmulde (l.) und Faltensattel (r.) im Schnitt (Profil) und in der Landschaft, bzw. im Kartenbild (bes. schön im nördlichen Harzvorland und im Hannöverschen Bergland).

nicht aber von ihrem erdgeschichtlichen Alter und ihrer heutigen Lagerung im Erdbau. So kommt es gar nicht selten vor, daß ehemals hochragende Horste (Abb. 81) in Gräben umgewandelt werden oder daß tiefliegende Gräben (Abb. 82) heute zu Bergen geworden sind (Abb. 27), daß Faltensättel zu Vertiefungen werden und Faltenmulden zu Erhöhungen (zu diesen Begriffen vgl. S. 116 f.). Die Abbildungen 22 bis 24 sprechen für sich. Sie zeigen, daß geradezu eine „Umkehrung des Reliefs" infolge der verschiedenen Widerständigkeit der Gesteine stattfinden kann.

Der Granitdom des Brockens, der sich über die Schieferhochfläche des Harzes erhebt, kennzeichnet sich schon von weither als Härtling, als im Vergleich zu seiner Umgebung schwer verwitternd. Die Basalt- und Phonolithkuppen des Hessischen Berglandes, des Hegaus, der Lausitz usw. sind nicht etwa deshalb Bergkuppen, weil sie heute noch die Formen von Vulkanen hätten, die sie einstmals zum Teil waren, sondern deshalb, weil ihre Gesteine härter sind als die ihrer Umgebung. (T. 26, S. 162.)

Die massigen Gesteine, das sind im wesentlichen die Glutflußgesteine, sind allseitig gleichartig zusammengesetzt; sie bilden rundliche, kuppel- oder kegelförmige Gipfelformen, wie sie für den Basalt, den Porphyr, den Gabbro, den Granit, auch den Gneis usw. kennzeichnend sind (T. 4, S. 36). Dabei bestehen Unterschiede zwischen grobkörnigem und feinkörnigem Granit, zwischen dem leichter zerfallenden Granit und dem außerordentlich schwer zerfallenden Porphyr, zwischen den flachliegenden Lavadecken des Basaltes und zwischen Kuppen, die aus säulenförmig erkaltetem Basalt entstanden sind (vgl. T. 3—5, S. 35, 36, 53).

Die Schichtgesteine enthalten meist Lagen von verschiedener Widerständigkeit. Die Folge davon ist, daß die weicheren Schichten leichter abgetragen und schneller ausgeräumt werden als die härteren. So ergeben sich stufenförmig gegliederte Steilhänge (Abb. 25, T. 28, S. 164,

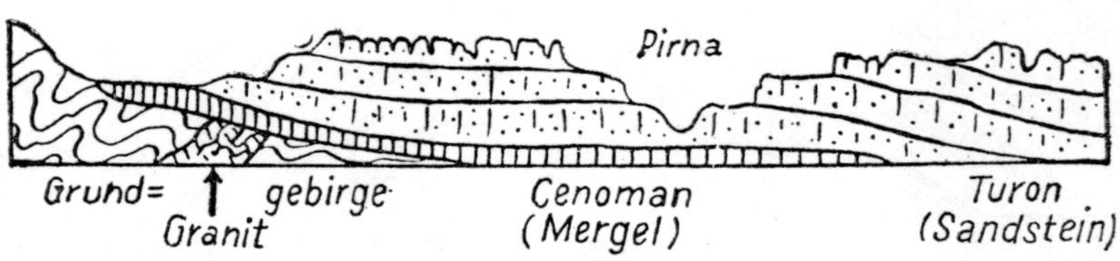

Abb. 25. Der einfache Bau des Elbsandsteingebirges. Die Härteunterschiede der Gesteine bestimmen das Aussehen der Landschaft: Sandstein bildet Steilkanten, Mergel hingegen Stufenflächen. (vgl. Taf. 5, S. 52)

1 Aus den Tiefen der Erde aufsteigend, drängt sich der Granit in die Schichtgesteinsschale der Erdrinde. Erkaltend nimmt er, den Druckverhältnissen folgend, bestimmte „Klüftung" an.

2 Durch Abtragung wird der Granit freigelegt. Die Formen verraten das Kluftnetz.

3 Bis ins einzelne gliedern die Klüfte den Fels.

4 Die Verwitterung arbeitet sich längs der Klüfte in den Stein vor und zerlegt ihn in „Kissen" und „Matratzen".

5 Die Felsgruppe zerfällt . . .

6 übrig bleibt ein „Felsmeer".

Abb. 26. Vom Granitstock zum Felsmeer

T. 5, S. 52). Der Nordhang der Schwäbischen Alb, das Bild des Colorado-Cañon und hundert andere sind Beweise hierfür (T. 5, S. 53, Abb. 39 u. Titelbild). Und nur in Schichtgesteinen kommt es zu wirklich senkrechten Hangbildungen, ja sogar zu überhängenden Wänden. Wenn nämlich weichere Schichten ausgeräumt werden, so kann es vorkommen, daß die über ihnen liegenden härteren den Halt verlieren und senkrecht abbrechen. Wie schrägliegende Schichten in der Landschaft auftreten, zeigen z. B. Abb. 22—24 u. a.

Schieferige Gesteine lassen ihr Gefüge in verwittertem Zustand besonders leicht erkennen. Ganz ähnlich ist das Bild feingeschichteter harter Schichtgesteine und ebenso von Felsarten, die zwar nicht geschichtet sind, aber infolge ihrer Härte splitterig zerbrechen und dann ähnliche scharfschneidige Gratformen, Zacken und Kämme bilden (T. 3—4, S. 35, 36).

Alles, was in höheren Lagen verwittert und abbricht, gelangt oft allein infolge seiner Schwere und der Steilheit des Gehänges zu Tal (T. 2, S. 18). So bilden sich als Gegenstück zu den zerfallenden Felsformen der Gipfel Schuttkegel und Schutthalden am Fuße des Hanges,

Abb. 27. Die Abtragung verwandelt einen „Graben" (Abb. 82) in einen Berg (Umkehrung des Reliefs). Beispiel aus Thüringen

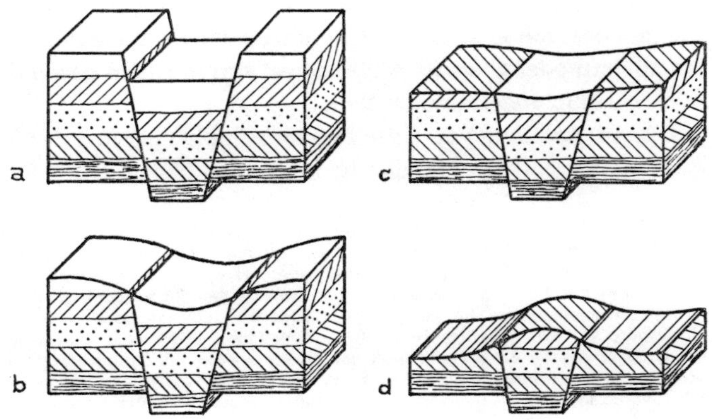

die deutlich gegen den steilen Felshang abgesetzt sind (Abb. 20a). Auch sie sind ein wesentlicher Bestandteil der Landschaft; auch ihre Formen, insbesondere ihre Neigung hängen von dem Gesteinsgut ab, das sie zusammensetzt. Denn jedem Gesteinsgut kommt eine „maximale Böschung" zu, eine Neigung, die dieses Maß nicht überschreiten kann: Loser Sand oder gerundetes Geröll müssen sich flacher abböschen als scharfkantiges Gestein.

Zerstörung durch unterirdisches Wasser

(T. 6, S. 54)

Unterirdisches Wasser tritt als Sickerwasser, als Grundwasser und als Wasser auf, das in Hohlräumen des Gesteins offen dahinströmt.

S i c k e r w a s s e r ist Niederschlagswasser, das auf dem Wege zum Grundwasser den Boden und die Gesteine durchsickert. Im festen Fels spricht man auch von Bergfeuchtigkeit. Sickerwasser ist der Hauptträger der Gesteinszerstörung; es wird wirksam durch sich selbst sowohl wie durch seinen Gehalt an Kohlensäure, Sauerstoff und als Transportmittel für Säuren, die sich im Boden und in den Gesteinen bilden. Zur Kennzeichnung der Tätigkeit des Sickerwassers genügt daher ein Hinweis auf die voraufgegangenen Abschnitte über die Verwitterung im allgemeinen.

Abb. 28. Der Kreislauf des Wassers, darin das Grundwasser und ein Grundwasseraustritt (Quelle)

Als G r u n d w a s s e r bezeichnen wir alles Wasser, das in Hohlräumen des Bodens frei beweglich ist und den Boden bis zu einer bestimmten Höhe, dem Grundwasserspiegel, durchtränkt.

Grundwasser entsteht aus den Niederschlägen *), die auf den Boden fallen und in ihm abwärts sickern, bis sie auf eine undurchlässige Gesteinsschicht stoßen, die ihnen den weiteren Weg in die Tiefe versperrt (Abb. 28). Von den Flüssen wird das Grundwasser nur gelegentlich gespeist; meist ist es entweder umgekehrt, daß nämlich das Grundwasser zu den Flüssen hin abläuft, oder aber der Fluß bewegt sich in einem gegen das Grundwasser hin durch Ton und Schlamm abgedichteten Bett.

Die Ansammlung von Grundwasser ist abhängig von der Beschaffenheit und den Formen der Gesteinskörper, die die Erdkruste aufbauen (Abb. 29 ff.). Poröses Gestein vermag

*) Man begegnet nicht selten der Befürchtung, daß der beträchtliche Wasserbedarf unserer Zeit die heimischen Grundwasservorräte dereinst zum Versiegen bringen könne, oder — mit anderen Worten — daß dem Boden mehr Wasser entnommen werde, als ihm wieder zugeführt wird. — Schwierigkeiten treten in erster Linie deshalb auf, weil nicht immer die Schwerpunkte des Verbrauchs mit den Schwerpunkten des natürlichen Vorkommens von Grundwasser zusammenfallen. Im übrigen aber wird dem Grundwasser — selbst bei dem heutigen Riesenbedarf der Großstädte und der geballten Industrie — noch immer nicht mehr als 1/40 der Menge der jährlichen Niederschläge entzogen. Und auch davon geht noch das meiste wieder ins Grundwasser zurück. Also selbst eine sehr erhebliche Steigerung des menschlichen Verbrauchs könnte den Wasserhaushalt s o g a r i n d ü r r e n J a h r e n und Jahrzehnten nicht gefährden, wenn auch örtliche und regionale Versorgungs-Schwierigkeiten nicht ausbleiben werden.

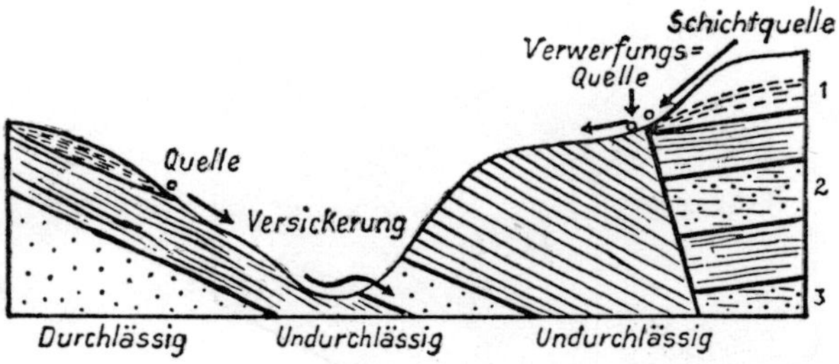

Abb. 29. Auch in verwickelt gebauten Gebieten folgt die Verteilung des Grundwassers und der Quellen der Anordnung durchlässiger Schichten. Grundwasserstockwerke in sandigen Schichten zwischen Tonbänken

Wasser aufzunehmen und weiterzuleiten, undurchlässiges Gestein hingegen staut das Grundwasser. Zahlreiche undurchlässige Gesteine, wie Kalkstein, Granit, Geschiebemergel und viele andere sind jedoch im großen gesehen durchlässig, da sie vielfach von Rissen und Spalten durchzogen sind, die dem Wasser als Wege in die Tiefe dienen.

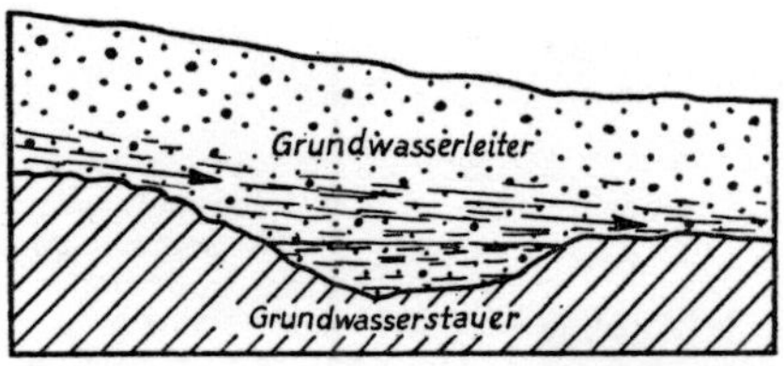

Abb. 30. Über dem ruhenden Grundwasser befindet sich der bewegte Grundwasserstrom.

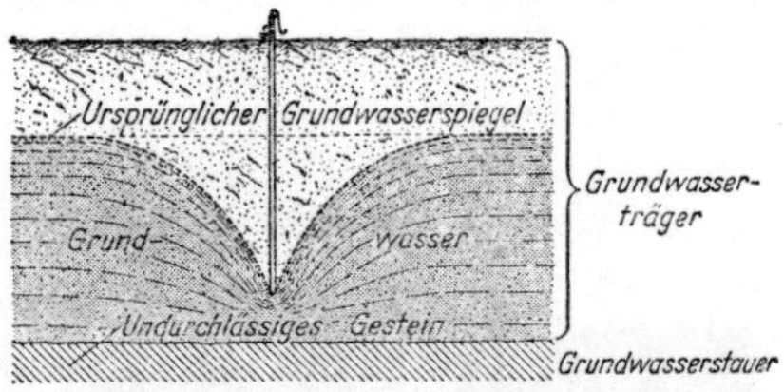

Abb. 31. Wasserentnahme erzeugt „Pumptrichter" im Grundwasserspiegel. (Zeichnung Schwarzenbeck)

Die Niederschläge versickern im Boden, d. h. so lange wie irgend möglich bewegt sich das Wasser senkrecht nach unten. Trifft es auf eine Stauschicht, die waagerecht liegt, so wird es sich mit einem ebenfalls waagerechten Spiegel in dem auf der Stauschicht liegenden, wasseraufnehmenden Gestein ansammeln. Ist die stauende Erdschicht geneigt, so wird das Wasser, der Schwerkraft folgend, auf der Oberfläche dieser Schicht nach dem tiefsten Punkt hin abzufließen bestrebt sein, so lange, bis sich ihm eine andere undurchlässige Schicht in den Weg stellt. *)

Grundwasser findet sich, man darf wohl sagen, überall in der Erdkruste, wenn auch in verschiedener Tiefe. Die Tiefenlage des Grundwasserspiegels hängt ab 1. vom Klima: je trockener das Klima, desto mehr Grundwasser wird verdunsten, desto tiefer also wird der Grundwasserspiegel liegen; 2. von dem Aufbau der Erdrinde aus verschiedenem Gestein: liegt die erste stauende Schicht in geringer Tiefe unter der Erdoberfläche, so wird auch das Grundwasser in geringer Tiefe zu finden sein; liegt sie dagegen erst in mehreren 100 m Tiefe, so wird auch der Grundwasserspiegel sich sehr tief unter der Erdoberfläche bilden. Häufig ist es so, daß sich infolge der Trockenzeit des Klimas überhaupt kein Grundwasser oberhalb der ersten

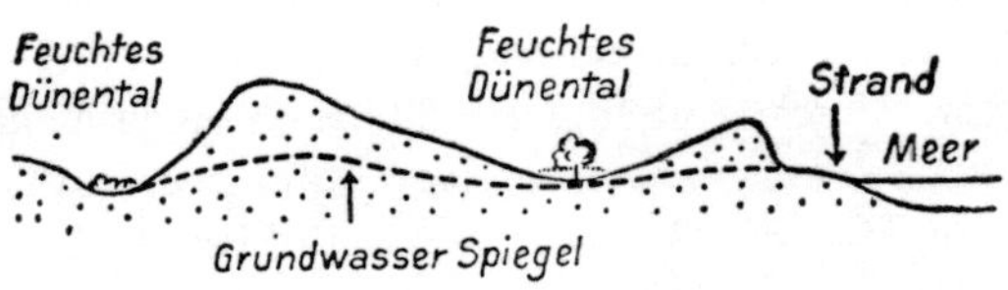

Abb. 32. Auch Dünen enthalten Grundwasser. Der Grundwasserspiegel folgt annähernd den Formen des Dünengeländes.

* Statt Grundwasserträger, -stauer, -spiegel sagt man heute mehr und mehr Grundwasserleiter, -sohlschicht, -oberfläche.

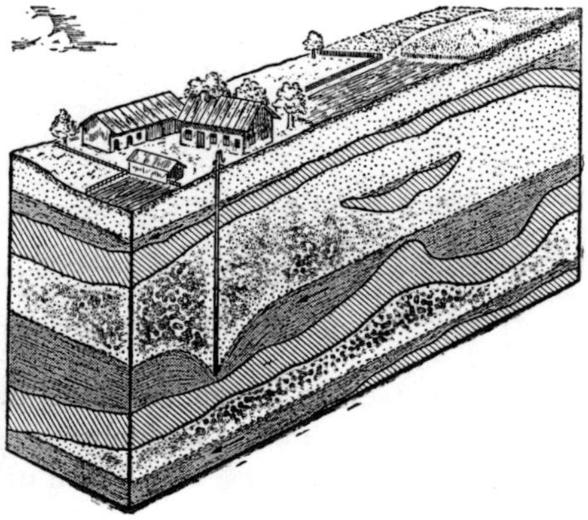

Abb. 33a. Auf undurchlässigen Erd- und Gesteinsschichten sammelt sich das Grundwasser.

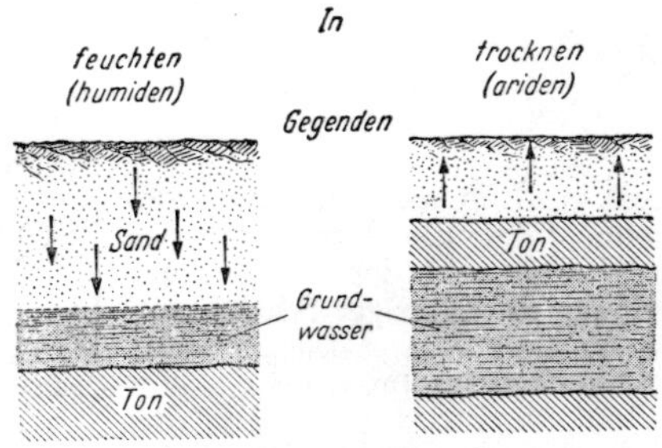

Abb. 33b. In humiden Bereichen liegt das Grundwasser **auf**, in Trockengebieten **unter** undurchlässigen Schichten.

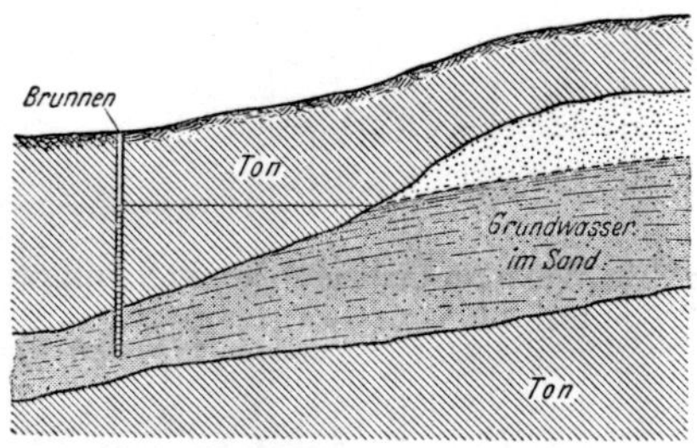

Abb. 33c. Wo das Grundwasser unter Überdruck steht, springt es aus Bohrungen u. U. als „Artesischer Brunnen“ zutage.

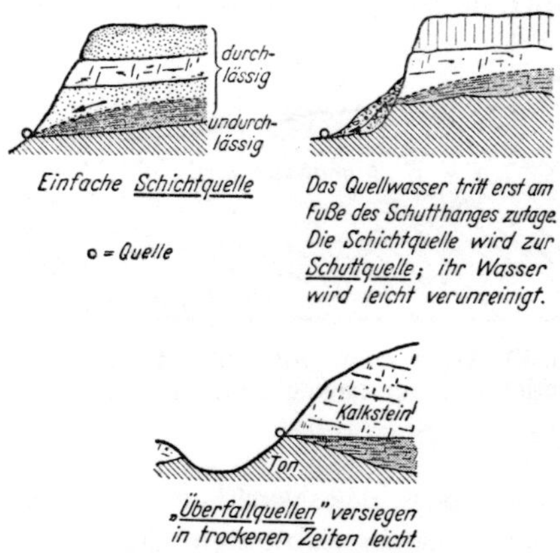

Abb. 33d. Quellen verschiedener Art
(Zeichnung Schwarzenbeck)

Stauschicht bilden kann; vielmehr wird eine Brunnenbohrung erst **unter** halb der obersten Stauschicht auf der nächsten undurchlässigen Gesteinsbank Wasser antreffen. In diesem Falle sorgt die obere undurchlässige Schicht dafür, daß das Grundwasser nicht nach oben hin verdunstet (Abb. 33b).

Natürlich muß das Grundwasser auch eine untere Grenze haben. Auch diese Grenze ist abhängig vom Gesteinscharakter. Aber selbst dann, wenn der Schichtenbau der Erdrinde es gestatten würde, fänden wir doch von einer bestimmten Tiefe an kein Wasser mehr: Das ist die Tiefe, in der die zunehmende Erdwärme den Bestand von flüssigem Wasser nicht mehr zuläßt, in der also alles Wasser in Dampf verwandelt wird, und dort, wo die Last der Erdschichten die Gesteinsporen zusammenpreßt, so daß sie kein Wasser aufnehmen können.

Zusammenfassend kann man feststellen, daß das Auftreten und die Tiefenlage sowie das Verhalten des Grundwassers vom geologischen Aufbau des betreffenden Gebietes abhängig sind. Unsere Abbildungen 29 bis 35 sagen mehr als viele Worte.

Wo der Grundwasserspiegel, etwa in einem tiefen Tale, von der Erdoberfläche geschnitten wird, läuft das Grundwasser oberirdisch ab, d. h. es bilden sich **Quellen** (Abb. 29, 33 u. a.).

Einzelheiten: Die Bewegung des Grundwassers folgt wie die des oberirdischen Wassers der Schwerkraft, sie ist also abwärts gerichtet. Die Geschwindigkeit der Bewegung hängt von der „inneren Reibung“ des Grundwasserleiters ab: Je feiner die Poren des Gesteins,

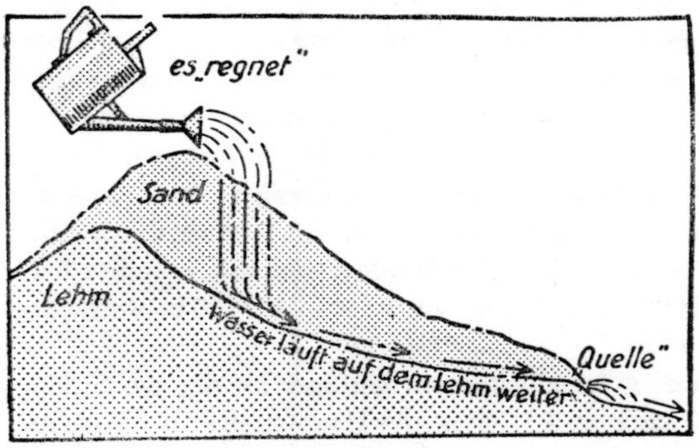

Abb. 34. So veranschaulicht man im Sandkasten die Entstehung einer Quelle. Archivbild

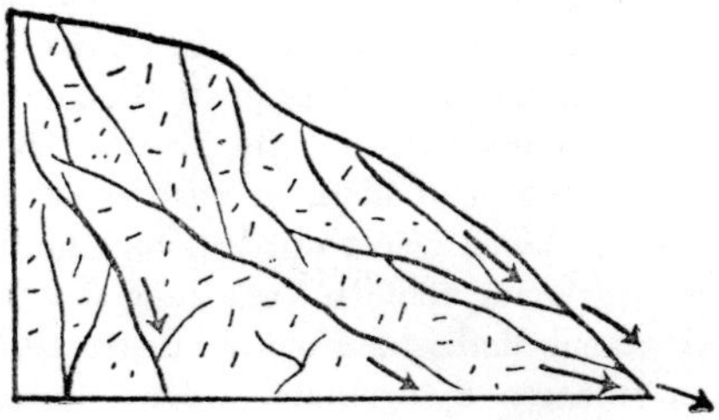

Abb. 35. Felsenquellen fördern die auf den Klüften des Gesteins umgehende Bergfeuchtigkeit. Selbst Berggipfel können Quellen tragen, die von Regen und Tau gespeist werden.

desto langsamer die Bewegung; je größer die Hohlräume, je weiter die Spalten, desto schneller die Bewegung. Die geringste Bewegung des Grundwassers ist kaum nachweisbar, sehr häufig kommen Geschwindigkeiten von etwa 1 m am Tage vor, doch sind auch solche bis zu 10 m und mehr nicht selten. Infolge der geringeren Geschwindigkeit kann der Grundwasserstrom ein sehr viel stärkeres Gefälle haben als ein oberflächlich fließender Fluß.

Die Form des Grundwasserspiegels hängt nicht nur vom Gefälle des Grundwasserstromes ab, sondern auch von der saugenden Kraft der Gesteinsporen, von der sogenannten kapillaren Wirkung des Gesteins. Innere Reibung und Saugekraft des Erdreiches bewirken, daß der Grundwasserspiegel den Formen des Geländes zu folgen sucht, d. h. er liegt in Bergen höher als in Tälern; er bildet die Form des Geländes in abgeschwächtem Maße ab (s. Abb. 32, 33). Dabei ist der Grundwasserspiegel veränderlich; er schwankt je nach der Jahreszeit und mit den Niederschlägen. Das Grundwasser steht bei uns infolgedessen im Frühjahr am höchsten und im Herbst am niedrigsten. Nicht die absolute Höhe der Niederschläge ist maßgebend für die Auffüllung des Grundwassers, sondern nur der Anteil der Niederschläge, der wirklich dem Grundwasser zugute kommt. So kommt es, daß von den reichen Sommerniederschlägen bei uns nur ein geringer Teil dem Grundwasser zugeht, während die geringeren winterlichen Niederschläge fast ohne Verdunstungsverluste versickern und zur Vermehrung des Grundwassers beitragen. Im allgemeinen hinkt der Anstieg des Grundwassers dem Gipfelpunkt der Niederschlagsmenge um 1—2 Monate nach. Jedoch machen Bergwerke die Erfahrung, daß in sehr vielen Gesteinen schon wenige Tage nach ausgiebigem Regen das Grundwasser steigt.

Weitere Einzelheiten ergeben sich aus den Abbildungen. Nur ein Fall sei noch besonders erwähnt, das ist das Verhalten des Grundwassers in den aus Lockermassen aufgebauten Nordseeinseln. Hier erfüllt das aus den Niederschlägen stammende Grundwasser den Dünensand und die übrigen weichen Gesteinsschichten und schwimmt wie ein großer Tropfen auf dem Meerwasser, das die tieferen Erdschichten erfüllt. Eine Vermengung von Salz- und Süßwasser tritt kaum ein, da das Süßwasser leichter ist als das Meerwasser. Doch kann es vorkommen, daß in trockenen Zeiten der geringe Grundwasservorrat der Insel durch allzu starke Entnahme erschöpft wird, so daß die Brunnen im Hochsommer nicht selten durch Salzwasser verunreinigtes Süßwasser fördern.

In seinem chemischen Verhalten ähnelt das Grundwasser durchaus dem Oberflächenwasser, so daß wir uns hier auf den Hinweis beschränken können, daß Salz und Kalk, Gips, Dolomit usw. ebenso wie an der Oberfläche gelöst werden, daß ferner das Grundwasser feinste tonige Bodenbestandteile mit sich führt und diese gelegentlich in den Poren des Gesteins absetzt, so daß Boden und Gestein durch das Grundwasser verklebt werden können. Überall dort, wo das Grundwasser ständig vorhanden ist, verhindert es den Zutritt der Luft zum Gestein und macht damit eine Oxidation, also eine Einflußnahme des Luftsauerstoffes auf das Gestein unmöglich.

Jedoch ist die Oxidation im *Schwankungsbereich* des Grundwasserspiegels im Gegensatz dazu ganz besonders stark; das ist der Bereich, der zwischen dem höchsten und dem tiefsten Stand des Grundwasserspiegels liegt, der also abwechselnd durchnäßt und wieder trocken wird. Hier verrosten nicht nur die Eisenverbindungen der an Ort und Stelle befindlichen Gesteine und Bodenschichten, sondern es werden durch das Grundwasser auch chemische Substanzen, die an anderen Stellen gelöst wurden, zugeführt. Daher kann es im Schwankungsbereich des Grundwasserspiegels zur völligen Verkittung des Gesteins kommen. Besonders gern bilden sich durch Rost verbackene Bodenschichten, an denen man später, wenn der Grundwasserstand sich geändert hat, den früheren Spiegelstand ablesen kann (Abb. 20 c) (nicht mit Ortstein — Abb. 20 b — zu verwechseln!).

Der Gehalt des Grundwassers an Kohlensäure ist im allgemeinen geringer als der des Sickerwassers. Im tieferen Erdreich fehlen ja Luft, Wurzeln und Humus, die Hauptquellen der Kohlensäure. Daher ist die Lösungskraft des Grundwassers geringer als die des Sickerwassers im Verwitterungsboden. Dieser Mangel wird dadurch ausgeglichen, daß die Menge des Grundwassers und die Dauer seiner Einwirkung auf das Gestein größer sind als die des Sickerwassers.

Man kann die Wirkungen des Grundwassers, wie sie sich in jeder Tiefe abspielen können, häufig bereits an der Erdoberfläche selbst beobachten. Wenn eine sumpfige Niederung trockengelegt wird und Gräben gezogen werden, die einen Einblick in den Bodenaufbau gestatten, so findet man unter schwarzem, moorigem Mutterboden einen kennzeichnenden „*Grundwasserboden*" (Abb. 20c). Dieser Grundwasserboden ist derjenige Teil des Erdreiches, der bis zur Entwässerung ständig von Wasser durchtränkt war. Hier konnten sich infolgedessen keine Verwitterungsvorgänge in dem uns bekannten Sinne und Ausmaß abspielen. Die Folge davon ist, daß das Gestein, sei es Ton oder Sand oder Lehm, seine ursprüngliche Farbe behalten und nicht die durch Rost hervorgerufene Braunfärbung des Verwitterungsbodens angenommen hat. Statt dessen kommt es im Gegensatz dazu häufig sogar zu dem gegenteiligen Vorgang, nämlich zur Reduktion, d. h. zur Sauerstoffentziehung durch die in solchen Böden immer anwesenden organischen Stoffe: Das Erdreich wird grau oder nimmt fahlgrünliche bis fahlbläuliche Tönung an. Die Farbe des Eisenrostes treffen wir nur dort, wo die Wurzeln von Gräsern dem Luftsauerstoff Zutritt in das wasserdurchtränkte Erdreich ermöglicht haben, also zumeist in Form senkrechter Röhrchen und Streifen. Kalk und Ton sind in ähnlicher Weise im Schwankungsbereich des Wasserspiegels abgelagert worden, wie es oben bei der Schilderung der Entstehung von Rostzonen erwähnt wurde.

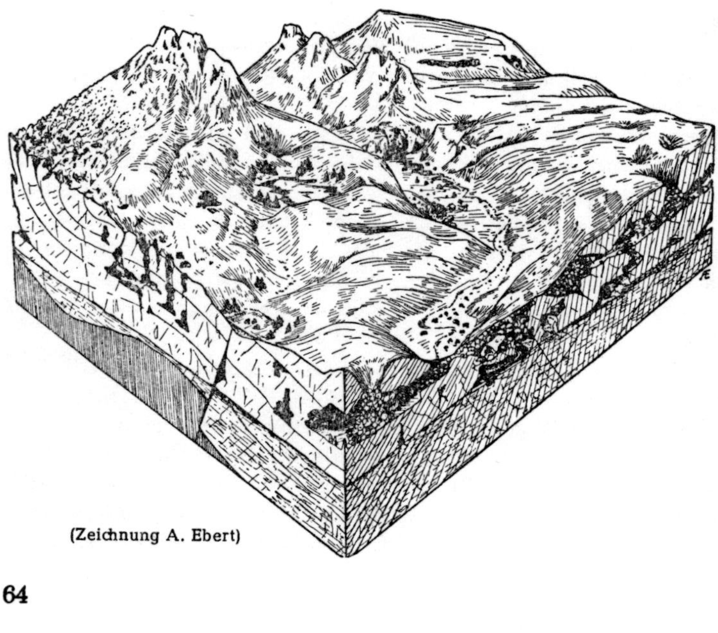

(Zeichnung A. Ebert)

Abb. 36. Blockdiagramm der Karsterscheinungen. Nahezu flach liegende Kalkschichten; tiefer Grundwasserspiegel bestimmt Tiefenlage des Höhlensystems; links oben steil stehende Schichten mit Karren (Taf. 1, S. 17), davor geologische Orgeln, längs einer Verwerfung Erdfälle (Dolinen), Tal als Spur eingestürzter Höhlen; Höhlenfluß als Quelle zutage tretend und in eine Wasserschwinde stürzend; älteres Höhlensystem zeigt früher höheren Grundwasserspiegel an, „Schlotten" verbinden beide Systeme.

Ist die Wirkung des gewöhnlichen Grundwassers vorwiegend chemischer Natur, so finden wir in einem Sonderfall auch eine sehr weitgehende mechanische Zerstörung durch das unterirdische Wasser. Dies ist der Fall bei Grundwasser, das offen in unterirdischen Hohlräumen fließt, also in Höhlen, Spalten usw. Letztere Gebiete bezeichnet man als Karst (Abb. 36).

Karstgebiete sind dadurch ausgezeichnet, daß die Niederschläge ebenso wie das Wasser von Flüssen in den klaffenden Spalten des Gesteins — es handelt sich vorwiegend um Kalkstein — hemmungslos in die Tiefe verschwinden. Liegt in größerer Tiefe die erste wasserundurchlässige Gesteinsschicht, so sammelt sich das Wasser auf dieser und sucht sich in offenen Spalten den Weg zum tiefsten Punkt, letzthin zum Meer.

Auf dem Wege von der Oberfläche in die Tiefe und auf dem Weg zum Meer arbeitet das Wasser in gleicher Weise wie Oberflächenwasser: Es versucht, die Gesteine der Umgebung chemisch aufzulösen und mechanisch zu zerstören. Die chemische Tätigkeit tritt stärker in den Vordergrund als an der Oberfläche. In der Hauptsache erreicht das Karstwasser die Erweiterung vorhandener Spalten, Klüfte und sonstiger Hohlräume; nur in ganz leicht löslichen Gesteinen, wie besonders in Salzschichten und in Gipslagen, vermag es Hohlräume auch selbst neu zu schaffen.

Kennzeichnend für Karstgebiete ist das Auftreten von Höhlen jeder Art und Form (Abb. 36 u. T. 6, S. 54). Die Höhlen haben von jeher die Vorstellungskraft der Menschen angeregt; auch hatten sie in früherer Zeit und in vielen Gebieten, ja selbst heute noch Bedeutung als Wohnräume, als Zufluchtsstätten in Gefahr usw. Aber erst in neuerer Zeit hat sich die wissenschaftliche Forschung ihrer bemächtigt und versucht, in mühseliger und oft recht gefahrvoller Arbeit ihr Wesen zu entschleiern. Der Streit über die Entstehungsweise der Höhlen ist im einzelnen noch nicht abgeschlossen.

Vielfach kann man an folgende Erklärung denken: Wir wissen, daß sehr viele Höhlen bereits während der Eiszeit bestanden haben — Kulturreste und Wohnspuren der eiszeitlichen Menschen beweisen es —, daß sie also bereits zur Eiszeit fertig gewesen sein müssen; und das bedeutet wiederum, daß sie schon im Tertiär entstanden sind. Bereits in der Tertiärzeit muß also das in Spalten nach unten wandernde Wasser begonnen haben, durch seine lösende Kraft die Spaltenwege zu erweitern. Es hat im Tertiär (und früher) genau wie heute Karstgebiete gegeben, in denen sich die Hauptwasserwege auf die durchfließenden Wassermengen haben einstellen müssen.

Dann brachte die Eiszeit mit ihren gewaltigen Schmelzwassermengen bzw. in den nicht vereisten Gebieten mit ihren zeitweise beträchtlichen Niederschlägen eine allmähliche Vertiefung der Täler an der Erdoberfläche und damit eine Tieferlegung der Ausflußpunkte des Höhlen- und Karstwassers. Dadurch wurden die Höhlen tiefer, als es der natürlichen Deckenfestigkeit des Höhlengesteins entsprach. Die Kluftwände und Decken stürzten infolgedessen ein und das Höhlenwasser hatte die Aufgabe, die heruntergebrochenen Gesteinsmassen allmählich aufzuarbeiten und fortzuführen, um ungehindert abfließen zu können. So ergab sich aus der Tieferlegung des Höhlenwasserspiegels und dem Nachfall eine ständige Vertiefung und Verbreiterung der Höhle. Dieser Vorgang fand erst dann ein Ende, als sich die neue Tiefenlage des Höhlenwassers und die ihr gemäße Höhlenform eingestellt hatten. So bildeten sich im Laufe der Zeit Höhlengewölbe heraus, die nicht mehr durch Nachfall und Deckenabbruch gefährdet sind. Erneute Tieferlegung des Ausflußpunktes würde auch dieses Gleichgewicht wieder stören und zu erneutem Abbruch der Höhlendecken und -wände führen.

Selbstverständlich spielt bei der Erweiterung von Klüften zu Höhlen auch die lösende Kraft des Wassers eine gewisse Rolle. Insbesondere wird sie dort in Erscheinung treten, wo die

Bergfeuchtigkeit das Gestein durchsickert und als Tropfenfall in die Höhle eintritt. Jeder Tropfen bringt eine winzige Menge von gelöstem Kalk oder Gips mit und führt sie entweder dem Höhlenfluß zu oder läßt sie, verdunstend, an der Höhlendecke oder auf dem Höhlenboden in Form eines Tropfsteins zurück. Auch das die Höhlenwände hinabsickernde Schwitzwasser löst das Gestein auf, so daß Höhlenwände häufig durch das ständig über sie hinwegfließende Wasser geglättet und gerundet erscheinen (T. 6, S. 54).

Gesteinszerstörung durch Wasserläufe
(T. 7—10, S. 71, 72, 81, 82)

Ein Teil der Niederschläge verdunstet, ein weiterer ist chemisch bei der Gesteinszerstörung tätig und der dritte fließt ab und findet den Weg zum Meer. Dieser Anteil des Wasserkreislaufes ist für den Gesteinsabbau besonders wichtig. Fließendes Wasser arbeitet unmittelbar an der Zerstörung der Landschaft und der Gesteine; man bezeichnet diese Art Arbeit als Erosion nach dem lateinischen Wort für „Ausnagung". Es ist jedoch zu bemerken, daß Erosion zum guten Teil nur deshalb möglich ist, weil gleichzeitig oder vorausgehend die Verwitterung die Gesteine in einen Zustand versetzt, der sie für fließendes Wasser angreifbar macht.

Während die Verwitterung flächenhaft wirkt, geht das fließende Wasser linienhaft vor, es bildet Täler. Bedenkt man jedoch, daß sich das Netz der Flüsse, Nebenflüsse, Bäche und Rinnsale eines Stromsystems bis in die letzten Winkel des Festlandes hineinzieht — ein Blick auf jede gute Karte überzeugt davon —, so wird man bemerken, daß die linienförmige Einschneidung des Wassers letzthin auch den innersten Winkel des Festlandes erfassen muß, daß also die linienförmige Talbildung sich zu flächenhafter Abtragung verbreitert (Abb. 37 u. T. 9, S. 81); zur flächenhaften Abtragung deshalb, weil ja nicht nur die sichtbaren Wasserfäden arbeiten, sondern auch das unsichtbar zwischen Moosen und Gräsern dem letzten Rinnsal zufließende Wasser.

Aus der Menge des vom Rhein mitgeschleppten Gesteinsgutes hat man errechnet, daß dieser Fluß mit seinen sämtlichen Zuflüssen im Laufe von etwa 30 000 Jahren das gesamte Einzugsgebiet um rund 1 m erniedrigen muß. Diese Zahl bedeutet natürlich einen Mindestwert, da man ja nicht das ganze mitgeschwemmte Gesteinsgut erfassen kann; vieles bleibt unterwegs als Hochwasserschlick liegen, und vieles wird vom Wind verweht, ehe es dem Strom zugeht. Außerdem ist diese Zahl selbstverständlich nur als Durchschnitt zu verstehen, denn an vielen Stellen wird die Abtragung schneller vor sich gehen, an anderen langsamer. Mit solchen Einschränkungen kann man sagen, daß die Abtragung um 1 m im norddeutschen Flachland wohl mehr als 100 000 Jahre benötigen würde.

Wie spielt sich nun die Erosion ab?

Der vom Hochwasser angeschwollene Bach unterspült seine weichen Ufer und bringt sie, sobald die Pflanzenwurzeln den Halt verlieren, zum Abbruch. Ein ergiebiger Wolkenbruch vermag an Uferzerstörung im Bachbett mehr zu leisten als viele Jahre ruhiger Sommerarbeit.

Auch der Fluß arbeitet sich seitwärts weiter; besonders an der Außenseite von Flußwindungen begegnen wir häufig unterhöhltem, überhängendem und gelegentlich abbrechendem Ufer, dem Prallhang des Flusses (Abb. 37, T. 5, S. 53). Besonders bei großen Flüssen, und da wieder bei Hochwasser, erreicht der Uferabbruch erhebliches Ausmaß. Niederrhein und Elbe hatten in früheren Zeiten an Krümmungen bis zu 10 m Uferabbruch im Jahre zu verzeichnen, vom Mississippi werden stellenweise mehr als 20 m berichtet. Auch bei uns sind auf diese Weise Ortschaften zerstört worden, alte Grenzen verlorengegangen und Ackerland und Wiesen verkleinert worden. Künstlicher Uferschutz versucht, derartige Schäden in Grenzen zu halten.

Auf der Gegenseite aber, d. h. im inneren Winkel der Flußkrümmungen, herrscht Ruhe: am Gleithang kommt es zur Anlandung von Sand und Kies, die anfangs durch niedere Pflanzen, später durch Sträucher und Bäume festgehalten und in Land verwandelt werden.

Am stärksten ist die seitliche Uferzerstörung dort, wo der Stromstrich des Flusses (= Linie der größten Fließgeschwindigkeit, meist etwa in Flußmitte) das Ufer trifft. An der Prallstelle wird der Stromstrich abgelenkt, er gleitet zum anderen Ufer, um dort wiederum abzuprallen nach der anderen Seite: Der Fluß pendelt. Die Kurven werden zu Bögen, die Bögen werden zu Schlingen, die man nach einem kleinasiatischen Fluß auch als Mäander bezeichnet (Abb. 37).

Die Größe der Mäander hängt von der Wassermenge ab. Immer aber finden wir sie nur in Talauen mit geringem Gefälle (Wiesenmäander, die Anzeichen reiner Seitenerosion) (T. 9, S. 81). Wenn die Schlingen durch den arbeitenden Fluß oder künstlich abgeschnitten werden (Abb. 37, 38), entstehen sichelförmige Altwässer. Der Hochwasserlauf, der Flußlauf selbst werden verkürzt, der Abfluß beschleunigt und die Umgebung vor den Launen des Flusses stärker gesichert als vorher. Die Natur tut beim Abschneiden von Schlingen zu Altwässern das gleiche, was der Wasserbau mit der Begradigung der Ströme bezweckt.

Kommt zur Seitenerosion hinzu, daß der Fluß sich in das unterliegende Gestein einschneidet, so entstehen Talmäander; in diesem Falle nimmt das ganze Tal die Form der Flußschlingen an. Besonders schöne Beispiele dafür bilden die gewaltige Mainschlinge bei Urphar östlich Wertheim, die Donau bei Schlögen, die Mosel bei Marienberg. Möglich sind Talmäander nur in hartem, besonders in gut geschichtetem Gestein, das die einmal angenommene Form beibehält.

Die Erosion erfaßt auch den letzten Quadratmeter Landes.

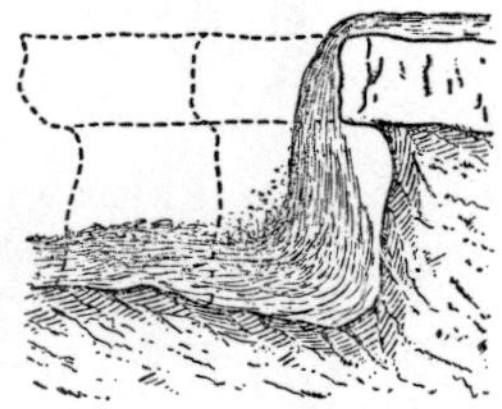

Wie die Erosion bergauf arbeitet, wird am Wasserfall besonders deutlich.

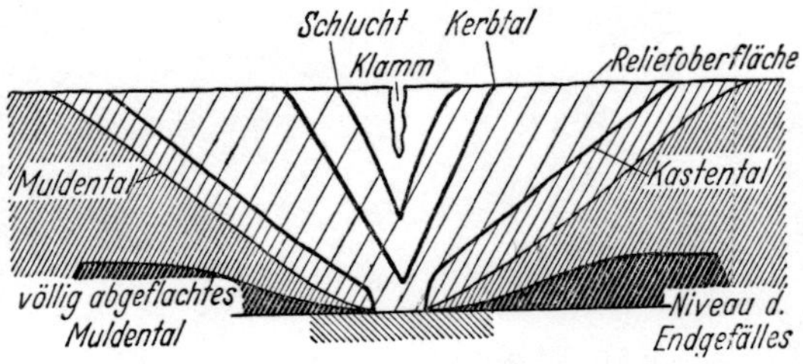

Wie aus der Klamm eine Schlucht, aus der Schlucht ein immer breiteres Tal wird.

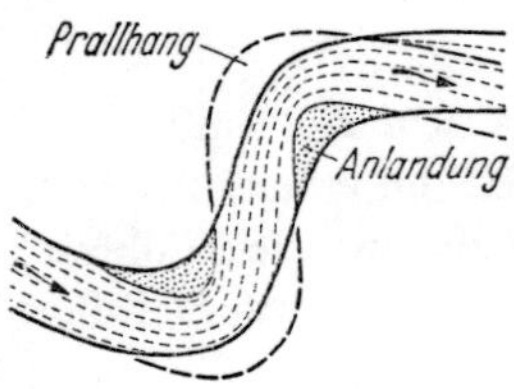

Am Prallhang zerstört der Fluß, am Gleithang lagert er ab.

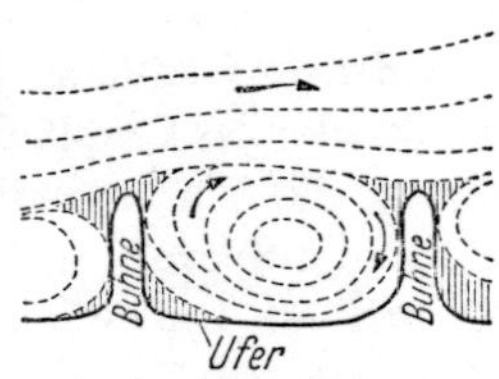

Abseits der Strömung bilden sich kreisende Wirbel u. tote Winkel (schraffiert)

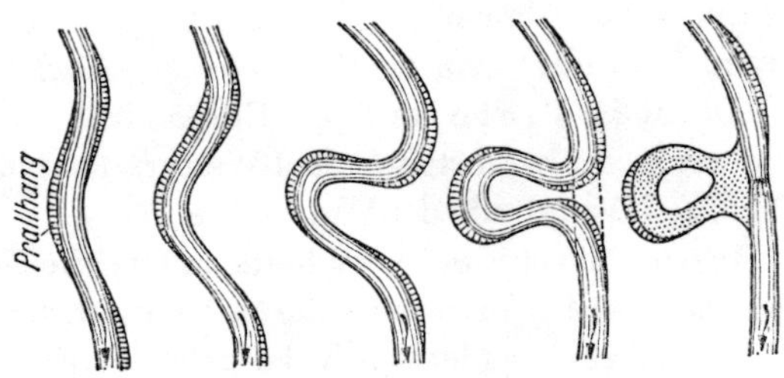

Seitenerosion durch Schlingenbildung. Nach dem Durchbruch ist der Lauf wieder grade wie zuvor. Anfangs ist die Durchbruchstelle noch als Gefällsstufe zu erkennen.

Abb. 37. Wirkung des fließenden Wassers
(Zeichnung Schwarzenbeck)

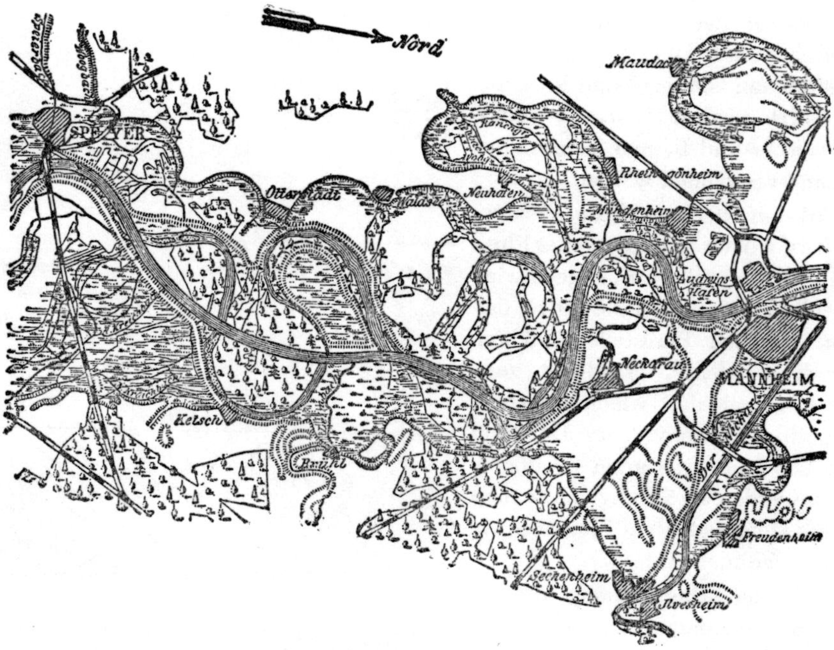

Abb. 38. Der begradigte Rheinlauf zwischen Speyer und Mannheim schneidet die Schlingen des früheren Laufs ab; diese werden zu Altwässern. Archivbild

Auf dem Gleithang rutscht der Fluß seitlich ab. Jeder Teil des Gleithanges war einmal Flußsohle; das Geröll, das ihn zusammensetzt, redet eine deutliche Sprache. Beim Abgleiten nimmt die Flußkrümmung zu; die Halbinsel innerhalb der Flußschlinge wird schmäler, wird zum Sporn, bis sich an der Wurzel die beiderseitigen Böschungen überschneiden. So entsteht ein Umlaufberg, der schließlich beim Durchbruch des Flusses durch die schmalste Stelle aus dem Zusammenhang herausgelöst wird; am Durchbruch bildet sich ein Wasserfall, allmählich gleicht sich die Gefällskurve wieder aus, und der Umlaufberg, der ursprünglich noch wenigstens vom Hochwasser umspült wurde, liegt später außerhalb des Machtbereiches des Flusses. Der Fluß schneidet sich immer tiefer ein; die Folge davon ist, daß die ältesten Talschlingen am höchsten liegen, wie z. B. eine alte Neckarschlinge im Odenwald rund 77 m über dem heutigen Neckarspiegel.

Die in die T i e f e gerichtete Erosion tritt bei Bächen und Flüssen auf. Am stärksten ist sie bei senkrecht herabstürzendem Wasser; dann bilden sich Kolke und Klammen (Abb. 37 und T. 8, S. 72) am Fuße der Wasserfälle.

Wasserfälle entstehen, wo harte und weiche Gesteinsschichten miteinander abwechseln; die weichen werden ausgespült, die harten brechen senkrecht nach (Abb. 37 u. T. 8, S. 72). Wasserfälle entstehen ferner durch die geschilderte Laufverkürzung. Das Gefälle, das bisher von der großen Flußschlinge durchmessen wurde, steht nunmehr für die kurze Durchbruchstelle zur Verfügung. Auch harte Gesteinsbänke können Hindernisse bilden, die der Fluß im Fall überwindet. Wasserfälle bilden sich ferner, wenn sich das Haupttal aus irgendwelchen Gründen schneller eintieft, als die Nebentäler folgen können. Besonders gut erkennt man das an den norwegischen F j o r d e n , die durch Gletscher ausgeschürft wurden (T. 15, S. 111).

Während sie mit Gletschereis ausgefüllt waren, war es dem Wasser selbstverständlich nicht möglich, die Seitentäler bis auf die Gletschersohle einzuschneiden; vielmehr konnte es mit dieser Tätigkeit erst beginnen, nachdem der Gletscher das Haupttal verlassen hatte. Eine weitere Möglichkeit zur Bildung von Wasserfällen ergibt sich dadurch, daß Erdbeben Stufen schaffen, die das Flußbett durchschneiden, oder dadurch, daß erdinnere Bewegungen einen Teil der Flußumgebung heben und den Fluß zwingen, sich in das langsam aufsteigende Gebirge einzunagen: Eine Anzahl neuseeländischer Flüsse mündet als Wasserfälle ins Meer, weil das Land sich schneller hebt, als der Fluß sich einschneiden kann; das Binger Loch beim Eintritt des Rheines in das sich bis in jüngste Zeit aufwärts bewegende Rheinische Schiefergebirge ist ein Beweis dafür, daß der Fluß Schwierigkeiten hat, die Wirkungen der Hebung durch Einschneiden auszugleichen.

Ein besonders treffendes Beispiel für Bildung und Verhalten von Wasserfällen bietet der Niagarafall: Hier liegen 24 m geschichteter „Niagara-Kalkstein" auf 18 m dickem Ton und Mergel, so daß sich ein stark überhängender Steilabbruch herausbilden kann. Die Besucher des Niagarafalls werden ja unter dem Fall zwischen dem stürzenden Wasser und der Bergwand hindurchgeführt. Durch Abbruch verliert der Niagarafall jährlich 1—1,5 m, er wandert also rückwärts. Aus diesem Schrittmaß läßt sich errechnen, daß die Schlucht, die der Fall im Laufe der Zeit geschaffen hat, 25—39 000 Jahre alt sein muß. Ebenso wie hier, wo die größte Süßwassermenge der Erde durch ein Tal abfließt, spielt sich die Bildung und die bergwärtige Wanderung aller Wasserfälle ab (vgl. Abb. 37).

Das Einschneiden des Flusses hängt im allgemeinen von der W a s s e r m e n g e ab; je größer der Fluß, desto schneller glättet er im allgemeinen seine Gefällkurve vom Gebirge zum Meer; je größer der Hauptstrom, desto größer auch die Wahrscheinlichkeit, daß die kleineren Nebenflüsse nicht Schritt halten können und es zur Bildung von hängenden Tälern kommt.

Auch das G e f ä l l e spielt eine Rolle: Die stärkste Eintiefung vollzieht sich unterhalb von Wasserfällen, bei Begradigungen und dort, wo der Flußlauf eingeengt wird und infolgedessen schneller fließen muß. Unterhalb des Niagarafalls, der eine Fallhöhe von rund 50 m hat, sind Flußtiefen von 21—59 m gemessen worden; der Rhein hat dort, wo die Loreley ihn einengt, 26 m Tiefe, und die Donau im Eisernen Tor rund 50 m. Der Fortschritt der Erosion hängt ferner ab von der H ä r t e d e s G e s t e i n s. Mitgeführtes Geröll hilft dem Fluß, sein Bett zu zerstören. Wenn der Fluß einen Binnensee durchflossen hat und ihn wieder verläßt, ist seine einschneidende Kraft besonders gering.

Ebenso wie Wasserfälle bergwärts wandern, schreitet die Erosion rückwärts (Abb. 37). Man kann das durch einen Versuch in der Sandkiste nachweisen, wie man überhaupt eine Menge allgemeingeologischer Erscheinungen im Sandkastenversuch prüfen und wiederholen kann. Wenn man den Anfang eines Tälchens im Sandkasten mit der Gießkanne überbraust, wird man finden, daß sich ein kleiner Fluß entwickelt, dessen Anfang sich immer weiter rückwärts in den noch glatten Sand einschneidet. Man wird finden, daß der Fluß in seinem Oberlauf sich immer neues Einzugsgebiet hinzuerobert, und wird eine Vorstellung gewinnen, wie sich die flächenmäßige Abtragung aus der linienförmigen Erosion entwickelt. Im allgemeinen treten Seiten- und Tiefenerosionen nebeneinander auf. Wo die Tiefenerosion vorherrscht, kommt es zur Bildung von Tobeln, wie sie im Allgäu, bzw. von Klammen, wie sie in den Alpen genannt werden (T. 7, S. 71). Selbstverständlich sind derartige senkrecht eingetiefte Täler und Schluchten nur in standfestem Gestein von Dauer. Beim näheren Zusehen findet man, daß sie sich aus über- und nebeneinander angeordneten Strudelkesseln, Kolken, zusammensetzen, daß ihre Wände infolgedessen vielfach überhängen, und sie selbst so schmal sind, daß kein Sonnenstrahl ihren Boden trifft (z. B. Bodetal, T. 7, S. 71).

Ein schönes Beispiel für Erosion bietet das steile Tal des Coloradoflusses, der sogenannte C o l o r a d o - C a ñ o n (cañon = Röhre) (Abb. 39, Titelbild). Dieses großartigste Tal stellt

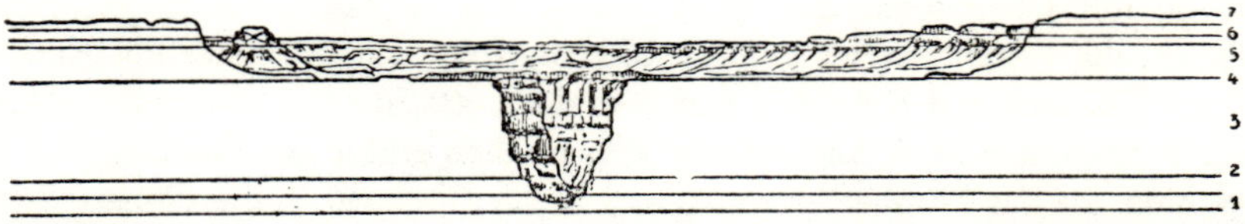

Abb. 39. Querschnitt durch den Großen Cañon des Colorado (zu unterst Archaikum, 1 und 2 Algonkium und Kambrium; 3 Red-Wall-Kalk, karbonisch; 4 karbonischer Ton; 5 karbonischer Sandstein; 6 Kieselkalk; 7 Perm). (Vgl. Titelbild)

insofern einen Sonderfall dar, als die Gesteinsschichten des Gebirges hier waagerecht liegen. Außerdem verläuft der Fluß in einem Trockenklima, das das Flußwasser erbarmungslos aufzehren würde, wenn der Fluß in der Tiefe seines Steiltales eben nicht dem Zugriff der Sonne zu einem guten Teil entzogen wäre. Der Colorado-Cañon ist fast 350 km lang, oben 16 000 m breit und dazu etwa 1600 m tief. Im tiefsten Teil des Tales finden sich oft noch überhängende Wände, während in den oberen Teilen die Steilheit bereits durch Verwitterung ausgeglichen wird. Der Fluß füllt die ganze Breite der Talsohle, die manchmal nicht mehr als 7 m beträgt, und wird bei Hochwasser bis zu 30 m tief. In dieser Röhre bewegt sich eine Wassermenge, die der der Unterelbe vergleichbar ist. Unter diesen Verhältnissen muß der Fluß die Ufer sehr stark angreifen, muß er die weichen Schichten verhältnismäßig leicht ausräumen und sein Bett immer tiefer legen. Sven Hedin, dem wir eine lebendige Schilderung des Colorado-Cañon verdanken, sagt: „Das Wasser ist graubraun und dick wie Erbsensuppe". Es ist ein prachtvolles Beispiel für die rein einschneidende Wirkung fließenden Wassers. Das breite obere Tal ist in der Tertiärzeit entstanden, während die oben 900 m breite und ebenso tiefe Hauptschlucht erst im Pleistozän unter dem damals offenbar feuchteren Klima entstanden ist.

Tiefenerosion schafft Schluchten, Seitenerosion verbreitert Täler und erzeugt flache Talsohlen. Erdrutsche und Bergstürze kommen hinzu. Sie sind bestrebt, die steil abbrechenden Uferhänge bis zu der ihnen zukommenden „natürlichen Böschung" abzuflachen. Bodendurchfeuchtung im Winter sowie austretende Quellen durchweichen den Boden und beschleunigen seinen Absturz, wenn der Fluß den Fuß der Böschung unterhöhlt. Besonders großes Ausmaß nehmen Erdrutsche und Bergstürze in Tongestein an. Ton quillt durch Aufnahme von Wasser bis auf das 7fache auf; andererseits schrumpft er beim Trocknen sehr stark und bildet tiefe, weitreichende Risse, auf denen in der nassen Zeit die Feuchtigkeit in das Gestein eindringen kann, um es von innen heraus zu erweichen und zum Abgleiten zu bringen. In Süddeutschland sind besonders der Knollenmergel des Keupers (s. diesen), die Ablagerungen des Keupers auch sonst, in Norddeutschland besonders das Tertiär durch Rutschungen gefährdet. Zumal tiefe Eisenbahneinschnitte und Kanalböschungen haben unter rutschigem Gestein zu leiden.

Nicht so sinnfällig wie Bergrutsche, doch vielleicht von noch größerer Bedeutung als diese, ist der Vorgang, den wir auf Taf. 1, S. 17 als Bodenkriechen (Gekriech) kennengelernt

---

TAFEL VII

Das fließende Wasser (Erosion)

1. Tiefenerosion: Die steilwandige Klamm der Bode (Harz). Links sind Strudelkessel zu erkennen. Aufn. Argusfot
2. Strudelkessel und Mahlsteine am Boden des Elbbettes bei Cotta in Pläner-Sandstein Aufn. Landverein Sächs. Heimatschutz
3. Ein steiles V-Tal von jugendlichem Alter (Peru) Aufn. Jefe
4. Ein V-Tal, durch Gesteinsschutt teilweise ausgefüllt. In der Talaue mäandriert der Wildfluß (Pendschir-Tal im Afghanischen Hindukusch) Aufn. R. Fischer

1

2

3

4

1

3

haben. Sogenannte Hakenbäume und vom kriechenden Erdreich ausgebauchte Böschungsmauern beweisen die nie ruhende Tätigkeit des feuchten Erdreichs *)

Die Leistung des fließenden Wassers ist abhängig von der Wassermenge. Daher sind Hochwässer so gefährlich; in deutschen Flüssen erreichen Hochwässer gelegentlich das 40- bis 50fache der normalen Wasserführung. Deshalb sind auch die Unterläufe der Ströme oft so schwer zu bändigen: Der Rhein, der im Bodensee nur 300 m^3 in der Sekunde führt, hat bei Mannheim bereits über 1400 und im Unterlauf weit mehr als 2000 m^3 (zum Vergleich: Unterlauf der Elbe 700, der Wisła (Weichsel) 900—1000, der Oder rund 600, der Weser rund 300 m^3 je Sekunde). Die Donau, Europas wasserreichster Strom, führt 8500 m^3/s, der Mississippi 17 500, der Yangtsekiang fast 22 000 m^3/s, und die Wassermenge, die der Amazonas in jeder Sekunde zum Ozean wälzt (120 000 m^3/s), beläuft sich bei Hochwasser auf 1 000 000 m^3.

Die Wassermenge hängt ab von der Größe des Einzugsgebietes, vom Klima sowie davon, wieviel in den Untergrund versickert, also von dem Bau und der Gesteinbeschaffenheit des Flußbettes. Die junge Donau versickert im klüftigen Jurakalk vollständig. Die Jagst verschwindet bei Crailsheim im klüftigen Muschelkalk. Die Wassermenge schwankt bei sogenannten episodischen Flüssen naturgemäß am stärksten; nordafrikanische Flüsse führen Jahre und Jahrzehnte hindurch kein Wasser, um plötzlich reißenden Strömen zu gleichen. Geringer sind die Schwankungen bei periodischen Flüssen, die nur im Winter oder nach starkem Regen fließen; dafür gibt es auch auf deutschem Boden Beispiele. Und am geringsten sind die Schwankungen bei den ständigen Flüssen. Immerhin können selbst auf unseren schiffbaren Strömen wie Elbe, Oder und Neckar, Zeiten kommen, in denen sie nicht mehr schiffbar sind. Talsperren versuchen die Schwankungen auf ein erträgliches Maß zurückzuführen: Die Weißeritz schwankte früher bei Dresden zwischen $1/10$ und 289 m^3/s. Nach dem Bau von zwei Talsperren mit 25 000 000 m^3 Stauraum haben sich diese Schwankungen so weit verringert, daß das Niedrigwasser immer noch 2 m^3, also 20mal soviel wie vorher führt.

Hochwässer entstehen nach Wolkenbrüchen und bei Schneeschmelze. Der Föhn vermag bis zu 75 cm Schnee an einem Tag in Wasser zu verwandeln. Besonders gefährlich wird die Schneeschmelze bei noch gefrorenem Boden, der kein Wasser aufnimmt, sondern es unvermindert abfließen läßt. Bei uns fallen die Hochwässer zumeist ins Frühjahr, in den schlesischen Gebirgsflüssen oft erst in den Frühsommer (Schneeschmelze) und in den Alpen in den Hochsommer, wenn die Gletscherschmelze ihren größten Umfang erreicht. Tropische Hochwässer bilden sich in den Regenzeiten.

Die Gefahr der Hochwässer wird durch undurchlässiges Gestein erhöht. Auch Entwaldung im Einzugsgebiet erhöht die Schwankungen der Flußwassermengen. Denn mit dem Wald verschwindet die Bodenstreu, die Moos- und Flechtenschicht, die einen großen Teil der Niederschläge, wenigstens vorübergehend, zurückzuhalten vermag. Die Größe der Wasserspiegelschwankungen wird ferner durch den Bau von Deichen beeinflußt: Flußdeiche engen den Hochwasserraum ein, erhöhen somit den Wasserspiegel, vergrößern die Fließgeschwindigkeit.

Die großen Schwankungen im Ober- und Mittellauf der Flüsse gleichen sich im Unterlauf zum guten Teil wieder aus: Durchlässiges Gestein speichert gleich unterirdischen Talsperren große

*) Bodenbewegungen, die fast ausschließlich durch die Schwerkraft bewirkt werden, werden auch als detraktiv bezeichnet. „Detraktion" ist somit eine wesentliche Unterstützung für die „Erosion".

TAFEL VIII

Tiefenerosion

1. Die Thomson-Fälle in Kenia, Afrika Aufn. C. Zagowsky
2. An diesem Wasserfall im Karkonosze (Riesengebirge) wird deutlich, wie Klammen aus der Aneinanderreihung von Strudeln hervorgehen. Archivbild
3. Luftbild der gewaltigen Wasserfälle des Sambesi (Victoriafall): Das Flußbett faßt die Wassermengen nicht; sie breiten sich daher zu riesigen Flächen im Urwald aus, ehe sie in mehr als 1500 m Breite in die 120 m tiefe Hauptschlucht abstürzen. Aufn. F. Abraham

Wassermengen. Es verringert das Hochwasser und erhöht im Unterlauf den Niedrigwasserstand, da es das plötzlich aufgenommene Wasser allmählich wieder abgibt. Talweitungen und eingeschaltete Seen wirken wie Talsperren ausgleichend auf Abflußmenge und Wasserschwankungen: Oberhalb des Bodensees mißt das Hochwasser des Rheines bis zu weit mehr als 3000, unterhalb des Bodensees nur 1100 m^3/s.

Je schmäler das Tal, desto höher der Wasserstand, je geringer das Gefälle und je geringer die Höhenunterschiede, desto größere Flächen braucht das Wasser zum Abfluß (Hochwasser der Elbe).

Gefälle und Geschwindigkeit, ebenfalls wichtige Faktoren der Flußarbeit, sind weitgehend voneinander abhängig. Mehr als 7% Neigung erzeugt Wasserfälle. Das sind etwa 4°, also ein außerordentlich geringer Betrag. Das Gefälle des Rheins beträgt in der oberrheinischen Ebene 0,12‰, im Schiefergebirge 0,26‰ und in Holland gar nur 0,03‰. Das Gefälle für den Gesamt-Amazonas beträgt nicht mehr als 1/8 des Rheingefälles. Trotzdem erreicht dieser Strom infolge seiner Wassermenge eine Geschwindigkeit von 7 km in der Stunde.

Die Fließgeschwindigkeit, die vom Gefälle abhängt, erreicht in keinem deutschen Fluß, selbst nicht in den Alpenbächen, mehr als 6 m/sec. Meist bleibt sie erheblich darunter: Der Rhein legt bei Köln 1,5, bei Bingen 3,4 m in der Sekunde zurück, der Neckar 0,9 m, bei Hochwasser bis zu 3 m je Sekunde. Für unsere Alpenflüsse dürfen 3—4 m als Durchschnitt gelten, für die Flüsse des deutschen Tieflandes weniger als 1/2 m, im Mündungsbereich gar nur 10 cm in der Sekunde. Die Geschwindigkeit hängt natürlich auch von der Wassermenge ab: Beim gleichen Gefälle schleicht der Bach träge dahin, fließt der Fluß rasch, der Strom reißend. Hochwasser ist deshalb oft 2—8mal schneller als Mittelwasser.

Auch die Größe des Talquerschnittes beeinflußt die Geschwindigkeit. Je tiefer der Fluß ist, desto weniger fällt die Bremsung an Ufern und Buhnen ins Gewicht. Am günstigsten wäre ein halbkreisförmiger Querschnitt, wie er auch vom Kanalbauer angestrebt wird, und wie er z. B. in der Niagaraschlucht und in der Donauenge oberhalb Kelheim nahezu verwirklicht ist. Auch bei großen Wassermengen spielt die Reibung so gut wie gar keine Rolle; der Amazonas z. B. ist bei 1800 m Breite rund 100 m tief. Die Fließgeschwindigkeit des Hochwassers wird naturgemäß sehr viel stärker abgebremst, da dieses gezwungen ist, über Ufergebüsch, Rasen usw. zu fließen und im Verhältnis zu seiner Flächenausdehnung meist nur geringe Tiefe hat. Ebenso beeinträchtigt Kraut im Flußbett die Geschwindigkeit ganz außerordentlich.

Die größte Geschwindigkeit erreicht das Flußwasser über der tiefsten Stelle des Bettes nahe der Oberfläche. Im Stromstrich, also längs der Linie stärkster Strömung, ist der Wasserspiegel aufgewölbt; das macht sich besonders bei steigendem Wasser und großer Geschwindigkeit bemerkbar: Im Stromstrich des Niagaraabflusses unterhalb des Falles hebt sich der Wasserspiegel bis zu 4 m über den Wasserspiegel an den Rändern des Flußlaufes; im Mississippi steigt der Stromstrich bis zu 1 m über seine Umgebung an, so daß das Flußwasser von hier seitlich gegen die Flußränder hin abströmt.

Gesteinsabbau durch stehende Gewässer

(T. 13, S. 93)

Wenn auch im Meer und in Binnenseen recht beträchtliche Wassermassen durch Wind, Strömungen und Gezeiten bewegt werden, so können die zerstörenden Wirkungen an stehenden Gewässern nicht das Ausmaß wie bei ständig fließendem Wasser erreichen. Die Geschwindigkeit der Meereswellen beträgt 11—15, auch 30 m/s, die Wellenhöhe beträgt in der Nordsee allerhöchstens 6 m, auf dem offenen Meer bis zu 13 m; die Tiefe der Wellen reicht bis etwa 200 m unter den Meeresspiegel, doch beschränkt sich die Haupteinwirkung auf den Grund auf Wassertiefen bis 10, ausnahmsweise bis 25 und mehr Meter. Die Brandung erreicht die 6—7fache Wellenhöhe, und die Gezeiten vergrößern selbstverständlich auch den Wirkungsbereich der Brandung. Der Unterschied zwischen Hoch- und Niedrigwasser, der sogenannte Tidenhub, beträgt auf dem offenen Meer 30—60 cm, in trichterförmigen Buchten kann er auf nahezu 15 bis 20 m ansteigen. Bei Wilhelmshaven beträgt der Unterschied zwischen höchstem Hochwasser und niedrigstem Niedrigwasser rund 9,5 m.

Meeres- und Seeströmungen sind die Folgen von anhaltend wehenden Winden oder auch von Wärmeunterschieden im Wasser. Ihre mechanische Einwirkung auf den Untergrund ist wohl nur im Flachwasser bedeutsam: Der Golfstrom erreicht 1 m/s Geschwindigkeit (nur bei Florida 2,5 m), das Wasser der Dardanellen fließt mit 2,5 m/s dem Mittelmeer zu. Das ablaufende Nordseewasser, der Gezeitenstrom, schafft bis 20 m tiefe Priele; in der Jade treten Geschwindigkeiten bis 1,8 m/s auf.

Chemisch ist Seewasser in vielfach stärkerem Maße wirksam als Süßwasser; es greift Bauwerke sehr viel stärker als dieses an.

Wichtiger aber als der Anprall der Wogen, der mehrere hundert Kubikmeter große Blöcke bewegen kann und der unablässig Geröll geschoßgleich gegen die Küste schleudert, sind andere Umstände, die viel weniger ins Auge fallen. Wenn auch das Ohr überrascht ist von dem Knattern und Rollen der Gerölle am Strand, so wird der jährlich eintretende Küstenverlust weniger durch diesen geräuschvollen Vorgang hervorgerufen als durch die stille, im Verborgenen wirkende Erweichung der Ufergesteine durch Spritzwasser, durch die vom Land her drängende Bodenfeuchtigkeit, durch die sprengende Tätigkeit des Spaltenfrostes (T. 13, S. 93).

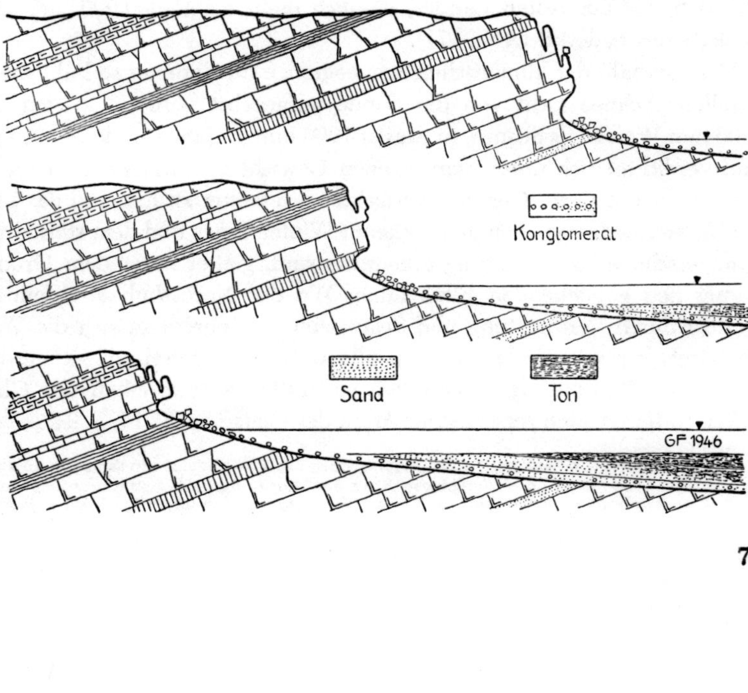

Abb. 40. Drei Stadien der Zerstörung einer Felsküste; Verteilung der Aufbereitungsprodukte. Auch bei der Bildung von Steilküsten spielt die „Detraktion" (S. 73) eine entscheidende Rolle. Das Meer schafft im wesentlichen nur die Zerfallsprodukte fort.

(Nach Frebold)

Wenn diese nicht das Gestein lockerten und immer wieder große Küstenteile abbrechen ließen, hätte die Brandung schwere Arbeit. So aber arbeiten Brandung und Nachbruch Hand in Hand, bis die Küste abbricht und das Meer wieder einen Schritt weiter landwärts vordringen kann, sobald es den abgebrochenen Gesteinsschutt fortgeräumt hat. Im Forträumen des abgebrochenen Küstenschuttes liegt die Hauptarbeit der Brandung und der den Strand entlangstreichenden Küstendrift (Abb. 40).

Erdgeschichtlich gesehen ist die Grenze zwischen Meer und Land einer der beweglichsten Züge im Antlitz der Erde. Das Ergebnis des ständigen Vorrückens des Meeres, des ewig sich fortsetzenden Landabbruches ist eine langsame, aber unabänderliche Verschiebung der Küste ins Binnenland, ist das, was die Geologie als Transgression*), als Übergreifen des Meeres bezeichnet. Aber die Überschwemmung ganzer Festländer ist nur dann möglich, wenn dem angreifenden Meere der Weg landwärts durch Sinken des Kontinents geebnet wird. Alle Arbeit des Meeres ist umsonst, wenn sie sich an ein aufsteigendes Festland verschwendet.

Die Land- und Uferzerstörung an Binnenseeufern spielt sich in der gleichen Weise ab wie am Meer. Nur ist sie selbstverständlich sehr viel geringer. Welche Ufer des Sees der Zerstörung am stärksten ausgesetzt sind, bestimmt die herrschende Windrichtung: Bei uns sind es zumeist die Ostufer, während die westlichen Seeufer, im Windschatten liegend, durch Landbildung seitens der Pflanzenwelt sich in den See hin vorschieben. Zerstörung am Windufer und Anlandung im Windschatten bringen es mit sich, daß manche Seen geradezu vor dem Winde herwandern. Das ist natürlich nur möglich, wenn das Seebecken nicht so tief in die Landschaft eingeschnitten ist, daß die Höhe des Westufers auch das Ostufer gegen den Wind schützt.

Gesteinsabbau durch Eis

(T. 14—16, S. 94, 111, 112)

Auch das Eis spielt seine Rolle bei der Zerstörung des Landes: Weniger die schwimmenden Eisschollen, die die Küsten arktischer Meere abschleifen, als die Ströme langsam gleitenden Gletschereises, die aus dem Bereich ewigen Schnees ihre Zungen in wärmere Regionen vorschieben; 1/10 des festen Landes, nämlich mehr als 15 000 000 km², sind gegenwärtig von Gletschereis bedeckt! (Abb. 171).

Wo oberhalb der klimatischen Schneegrenze die Sommer so kühl sind, daß der im Winter gefallene Schnee nicht von der Sonne aufgezehrt wird — in den Ostalpen fallen etwa 1000 mm Wasser als Schnee, in Alaska 7000 mm im Jahr —, bleibt ein Teil des Schnees liegen und verdichtet sich unter dem eigenen Gewicht zu Firnschnee (6 bis 8 m lockerer Schnee werden zu 1 m Firn). Der Firn verdichtet sich weiter zu Eis, und das Eis, in dem noch lange die Unterschiede zwischen dem lockeren Winterschnee und dem stärker zusammengesinterten Sommerschnee als Schichtung erkennbar sind, gleitet unter dem Druck des im Nährgebiet immer neu entstehenden Firns talab. Wo der Nachschub aus dem Nährgebiet und der Verlust durch Verdunstung und Schmelzen im Zehrgebiet sich die Waage halten, erreicht der Gletscher sein Ende. Würden alle Gletscher schmelzen, so würde das Weltmeer um mehr als 100 m ansteigen. Die meisten großen Ströme leben von Gletscherwasser.

Wir unterscheiden verschiedene Arten der Gletscher (T. 14, S. 94), so die Flankenvereisung

*) „Transgression" = Ausgreifen des Meeres über das Festland; „Regression" = Rückzug des Meeres vom überschwemmten Land. Beide, die Überschwemmung des Landes durch das „transgredierende" Meer und seine Freigabe durch die „Regression", haben sich im Verlauf der Erdgeschichte unzählige Male abgespielt (Abb. 51 und 178).

o·············o Beweg.-Bahn randnaher Eisteilchen } in der Zeiteinheit
•·············• randferner Teilchen }

←• o→ Richtungen der Zugspannungen

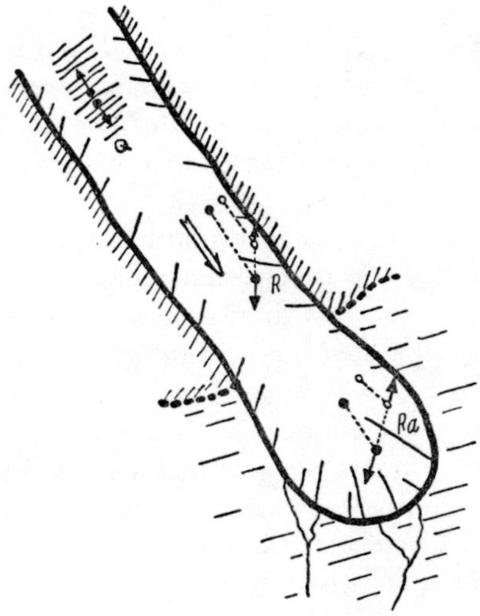

Abb. 41. Eine Gletscherzunge (aus Aurada „Steinernes Wunderland")

Sowohl der vorauseilende Mittelstromstrich als auch das Auseinanderquellen des Zungeneises führt in der spröden Oberflächenschicht zum Aufklaffen von Spalten. — Hemmende Uferreibung zerrt die Randspalten (R) auf; eine Abart der Längsspalten, die Radialspalten (Ra), sind typisch für die Gletscherzunge. Ursache der zahlreichen Querspalten (Q) im Bruch ist eine Versteilung des Gletscherbodens. — Verschieden schnelle Fließbewegung und Gefällswechsel im Untergrund lösen die Zugspannungen aus.

oder den Alpentyp und hier wieder Hängegletscher, die irgendwo am Hang ihr Ende finden, aufgezehrt von der Sonne; auf der anderen Seite Talgletscher, die im Tal bergab fließen und beträchtliches Ausmaß erreichen können: Der Aletsch-Gletscher bedeckt 115 km², ist beinahe 27 km lang und rund 500 m dick. Der längste Gletscher der Erde scheint im Karakorum zu liegen, er ist 72 km lang. Als Vorlandvergletscherung, wie sie besonders im Malaspinagletscher in Alaska verkörpert ist, bezeichnet man jene Vorkommen von Gletschereis, die aus den Tälern des Gebirges hervorquellen und sich am Fuß des Gebirges zu einem großen Fächer von Eis vereinigen. Der Malaspina ist 5000 km² groß, dabei 96 km breit und ebenfalls rund 500 m dick. So wie hier flossen die Gletschermassen zur Eiszeit aus den Alpen nach Norden, quollen ins Vorland und vereinigten sich dort zu gewaltigen, weit nach Norden vorstoßenden halbkreisförmigen Fächern.

Als Tafelgletscher oder Kappenvereisung begreift man jene Form, die besonders in Norwegen vertreten ist; auch das übrige Skandinavien, Spitzbergen, Alaska und verwandte andere Gebiete tragen auf den Flächen der Hochgebirge ausgedehnte Gletschertafeln, die ihre Ausläufer in die benachbarten Täler hinabsenken. Ihre größte Ausdehnung erlangt diese Form der Vereisung auf Grönland (2 000 000 km²) und im Südpolargebiet (14 000 000 km²) *), ihre kleinsten Vertreter im Vatna-Jökul auf Island, der 8000 km² umfaßt. Es ist die Inlandeisvergletscherung vom grönländischen Typ, die Berg und Tal unter sich begräbt und alle Höhenunterschiede verhüllt.

Unter dem eigenen Druck wird das Eis plastisch und beginnt zu fließen; da es nicht zugfest ist, zerreißt es beim Abstürzen über steile Felskanten (Abb. 41, T. 14, S. 94). Überall im Eis herrscht die dem senkrechten Druck entsprechende Schmelztemperatur; d. h. bei örtlicher Druckerhöhung schmilzt das Eis sofort und gibt Wasser frei, das als Schmier- und Gleitmittel dient. Infolge der Reibung an Sohle und Wänden des Tales entwickeln sich im Gletscher Stromlinien wie im Fluß; zunehmendes Gefälle bringt erhöhte Geschwindigkeit der Bewegung mit sich, auch ist die Bewegung im Sommer schneller als im Winter. In den Alpen legen die Gletscher jährlich 30 bis fast 200 m zurück, in Skandinavien 25—365 m; die größten Geschwindigkeiten erreichen die Gletscherzungen, die von der Masse des grönländischen Inlandeises in den schmalen Randtälern zur Küstenebene hinabgedrückt werden: Während das Inlandeis selbst nur 20 cm am Tag vorrückt, strömen die Gletscherzungen rund 20 m an jedem Tag, das sind bis zu 7000 m im Jahr.

*) Die Zahlenangaben schwanken, auch die Ausdehnung der Eisflächen selbst schwankt.

Die Reibung des Eises auf seiner Unterlage bringt es mit sich, daß die tiefsten Teile des Eises langsamer vorrücken als die höheren; so bilden sich Scherflächen, auf denen höhere Eisteile sich von den tieferen abscheren und selbständig vorwärts bewegen. Hindernisse im Untergrund des Eises, Reibung an den Flanken und das Breitfließen des Gletscherrandes führen zum Aufreißen von verschiedenartigen und verschieden verlaufenden Spalten (Abb. 41 u. T. 14, S. 94).

Das strömende Eis enthält Gesteinsschutt. Denn in der Nähe der Schneegrenze mit ihren häufigen Wärmeschwankungen um den Nullpunkt herum herrscht Gesteinszerstörung durch Frost vor. Das abbröckelnde Gesteinsgut mischt sich dem Gletschereis bei, so daß dieses, mit Schutt gespickt, wie Schmirgel das Gletscherbett ausschleift (T. 16, S. 112). Außerdem splittert das Eis Teile seiner Unterlage ab, besonders solche Stücke, die durch Spaltenfrost gelockert worden sind und sich dem Eis in den Weg stellen. Für diesen Vorgang ist wichtig, wie das Gestein des Gletscherbettes geschichtet ist, wie und ob es sich überhaupt dem Absplittern entgegenstellt. Natürlich spielt auch der gewaltige Druck der lastenden Eismassen eine Rolle: 1500 m dickes Eis übt einen Druck von 130—140 Atmosphären aus. Auch die Geschwindigkeit, das Gefälle und die Menge des Eises spielen eine Rolle bei der Zerstörung des Gesteins. Im Endergebnis erkennt man einst von Gletschern durchflossene Täler an ihrer weiträumig ausgeschliffenen U-Form, die solche Täler deutlich von den V-förmig gestalteten Wasserrinnen unterscheidet, die nicht durch Eis umgeprägt worden sind (T. 15, S. 111). Daß gerade solche U-Täler die Erscheinung der hängenden Nebentäler besonders gern zeigen, erwähnten wir bereits. Die „Staubfälle“ Norwegens und der „stäubende Fall“ des Yosemitebachs sind schöne Beweise. Solche steilen Wasserfälle arbeiten sehr schnell fast senkrechte Klammen aus, die das hangende Nebental mit dem Boden des Haupttales verbinden.

Gletscherschliffe und Rundhöcker von Stromlinienform (z. B. die „Schären“ der nördlichen Ostseeküsten) sind Beweise für die zerstörende und ausräumende Tätigkeit fließenden Eises; Gletschermühlen entstehen, wo Schmelzwasser in Spalten senkrecht abstürzt und sich wirbelnd in den Felsuntergrund einstrudelt.

Gesteinszerstörung durch Wind *)

(T. 18—21, S. 122—124 u. S. 133)

Ob und in welchem Maße Wind an der Zerstörung der Landoberfläche teilhat, hängt von der Windstärke, d. h. von der Geschwindigkeit der bewegten Luft ab. Unmittelbar am Boden ist die Reibung der bewegten Luft am größten, ihre Geschwindigkeit daher am geringsten. So verzeichnen wir in Norddeutschland in 5 m Höhe eine mittlere Windgeschwindigkeit von 3,5 m/sec; in 10 m sind es bereits 4,2 m/sec, in 100 m 6,8, in 1000 m 8,5 und in 10 000 m sogar 20 m/sec. Bäume auf Bergeshöhe zeigen ausgeprägte Wetterformen, die Baumgrenze liegt im Windschatten höher als auf der Windseite; wo in der Ebene die Reibung am Boden am geringsten ist, nämlich über dem Meeresspiegel und am Strand, zeigen Bäume die gleichen Wetterformen und erheben sich häufig nicht über die Höhe des schützenden Deiches. Die Bora des Mittelmeergebietes wirft Eisenbahnzüge um, der Tornado Amerikas reißt Häuser ein, der Taifun der Südsee entblößt Koralleninseln von allem, was nicht niet- und nagelfest ist, einschließlich der Pflanzendecke und des Humusbodens.

*) Einzelangaben dieses Kap. z. T. aus: G. Wagner, Einführung in die Erd- und Landschaftsgeschichte (Öhringen 1931), die neben zahlreichen anderen Büchern benutzt wurde.

Abb. 42. Bizarrere Formen als der Wind schafft keine außenbürtige Kraft. (Pyramiden von Gizeh)
(Zeichnung A. Ebert)

Am stärksten kommt der Wind zur Geltung, wo er unmittelbar auf den Boden selbst einwirken kann, wo also k e i n e P f l a n z e n d e c k e, wenigstens keine dichte Pflanzendecke, die Luftbewegung abbremst und somit nahezu unwirksam macht (Abb. 15, S. 39).

Wenn wir die Windwirkung näher untersuchen, so können wir sie, die man auch als D e f l a t i o n bezeichnet (= Wegwehung), in zwei Vorgänge gliedern: 1. die Ablation (eigentlich „Wegtragung") und 2. die Korrasion (eigentlich „Zusammenkratzung"), die nicht das Gelockerte wegträgt, sondern das Gestein unmittelbar bearbeitet.

A b l a t i o n. Staubteilchen von weniger als 0,05 mm Durchmesser werden bereits von schwachem Wind bewegt: Saharastaub wird gelegentlich 4000 km weit bis Schweden verfrachtet, der vulkanische Staub des Krakatauausbruchs umkreiste monatelang die ganze Erde, in Gebieten mit dünner Pflanzendecke ist die Luft fast immer trüb von Staub, und westlich der Sahara leidet die Schiffahrt unter der schlechten Sicht der staubgeschwängerten Luft.

Feinsand bis 0,25 mm Durchmesser wird von Wind bis zu 6 m/sec Geschwindigkeit getragen: Die stäubenden Sandäcker im Frühjahr beweisen es (Bodenzerstörung also auch in unserem Klima!); Wind von 7—12 m/sec Geschwindigkeit, der bereits ganze Bäume bewegt, trägt groben Sand von 0,5 bis mehr als 1 mm Durchmesser davon und wirbelt ihn in Sandhosen bis über 1000 m hoch. Kies von mehr als 3 mm Durchmesser wird nur bei höchsten Windstärken bewegt; aber in der Sahara treibt der Sturm bis zu 1000 g schwere Steine dicht über dem Boden vor sich her; dort bilden sich auch Dünen, die im Gegensatz zu den unseren nicht aus Sand, sondern aus grobem Kies bestehen.

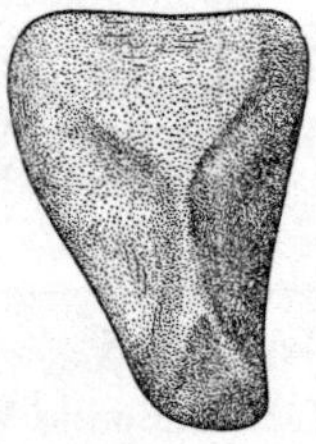

Abb. 43. Windkanter (aus Norddeutschland)

Wind schiebt und rollt den Sand, er bringt ihn zum Hüpfen und zum Fliegen — je nach Korngröße. Das bedeutet, daß er den S a n d n a c h d e r K o r n g r ö ß e s o r t i e r t (seigert) (T. 18, S. 122, Abb. 48). So entsteht, da der Staub weit fortgetragen wird, einerseits Tonstaub und andererseits staubfreier Sand.

K o r r a s i o n. Sand- und steinchenbeladener Wind wirkt auf das feste Gestein gleich dem Sandgebläse des Steinschleifers. Flaschenglasscherben, die am Strand liegen, werden durch treibenden Sand rasch matt geschliffen, Fenster der Fischerhäuser in Dünen erblinden. Ganz feiner Sand hingegen wirkt ebenso wie auf der Polierscheibe glättend und polierend. Gesteinsblöcke und Felsgruppen der Wüste sind oft poliert, so daß sie wie mit Lack überzogen erscheinen (Wüstenlack).

Wie jede zerstörende Kraft wirkt auch das Sandgebläse des Windes auswählend, es zerstört weichere Gesteinsteile schneller als härtere (Abb. 42); es gibt dem Granit andere Formen als Schichtgesteinen, in denen es Hohlkehlen ausarbeitet, Windtische und Pilzfelsen erzeugt. Auch in unseren Breiten finden wir Beweise für die korradierende Tätigkeit des Windes: Und zwar sind es die sogenannten Windkanter, flächig zugeschnittene Gerölle, die sich gar nicht selten an der Sohle der Lößschichten Mittel- und Südostdeutschlands finden (Abb. 43). Löß ist windgetragener Steppenstaub, der sich auf Flächen absetzte, die vorher vom Wind geglättet und freigeweht worden waren. Dabei hat der Wind alles Leichtere fortgetragen und nur die gröberen Steine liegengelassen, die im Strom des treibenden Sandes ein- oder mehrseitig angeschliffen wurden.

Die äolische Abtragung ist hochbedeutsam, viel wichtiger jedenfalls, als sie uns im Waldbereich der gemäßigten Zone scheinen mag. Wasser arbeitet zwar leichter, weil die Gesteinsteile, die es abreißt und mitnimmt, durch den Auftrieb an Gewicht verlieren; Wasser braucht aber für seine Arbeit immer Gefälle. Der Wind ist nicht an das Gefälle gebunden, er arbeitet auch bergwärts, greift Felsen auch hoch über der Erdoberfläche an und kann sich überall das leichtest Zerstörbare aussuchen. So wird der Wind in den pflanzenleeren Wüsten zu der beherrschenden Kraft der Zerstörung, die ganz ungeheuerliche Wirkungen und Ausmaße erreichen kann: Wenn bei uns das Heidelberger Schloß bereits im Zeitraum von 200 Jahren 15 cm tiefe Löcher erhalten hat oder sich Erscheinungen herausstellen, wie sie T. 18, S. 122 zeigt, so erscheinen uns diese Dinge völlig belanglos gegenüber der Tatsache, daß ganze Talzüge durch den Wind in das Wüstengelände eingerissen worden sind, nachdem gelegentlich fallende Platzregengewässer den Weg vorgezeichnet haben (T. 19, 20, S. 123, 124); sie erscheinen völlig bedeutungslos gegenüber den viele Quadratkilometer großen Pfannen, die der Wind aus dem Wüstenboden aushebt (in diesen Pfannen liegt die Erdoberfläche dem Grundwasser näher als in der Umgebung, so daß sich Oasen entwickeln können); sie erscheinen unwichtig, wenn man bedenkt, daß die großen Vorposten der Wüstengebirge nicht wie bei uns durch das Wasser aus dem Zusammenhang herausgeschnitten sind, sondern durch das Sandstrahlgebläse des Wüstensturmes (Abb. 42), und doch sind beide Vorgänge wesensgleich. Die Herrschaftsbereiche des Windes umfassen sehr erhebliche Flächen: In Australien 43%, in Afrika 36%, in Asien 29%, in Amerika 14% und sogar in Europa noch 1,25% der Gesamtfläche!

TAFEL IX

Das fließende Wasser

1. Die linienhaft vorgehende Erosion erfaßt durch ständige Verdichtung des Talnetzes schließlich auch den letzten Quadratmeter Landes und wird so zur flächenhaft wirksamen Abtragung. (Südausläufer des Atlas in Tunesien) Luftaufn. Dr. S. Kienow
2. Delta an der Mündung eines Baches in den Hauptfluß (Ruhrgebiet) Aufn. v. Bülow
3. Mäander des Forthflusses in Schottland Aufn. Alfred G. Buckham
4. Im spitzen Winkel zwischen zwei Flüssen entsteht die Landzunge des „Wörthes“, wie hier an der Einmündung des Inn in die Donau bei Passau (S. 96) Archivbild

---

TAFEL X

Das fließende Wasser

1. Erdpyramiden aus lockerem Gestein. Am Hange freigestellt durch Regenwasser. (Bulgarische Landschaft) Aufn. Erich Retzlaff
2. Erosionswirkung in flachliegenden Schichtgesteinen: eine natürliche Brücke. (Kachina-Bridge, Nordamerika) Archivbild

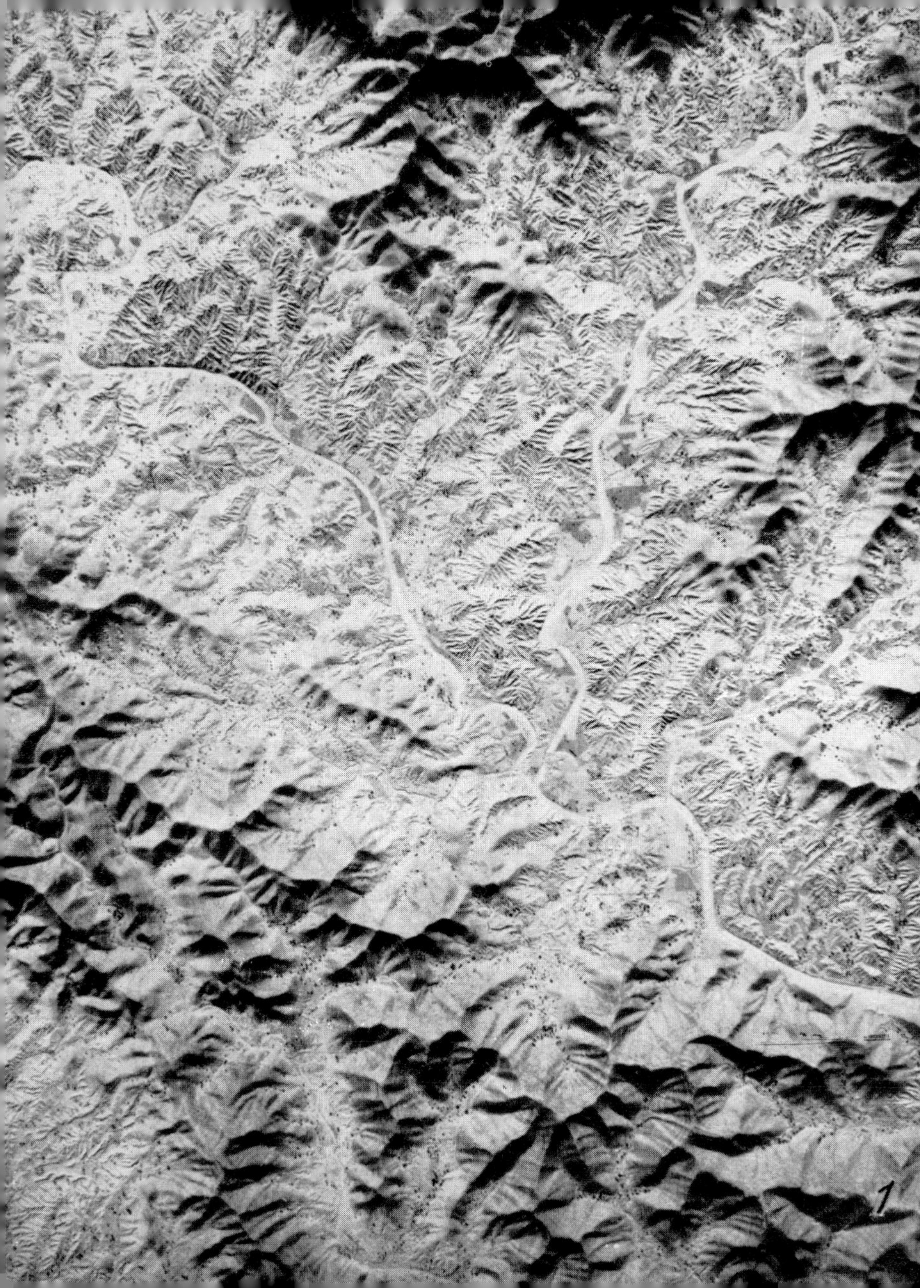
1

2

3

4

1

2

1

2

3

4

1

3

2

4

Gesteinsabbau durch Pflanzen und Tiere

Am Anfang jeder Gesteinszerstörung stehen fast überall Pflanzen: Flechten, Algen, Stickstoff- und Schwefelbakterien leiten die Zerstörung durch die Verwitterung ein, Wurzeln sprengen den Fels und beeinflussen ihn chemisch. Humus und Humussäure führen die Zerstörung fort (s. o. „Verwitterung").

Die Pflanze wirkt der Arbeit des Windes entgegen. Wo aber Wasser oder Menschenhand die Pflanzendecke verwunden, greift auch bei uns der Wind in den Boden ein: Im Lößbereich des Kaiserstuhls hat der Wind die Wege in 20, 30 und mehr Meter tiefe Schluchten umgewandelt. In China hat er Schluchten von mehr als 100 m Tiefe geschaffen, und im Tarimbecken in Innerasien hat allein die Tätigkeit des Windes im Laufe von 100 Jahren die Landoberfläche um 30 cm erniedrigt.

Auch Tiere arbeiten an der Gesteinszerstörung: Es gibt Muscheln und Seeigel, die sich mittels ausgeschiedener Säuren tief in Felsgestein einzubohren vermögen; grabende Tiere wühlen Lockermassen um und um, wie Termiten, Biber, Hamster, Regenwürmer. Besonders die letzteren können im Laufe der Jahre ganz erhebliche Umlagerungen vornehmen.

Am Ende der Verwitterung steht wieder die Pflanze, indem sie die liegenbleibenden Verwitterungsmassen in Boden umwandelt. Zwischen Anfang und Ende der Verwitterung aber herrschen die mechanischen und chemischen Kräfte.

Daß die Lebewesen auch an der Umlagerung von Stoffen der Erdrinde beteiligt sind, werden wir weiter unten sehen.

Die Abtragung des Festlandes

Die gesamte Abtragung geht so unmerklich vor sich, daß wir ihre ganze Bedeutung erst an den Massen der neu abgelagerten Stoffe erkennen können. Gelegentlich allerdings wird sie auch selbst unmittelbar deutlich.

Alle Kräfte wirken zusammen. Das engmaschige Liniennetz der Erosion erschließt den letzten Winkel des Landes. Regen, Wind und Schwerkraft führen dem Wasserlauf durch

---

TAFEL XI

Ablagerungen des fließenden Wassers

1. Aufschluß in einer aus Geröll bestehenden alten Talfüllung (Schotterterrasse). (Steinheim an der Murr) Landesbildstelle Württemberg
2. Flußsediment: Sand und Kies von verschiedenem Korn und der für Flußabsätze kennzeichnenden Lagerung (Mecklenburg) Aufn. v. Bülow
3. Der Oberlauf eines Flusses mit groben, noch nicht abgerollten Gesteinsblöcken. (Schwarzenbach im Schwarzwald) Aufn. Dr. W. Lorch
4. Terrassen am Talhang (Beispiel aus Mittel-Peru: Huarras, Cordillere Blanca) Aufn. Heckler

---

TAFEL XII

Ablagerungen der Meeresküsten

1. Wellenfurchen („Rippeln"): links oben: Kleinrippeln im heutigen Flachwasser; Hauptbild: Großrippeln in fossilem Zustand Aufn. Heimatschutz Dresden
2. Sandiger Strandwall — eine Nehrung im kleinen (südliche Ostsee) Aufn. v. Bülow
3. Tropische Mangrove mit Atemwurzeln im Gezeitenbereich und ihre typische Vegetation an einer Sumpfküste. Aufn. K. Helbig
4. Wattenschlick von Diatomeenrasen überkleidet, im Gezeitenbereich der Nordsee. Aufn. Dr. O. Linke

Frost, Sonnenstrahlung, Pflanze, kurz, durch die Verwitterung gelöste und gelockerte Massen zu. Erodierende Tätigkeit der Flüsse ist sinnfällig, ihre transportierende aber ist wichtiger. Erosion ist kein Vorgang für sich, sondern setzt sich aus den übrigen Vorgängen und Kräften einschließlich derer des Transports (s. u.) zusammen. Mit allen anderen Vorgängen zusammen wandelt sich die linienhaft vorgehende Erosion zur flächenhaften Abtragung. In den Polargebieten und in Hochgebirgen tritt an ihre Stelle das Eis, in den Wüsten der Wind.

Wieviel an Gesteinsmassen zerstört und gelockert wird, zeigt die Schlamm- und Sandführung der Flüsse. Der Rhein führt im Unterlauf 15 000 000 t gelöster Stoffe jährlich ins Meer und 4 000 000 t schwebender Bestandteile, d. h. Schlamm; das bedeutet umgerechnet, daß der Rhein sein Einzugsgebiet in rund 20 000 bis 30 000 Jahren um einen Meter erniedrigt. Der Mississippi enthält 100 000 000 t gelöster und 370 000 000 t schwebender Stoffe, er erniedrigt sein Gebiet in 14 000 Jahren um 1 m; der Nil führt 20 000 000 t gelöster Stoffe und 51 000 000 t schwebender Stoffe dem Meere zu und erniedrigt sein Einzugsgebiet in 120 000 Jahren um 1 m, der Amazonas bewältigt im Jahr 600 000 000 t, das wären in der Minute (!) 60 Güterwagen zu je 20 t. Im allgemeinen zeigt sich, daß in gemäßigten Zonen die Flüsse mehr gelöste Stoffe dem Meer zubringen als Schlammbestandteile, während es in den Tropen umgekehrt ist.

Für die ganze Erde darf man annehmen, daß das Land im Laufe von 30–40 000 Jahren um 1 m erniedrigt wird, vielleicht sind es auch 20 000 oder noch weniger Jahre. 10 km³ verwitterter Fels wandern jedes Jahr ins Meer. Die Erdgeschichte bestätigt, daß derartige Abtragungs-

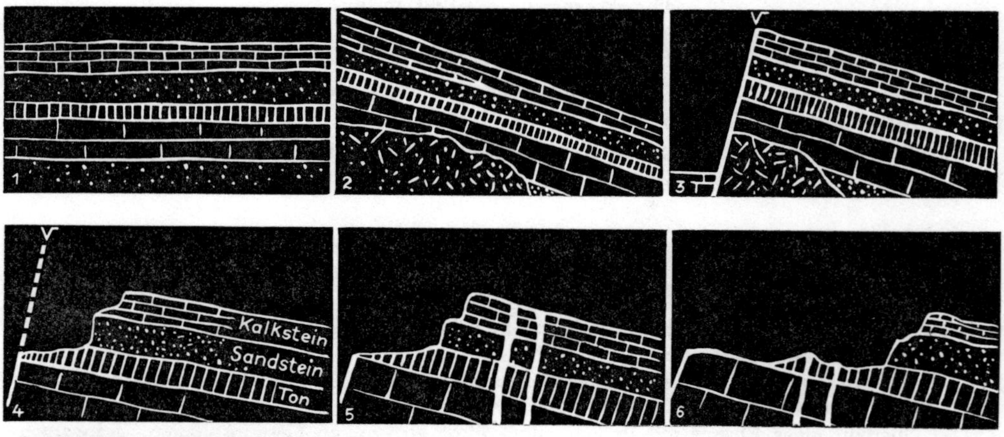

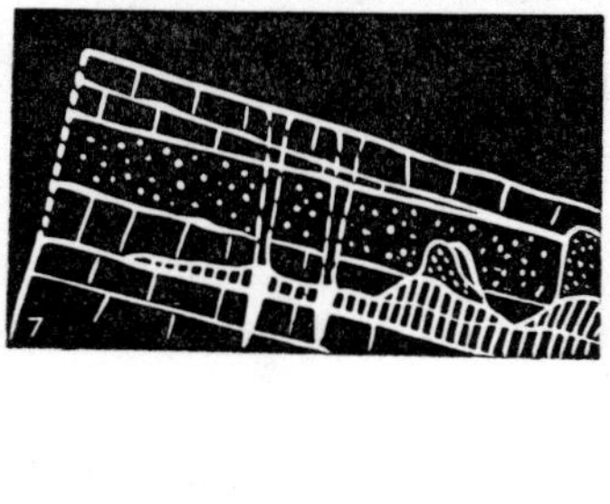

1 Ein Schichtenpaket
2 wird durch einen aufdringenden Granitstock oder ähnliches gekippt;
3 eine Verwerfung versenkt einen Teil in die Tiefe (Rheingraben);
4 Verwitterung und Abtragung („Detraktion") böschen den Hang je nach der Gesteinsbeschaffenheit verschieden steil ab — es entsteht eine „Treppe";
5 Vulkanschlote durchschlagen die Schichten; Bruchstücke derselben versinken im Schlot.
6 Die Abtragung macht Fortschritte und ergreift auch die „Vulkanembryonen".
7 Der Steilhang weicht immer weiter zurück; „Zeugenberge" trotzen der Abtragung länger. Im Gestein der Schlote finden sich Proben der abgetragenen Schichten und gestatten die Wiederherstellung des Anfangsbildes.

Abb. 44. Die Entstehung einer Schichtstufenlandschaft, etwa des süddeutschen Tafellandes, Beispiel für die Abtragung des Festlandes

ausmaße tatsächlich erreicht werden. Süddeutschland, das von der Zeit des Rotliegenden bis zum Jura (s. Tab. Abb. 178) mit Sedimenten vollgepackt wurde, ist seit der Jurazeit bis heute um rund 1000 m Schichten durch die Abtragung wieder erleichtert worden (Abb. 44, 144). Der Schutt des zerfallenden Alpengebirges liegt in den großen Schwemmlandebenen des Po, im Flachland um die Rheinmündungen. Hier erreichen sie 2000 m Dicke; der Verwitterungsschutt der großen nordindischen Gebirge liegt im Tiefland des Ganges und in den Schwemmlandebenen Indiens.

Man schätzt, daß das heutige Festland im Laufe der ganzen Erdgeschichte etwa fünfmal abgetragen und ins Meer verlagert worden ist.

Die Wirkung der Abtragung ist abhängig vom Gestein, insbesondere von seiner Lagerung und von seiner Härte. Die Vorgänge, die wir bei der Schilderung des Einflusses der Verwitterung auf Gesteins- und Landschaftsformen kennzeichneten, könnten ebensogut hier als Beleg für die Wirkung der Abtragung stehen. Auch die Schnitte durch die Erdoberfläche, die in diesem Buch verstreut zu finden sind, sind nichts anderes als Beweise für die verschiedenartige Auswirkung der abtragenden Kräfte auf verschiedenartig gebaute Teile der Erdkruste.

Die Verfrachtung des zerteilten Gesteinsgutes

Nur Gesteinsgut, das durch die Verwitterung und die anderen Kräfte der Zerstörung in seinem Stoffbestand und seinem Gefüge gelockert, gelöst und zerteilt ist, ist transportfähig.

Dieselben Kräfte, die bei der Zerstörung tätig sind, vermitteln, wenn auch in verschiedenem Umfange, den Transport.

Durch das Wasser

An erster Stelle steht das Wasser. Schon die Niederschläge selbst beginnen, indem sie den Hang hinabrieseln, mit der Fortschaffung der Erdkrümchen. Dabei kommt es nicht nur zur Rinnen-, Tal- und Schluchtbildung, sondern auch gelegentlich zur Bildung von kleineren oder größeren Erdpyramiden (T. 10, S. 82). Auch Erdrutsche und Bodenkriechen sind im Grunde genommen Auswirkungen des Regenwassers, das das Erdreich durchfeuchtet und somit gleitfähig macht. Selbstverständlich spielt hierbei, wie bei den meisten anderen Beförderungsarten, die Schwerkraft eine wichtige Rolle (T. 2, S. 18). Auch das versickernde Niederschlagswasser nimmt gelöste oder aufgeschlämmte Teilchen mit in die Tiefe, wo sie allerdings bald wieder ausgeschieden werden.

Besonders sinnfällig wird die Tätigkeit des Regens in — Wüsten. Platzregen bringen ungeheuerliche Schuttmassen ins Wandern; so schnell wie sie kommen, versiegen die „Schichtfluten" wieder und hinterlassen als Spuren ihres Daseins Decken und Riesenfächer von eckigem Schutt (zu Gestein verfestigten fossilen Wüstenschutt nennt man „Fanglomerat"). Solche von Regengüssen über das Land gebreitete Schuttdecken sind geradezu bezeichnend für Wüstenablagerungen! Man kennt sie in nordamerikanischen Wüsten bis zu 1000 m Dicke.

Das unterirdisch in Höhlen und Klüften strömende Wasser befördert in erster Linie gelöste Bestandteile. Wir erkennen das an den Ablagerungen, die sich überall dort bilden, wo Bodenwasser in Hohlräumen des Erdinnern verdunstet (T. 6, S. 54).

D a s o b e r f l ä c h l i c h f l i e ß e n d e W a s s e r ist das Hauptmittel der Natur, Gesteinsgut vom Fels zum Meer zu verlagern, selbst dort, wo es nicht unmittelbar so scheint; denn auch Gletscher sind nichts anderes als Wasser.

Die F ö r d e r k r a f t des fließenden Wassers hängt in erster Linie von seiner Geschwindigkeit ab, Verdoppelung der Geschwindigkeit steigert die Förderkraft auf das 32fache. Bei 0,15 m/sec Geschwindigkeit werden Schwebeteilchen von weniger als 1/2 mm Durchmesser befördert. Bei 0,3 m/sec ist es bereits Grobsand, bei 1,2 m/sec wandern bereits hühnereigroße Gerölle, bei 2 m/sec schon solche von Kopfgröße und bei 3 m/sec Geschwindigkeit geraten u. U. schon große Felsblöcke ins Wandern. Mit abnehmender Geschwindigkeit, d. h. im Fluß von oben nach unten, nimmt daher auch die Korngröße des mitgeschleppten Gesteinsgutes ab: Die Gesteinsblöcke im Alpenraum haben noch mehr als 1 m Durchmesser, im Bodensee sind es nur noch Zentimeter.

Gesteinsblöcke wandern in Geröllform (T. 11, S. 83). Als kantige Blöcke fallen sie ins Flußbett; anfangs werden sie geschoben und dabei ihrer Ecken und Kanten beraubt. Der Untergrund, die anderen Steine, der Sand und Schlamm schleifen und polieren die entstehenden Gerölle. Der Grad der Rundung ist ein Maßstab für die Weglänge und die Widerstandsfähigkeit des Gerölles. In rasch fließenden Gewässern verkleinern sich Granitgerölle bereits nach 100 km Weg auf die Hälfte ihres Volumens. Bei Gneis und Glimmerschiefer geschieht dies schon auf der halben Wegstrecke, bei Sandstein schon nach 10 km. Nach 300 km Weg sind Granitgerölle völlig zerrieben, Kalkstein nach 85 km und Sandstein gar nach 15 km. Kommt in weichem Wasser noch die chemische Lösungskraft hinzu, so können sich diese Wege auf die Hälfte verkürzen. Praktisch unzerstörbar sind nur Feuerstein, Quarz und wenige andere, die als Kiesel in jedem Flußlauf zu finden sind. Flußabwärts nimmt die Größe der Gerölle ständig ab, ihre Zahl aber zu, ebenso der Anteil der besonders widerstandsfähigen an der Gesamtmenge. Hochwasser räumt die Fluß- und Kanalbetten von den vorher abgelagerten Massen; Überschwemmungen bringen anfangs Geröll, bei fallendem Wasser Sand und Schlamm. Die Wandergeschwindigkeit der Gerölle ist schwer zu ermitteln, sie scheint nicht wesentlich über einige Kilometer im Jahr hinauszugehen. Die stromlinienförmigen Kiesbänke bewegen sich besonders in regulierten Flußläufen im Jahr einige Hundert Meter talab.

Unauffälliger, vielleicht aber wichtiger als die Gerölle sind die feinsten, im Wasser aufgeschlämmten Massen, die man als S c h w e b bezeichnet; Schweb wandert bei geringster Wasserbewegung und setzt sich beim Abebben der Geschwindigkeit als S c h l a m m ab. Er stammt aus dem Erdreich der Ufer sowie aus dem durch Regen und Wind in den Fluß gebrachten Staub.

Der Hoangho, der gelbe Fluß der Chinesen, verdankt seine Farbe dem schwebend mitgeschleppten Löß. Der Jangtsekiang, der „blaue Fluß", hat seine Farbe von aufgeschlämmtem dunklem Ton; in Amerika gibt es mehr als einen Red River, d. h. roter Fluß, dessen Farbe aus rotem Mergel oder Laterit (s. oben) stammt. Die schwarze Nollar in Graubünden bringt Tonschieferbrühe mit, der Coloradofluß (farbiger Fluß) ist ebenfalls durch Gesteinsgut gefärbt.

G e l ö s t e B e s t a n d t e i l e sind im Flußwasser verhältnismäßig wenig vorhanden, solange der Fluß in Massengestein oder kalkarmem Sandstein fließt; mit der Löslichkeit der Ufergesteine nimmt der Gehalt zu; ebenso nimmt er talwärts zu. Daß Tropenflüsse verhältnismäßig wenig gelöste Bestandteile mitführen, weil außerordentliche Niederschläge ihr Wasser immer wieder verdünnen, wurde bereits erwähnt; am stärksten eingedickt ist die Lösung in Flüssen trockener Klimate: Die westlichen Zuflüsse des Mississippi, die aus Trockengebieten kommen, enthalten mehr als 400 mg Gelöstes je Liter, während die östlichen Zuflüsse aus feuchteren Gegenden nicht einmal 200 mg mitbringen.

Insgesamt überwiegt auf der Erde das als Geröll und Schweb mitgeführte Gesteinsgut das Gelöste um mehr als das Fünffache.

Sobald die Geschwindigkeit des strömenden Wassers nachläßt, läßt auch seine Transportkraft nach. Daher findet Transport von Gesteinsgut in stehenden Gewässern nur bei merkbarer Strömung statt, also wenn durchfließende Flüsse eine Strömung erzeugen oder — im Meer — wenn wirkliche Strömungen, wie der Golfstrom, vorhanden sind. Auch in Meerengen, wie dem Ärmelkanal, dem Bosporus oder dem Floridastrom, vermag das Meer selbst gröbere Bestandteile als Schweb zu befördern. Der Haupttransport spielt sich im Strandbereich unter dem Einfluß des auf- und ablaufenden Wassers ab; aus lauter Zickzackstücken setzt sich der Weg des Gesteinsgutes längs der Küste zusammen (Stranddrift).

Durch das Eis

Auch das Eis beteiligt sich an der Fortschaffung des zerteilten Gesteinsgutes. Häufig tragen Eisschollen Gesteinsblöcke weit aufs Meer hinaus; früher stand man auf dem Standpunkt, daß die gesamten losen Ablagerungen des norddeutschen Flachlandes auf Eisschollen vom Norden her nach Mitteleuropa geflößt worden seien (sogenannte Drifttheorie).

Bedeutsamere Umlagerungen jedoch werden von den Gletschern ausgeführt. Wir sprachen schon davon, daß Gesteine und Erdreich in den Gletscher eingebacken werden (T. 16, S. 112); wir können hinzufügen, daß von den Wänden des Nährgebietes und den Hängen der Gletschertäler ebenfalls Gesteinsblöcke auf und in das Eis hineingeraten. Die sogenannte Grundmoräne enthält den Rand- und Grundschutt des Gletschers mit kantengerundeten, gekritzten und polierten „Geschieben", die von der Transportkraft des Gletschereises zeugen. Die ganze Grundmoräne besteht aus zermahlenem Gesteinsgut. Das von den Seiten auf das Eis fallende Gut häuft sich zu Seitenmoränen an, die sich beim Zusammenfließen zweier Gletscherströme zu Mittelmoränen vereinigen (T. 14, S. 94). Im Eis entsteht aus den vom Untergrund abgehobelten Unebenheiten die Innenmoräne, die beim Verdunsten und Abtauen des Eises zur Obermoräne entblößt und am Ende der Gletscherzunge durch das Abschmelzen des Eises derart angereichert werden kann, daß die Gletscherendigungen fast nur aus Gesteinsgut zu bestehen scheinen.

Die Transportkraft des Gletschers ist unbegrenzt: Die nordischen Geschiebe haben bis nach Mitteleuropa hinein Wege von 1—2000 km zurückgelegt und sind vom breitlaufenden Eis zu riesigen Fächern ausgebreitet worden. Das größte nordische Geschiebe Norddeutschlands hat einen Inhalt von 600 m^3, am Genfer See liegt ein Geschiebe, das seine Masse von 5000 m^3 über einen 40 km weiten Weg hinweg gerettet hat; an der unteren Oder liegt ein 150 m langes Paket von Kreideschichten, das ebenfalls vom nordischen Inlandeis befördert worden ist. Ganz Skandinavien ist durch die mehrfache Vergletscherung des Pleistozäns um mindestens 150 m erniedrigt worden, für die Schweiz in der Eiszeit hat man einen Betrag von 250 m errechnet.

Durch den Wind

Beförderung durch Wind. Ein Fünftel der gesamten Landoberfläche der Erde ist abflußlose Wüste und Steppe. Da in diesem Riesengebiet das fließende Wasser eine untergeordnete Rolle spielt, fast nie aber den Weg zum Meere findet, obliegt die Verfrachtung des in erster Linie mechanisch zerkleinerten Gesteinsgutes dem Wind. Windhosen, die ungeheure Staubmengen aus den Wüsten hinaus in die Steppen und über die Steppen hinwegwirbeln, sind in Trockengebieten gewöhnliche Erscheinungen. Der Wind läßt den gröbsten Schutt liegen und trägt Kies, Sand und Staub fort, aus der Wüste hinaus (T. 21, S. 133). (Die Sandwüsten [Erg] Nordafrikas werden von der Felswüste [mit eckigen Trümmern], der sog. Hamáda, und der Kieswüste mit kantengerundeten Trümmern [Sserir] unterschieden.) So nimmt der Schutt an Menge immer mehr zu; die Gebirge ertrinken im eigenen Schutt. Sogenannte Schichtfluten, hervorgerufen durch Platzregen von ungeheurer Plötzlichkeit und Gewalt, helfen den Schutt in den Vertiefungen zusammenspülen.

Die Einebnung erstreckt sich auch auf die Umgebung der Wüsten: Der Steppenstaub (Löß) häuft sich in Pfannen, Tälern und Mulden in den Randgebieten der Wüsten. Wie heute noch in China die Lößablagerung eine große Rolle spielt, so einst in der deutschen Kältewüste während der Eiszeiten. Auch hier läßt der Löß erkennen, daß er von trockenen Winden in Täler und Pfannen geweht wurde; vielfach finden wir ihn nur auf einer Seite der Täler, im alten Windschatten (T. 21, S. 133).

Die Quellen des Staubes sind das durch Sonnenstrahlung und nächtliche Abkühlung völlig zerkleinerte, durch Windwirkung weiter zerriebene Gesteinsgut; die Staubstürme des Nil tragen den getrockneten Hochwasserschlamm, den der Fluß aus Hochafrika heranbringt, weit über die Grenzen des Nilbereiches hinaus; Eisfallwinde finden in den Schmelzwasserablagerungen vor dem Eisrand genügend feine Bestandteile, die sie als Lößstaub aus dem Einflußbereich des Eisklimas hinaustragen können.

Der Transport durch Wind geschieht selbstverständlich ebenso wie der durch Wasser auswählend, seigernd. Die Folgen davon werden wir später beim Aufbau der Dünen und der übrigen Windablagerungen kennenlernen.

Durch Lebewesen

Selbst die Pflanzen und Tiere beteiligen sich an der Verfrachtung des zerteilten Gesteinsgutes. Im wesentlichen geschieht es dadurch, daß sowohl Pflanzen wie Tiere, diese letzteren auf dem Umweg über die Pflanze, mineralische Bestandteile in ihren Körper aufnehmen. Tiere wandern und es sind Fälle bekannt, in denen sich die Reste, selbst von großen Wirbeltieren, an einzelnen bevorzugten Stellen in Massen zusammenhäufen. Wir erinnern nur an die Anhäufungen toter Mammute in Nordsibirien, die einen Großteil des Elfenbeins für den Welthandel lieferten. So können gewisse mineralische Bestandteile des Tierkörpers hier und da angereichert werden, so Jod in Hummern und Austern, Algen und Schwämmen; Eisen, Kupfer, Zink, Vanadium, Bor, Phosphor und verschiedene andere in anderen Meereswesen.

•

Der Transportweg des zerteilten Gesteinsgutes vom Ort seiner Zerteilung, d. h. vom Ort der Zerstörung des festen, anstehenden Gesteins, bis in die großen Ablagerungsräume (Meer und Wüste) erscheint somit als räumliches Bindeglied zwischen Abtragungsraum und Ablagerungsraum; er erscheint darüber hinaus als das unumgängliche Bindeglied zwischen dem Vorgang der Gesteinszerteilung auf der einen und dem der Neubildung von Gestein auf der anderen Seite.

Die Ablagerung des verfrachteten Gesteinsgutes und die Neubildung von Gesteinen

Wo die Transportkräfte nachlassen oder ihr Ende finden, endet auch der Transport des Gesteinsgutes, es kommt zur Ablagerung: Geröll, das im Stromstrich des Flusses mitgeschleppt wird, bleibt liegen, sobald es in den Bereich geringerer Strömung gerät; Dünen bilden sich, wo die Kraft des Windes, etwa im Schatten von Hindernissen, nachläßt; kohlensäurehaltiges Quellwasser verliert beim Austritt aus dem Erdinnern seine Kohlensäure und muß deshalb auch den durch eben diesen Kohlensäuregehalt gelösten Kalk ausfallen lassen; wenn die Lebenskraft des Tieres, das in seinen Knochen Phosphor und Kalksalze „transportiert“, nachläßt, kommt es im Erdreich zur Ablagerung eben dieser mineralischen Bestandteile. Andererseits können bereits zur Ruhe gekommene Massen durch Wiederaufleben der Transportkraft, durch Zunahme der Strömung, durch Fortfall des Windhindernisses usw. wieder ins Wandern geraten.

Neubildungen durch und im Wasser

(T. 6, 9, 11, 12, S. 54, 81, 83, 84)

Niederschlagswasser führt zur Bildung von Rostbändern im Boden, wenn es in durchlässigen Erdschichten mit dem Sauerstoff der Luft in Berührung tritt; Rostrinden und Kalkkrusten kennzeichnen den aufsteigenden Bodenstrom in Trockengebieten. In den trockensten Wüsten allerdings fehlen auch sie. In unseren Breiten wandert der Kalk mit dem Regenwasser im Boden nicht aufwärts, sondern abwärts, um sich an besonders geeigneten Stellen zu Knollen und Schichten zusammenzufinden. Zu den Neubildungen des Regenwassers im weiteren Sinne gehören auch die Anhäufungen von Erdreich am Fuße der Hänge (Abb. 20).

Unterirdisch fließendes Wasser, das gelöste Stoffe enthält, läßt diese fallen, sobald es mit Luft in Berührung kommt. So bilden sich um Quellen Ablagerungen von Kalksinter oder Kalktuff (T. 6, S. 54); warme Quellen setzen bei der Abkühlung nicht selten gelöste Kieselsäure ab, ebenfalls in Form von sogenanntem Sinter. Daher kommt es, daß die Geysire ihre Austrittsöffnung, ihr Mundloch mit einem Wall von ausgeschiedener Kieselsäure (Opal u. ä.) umgeben (Abb. 46), daß sie gleichsam aufstocken, bis sie selbst im eigenen Sinter ersticken. (Bei der Ausscheidung von Sinter spielen auch Algen eine Rolle.) Kalktuffsintertreppen, Karlsbader Sprudelstein und Eisenockerablagerungen gehören in diese Gruppe von Neubildungen. Wir erinnern an den Sauerwasserkalk von Cannstatt, den römischen Travertin; wir denken an die Kalksintertreppen des Yellowstoneparks oder an das gewaltige „Baumwollschloß“ in der Gegend von Smyrna in Kleinasien (Taf. 6).

Wir denken ferner an die vielen Heilquellen, die reich an mineralischen Bestandteilen sind. Es gibt kaum ein Mineral, kaum ein Element, das wir nicht in kaltem, mehr noch in warmem Quellwasser antreffen können (Abb. 45).

Auch nicht zutage tretendes Bodenwasser erzeugt Neubildungen: Hohlräume im Gestein füllen sich mit Kristallen von Quarz (Bergkristall, Amethyst und anderen) (T. 6, S. 54) oder Kalkspat und vielen anderen Mineralien; feinste Spalten und Schichtflächen überziehen sich mit den moosähnlichen Dendriten aus Eisen- und Manganverbindungen. Zu den Kieselsäurebildungen gehören auch die bekannten Knollen von fein gebändertem Achat.

Von außerordentlicher Wichtigkeit sind die vom Wasser erzeugten Ausscheidungen von nutzbaren Mineralien und besonders von Erzen. Ein großer Teil aller bekannten

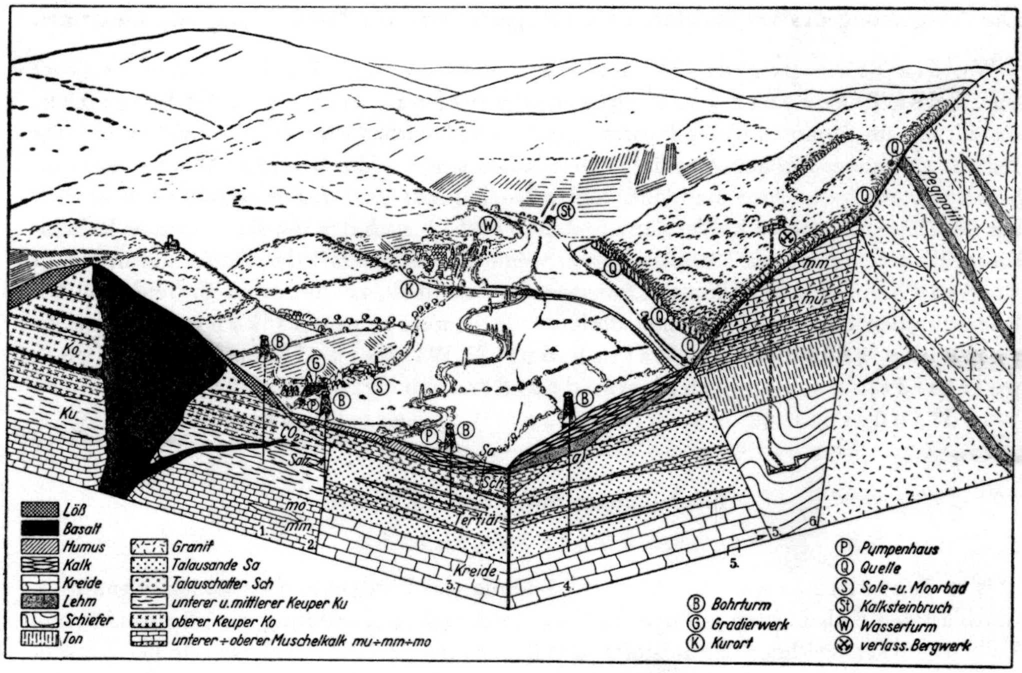

Abb. 45. So entstehen Heilquellen

1 Gemeinsam mit dem vulkanischen Basalt ist Kohlensäure nach oben gedrungen; die Bohrung trifft daher CO_2-haltiges Wasser (Säuerling).
2 Salzlager der Tiefe versalzen das Grundwasser, das als „Sole" zum Gradierwerk gepumpt wird.
3 Eisenhaltige Bodenschichten machen das Grundwasser zum „Stahlwasser". Dieses wird emporgepumpt; ein Teil durchwandert die Moorschicht (im Bild als „Humus" bezeichnet) des Tales und erhöht ihre Heilkraft (Eisenmoor).
4 Diese Bohrung trifft nacheinander an: Kalk, Lehm, artesisch gespanntes Grundwasser (a), mehrere Grundwasserstockwerke und schließlich festes Gestein. Die Beschaffenheit des Wassers hängt zum Teil von der der Erdschichten ab.
5 An der Verwerfung tritt oberflächlich eine Quellenlinie zutage. Da ihr Wasser Kalk enthält, setzen sich große Mengen von Quellenkalk (bei Gegenwart von CO_2-Wasser sog. „Sauerwasserkalk") ab.
6 In alten verlassenen Bergwerken sammelt sich mineralkräftiges Wasser, das hier und da zu Heilzwecken gewonnen werden kann.
7 Auf Klüften des Granits u. a. Gesteine steigt heißes, mineralkräftiges, auch radioaktives Wasser auf.

Nach einem Wandbild des Verlages „Der praktische Schulmann". Entwurf v. Bülow.

Erze, die Gänge (T. 30, S. 174, Abb. 46) und Spalten im Gestein ausfüllen, und sehr viele aller Minerale, die irgend bekannt sind, stammen aus dem Absatz warmer oder kalter Lösungen. Die Fülle von Stoffen, die in solchen vom Wasser erzeugten Gängen vorkommen, ist überraschend groß: Natrium, Kalium, Lithium, Cäsium, Rubidium, Kalzium, Magnesium, Strontium, Barium, Aluminium, Eisen, Mangan, Zink, Kupfer, Blei, Zinn, Gold, Silber, Antimon,

---

TAFEL XIII

Küstenerscheinungen.

1. „Selektiver" Küstenrückgang; die Blöcke der Kreide widerstehen der Zerstörung länger als die dazwischen liegenden eiszeitlichen Lehm- und Sandschollen (bewaldet). (Stubbenkammer auf Rügen) Archivbild
2. Blick durch ein Brandungstor auf die aus Massengestein bestehende Steilküste der Bretagne. Auch hier ist das innere Fugennetz sichtbar geworden. Archivbild
3. Buhnen halten das mit der Strömung wandernde Geröll auf, hier kommt es von links. (Südliche Ostsee) Aufn. v. Bülow
4. Die vielfach gefalteten, eiszeitlichen Lehm- und Sandschichten werden — von der Brandung unterwaschen, vom Bodenwasser aufgeweicht, vom Frost gelockert — leicht ein Opfer der See. (Insel Poel bei Wismar) Aufn. v. Bülow

1

3

2

4

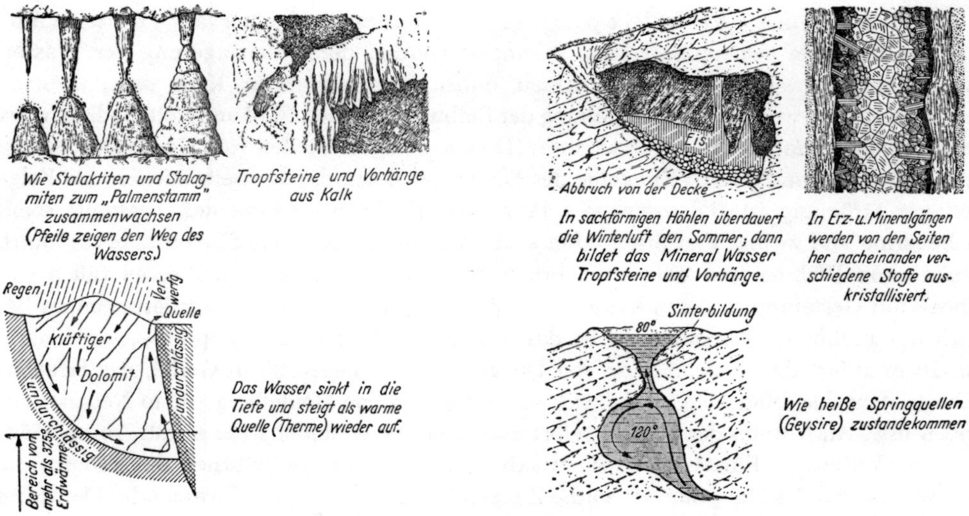

Abb. 46. Mineralneubildungen in Höhlen und Quellen
(Zeichnung Schwarzenbeck)

Arsen, Nickel, Kobalt, Quecksilber, Radium, ferner Chlor, Brom, Jod, Fluor, Schwefel, Selen usw. rein und in Verbindungen.

Weitere Auskunft über die Tätigkeit des unterirdisch fließenden Wassers geben uns die Gesteins- und Mineralneubildungen in H ö h l e n. Hohlräume im Erdinnern überziehen sich mit Mineralkrusten; von den Decken tropfendes Wasser erzeugt hängende Tropfsteine (Stalaktiten), denen an der Auftreffstelle des fallenden Tropfens eine stehende Säule (Stalagmit) entgegenwächst; aus Spältchen austretendes Wasser erzeugt „Vorhänge" von neugebildeten Mineralen (Abb. 46, T. 6, S. 54).

Der Stoff, aus dem Krusten, Tropfstein, Vorhänge usw. bestehen, ist in der Mehrzahl der Fälle Kalk. Außerdem finden sich Neubildungen von Phosphorsalzen, wie in den Feengrotten (alte Alaunbergwerke) bei Saalfeld in Thüringen, von Quarz, von Schwerspat (Bariumsulfat), von Eisen, Schwefelkies, Bleiglanz und Zinkblende; in alten Grubenbauen kommt es zur Ausscheidung von Steinsalz, von Eisen-, Kupfer-, Zink- und Kobaltvitriol, von Gipskristallen und -gängen. Die Verwitterungsrückstände des Gebirges werden als „Höhlen- und Spaltenlehm" zusammengespült; sie enthalten oft bedeutsame Tier- und Menschenreste der Eiszeit. Im Jahrhundert entstehen 1—2 cm Höhlenlehm.

O b e r f l ä c h l i c h s t r ö m e n d e s W a s s e r lagert ab, sobald die Transportkraft für das jeweils mitgeschleppte Gut nicht mehr ausreicht, so besonders, wenn Gerölle aus dem Bereich des Stromstrichs geraten oder wenn Kies in den Bereich der schwächeren Strömung am Rand gelangt; bevorzugte Ablagerungsräume aber sind die Gleithänge (s. oben) und stillen Buchten, sowie der Stromschatten von Buhnen, die quer zur Stromrichtung ins Flußbett hinausgebaut werden (Abb. 37).

TAFEL XIV
Gletscher

1. Gipfelvergletscherung mit talab leckenden Gletscherzungen (Kasbjek-Kaukasus)
Aufn. Dr. E. W. Rümmler
2. Aus den Seitenmoränen zweier sich vereinigender Gletscher erwächst die Mittelmoräne. Querspalten („Gletscherbrüche") zeigen „Eisfälle" an, wie Wasserfälle Stufen im Flußbett. Im Hintergrund das Inlandeis (Spitzbergen) Archivbild

D i e A b n a h m e d e r S c h l e p p k r a f t des Wassers ist der A n l a ß f ü r d i e A b l a g e r u n g. Die Schleppkraft kann verringert werden durch Verringerung der Wassermenge, beispielsweise im trockenen Klima, durch Wasserverlust im Karst usw.; sie kann ferner verringert werden durch Erhöhung der Reibung zwischen Fluß und Bett, bedingt etwa durch Verbreiterung des Flußquerschnittes (Donauschlingen werden vom Hochwasser selbsttätig vollgeschlämmt), durch Zunahme des Pflanzenwuchses, die ihrerseits wieder eine Folge geringer Strömung ist (Pflanzenwuchs fängt den Hochwasserschlick auf, verstopft somit Nebenarme und zwingt den Strom zum seitlichen Ausbrechen); Gefällsverringerung durch Einbau von Wehren und Talsperren bringt Ablagerung mit sich (Staubecken füllen sich schnell mit Gesteinsgut), durch Krustenbewegungen der Erdrinde, die Vertiefungen im Bereich des Flußlaufes erzeugen: So ist das Stuttgarter Becken mit Keupergesteinsschlamm um 16 m aufgefüllt, in der Mulde von Donaueschingen liegen 35 m Geröll, das Schiefergebirge staut den Oberrhein, so daß sich in der Gegend von Heidelberg 400 m Neckarschutt finden usw. Auch wenn das Wasser selbst aufgestaut wird, findet Absatz statt, so im Mündungswinkel zweier Flüsse; hier schiebt sich eine kiesige Zunge zwischen die Stromstriche des Neben- und des Hauptflusses. Solche Zungen heißen Wörth, z. B. Passau oder Deutsches Eck in Koblenz (T. 9, S. 81).

Ablagerung kann auch stattfinden, wenn die Schuttmenge größer wird, als der Fluß schleppen kann, so aus klimatischen Gründen (die Vereisungen des Pleistozäns lieferten außerordentlich viel Schutt), so auch infolge von Gebirgshebung; junge Gebirge legen einen Kranz von schutterfüllten Ebenen rund um sich, wie die Alpen die Poebene und den schutterfüllten Rheingraben.

Die A r t d e r A u f s c h ü t t u n g ist verschieden: meist entstehen T a l a u e n (Abb. 47, T. 7, 11, S. 71, 83), denn Kerbtäler bilden sich nur bei schnell fließenden Bächen. Die Höhe der Talauen entspricht der eines kräftigen Hochwassers, liegt also für gewöhnlich über dem Flußspiegel. Die Aue ist von unten nach oben im allgemeinen aus Geröll, Sand und Schlamm (Auelehm) aufgebaut. Die nächste Umgebung des Flusses erhöht sich am schnellsten; so bilden viele Flüsse geradezu Dämme aus grobem Geröll, die sich unmittelbar neben dem Fluß bei Hochwasser absetzen. Zwischen derartigen natürlichen Dämmen fließen der Mississippi, der Hoangho, auch der Po. In den Marschen der Elbe unterscheidet man das Hochland am Fluß und das Sietland (Niedrigland) abseits davon.

Eine andere Form der Aufschüttung sind die S c h o t t e r t e r r a s s e n, das sind geröllige Talauen, in die sich bei zunehmender Förderkraft der Fluß erneut einschneidet (Abb. 47 u. T. 11, S. 83). Am Rhein kennen wir Terrassen von tertiärem Alter, solche aus dem Pleistozän und aus der Gegenwart, die das Einschneiden des Rheins stufenweise verfolgen lassen.

Seitentäler schütten deltaförmige S c h u t t k e g e l aus Geröll und Sand in das Haupttal, wie z. B. der Neckar bei Heidelberg. Diese Schuttkegel drängen den Hauptfluß auf die andere Talseite und wachsen im Nebental aufwärts (T. 9, S. 81). Auch die Oberrheinebene ist ein riesiger Schwemmfächer.

Schuttkegel unter Wasser, die aus Geröll und Sand aufgebaut sind, während der Schlamm weiter draußen zur Ablagerung kommt, werden D e l t a s genannt. Sie wachsen allmählich über den Wasserspiegel und bringen damit eine Laufverlängerung, das bedeutet eine Gefällsverringerung, für den Fluß mit sich. Der junge Rhein schüttet sein Delta in den Bodensee, die Rhône in den Genfer See, der Vierwaldstätter See wird durch Reuß, Muota, Engelberger und Sarner Aa an vier Zipfeln zugeschüttet. Auch im Flachland finden wir Deltas. J e d e r S e e i m f e u c h t e n K l i m a i s t n u r e i n e v o r ü b e r g e h e n d e E r s c h e i n u n g, d i e e i n m a l d u r c h V e r l a n d u n g i h r E n d e f i n d e t.

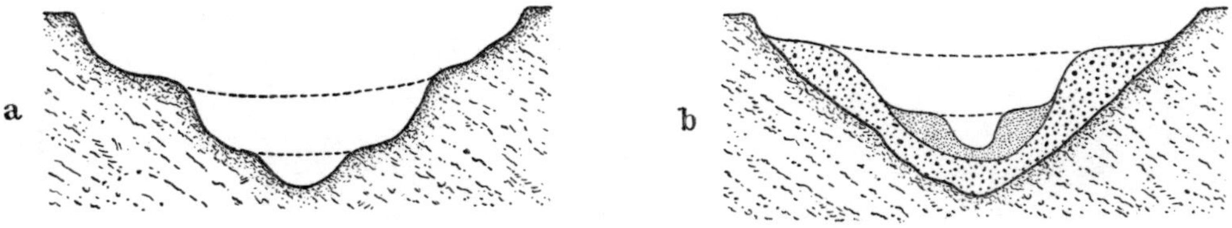

Talterrassen
Erosionsterrassen (a) zeugen von wiederauflebender Erosion, Aufschüttungsterrassen (b) vom Wechsel von Aufschütten und Einschneiden.

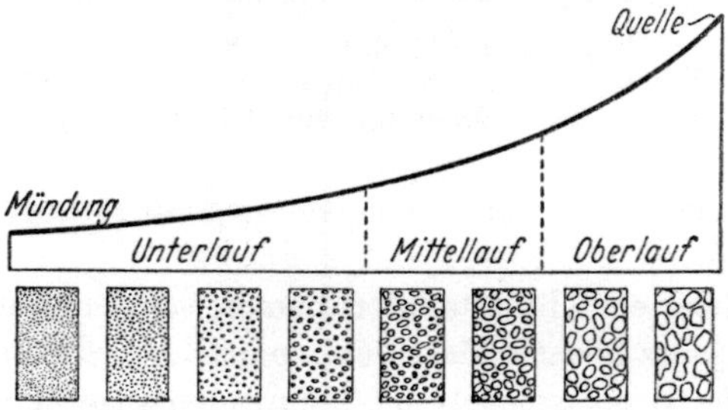

Der immer sanfter werdenden Gefällskurve des Flusses entspricht die abnehmende Korngröße der Sedimente.

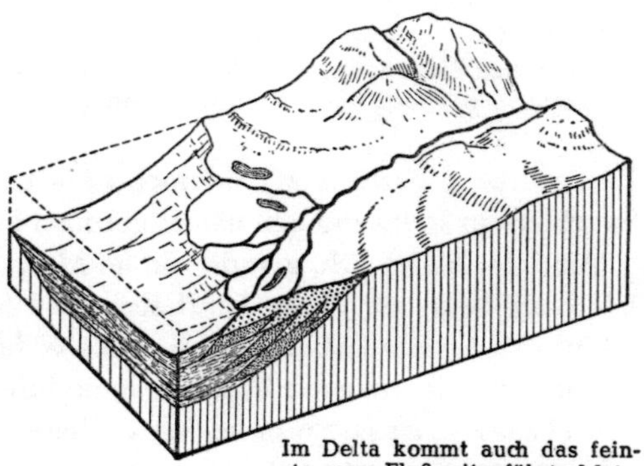

Im Delta kommt auch das feinste, vom Fluß mitgeführte Material zur Ruhe und bildet neue Schichten.

Abb. 47. Ablagerungen des fließenden Wassers
(Zeichnung Schwarzenbeck)

Im Meer finden wir Deltas vorwiegend in ruhigen Binnenmeeren, in Buchten und in Bereichen langsamer Landhebung. Das Donaudelta im Schwarzen Meer verlängert sich in 27 Jahren um 1 km. Häfen, die im Jahre 600 v. u. Z. am Meer lagen, sind heute 24 km von der Küste des Podeltas, der alte Hafen Roms, Ostia am Tiber, ist eine Stunde vom Meer entfernt. Deltaschutt hat hier Wohnhäuser 4—5 m hoch verschüttet; die ehemals griechischen Häfen in Kleinasien liegen jetzt weitab vom Meer. Vom Nildelta wußte schon Herodot, daß es sich ständig erhöhte; rund 100 m Nilschlamm haben Tiefbohrungen angetroffen. Das Gesamtdelta des Gelben Flusses in China bedeckt eine Fläche von 250 000 km² und wird das Gelbe Meer in rund 100 000 Jahren völlig zugeschüttet haben. Die fingerförmigen Verästelungen des Mississippideltas verlängern sich Jahr für Jahr um 40—100 m. Man hat errechnet, daß der Mississippi in einem Jahr mehr Schlamm ins Delta schafft, als die beim Bau des Panamakanals bewegten Erdmassen betrugen.

Ablagerung findet vorwiegend im Unterlauf der Flüsse statt, während Abtragung in erster Linie auf den Oberlauf beschränkt ist; der Mittellauf dient hauptsächlich dem Transport.

Ablagerungen stehenden Wassers. In süßen und salzigen Binnenseen, in Binnenmeeren und im Weltmeer wird abgelagert. Sie sind die großen Schuttabladeplätze der Erde. *Süßwasserseen* werden ausgefüllt durch Torf, durch Schlamm organischer und anorganischer Herkunft, durch eingeschwemmten Sand, durch eingewehten Staub, durch Einschüttung von Deltas, sowie durch die Ausscheidung gelöster Stoffe durch Pflanzen und Tiere (besonders Kalk). Je nach dem Stoffhaushalt, d. h. nach dem Nahrungsreichtum des Seewassers, der wiederum abhängt von der Form des Beckens und damit von seiner Durchlüftung und Durchlichtung, überwiegen Schlammassen organischer Herkunft (Tier- und

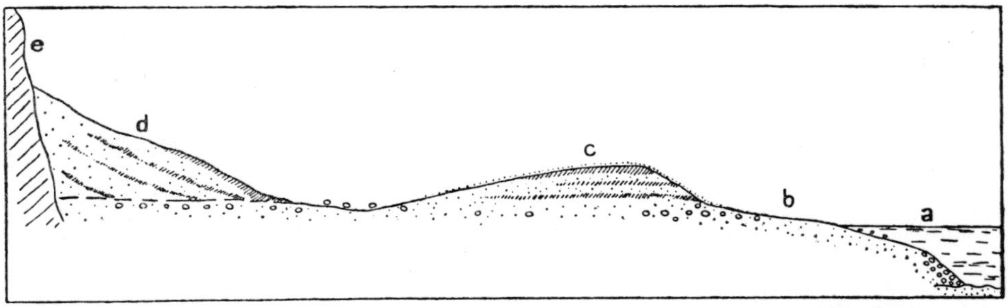

Abb. 48. Wind und Seeschlag sortieren den Strand- und Dünensand nach dem spezifischen Gewicht, es entstehen Lagen von dunklem Schwermineralsand (Granat, Magnetit, Ilmenit u. a.) (feinschraffiert). a = Meer, b = Strandböschung, c = Strandwall, d = Dünensand vor dem Kliff = e

Pflanzenreste, besonders Exkremente — in flachen Seebecken) oder vorwiegend sandige Schichten (in steilwandigen nährstoffarmen Seen).

Am Ufer bildet sich, gerade wie im Meer, häufig ein Kliff (Steilufer) heraus, vor dem die Uferbank liegt; vor dieser häuft sich die Ufer- oder Seehalde aus dem vom Ufer gelösten Schutt. Ist der See erst einmal bis in die Nähe des Wasserspiegels mit Sedimenten angefüllt, so kann die Pflanzenwelt Fuß fassen, und die Bildung von Torf beginnt (s. o.).

Salzwasserseen in heißen Gebieten sind arm an Lebensresten, arm auch an eingeschwemmtem Gesteinsgut. Salzausscheidungen machen ihre Ablagerungen aus, wie in der gesättigten Salzlösung des Toten Meeres, im großen Salzsee von Utah, im Kaspischen Meer mit der besonders salzreichen Bucht Karabugas, in den Salzpfannen, Salzseen und Salzsümpfen der Wüsten und Steppen (T. 20, S. 124). Der Salzgehalt aller dieser Becken rührt aus dem Boden der Umgebung her, indem aufsteigende Feuchtigkeit Lösliches aus der Tiefe mitbringt und an der Oberfläche anreichert. Die Salzseen geben einen Hinweis auf die Entstehung mancher Salzlager, die wir in Schichten des Zechsteins und Muschelkalkes antreffen.

Meeresablagerungen (T. 12, S. 84). Die Ostsee diene als Beispiel für ein Binnenmeer. Wir finden vom Strand meerwärts vorschreitend folgende Neubildungen:

Am Strand Sand, Kies, Geröll, vielfach in Form von Nehrungen, die durch die Küstendrift vor ehemals offene Buchten gelegt worden sind (T. 12, S. 84). [In anderen Breiten finden wir die tropische Mangrove-Vegetation als riesige Schlammfänger (T. 12, S. 84), finden wir Kalkdämme und -inseln, aufgebaut durch die unablässige Tätigkeit der Korallen (Abb. 49), und an Wüstenküsten den am Gesteinscharakter kaum erkennbaren Übergang von mechanisch zerkleinertem Gestein über und unter Wasser.]

Unterhalb der Zehnmeter-Tiefenlinie begegnen uns in der Ostsee Steingründe, das sind durch die Wellenarbeit ausgeschlämmte steinhaltige Böden, aus denen die feineren Bestandteile fortgeführt sind; wir begegnen sandigen Flächen bis etwa 50 m Tiefe und schließlich

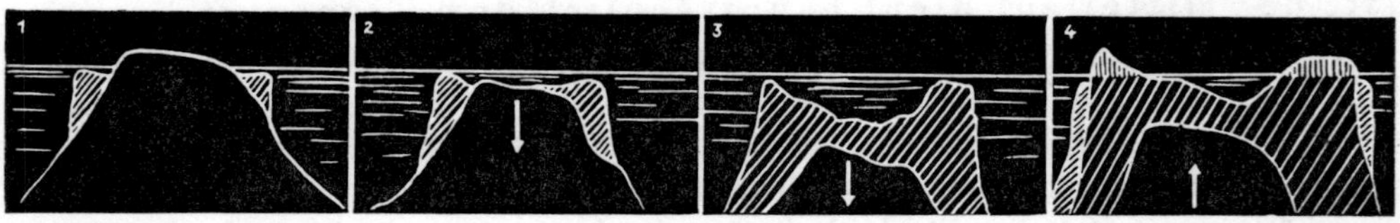

1 Ein Saumriff umgibt die Insel.

2-3 Das Riff wächst zum Wasserspiegel empor, während die Insel sinkt, und wird zum kreisförmigen Atoll.

4 Wenn die Insel wieder aufsteigt, hebt sich das Riff als Kalkberg über den Meeresspiegel. In der ihnen zusagenden Wassertiefe leben die Korallentierchen weiter.

Abb. 49. Werdegang einer Koralleninsel

unterhalb von 50 m Tiefe Anhäufungen des feinsten tonigen Gesteinsgutes in Form von Ton- und Schlickschichten.

In kesselförmigen Vertiefungen, die tiefer als 100 m sind (Landsorttief mehr als 450 m), sammelt sich der allerfeinste Schweb, der vorwiegend aus kolloidalen Lebensresten besteht und von der kleinsten Wasserbewegung aufgewirbelt werden würde.

Und alle diese Neubildungen, wie Geröll, Kies, Sand, Ton und Schweb („Mudd"), breiten sich auf Bodenformen aus, die durchaus denen des benachbarten Festlandes entsprechen — die Ostsee ist nichts weiter als ein überschwemmter Teil des Festlandes.

Auch die Nordsee ist überschwemmtes Land (Abb. 176). Torfreste (T. 27, S. 163) und eiszeitliche Knochenfunde vom Nordseeboden beweisen es. Im Gegensatz aber zur Ostsee unterliegt das Wasser der Nordsee den Gezeitenbewegungen. Daher ist auch die Art und Anordnung der Neuablagerungen eine andere als in der Ostsee: Viele Kilometer breit dehnt sich zwischen der Geest, dem eigentlichen Festland, und der Mittelniedrigwasserlinie eine ebene Fläche, die von Mittelniedrigwasser [2 Meter u. NN *)] bis zu 1,5 m über Mittelhochwasser, d. h. 3,0 m über NN liegt. Diese Fläche wird von den Gezeiten täglich zweimal bis zur Höhe von 1,5 m über NN überspült; Flußwasser und Grundwasser werden durch das ansteigende Meereswasser aufgestaut und am Abfluß verhindert. Daher ist hier die Sedimentation sehr stark. Besonders beim Kentern der Flut, d. h. beim Umschlag von Hoch- in Niedrigwasser, setzt sich das Schwemmgut (Schlick) in großem Umfange ab; es besteht aus Flußsand und toniger Trübe sowie aus vom Meeresboden aufgenommenen Tonteilchen und aus tierischen und pflanzlichen Resten, unter denen besonders Kieselalgen wichtig sind (T. 12, S. 84).

Obwohl alle Absätze im Bereich der Watten und Marschen der Nordsee abhängig vom Mittelhochwasser sind, erreichen sie trotzdem stellenweise eine Gesamtdicke von etwa 20 m. Das ist für uns ein Beweis, daß das Küstenland der Nordsee sich, seitdem die Nordsee besteht, um eben diesen Betrag gesenkt hat.

Im offenen Ozean sammeln sich Zerreibungsprodukte festländischer Gesteine, sammelt sich gelöstes Gut, vom Wind herbeigetragener Staub und durch Eisschollen ins Meer hinaustreibendes Gestein. Dazu kommen vom Festland her eingeschwemmte Tiere und Pflanzen, tierische und pflanzliche Ausscheidungen, besonders Kalkschalen und dergleichen, sowie schließlich aus dem Weltraum stammender (kosmischer) Staub. In den Sedimenten des Weltmeeres müssen uns also mechanische, chemische und organische Bestandteile begegnen. Wie stark diese einzelnen Gruppen jeweils an der Zusammensetzung der Meeresschichten beteiligt sind, hängt unter anderem von der Nähe oder Ferne des Landes ab, von der Tiefe und den Strömungsverhältnissen im Meere selbst.

Man kann im Meer die folgenden großen Sedimentationszonen unterscheiden:

Küstenzone (Litoral) und Schelf (neritische Zone); diese Zone reicht bis etwa 200 m Tiefe und umfaßt im wesentlichen die ertränkten Sockel der Festlandsblöcke; bunt, wie ihre Lebensgemeinschaften, sind auch ihre Sedimente. Ihr Rohstoff stammt, wie die Nahrung der Flachseelebewelt, vom Festland. Ihre Sedimente am Strand und auf diesen Sockeln, dem Schelf, enthalten im wesentlichen terrigenes, d. h. vom Festland (terra) stammendes Gesteinsgut, wie wir es bei der Ostsee kennengelernt haben.

Bis etwa 2700 m Tiefe liegen die sogenannten „Küstenschlicke" (der Bereich wird als hemipelagisch, d. h. halbtiefseeisch oder bathyale Zone bezeichnet).

In diesem Bereich finden wir den dunklen, sogenannten blauen Schlick, der aus Lebensresten besteht und mineralischen Bestandteilen, die durch eben diese Lebensreste vielfach ihres Sauerstoffgehaltes beraubt, d. h. reduziert und durch neugebildete Schwefelverbindungen dunkel gefärbt

*) „u. NN" = unter Normalnull, d. h. unterhalb des Mittelwasserstandes der Nordsee.

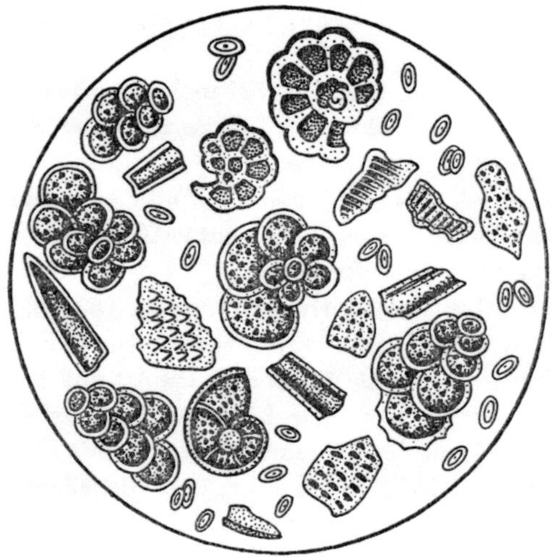

Abb. 50. Mikrofossilien aus der Schreibkreide (etwa 300fach)

sind. Wo vom lateritischen oder wüstenhaften Festland rotes Gesteinsgut eingeschwemmt wird, entsteht roter Schlick, in anderen Gebieten entsprechend vulkanischer Schlick. Wir kennen ferner Grünsand und Grünschlick, die ihre Farbe einem im Meer sich bildenden grünen Mineral verdanken, dem Glaukonit, einer Verbindung von Eisen und Kieselsäure, die sich besonders in den Gehäusen einzelliger Lebewesen wie der Foraminiferen bildet. Wo im tropischen Meer Korallenstöcke in der Nähe sind, die von der Brandung zu Kalksand zermahlen werden, entsteht Kalksand und, in größerer Tiefe, Kalkschlick.

Die Tiefseeablagerungen werden auch als p e l a g i s c h bezeichnet. Sie beginnen vielfach bereits in geringer Tiefe und erstrecken sich bis in die größten bisher bekannt gewordenen Meerestiefen von mehr als 10 000 m. Einförmig bedecken sie die Meeresböden der ganzen Erde. Da terrigenes Gesteinsgut in diese Tiefen nur in geringem Umfang gelangt, geht ihre Bildung außerordentlich langsam vor sich: 1 cm Tiefseeschlamm braucht zu seiner Entstehung rund 1000 Jahre. In der flacheren Tiefsee entstehen kalkreiche Tiefseeablagerungen, die vorwiegend aus den Gehäusen von Hochsee-Foraminiferen, den Globigerinen, bestehen; auch Pteropoden (in der See treibende Flügelschnecken) bestimmen gelegentlich das Bild dieses Schlammes, während andere Reste vom Wasser aufgelöst werden. Jährlich sollen sich 14 Milliarden t Kalk von tierischer Herkunft bilden.

Weiter seewärts, d. h. in den größten Tiefen, in denen auch der Kalk gelöst wird, entsteht kalkarmer oder kalkfreier roter Tiefseeton, der neben Mineralkörnchen (vom Lande her) hauptsächlich die Reste von Kieselsäureschalen enthält; daneben sind ihm kosmische Staubteilchen beigemengt. Er besteht zu mehr als der Hälfte aus Kieselsäure. In äquatorialen Bereichen tritt er erst in 5000—6000 m Tiefe auf, während er sich in den Meeren der Antarktis bereits in 2000—3000 m Tiefe findet. Er scheint durch Auflösung des Kalkgehaltes aus den kalkreichen Tiefseeablagerungen hervorzugehen. Eine besondere Abart bezeichnet man als Radiolarienschlamm (Radiolarien sind tierische Einzeller mit Kieselsäuregerippe); daneben gibt es Diatomeenschlamm, in dem die Reste von Diatomeen (einzellige Kieselalgen), Radiolarien und Schwammnadeln vorherrschen.

In jüngster Vergangenheit wurde festgestellt, daß sich im Meer und auf dessen Grund kaum vorstellbar große Mengen der meisten Metalle befinden, die den ständig steigenden menschlichen Bedarf für viele Jahre decken können. Das geschieht jedoch erst, nachdem sich der „Bergbau" im herkömmlichen Sinn diesen neuartigen „Erzen" angepaßt hat.

Im Meer, das mehr als zwei Drittel der Erdoberfläche einnimmt, bedecken die Küstenschlicke 18%, während die Globigerinen- und Pteropodenschlamme 38% beanspruchen. Der Rote Ton nimmt 30% ein. Das bedeutet, daß z. B. der Rote Ton ein Viertel der ganzen Erdkugel bedeckt und mehr als ein Viertel der Globigerinenschlamm!

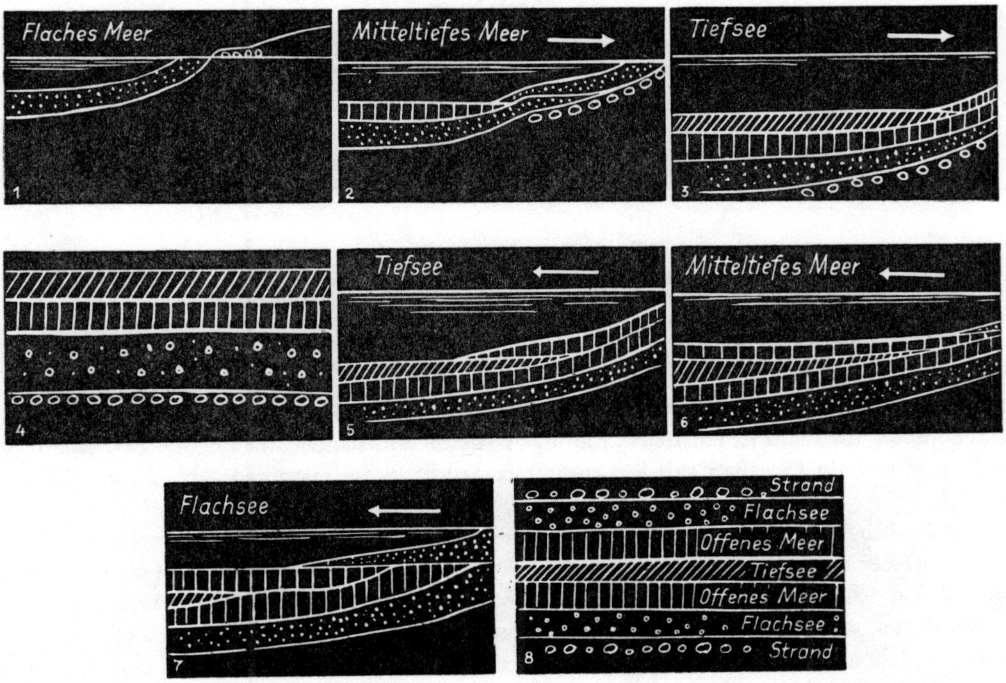

1 In Küstennähe setzt sich Sand ab (Uferbank), auf dem Strande Geröll.
2 Das Meer greift aus und vertieft sich; auf den Sand legt es z. B. Ton.
3 Auf den Ton legen sich Tiefseeschichten.
4 Im Profil erkennt man die „Transgression" an der Aufeinanderfolge von Absätzen des Strandes, des flachen, mittleren, tiefen Wassers.
5 Geht das Meer zurück, so schiebt sich der Ton allmählich auf die Tiefseeabsätze (vgl. 3),
6 um sie schließlich völlig abzulösen und
7 bei weiterem Rückgang seinerseits dem Sand der Flachsee und dem Geröll des Strandes zu weichen.
8 Deutlich spiegelt das Profil das Kommen (Transgression) und Gehen (Regression) des Meeres wider — den Ablauf einer „Formation".

Abb. 51. Ausgreifen (Transgression) und Rückgang (Regression) des Meeres und ihr Abbild in der Schichtenfolge

Neubildungen durch Eis

(T. 16, 17, S. 112, 121)

Wenn Gletschereis — dazu gehört auch das Inlandeis, das während der Eiszeit große Teile Europas und Nordamerikas bedeckte — forttaut, so bleibt der Schutt liegen, den es aus dem Nährgebiet mitgebracht hat. Aus den tieferen Teilen des Eises schmilzt die Grundmoräne aus, ein Gemisch aller Korngrößen vom tonigen Staubkorn über Sand und Kies bis zum kopf-, ja hausgroßen Findlingsblock. Da das Eis in sich durch Scherflächen gegliedert war, erkennt man dort, wo die Grundmoräne ruhig austauen konnte, häufig noch diese Gliederung des Eises im Geschiebemergel wieder (T. 16, S. 112). (Der Name Geschiebemergel bedeutet geschiebe-, d. h. blockhaltiger, „kalkiger Lehm" [= „Mergel"] und bezeichnet damit die Beschaffenheit der Grundmoräne.)

Am Rande des Gletschers, wo sich Nachschub und Abschmelzen oft Jahre und Jahrzehnte lang die Waage halten, schmilzt viel Eis ab (T. 16, S. 112), das ununterbrochen neuen Schutt in den Schmelzbereich mitbringt. Der Moräneninhalt des Eises häuft sich deshalb am Rande des Gletschers zu Hügelketten (= Endmoränen oder Eisrandlagen) an. Das freiwerdende Schmelzwasser wäscht aus der Endmoräne das feinere Gesteinsgut aus, so daß vielfach die

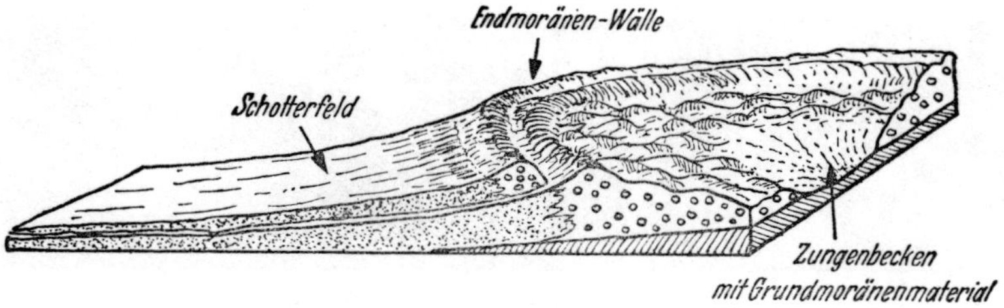

Abb. 52: Die „Glaziale Serie"

In mächtigen Wällen schließen die Endmoränenzüge, die hier und da von Schmelzwasser durchbrochen sind (nicht dargestellt), das Zungenende des Gletschers ab. — Grundmoränenmaterial lagert innerhalb der Wälle, fluvioglaziale Schotterlager schließen außen an, ausgeschwemmt aus dem Aufschüttungsmaterial. — Die Verzahnung zwischen Moränenmaterial und Schottern ist im Schnitt gut zu erkennen. (Schema nach A. Penck und E. Brückner, aus Aurada, Steinernes Wunderland.)

gröberen Blöcke angereichert erscheinen (T. 16, S. 112); daneben gibt es eine Gruppe von Endmoränen, die dadurch entstehen, daß das lastende und schiebende Eis den Boden aufpreßt und wie ein Pflug vor sich her zusammenstaucht (Stauchmoränen, Abb. 52 u. T. 17, S. 121).

Von ähnlicher Beschaffenheit sind die Seitenmoränen des Gletschers. Das freiwerdende Schmelzwasser verhält sich selbstverständlich ebenso wie fließendes Wasser überhaupt: Es sondert den Schutt nach der Korngröße und läßt ihn mit abnehmender Schleppkraft ebenso wieder liegen; so bilden sich vor dem Gletscher, vor dem Inlandeisrand, ausgedehnte Schmelzwassersandebenen, die nach dem klassischen Gebiet ihrer Erforschung auf Island den Namen Sander bekommen haben (T. 16, S. 112).

Jeder Gletscher, gleich welcher Größenordnung, hinterläßt nach seinem Schwinden eine nach bestimmter Regel aufgebaute Gruppe von Neubildungen und Bodenformen, die sogenannte „glaziale Landschaftsserie" (Abb. 52), bestehend vor allem aus: Grundmoräne, Endmoräne, Schmelzwassersand. (Weitere Einzelheiten vgl. T. 16, 17, S. 112, 121.)

Neubildungen durch Wind

(T. 18—21, S. 122—124, 133)

Der Staub der Wüsten und Steppen wird von Steppengräsern festgehalten und häuft sich im Laufe der Zeit zu dicken ungeschichteten Massen von Quarzkörnchen an. Der Haushalt des Bodenwassers im Trockengebiet bringt es mit sich, daß diese Quarzkörnchen, jedes für sich, umrindet werden von den Stoffen, die das Bodenwasser gelöst aus der Tiefe emporhebt, insbesondere von Kalk. Kalkumrindete Quarzkörnchen machen den Hauptbestandteil des L ö s s e s aus, der einen erheblichen Anteil der Landoberfläche überzieht. Wir sprachen schon von den Eigentümlichkeiten der Lößlandschaft und auch von der Verkoppelung der Lößzonen der Erde mit heutigen und früheren Wüsten (Abb. 53 u. T. 21, S. 133).

Gröbere Mineralkörner sind in den D ü n e n angehäuft. Bei uns setzen sich die

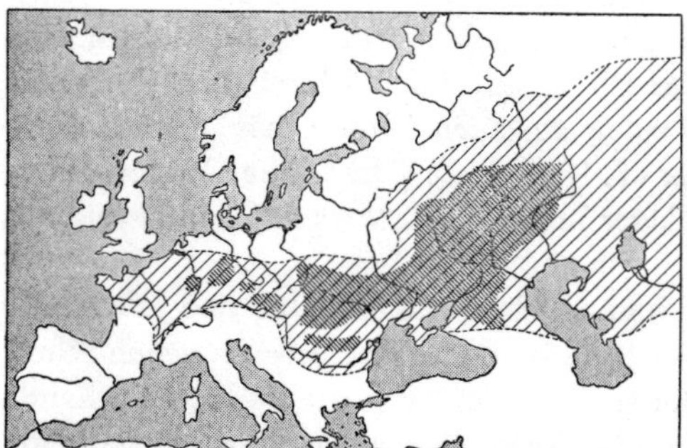

Abb. 53. Der Gürtel der pleistozänen Eiswüste Europas, in dem Löß auftritt. In ihm liegen heute die fruchtbaren Schwarzerde-Böden. (Zeichnung Schwarzenbeck)

P l u t o n i t e oder T i e f e n g e s t e i n e : 1. Reihe (von links nach rechts): Syenit, Granit. 2. Reihe Gabbro, Diorit. V u l k a n i t e (E r g u ß - G e s t e i n e): 3. Reihe: Trachyt, Quarzporphyr. 4. Reihe: Basalt, Andesit

Sedimentgesteine

1. Reihe (von links nach rechts): Brekzie (darin Diabasbrocken), Konglomerat (verbackener Schotter).
2. Reihe: Roter Sandstein, Kalkstein mit Schalenresten. 3. Reihe: Tonschiefer, Steinsalz

Metamorphe Gesteine

1. Reihe (von links nach rechts): Phyllit, bunter alpiner Marmor. 2. Reihe: Gneis, Glimmerschiefer (mit Granaten). 3. Reihe: Weißer Carrara-Marmor, Serizitschiefer

E i s e n und E i s e n b e g l e i t e r (von links oben nach rechts unten): Eisenmangan, Brauneisenstein, Spateisenstein (Siderit), Vanadinit, Kobaltblüte, Krokoit, Wolframit, Brauner Glaskopf, Magnetit, Psilomelan, Kobaltglanz, Scheelit, Chromit, Eisenrahm, Roteisenstein, Magnetit, Pyrolusit, Markasit, Rotnickelkies, Bohneisen, Manganspat, Siderit-Spateisen, Pyrit-Schwefelkies, Descloizit.

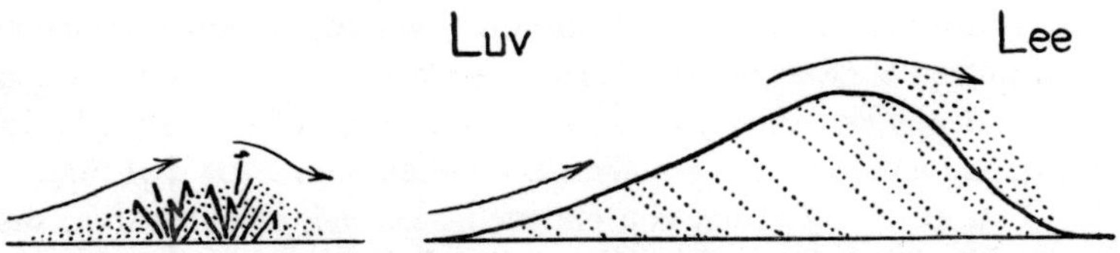

Abb. 54a. An Hindernissen häuft sich die erste kleine Düne auf. Wie sie wandert, zeigt die rechte Skizze.

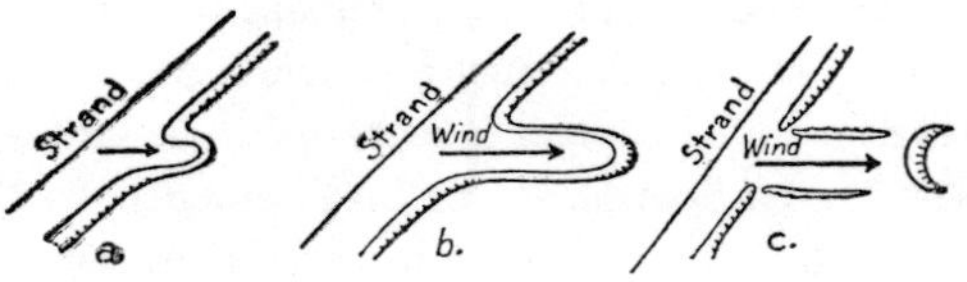

Abb. 54b. Der Werdegang von Stranddünen
a. Der Wind reißt eine Lücke in die dem Strand gleichlaufende Urdüne.
b. Die Windlücke wird zur Parabeldüne erweitert.
c. Die Dünenstirn wandert selbständig als „Sicheldüne" (Barchan) vor dem Winde her. Die Parabeläste bleiben zurück.

Dünen zumeist aus mittelkörnigem Sand zusammen; im Bereich der Wüstenstürme aber finden wir auch entsprechende Bildungen, die aus Kies bestehen.

Dünen bilden sich, wo die Schleppkraft des sandbeladenen Windes hinter Hindernissen abnimmt (Abb. 54a); sie scheinen sich aber auch in gleicher Weise zu bilden wie die Reihen von Rippelmarken (T. 12, S. 84) auf dem sandigen Strand, nämlich nicht eine nach der anderen, sondern alle zu gleicher Zeit, einem Gesetz der Wellenbildung folgend. Entstehung und Lebensgang der Dünen versucht Abb. 54 darzustellen.

Dünen sind überall verbreitet, wo der Wind ausreichende Stärke hat und über genügend loses, transportfähiges Gesteinsmaterial verfügt; sie treten daher bevorzugt in den Wüsten und Halbwüsten auf (T. 18, 19, S. 122, 123), wo sie ein gut Teil des Wesens dieser Landschaftsform bestimmen und bis 200 m Höhe erreichen; sie finden sich ferner allerorten am Meeresstrand, wo die Brandung ständig neuen Sand zur Aufhäufung zur Verfügung stellt — kurz, überall da, wo nicht nur Sand und Wind in ausreichendem Maß vorhanden sind, sondern auch eine dichte Pflanzendecke fehlt, so daß der Wind unmittelbar an den Sand herankommt. Es kann daher nicht überraschen, daß beispielsweise in den Sandgebieten Norddeutschlands und auch Süddeutschlands sich fossile Dünen befinden, d. h. Dünen, die sich in einer pflanzenarmen Zeit bildeten, später aber von der Pflanzendecke überwältigt und festgelegt wurden (diese pflanzenarme Zeit fällt im nicht vereisten Süddeutschland in die Eiszeit, in Norddeutschland in den Ausklang der Vereisung, als die Pflanzendecke in das eisfrei werdende Gebiet noch nicht zurückgekehrt war). Doch gibt es auch jüngere Dünen aus der Zeit des mittelalterlichen und neuzeitlichen Raubbaues am Walde.

Es soll hier betont werden, daß die großartigste Erscheinungsform der Dünen im feuchtgemäßigten Klima, wie sie durch die gewaltigen, bis 80 m hohen Wanderdünen an der südlichen Ostsee und die noch gewaltigeren Wanderdünen in Südfrankreich verkörpert wird, nicht in vollem Umfang naturgewollt ist. Könnte die Natur frei walten, so wären diese Wanderdünen heute noch bewaldet und damit festgelegt, wie sie es vor einigen Hundert Jahren waren. Erst Raubbau am Walde hat dem Wind den Zutritt zum Sand wieder geöffnet und die Dünen von neuem ins Wandern gebracht. Man versucht, den Fehler früherer Jahrhunderte durch Bepflanzung und Aufforstung der Wanderdünen wiedergutzumachen.

Neubildungen durch Pflanzen und Tiere

Der Anteil der Tiere und Pflanzen am Aufbau der Erdrinde ist größer, als es auf den ersten Blick scheinen könnte.

Alle Kohlenlager der Erde, sowohl Anthrazit, wie Stein- und Braunkohle und Torf, bestehen aus den Resten abgestorbener Pflanzengeschlechter. Wir sprachen schon einmal bei der Ausfüllung von Seebecken davon, wie die Pflanzenwelt, in jedem Fall das Röhricht, sich an der Gesteinsbildung im Süßwasser beteiligt. Die Bedingungen, die dort für die Anhäufung von pflanzlichen Massen zu Schichten von einiger Bedeutung erfüllt waren, sind dieselben wie überall, wo Kohlen entstehen. Pflanzliche Substanz ist nur dann erhaltungsfähig, wenn sie durch Wasser vom Sauerstoff der Luft abgeschlossen wird: Moore — d. h. werdende Kohlenlager — sind an das Vorhandensein von Feuchtigkeit geknüpft. Wir finden kohlige Ansammlungen (Humusmassen) daher vorwiegend in feuchten Vertiefungen. Darüber hinaus besteht noch die Möglichkeit, daß ein überfeuchtes Klima die Pflanzen, insbesondere die Moosdecke, ständig naß hält, so daß diese wie ein vollgesogener Schwamm der Luft keinen Zutritt zu ihren abgestorbenen Mitgliedern gewährt. Im ersten Fall entstehen Flachmoore, deren Oberfläche mit dem Seespiegel abschneidet; im zweiten Fall Hochmoore, deren Oberfläche sich über die Umgebung emporwölbt. Diese beiden Hauptfälle der Moorbildung sind in Abb. 55 dargestellt: Wir sehen, daß sich Flachmoortorfschichten häufig als Endglied der Verlandung eines Wasserbeckens bilden, während Hochmoortorfschichten sich oberhalb des allgemeinen Grundwasserspiegels wie riesige Schwämme uhrglasförmig auf die Landschaft legen.

Je nach der Pflanzenvereinigung, die an der Bildung der Torfschichten teilhat, fällt natürlich auch der Torf ganz verschieden aus. Die Gesamtmoorfläche der Erde darf auf mehr als 2 000 000 km² geschätzt werden, das sind zwischen 1% und 2% der gesamten Festlandfläche. In der BRD finden sich Hochmoore in weiter Verbreitung in der Umrandung der Nordsee; Deutschland (vor 1914) hatte rund 30 000 km² Moore; unvergleichlich viel größere Moorflächen sind bekannt aus Sibirien, aber auch in den feuchten Hochlagen tropischer Bereiche fehlen sie nicht.

Ebenso wie heute Torflager entstehen, so sind früher die anderen Kohlenschichten entstanden (Abb. 116). Infolge fortgesetzter Inkohlung, d. h. einer Art innerer Verbrennung, reichert sich in diesen Massen der Kohlenstoff an, während die übrigen Bestandteile allmählich abwandern; dabei schrumpft die Masse bei Braunkohle auf ein Drittel der Torfmenge

1 Schwingrasen überzieht den See, Schlamm bedeckt seinen Boden.
2 Schlamm und Schwingrasentorf füllen den See fast aus. Röhricht und Schilf tun ein übriges.
3 Bruchwald besiedelt den verlandeten See.
4 Im Bruchwald wuchert das Torfmoos und . . .
5 . . . tötet ihn bald ab.
6 Hoch über dem Grundwasserspiegel wuchert das Torfmoos weiter, es bildet ein Hochmoor, das sich schließlich mit Heide bedeckt.

Abb. 55. Moorentwicklung

Abb. 56. Kieselalgen (Diatomeen)
(Zeichnung Schwarzenbeck)

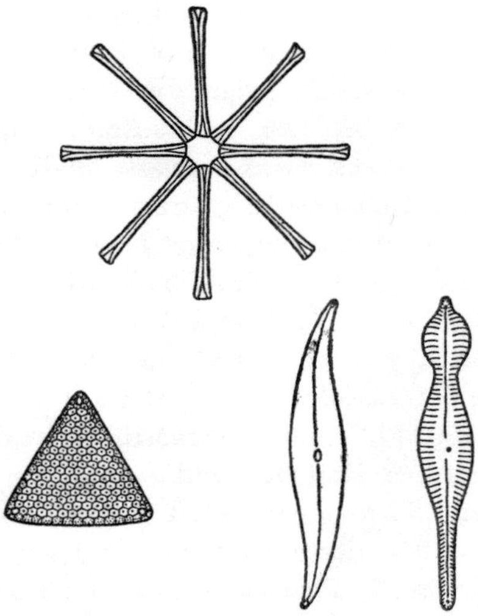

zusammen, bei Steinkohle noch weit mehr, bis auf ein Neunzigstel der Torfmasse; Graphit, das Endglied der Inkohlungsreihe, besteht schließlich aus reinem Kohlenstoff (s. hierzu S. 149 ff.). Auf 7750 Milliarden t schätzte man 1969 die bekannten Kohlevorräte der Erde! In Wirklichkeit sind sie erheblich größer und es ist sicher, daß alle bisherigen Vorratsberechnungen weit hinter den tatsächlich vorhandenen Mengen zurückbleiben. Das gleiche gilt für die Schätzungen der Weltvorräte an Erdöl, an dessen Bildung vor allem die Pflanzen — besonders wohl Einzeller — beteiligt sind.

Pflanzen haben in großem Umfang Anteil am Aufbau der Schlammschichten im Süßwasser; meist allerdings handelt es sich dabei um Pflanzenteile, die durch den Magen von Tieren gewandert sind. Mächtige Kieselgurschichten bestehen aus den Schälchen von Kieselalgen (Diatomeen) (Abb. 56). Bei der Betrachtung der Rolle der Pflanzenwelt darf auch ihr Anteil an der Verwitterung (s. o.), der Voraussetzung alles exodynamischen Geschehens, nicht vergessen werden. Die Pflanze ist einfach nicht fortzudenken. Die Erdrinde, ihre Gesteine und ihr Aufbau sähen anders aus, gäbe es keine Pflanzen.

Die Tiere nehmen ebenfalls Anteil am Aufbau der Erdrinde, so in der eben erwähnten Weise bei der Bildung von Süßwassersedimenten. Im Süßwasser entstehen nicht selten Schlammschichten, die dicht an dicht durchsetzt sind mit den Schalen abgestorbener Weichtiere; ebenso bilden Weichtierschalen im Meere ganze Schichten oder tragen wenigstens beträchtlich zum Aufbau kalkiger Schichten bei.

Auch bei der Bildung kalkigen Seeschlammes arbeiten Tier und Pflanze Hand in Hand: Zu den Tierschalen kommen die Krusten von Kalk hinzu, die die Wasserpflanzen aus dem kalkhaltigen Seewasser auf sich niederschlagen. Rein tierische Bildungen hingegen sind Riffe von Korallen-Kalk oder von Stöcken von Moostierchen (Bryozoen). Besonders die ersteren sind in tropischen Meeren weit verbreitet, wo sie ganze Inseln und Inselgruppen zusammensetzen (Abb. 49). Allgemein bekannt sind die kreisförmigen Atolle der Südsee. Das gewaltigste von diesen kleinen Tierchen errichtete Bauwerk ist das 2000 km lange Barriereriff vor der Nordostküste von Australien. Da riffbildende Korallen nur bis in eine Tiefe von 60 m gehen, wir aber trotzdem gar nicht selten erheblich viel mächtigere Korallenriffe — auch im fossilen Zustand — kennen, müssen wir mit Darwin schließen, daß sie auf sinkendem Meeresboden entstanden sind; während des Absinkens haben die Korallentierchen immer wieder bis zum jeweiligen Meeresspiegel aufgestockt (Abb. 49). 8 000 000 km^2 Fläche sollen die heutigen Korallenbauten einnehmen.

Hier müssen auch jene Kalk- und Tongesteine genannt werden, die durch massenhafte Beimengung tierischer Reste ebenfalls zu Erzeugnissen der Tierwelt geworden sind. Solche Gesteine verraten ihre Herkunft aus fauligen Wässern durch ihre schwarze Farbe, durch ihren stinkenden Geruch, der sich beim Zerschlagen entwickelt (Stinkkalk, Stinkschiefer), und auch durch ihre Brennbarkeit; ja, es ist sogar möglich, aus derartigen Absatzgesteinen

Erdöl und ähnliche Erzeugnisse zu gewinnen (Brenn-, Asphalt-, Ölschiefer). Auch Erdöl, Erdgas und die anderen Bitumina (S. 150) sind wahrscheinlich nichts anderes als die Zersetzungsrückstände organischer Massen. Und zwar werden es weniger Wirbeltiere wie Fische und dergleichen sein, die die Kohlenwasserstoffverbindungen geliefert haben, als die Fülle des Kleinlebens, die in unablässigem Regen auf den Boden der Gewässer herniederrieselt. In welchem Umfange das geschieht, läßt die Menge des auf Erden vorhandenen Erdöls ahnen: Ende 1969 waren insgesamt mehr als 220 Milliarden t sicher bekannt, die darüber hinaus vorhandenen Mengen sind mehrfach, vielleicht vielfach größer. Die Jahresförderung betrug 1970 auf der Erde über 2 Milliarden t, die an Erdgas erreicht astronomische Ziffern (allein in der BRD stündlich mehr als 100 000 m^3). Diese Zahlen sind um so erstaunlicher, als die Gesamtmasse aller gegenwärtig auf der Erde lebenden Tiere nur auf 1 Milliarde t (Pflanzen: 2500 Milliarden t) veranschlagt wird.

Tierischer Herkunft sind auch die in trockenem Klima oft viele Meter dicken Schichten von Seevogelmist (Guano). Wo Guano auf Korallenkalk liegt, verwandelt sich das Gestein durch eindringende Phosphorlösungen in phosphorsauren Kalk, in Phosphate. Als Phosphate werden zu Düngezwecken ebenfalls die in manchen Gegenden und Schichten häufigen Koprolithe gewonnen, das sind die versteinerten Exkremente von Sauriern (Abb. 138). Schließlich bilden sich in Höhlen, die durch lange Zeiten hindurch von Tieren bewohnt werden, oft beträchtliche Schichten, die fast nur aus den Knochen der in der Höhle verendeten Tiere bestehen und zusammengehalten werden durch den vom Höhlenwasser ausgeschiedenen Kalk. So gibt es Gesteine, die fast nur aus den Resten des Höhlenbären, und solche, die fast nur aus den Knochen und Exkrementen von höhlenbewohnenden Fledermäusen bestehen (Knochenbreccien).

In diesem Zusammenhang müßte schließlich der Mensch als neubildender Faktor erwähnt werden. Selbstverständlich ist der Einfluß des Menschen auf die Zerstörung, die Umlagerung und die Neuablagerung von Gesteinsgut ungeheuer groß. Jedes Bauwerk, jeder Straßendamm, jeder Kanal, ja jede Pflugfurche sind ein Teil dieser sich auf große Teile der Landoberfläche erstreckenden Arbeit. Im ganzen gesehen währt aber der Einfluß des Menschen auf die Erdoberfläche erst so kurze Zeit und hat erst in den letzten Jahrzehnten einen größeren Umfang angenommen, daß die Zeit durchgreifender Veränderungen der Erdoberfläche durch Menschenhand erst in unseren Tagen ihren Anfang nimmt.

Die Ablagerung schafft Schichtgesteine

Aus Zerstörung, Verfrachtung und Neuabsatz gehen allerorten auf der Erdoberfläche, auf dem festen Land sowohl wie unter Wasser neue Schichten hervor. Von geringen Ausnahmen abgesehen, setzt sich das im Meer, im See, in Wüstenbecken oder sonstwo abgelagerte Gesteinsgut, der Schwerkraft folgend, in Schichten mit waagerechter Oberfläche (Abb. 57) ab. Diese Tatsache, so banal sie klingen mag, ist eine der wichtigsten Grundlagen für die Erdgeschichtsforschung überhaupt. Denn wir können sagen, daß eine Schicht, die auf einer bereits vorhandenen Schicht sich ablagert, jünger sein muß als diese; wir können ferner sagen, daß überall dort, wo Schichtgesteine nicht waagerecht liegen, irgend etwas mit dieser Schicht vorgefallen sein muß, das sie aus der ursprünglichen Lage herausbewegt hat.

Aber die weichen Schlammassen der Seen und des Meeres, die losen Dünensandhaufen der Wüste, die Geröllmassen der Flüsse, die weichen Torfschichten der Moore und was sich auf der Erdoberfläche alles sonst noch finden mag, sind noch kein Gestein in gewöhnlichem

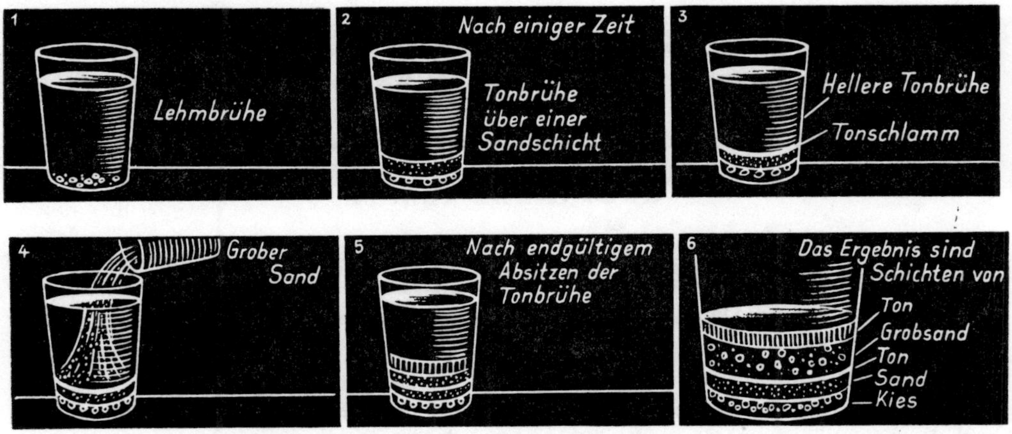

Abb. 57. Modell-Versuch zum Entstehen von Schichtung

Sprachgebrauch. Zwar rechnet der Geologe alle Massen, die in beträchtlichem Umfange am Aufbau der Erdrinde beteiligt sind, als Gestein, also den weichen Seeschlamm, den schmierigen Torf, den lockeren Dünensand ebenso wie festen Kalkstein und widerstandsfähigen Sandstein. Der Sprachgebrauch hat jedoch bis zu einem gewissen Grade recht, wenn er nur harte Gesteine, also Felsmassen, als Gestein bezeichnet. Denn Härte ist eine Eigenschaft, die der Mehrzahl aller Gesteine auch im geologischen Sinne zukommt.

Wie entsteht nun aus dem frischen Sediment das feste Gestein? Die Entwicklung des Torfes zur Steinkohle und zum Graphit haben wir bereits gestreift (S. 104 f.). Die Erhärtung der jungen Kohle zur festen Steinkohle ist ein Alterungsvorgang. Dieser Alterungsvorgang aber wird unterstützt und beschleunigt durch das Hinzutreten von Erdwärme und Druck. Dieser kann ausgeübt werden durch Gesteinsschichten, die sich auf die Kohle legen, oder durch Bewegungen innerhalb der Erdkruste, die den Torf drücken und pressen.

Ganz ähnlich ist es mit den übrigen Sedimenten. Auch sie unterliegen der Alterung. Der bekannteste Vorgang dieser Art ist das Austrocknen von Tonschlamm zu festem, bröckligem Schieferton, ein Vorgang, der durch Wasserverlust und Erhärten der plastischen Bestandteile hervorgerufen wird. Loser Dünensand wird sich schwerlich verfestigen, wenn nicht kalkhaltige oder kieselsäurehaltige Lösungen, und seien sie noch so stark verdünnt, den Sand mit einem Bindemittel oder Zement durchtränken. Unter Umständen genügt bereits ein geringer Gehalt an tonigen Teilchen, um Sand zu Sandstein werden zu lassen. Auch Kalkschlamm erhärtet zu Kalkstein durch Austrocknen, durch das Altern der in ihm enthaltenen Kolloide und durch den Hinzutritt von Lösungen. Das spielt sich oft so ab, daß die Bergfeuchtigkeit in einem Teil der Schlammschicht Kalk löst, um ihn in einem anderen als Bindemittel und kristallisches Zement wieder auszuscheiden. Die Gesamtheit der Alterungsvorgänge der schichtigen Massen bezeichnet man als Diagenese. Erst die Diagenese schafft aus jungem Sediment festes Gestein.

Genau wie bei der Kohle wird bei allen diesen Schichtgesteinen der Alterungsvorgang durch höhere Wärme und durch Druck und Pressung (mechanische Beanspruchung) beschleunigt. Wie sehr diese beiden Einflüsse teilhaben an der Verfestigung von schichtigen Massen, mag man daraus ersehen, daß es in Gebieten der Erde, die seit geologisch langen Zeiten keinerlei intensive Bewegungen durchzumachen hatten, noch heute plastischen, völlig frischen

Ton gibt, der erheblich älter ist als der feste Kalkstein der Rügenschen Kreide oder die Sandsteinschichten des Elbsandsteingebirges. Ebenso gibt es uralte Kohlevorkommen, die noch heute die Beschaffenheit von Braunkohle haben, während es anderenorts sehr viel jüngere Kohle gibt, die sich nach ihrer Beschaffenheit kaum von der uralten Steinkohle oder gar dem Anthrazit unterscheidet, da sie in den Wirkungsbereich erdinnerer Kräfte geraten war.

ERDINNERE KRÄFTE

Die Vorgänge der Zerstörung, der Umlagerung und der Neubildung erzeugen geschichtete Gesteine, deren Bestandteile aus anderen Schichtgesteinen oder aus Gesteinen vulkanischer Herkunft herstammen. Daraus folgt, daß es Schichtgesteine nicht von jeher gegeben haben kann; Schichtgesteine können vielmehr erst entstanden sein, seit die ehedem glühendflüssige Erde sich mit einer steinernen Erstarrungskruste bedeckt hatte, seit also das feurigflüssige Magma sich durch Erkalten oberflächlich in Fels umgewandelt hatte. Doch auch in diesem Zeitpunkt war die Bildung von Schichtgestein noch nicht möglich; dazu mußte sich auf dem weiter erkaltenden Erdball erst der Wasserdampf der Uratmosphäre in Form von flüssigem Wasser niederschlagen können. Und auch jetzt hätten Zerstörung, Umlagerung und Absatz noch nicht beginnen können, wenn es nicht auf der Ur-Erdoberfläche bereits Höhenunterschiede gegeben hätte. Denn erst Höhenunterschiede setzen gemeinsam mit der Sonnenstrahlung den großen Kreislauf des Wassers und damit den Kreislauf der Stoffe und der Gesteine in Gang.

Aus dieser Überlegung ersehen wir, daß es noch eine andere als die bisher besprochene Möglichkeit der Entstehung von Gesteinen gibt, nämlich die der Erstarrung des Magmas zu Glutflußgestein. Und das sind die ursprünglicheren, die primären Gesteine, denn sie müssen bereits dagewesen sein, bevor die ersten Sedimente entstehen konnten. Wir ersehen weiter, daß im Erdinnern Kräfte vorhanden sein müssen, die in der Lage sind, Höhenunterschiede zu schaffen, d. h. den einen Teil der Erdoberfläche über die allgemeine Umgebung herauszuheben, den anderen unter dieselbe zu senken.

Wir kommen damit zu der zweiten großen Gruppe der erdgeschichtlich wirkenden Vorgänge, und zwar zu der Gruppe, die ihren Sitz im Erdinnern hat, die also die Kraftäußerung des Erdkörpers selbst im Gegensatz zu den von der Sonne bewegten äußeren Vorgängen ist.

Letzthin stammen auch die Kräfte des Erdinnern aus der Sonne, sofern die Erde ein Kind der Sonne ist. Sicher aber ist sie gleicher Herkunft wie die Sonne. Die Wärme des Erdballs, die alle Gesteine schmilzt oder ihre Erstarrung bisher verhütet hat, ist Träger aller jener Erscheinungen, die unter dem Oberbegriff Magmatismus zusammengefaßt werden. Und seit wir wissen, daß die weniger als 100 km dicke Erdkruste (Abb. 64) auf Magma ruht, zeigt sich auch mehr und mehr, daß alle — senkrechte wie waagrechte — Bewegungen in der Kruste durch Strömungen in eben diesem Magma bewirkt werden. Das ist der Kern der Unterströmungslehre die bereits jetzt die ältere Kontraktionslehre abgelöst hat.

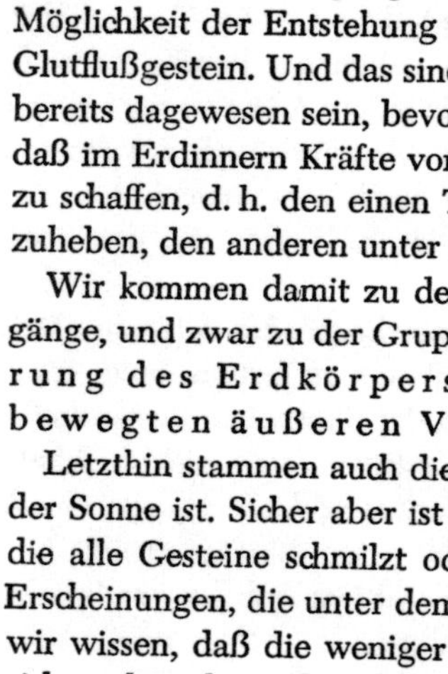

Abb. 58. Schnitt durch einen Teil der Erdrinde
Zwischen der gehobenen und der gesunkenen Scholle liegt die Zone der zerrütteten, geschwächten Erdrinde, in der das flüssige Magma am bequemsten aufzusteigen vermag. (Auch wo in Beulen die Erdhaut gelockert ist, steigen vulkanische Massen gern auf — vgl. Abb. 83).
Zeichnung A. Ebert.

Abb. 59. Schema des Aufbaues eines Schichtvulkanes aus abwechselnden Lava- und Tuffschichten Archivbild

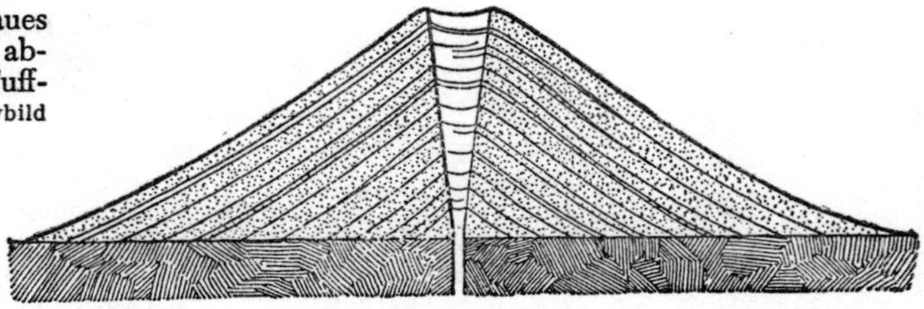

Magmatische Kräfte, Vorgänge und Stoffe

(T. 23—26, S. 151, 152, 161, 162)

Seit die Urkruste sich auf dem erkaltenden Erdball durch Erstarren der äußeren Erdhaut gebildet hat, hat auch das glutflüssige Erdinnere immer wieder versucht, zur Erdoberfläche hin durchzubrechen, gleich hochgespanntem Dampf, der sich durch Ventile den Weg nach außen sucht. Je dünner die Erdhaut war, desto häufiger werden solche gewaltsamen Ausbrüche erfolgt sein; in dem Maße aber, wie die Erdhaut an Dicke zunahm, werden die Ausbrüche des Erdinnern nachgelassen haben. Es gibt Teile der Erdrinde, die so weit versteift und verdickt sind, daß sie dem Magma den Weg versperren, während es andere Bereiche und weltweite Zonen gibt, in denen die Erdkruste so stark gelockert und zerrüttet ist, daß das Magma immer wieder nach oben durchbrechen kann (Abb. 58). Das sind die bevorzugten Zonen magmatischer Erscheinungen auf der Erdoberfläche, die das ausmachen, was wir als Vulkanismus bezeichnen. Der heutige Vulkanismus drängt sich auf die Randgebiete des Großen Ozeans, auf die Mittelachse des Atlantischen Ozeans und auf die die ganze Erde umspannende Mittelmeerzone (von Mittelamerika über das europäische Mittelmeer bis nach Australien hin) zusammen. In diesem Bereich sind die gegenwärtigen vulkanischen Erscheinungen der Erde vorwiegend zu Hause. Daß früher auch andere Teile der Erde Vulkane getragen haben, deren Spuren und Reste heute noch zu erkennen sind, steht auf einem anderen Blatt. Wir kennen mehr als 500 tätige und mehr als 10 000 erloschene Vulkane.

Die Erscheinungsformen des Vulkanismus (Abb. 59—61) sind zu bekannt, zudem können sie in jedem Erdkundebuch nachgelesen werden; auch bringen die Tageszeitungen so häufig Schilderungen vulkanischer Ereignisse, daß wir hier auf die Beschreibung von Ausbrüchen und vulkanischen Katastrophen verzichten dürfen. Was uns jedoch angeht, ist die Form, in der vulkanische Fördermassen an die Erdoberfläche treten, aus was für Stoffen sie bestehen und welche Wirkungen, insbesondere landschaftlicher Natur, sie auf der Erdoberfläche zeitigen.

Über die erste Frage geben die Abbildungen 59—61 Auskunft, die Durchschnitte verschiedener Vulkantypen zeigen. Gleichzeitig ersieht man aus diesen Abbildungen, was für Massen an dem Aufbau von Vulkanbergen beteiligt sind, was für Stoffe also der Vulkanschlot

Abb. 60. Querschnitt durch einen Vulkan vom Typus des Ätna (Schwarz = Vulkanschlote, von Lava erfüllt; gestreift = kleine Vulkankegel um die einzelnen Ausbruchstellen)

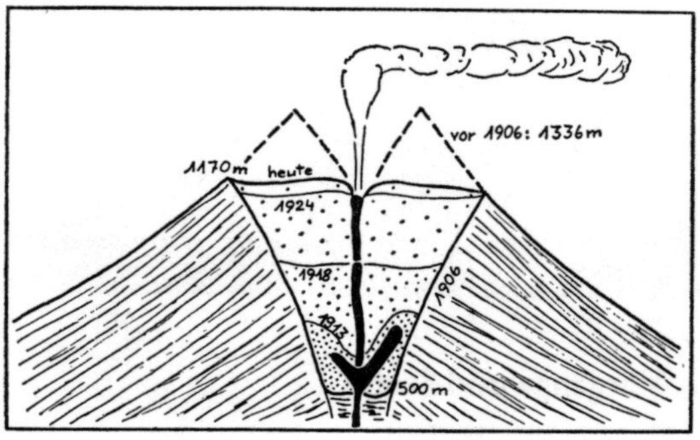

Abb. 61. Dieser schematische Schnitt durch den Vesuv von Südwesten nach Nordosten zeigt die Veränderungen des Berges seit 1906: V o r dem großen Ausbruch dieses Jahres erreichte der Vesuv eine Höhe von 1336 m, n a c h ihm fehlten mehr als 160 m. Der Kraterschlund reichte als fast 700 m tiefe, offene Höhlung bis hinab auf 500 m über dem Meere. Im Laufe der nächsten 20 Jahre füllten die ständig nachquellenden Massen von Lava und Asche den Trichter bis auf mehr als 1000 m ü. M. wieder an.

aus dem Erdinnern fördert: Der wichtigste ist die L a v a, das ist geschmolzenes Gestein, das je nach seiner chemischen Zusammensetzung und seinem Wärmegrad mehr oder weniger dünnflüssig ausgestoßen wird oder Hohlräume des Erdinnern anfüllt: Es ist das sogenannte M a g m a (S. 108), das, sobald es in der Nähe der Erdoberfläche seinen Gasgehalt einbüßt, als Lava bezeichnet wird. Fließvorgang und Formen der etwa 1200° bis 1500° heißen Lava sind am besten dem Verhalten erwärmten Teeres zu vergleichen (T. 24, S. 152). Entweichende Gase lockern die Lava auf und geben ihr nicht selten eine blasige, schlackenähnliche Beschaffenheit. (Das technische Gegenstück hierzu bilden die bekannten, aus Hochofenschlacke gegossenen Pflastersteine.) Hochgespanntes Gas vermag die Lava beim Ausschleudern völlig in winzige Bestandteile zu zerspratzen, so daß sie als Asche oder auch als kleine Steinchen (Lapilli) davonfliegt. Gleichzeitig ausgeschleuderte große Lavaklumpen drehen sich in der Luft, ehe sie erkalten, zu sogenannten Bomben zusammen.

Die treibende Kraft beim Ausbruch scheinen hochgespannte G a s e zu sein, die die Lava gleichsam zur Explosion bringen. So ist der Vulkan Krakatau im Jahre 1883 durch eine einzige furchtbare Explosion zur Hälfte in die Luft geflogen (18 km³ Gesteinsmassen — T. 25, S. 161). Unser Bild auf T. 25 zeigt die Reste des Krakatau im Jahre 1930. Der unheimliche Ausbruch des Mont Pelé im Jahre 1902 vernichtete mit einer Wolke glühender Gase die ganze Einwohnerschaft der Stadt St. Pierre. Auch beim Vesuv (T. 24, S. 152 u. Abb. 61) spielt die Gasentwicklung eine beträchtliche Rolle. Andererseits strömt die dünnflüssige Lava der Vulkane vom Hawaiitypus infolge ihrer Gasarmut ruhig aus wie geschmolzener Teer (T. 23, S. 151). Auf der anderen Seite aber äußert sich vulkanische Tätigkeit lediglich im Ausströmen von Gasen; so ist die Solfatara bei Neapel, in der vorwiegend Schwefelgase ausströmen, ein später Nachhall lebhafter Tätigkeit. Die vulkanischen Gase bestehen aus: Chlor, Chlorwasserstoff (mit Wasser = Salzsäure), $AsCl_3$ (Arsentrichlorid, gibt mit Wasser u. a. Salzsäure), SO_2 (Schwefeldioxyd, mit Wasser = schweflige Säure), Schwefelwasserstoff, Kohlensäure, B_2O_3 (Borsäureanhydrid, mit Wasser = Borsäure), sowie aus Wasserstoff und Stickstoff. Erlöschende vulkanische Tätigkeit offenbart sich im Ausströmen von Kohlensäure

---

TAFEL XV

Spuren der Gletscher

1. Eiszeitliches Trogtal in kristallinem Gestein (Granodiorit). (Ausgang des Parrontales, Cordillera Blanca, Peru) Aufn. Heckler
2. U-Tal mit Wasserfällen aus hängenden Nebentälern (Lauterbrunnen mit Staubbachfall) Aufn. Erich Fischer
3. Vom Gletscher glattgeschliffene Flanke eines U-Tales National Park Photo
4. Gletschertal am Fuße des Ranrapalca (Weiße Kordillere) Aufn. SAP
5. Altes Gletschertal (U-Tal) in Virginien Aufn. Amerika-Dienst

1

2

3

4

5

1

2

3

4

Abb. 62. Vulkanische Bildungen. S = großer Schichtvulkan mit Parasitärkegeln P und zwei Lavaströmen, M_1 = durch Explosion entstehendes Maar, M_2, M_3 = Maare (aus G. Frebold)

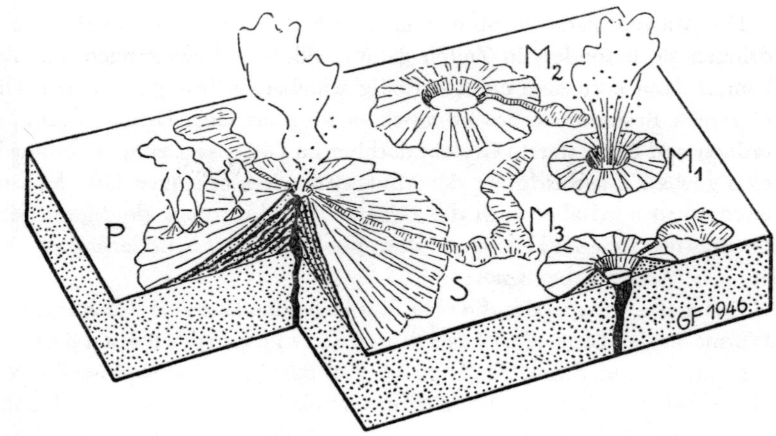

(Kohlensäurequellen oder Mofetten) bzw. im Kohlensäuregehalt von Quellwasser (Säuerlinge) (Abb. 45).

Hierher gehört auch die Erscheinung, die sich im Auftreten warmen Wassers, erwärmt durch Dampf aus dem Erdinnern, offenbart. Heiße Quellen oder Thermen finden sich, wo das Grundwasser aus großer Tiefe aufsteigt (Abb. 46), oder wo sich im Untergrund oder in jüngerer Vergangenheit vulkanische Erscheinungen abgespielt haben, wo also der Bereich des sonst kühlen Grundwassers bereits unter dem Einfluß der an solchen Stellen ungewöhnlich hohen Erdwärme steht (man sagt auch, daß in solchen Gebieten die geothermische Tiefenstufe besonders niedrig sei: Im allgemeinen nimmt die Erdwärme um je 1° mit 33 m Tiefenzunahme zu; in vulkanischen Gebieten erfolgt die gleiche Zunahme wesentlich schneller). Eine besondere Erscheinungsform der heißen Quellen sind die Springquellen oder Geysire, die in vulkanischen Bereichen vorkommen (Island, Nordamerika, Neuseeland usw.). Der Versuch einer Erklärung dieser auffallenden Erscheinung wird in Abb. 46 gegeben.

In der Tiefe steckenbleibende Glutflußmassen erstarren wesentlich langsamer als die schnell abkühlende Lava. So entstehen die sogenannten plutonischen *) oder Tiefengesteine, die nach ihrer Entstehung durch Abtragung entblößt werden können und uns dann als Granit und ähnliche Gesteine entgegentreten. Je nach der Form des Hohlraumes, den solche Tiefengesteinsmassen („Plutone“) ausfüllen, ergeben sich Batholithe (Abb. 89) oder Lakkolithe (Abb. 63), die ersteren mächtige, gestaltlose Klumpen, die letzteren von pilzartiger Form, vielfach aber auch plattig zerlappt, sich zwischen die Schichten der über ihnen liegenden Decke eindrängend.

*) Nach Pluto, dem Gott der Unterwelt; „vulkanisch“ nach Vulkan, dem Gott des Feuers.

TAFEL XVI

Eiszeitliche Ablagerungen

1. Blockpackung der Endmoräne (Hammerstiel als Maßstab) (Mecklenburg) Aufn. v. Bülow
2. Im Geschiebemergel der alten Grundmoräne ist häufig noch die Struktur des Gletschers zu erkennen: Scherfugen, auf denen Grundwasser umgeht und austritt. (Mecklenburg) Aufn. v. Bülow
3. Die Bucklige Welt und der Steinreichtum der Endmoräne (Baltischer Landrücken) Aufn. Bannier
4. Vor Gletscherrand und Endmoräne (hinten) breitet das Schmelzwasser weite Sandebenen aus. (Island) Archivbild

Die Massen erstarren unter dem Druck der hangenden Decke von Sedimenten; zudem dringen sie besonders in Zeiten gebirgsbildender Bewegungen auf. Zum lastenden Druck kommt dann noch eine meist einseitig schiebende Bewegung hinzu. Die Folge ist, daß die einzelnen Bestandteile des zähflüssigen Magmas, dem Druck folgend, sich gleichmäßig anordnen und das erstarrte Gestein nachher im Gegensatz zum „richtungslos körnigen" Granit eine gewisse Gleichrichtung der Mineralkörnchen erkennen läßt. So kann aus Granit Gneis werden; so wird aber auch der Granit von Schwärmen gleichgerichteter Risse und Klüfte durchgittert (wir sind diesen Klüften bereits bei der Schilderung der Verwitterungserscheinungen [Abb. 26] begegnet).

Das heiße Magma, das die über ihm liegenden Gesteine durchbricht, ist kraft seiner hohen Wärme in der Lage, die Nachbargesteine umzuwandeln: In der Berührungszone mit heißem Schmelzfluß, im Kontakt mit demselben werden die Nachbargesteine durch Hitze gefrittet, d. h. oberflächlich geschmolzen, auch völlig umgeschmolzen oder gar verglast, d. h. in gleichmäßig-gefügelose Massen umgewandelt (sogenannte Kontaktmetamorphose). Überhitztes Wasser und gasförmige Bestandteile des glühenden Magmas durchtränken den Kontakthof (Abb. 89, 97) und erzeugen in ihm neue Minerale, insbesondere solche mit Bor-, Fluor- und Chlorgehalt, z. B. Turmalin, Flußspat, Topas, Apatit u. a. Unter dem Einfluß der Kontaktmetamorphose wandelt sich Kalkstein in (kristallinkörnigen) Marmor um, im zu Hornfels werdenden Mergel bilden sich Granat und andere Minerale neu; Schieferton wird zu Hornfels und Knotenschiefer, Kohle zu natürlichem Koks, Anthrazit oder Graphit.

Im Gegensatz zur Kontaktmetamorphose, die auf einen engen Raum beschränkt ist, arbeitet die sogenannte Regionalmetamorphose (regio = Gegend) flächenhaft. Sie wird in den Sedimenten und Erstarrungsgesteinen durch den Druck überlagernder Schichten, tektonische Bewegungen oder durch Absinken in den Tiefenbereich höherer Temperatur und höheren Druckes hervorgerufen; die Gesteine werden umgeschmolzen, neu kristallisiert und durch den Druck geschiefert. So entstehen die sogenannten kristallinen Schiefer. Tonschiefer wird zu Glimmerschiefer oder Phyllit, Sandstein zu Quarzit, Granit zu Gneis; aus dunklen Ergußgesteinen gehen Grün- und Hornblendeschiefer hervor usw.

Die Vorgänge, die sich beim Entstehen der Gesteine der Tiefe abspielen, zu erkunden, ist eine ebenso schwierige wie bedeutungsvolle Aufgabe. Daß sie überhaupt gelöst werden kann, hat seinen Grund darin, daß die in großer Tiefe entstandenen oder umgewandelten Gesteine durch Abtragung und Erosion freigelegt und damit der Beobachtung zugänglich sind (Abb. 14, 63). Das gleiche gilt für die gewaltigen Flächen regionalmetamorpher Gesteinsmassen, die den uralten Sockel der Festländer bilden. Daß sie heute noch an der Oberfläche liegen und nicht längst unter der Hülle von Schichtgesteinen verschwunden sind, liegt daran, daß ihnen eine gewisse aufsteigende Tendenz innewohnt, die sie immer wieder an die Ober-

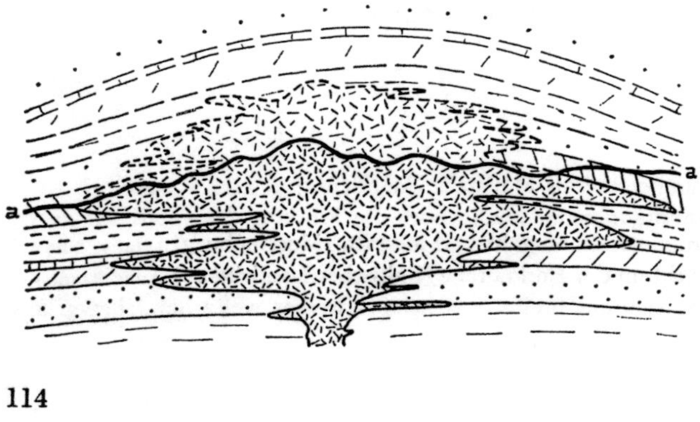

Abb. 63. Querschnitt durch einen Lakkolithen. Die Linie aa bezeichnet die heutige Oberfläche.

Abb. 64. Ein Blick ins Innere der Erde

Auf die ca. 500 km dicke Gashülle (Atmosphäre) folgt die Erdkruste (oben hauptsächlich aus Silizium und Aluminium („Sial"), weiter unten vorwiegend aus Silizium und Magnesium („Sima") bestehend). Diese Schicht ist oft nur wenige km dick. Darunter liegt der Mantel, eine bis ca. 900 km reichende schmelzflüssige, darunter vermutlich feste Zwischenschicht. Dichte und Temperaturen steigen auf 6 bzw. ca. 3000° C. Bei 2900 km Tiefe beginnt der schwere metallische (?) Kern. Die mittlere Dichte (= spezifisches Gewicht) der 6 Quadrillionen ($6 \cdot 10^{21}$) kg schweren Erde beträgt 5,5. In 40 km Tiefe herrscht mit 1200° C die Schmelztemperatur für die Gesteine. Erdbeben und tektonische Vorgänge sind auf die obersten 700 km (Kruste und oberer Mantel) beschränkt. Die Wärmeausgleichsströmungen (siehe S. 119) werden im unteren Mantel vermutet (vgl. auch Abb. 69). *)

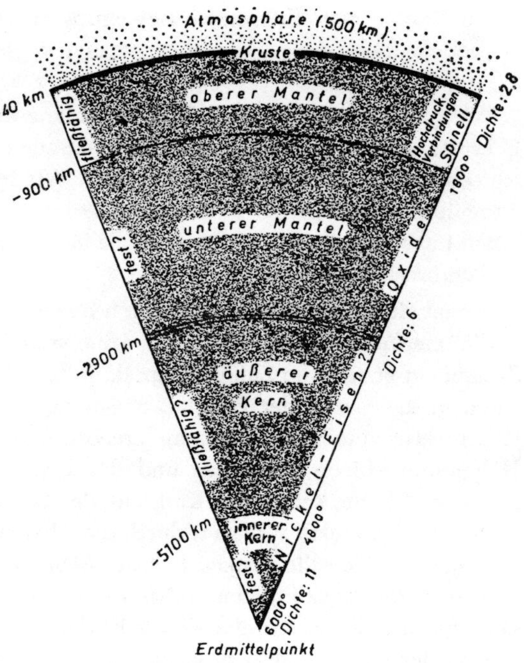

fläche bringt. So ist beispielsweise in Skandinavien der Unterbau des europäischen Festlandes entblößt — jener Unterbau, in dem die Grenzen zwischen Absatz- und Glutflußgesteinen schon wieder verwischt sind, da sie beide zu neuem Glutfluß (im Gegensatz zum ursprünglichen Magma auch M i g m a genannt) umgeschmolzen sind (die entstehenden Gesteine: M i g m a t i t e, d. s. Mischgesteine). Die praktische Bedeutung solcher gesteinskundlichen Forschungen liegt unter anderem darin, daß alle Gesteine letzthin aus dem Magma stammen. Ihre Entstehung kann daher nur aus der Kenntnis vom Verhalten des Magmas in und auf der Erdoberfläche verstanden werden. Damit wird ein nutzbringender Abbau und die s i n n v o l l e E r s c h l i e ß u n g v o n E r z l a g e r n o f t g e n u g z u r p r a k t i s c h e n A n w e n d u n g g l u t f l u ß g e s t e i n s k u n d l i c h e r F o r s c h u n g s a r b e i t.

Die letzten Ursachen für vulkanische Erscheinungen sind heute noch nicht geklärt. Wir müssen uns vorerst damit begnügen, die Erscheinungen zu kennen und immer weiter zu erforschen, um schließlich auch einmal den Ursachen nahezukommen und vielleicht bis zur Voraussage vulkanischer Ereignisse zu gelangen. Immerhin wissen wir bereits so viel, daß wir uns ein recht anschauliches Bild vom Aufbau des gesamten Erdkörpers machen können. Abbildung 64 faßt das Wesentliche über den heutigen Stand des Wissens zusammen, wie es sich aus der Erforschung der Glutflußmassen auf der einen Seite, aus der Beobachtung der Erdbebenwellen (Abb. 86) im Erdinnern auf der anderen Seite ergibt. (Ganz andersartige, neue Auffassungen vom Aufbau des Erdballes sind noch zu wenig geprüft, als daß sie hier Platz finden dürften.)

---

*) Zum Vergleich mit den Größenmaßstäben des Erdballes: Die tiefsten Bergwerke (Goldbergwerk in Südindien) sind rund 2800 m tief, die tiefste Erdöl-Bohrung steht in mehr als 7800 m. Die größte bisherige Bohrtiefe beträgt rund $^1/_{825}$ der Entfernung von der Oberfläche bis zum Mittelpunkt der Erde! Zur Zeit werden Bohrungen vorbereitet, die die Erdkruste durchstoßen und den Mantel erreichen sollen.

Erdinnere Bewegungen (tektonische Vorgänge)

(T. 27—29, S. 163, 164, 173)

Wir sprachen bereits davon, daß zu Anfang der Erdgeschichte, nach dem Festwerden der Urkruste, erdinnere Bewegungen stattgefunden haben müssen, die die ersten Höhenunterschiede auf der Erdoberfläche schufen *). Wir sprachen weiter davon, daß die ursprünglich waagerecht abgelagerten Schichtgesteine heute keineswegs immer mehr in ihrer ursprünglichen Lage angetroffen werden, daß sie vielmehr oft schräg liegen, senkrecht stehen, gefaltet und zerbrochen sind.

Wenn wir den Ursachen der ältesten Bewegungen der Ur-Erdkruste nachspüren, so stoßen wir in unerforschtes Gebiet vor. Wir können uns nur vorstellen, daß es Ungleichheiten in der Zusammensetzung, im Zähigkeitsgrad, in der Wärme des Magmas gewesen sein müssen, die schon in der Urzeit der Erde zu Strömungen unter der jungen Kruste führten und diese stellenweise zum Aufsteigen, anderenorts zum Absinken brachten. Nachdem die ersten Höhenunterschiede bestanden und das Urmeer sich aus der Gashülle der Erde niedergeschlagen hatte, setzte der Kreislauf der Gesteine ein. Durch die Abtragung der Höhen wurde die Erdkruste entlastet; durch die Ablagerung der abgetragenen Massen in den Vertiefungen wurden die Senken belastet (Abb. 67). Die dünne Erdkruste konnte diesen Gewichtsverschiebungen folgen, indem sie im entlasteten Bereich aufstieg, im belasteten Raum sank. Es ist etwa so, wie eine dünne Eisdecke sich unter dem Gewicht eines Menschen senkt, um wieder emporzutreiben, wenn die Belastung nachläßt. Wir haben begründeten Anlaß zu der Annahme, daß dieses Verhalten der Erdrinde durch die ganze Entwicklung der Erde hindurch bis in die heutige Zeit grundsätzlich gleichgeblieben ist, wobei einschränkend zu bemerken ist, daß gewisse Teile der Erdkruste zum Sinken gleichsam vorbestimmt sind; nur diese werden zu „Sammelmulden" (vgl. unten). Da heute noch die Gesteinsschale der Erde gleichsam auf dem Glutfluß schwimmt (Abb. 58, 69), steht dieser Vorstellung nichts im Wege. Wir bezeichnen das Bestreben der Erdkruste, jederzeit im Gleichgewicht zu bleiben, als Isostasie (Lehre vom Gewichtsausgleich). Ebenso aber spricht die äußere Erdrinde nach wie vor — noch heute — auf die senkrecht auf- und absteigenden Ausgleichsströmungen im tieferen Erdmantel und auch auf Horizontalbewegungen im tragenden Magma an. Ja, es ist sicher, daß dieser Einfluß stärker ist, als jener durch Be- und Entlastung von außen. Ebenso sicher dürfte es heute sein, daß alle jene Erscheinungen, die als „tektonische" bezeichnet werden und die auf die äußerste Erdrinde (bis 40, 50 km Tiefe) beschränkt sind, auf jene Tiefenströmungen direkt oder indirekt zurückgehen. Es ist ähnlich wie bei einer berstenden oder geborstenen Eisdecke: die Schollen folgen, soweit sie es als starre Platten können, den Bewegungen im tragenden Wasser; sie zerbrechen, schieben sich übereinander, heben sich, senken sich, treiben vom Ort und, wenn sie es könnten, würden sie sich gegeneinander pressen und in Falten legen.

Festländer und Meeresboden heben und senken sich in ewigem, unmerklichem Rhythmus; es ist, als ob die Erdrinde sich unter Atemzügen hebt und senkt. Dieses Pulsen der Erdrinde bezeichnet die Geologie als den Vorgang der Festlandsbildung oder mit einem wörtlich zu übersetzenden Ausdruck Epirogenese (T. 27, S. 163). Durch epirogenetische Vorgänge wird die Erdkruste in flache, weitgespannte Wellen gelegt; die auf ihr liegenden Schichtgesteine werden durch diesen Vorgang nicht aus ihrer ursprünglichen Lagerung ge-

*) Heute betragen die größten Höhenunterschiede rund 20 000 m; das entspricht bei einer Apfelsine den Unebenheiten der Schale.

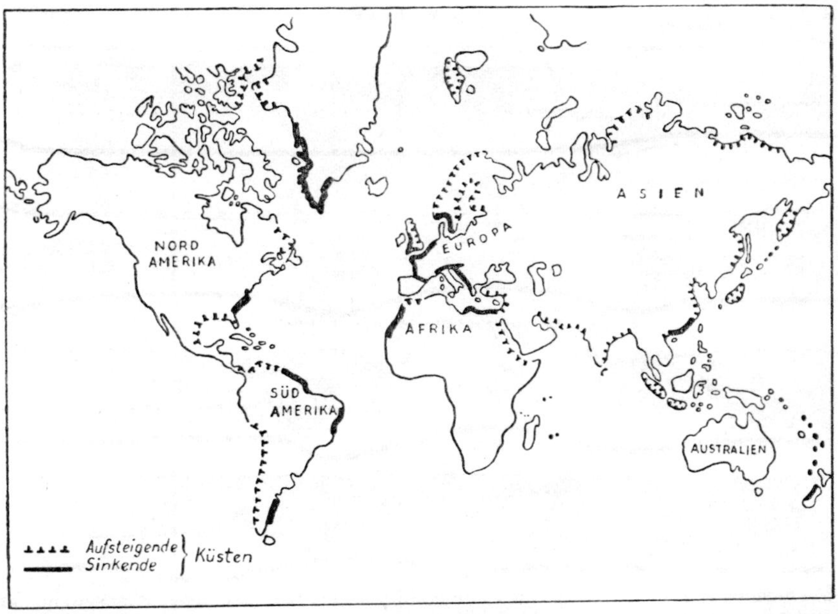

Abb. 65. Steigende und sinkende Küsten sind der Ausdruck des Pulsschlages der Erdrinde. (stark vereinfacht).

bracht, praktisch bleiben sie für das menschliche Auge waagerecht liegen. Jedoch sind die Bewegungen selbst, trotz ihrer Langsamkeit — sie spielen sich „säkular“, d. h. in großen Zeiträumen ab — oft genug bemerkbar: Sinkende Küsten (Nordsee!), aufsteigendes Land sind an vielen Stellen der Erdrinde zu beobachten (Abb. 65). Doch nur sehr selten erreichen sie ein Ausmaß von 1 cm im Jahr, d. i. 1 m in 100 Jahren, wie in Nordschweden (Abb. 66) oder zur Eiszeit im Rheinischen Schiefergebirge (T. 27, S. 163). Meist sind die Beträge sehr viel kleiner *). Anders ist es mit den Vorgängen, die man als gebirgsbildende Bewegungen im engeren Sinne unter dem Ausdruck Orogenese (wörtlich = Gebirgsbildung) oder Tektogenese zusammenfaßt.

Sinkende Erdräume nehmen die Schuttmassen der benachbarten Abtragungsbereiche, der Festländer, auf, so die sinkende Poebene und die sinkenden Niederlande den Alpenschutt; ihr Boden wird dadurch immer mehr in die Tiefe niedergedrückt. Dabei geraten sie nicht nur in Bereiche höherer Temperaturen, sondern auch in immer enger werdende Räume, da sich ja der Ausschnitt

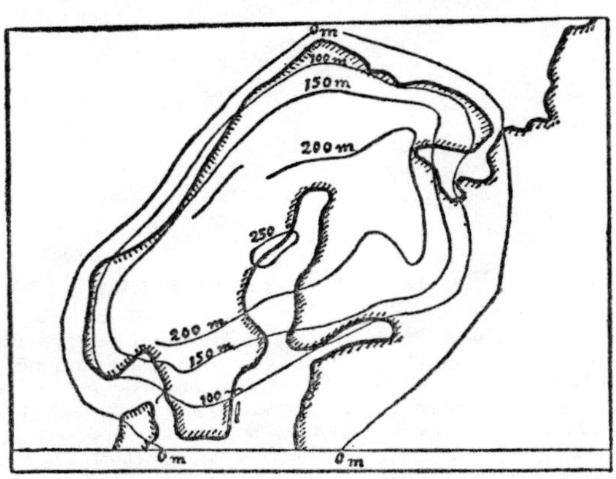

Abb. 66. Linien, die die seit der Eiszeit erfolgte Hebung des Skandinavischen Schildes in Metern angeben. Diese macht, wie im Rhein. Schiefergebirge, mehr als 200 m aus. In Skandinavien wird sie als Folge der Entlastung aufgefaßt, die mit dem Schwinden des Eispanzers (Abb. 170) eintrat.

*) Die Nordseeküste sinkt stellenweise bis zu 20—30 cm in 100 Jahren.

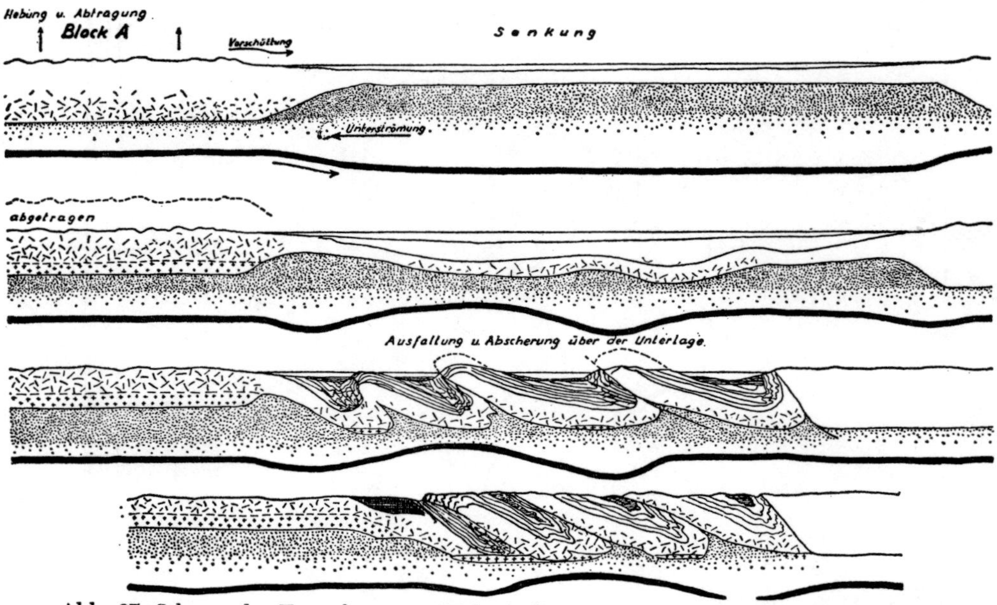

Abb. 67. Schema der Entstehung von Faltengebirgen aus Sammeltrögen (Geosynklinalen)

In dieser Darstellung bedeuten: punktiert = Zustand der Kruste (dicht punktiert = fest, licht punktiert = breiig, unpunktiert = flüssig), die dicke schwarze Linie stellt die Oberfläche des Mantels dar. In der Kruste „schwimmen" (links und rechts) mächtige „Blöcke" von kristallinem Urgestein, z. B. Skandinavien (links) und Böhmen (rechts). Zwischen ihnen ist die Kruste dünner; sie gibt daher nach, wenn auf ihr Sedimente abgelagert werden. Ist eine ausreichende Sedimentmächtigkeit erreicht, so beginnt die Faltung (dritte Skizze von oben). Das unterste Bild zeigt das Endstadium des Zusammenschubes

des Erdballes, der ihnen zur Verfügung steht, mit Annäherung an den Erdmittelpunkt zunehmend verschmälert. Um in diesem engeren Raum Platz zu finden, müssen sich die Schichten zu Falten verknäueln. Die Erdwärme fördert diesen Vorgang.

Wie dem auch sei; die Tatsache besteht, daß Meeresräume, die durch erdgeschichtliche Zeiten hindurch den Sedimentschutt der Festländer in sich aufgenommen haben (sog. „Geosynklinalen", Erdmulden oder Sammelräume), die Geburtsstätten der großen Faltengebirge der Erde sind (Abb. 67). Die mächtigsten Meeresgesteine sind in den Faltengebirgen der Erde zu den höchsten Höhen über das Festland emporgefaltet.

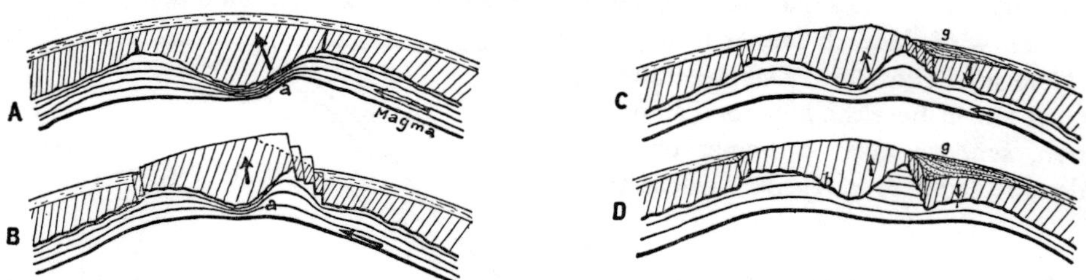

Abb. 68. Wie man sich die Entstehung von Schollengebirgen aus Strömungen des Magmas auch erklären kann.

Oberste Schicht: Ozean; schräg schraffiert: Kruste; gewellte Linien: Strömungslinien des plastischen Magmas; Pfeile: Richtung und Stärke des vom Magma ausgehenden Druckes. A: Das Magma staut sich an einer Unregelmäßigkeit an der Unterseite der Gesteinsschale (bei a). B: Es hebt eine dort vorhandene Scholle empor; die gehobenen Schollen werden alsbald wieder abgetragen (rechts oben). C: Die abgetragenen Massen lagern sich im Meer ab (g); das Magma, das sich unter der Gesteinsdecke in toten Winkeln gestaut hat, erkaltet, sein Druck läßt nach. D: Die Bewegung des Magmas hat aufgehört; die abgetragene Scholle wird leichter und hebt sich noch ein weniges, die belasteten Teile (g) hingegen sinken (Isostasie!). Kehrt sich die Fließrichtung des Magmas um, dann beginnt das Spiel von neuem, ausgehend von Punkt b.

(Archivbild)

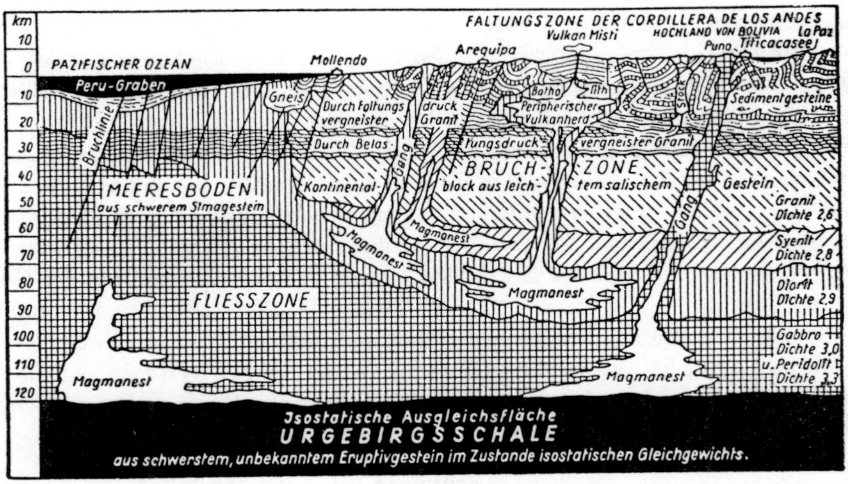

Abb. 69. Schnitt durch die Erdrinde, dargestellt am Beispiel von Südamerika
(Nach A. Sieberg)

Die Erscheinungen der Faltengebirgsbildung haben die Naturforscher früh zu der Vorstellung geführt, daß die erkaltende Erde sich zusammenziehe, schrumpfe, und daß in dieser Schrumpfung (Kontraktion = Zusammenziehung) die letzte Ursache für das Drängen in der Erdrinde, für die Aufquetschung der Faltengebirge zu suchen sei. Andere Forscher stehen auf dem Standpunkt, daß das isostatische Bestreben die letzte Kraftquelle der Bewegungen in der Erdrinde sei; wieder andere glauben, daß Bewegungen der Erdkruste auf Strömungen im tragenden Glutfluß zurückzuführen wären (Abb. 68). Alfred Wegener*) steht auf dem Standpunkt, daß die Kontinente, die aus verhältnismäßig leichtem Gestein bestehen, Eisschollen gleich auf dem schweren Glutfluß dahintreiben und daß es dabei zur Auffaltung der Sedimentmassen vor der Stirn des treibenden Festlandblockes komme (Abb. 69). Die Zahl der Hypothesen, die sich mit der Kraftquelle der Erdbewegungen beschäftigt, ist unabsehbar. Eine von ihnen aber zeichnet sich von Jahr zu Jahr deutlicher als die umfassendste ab, die vor allem die größte Zahl der tektonischen Erscheinungen zwanglos zu erklären vermag: die von Otto Ampferer vor fünfzig Jahren begründete, von Ernst Kraus in unseren Tagen immer überzeugender vertretene, von einer ständig wachsenden Zahl von Forschern als bestmögliche erkannte Lehre von den die äußerste Erdschale tragenden „Unterströmungen". Auf- und absteigende sowie horizontal verlaufende Wärmeausgleichsströmungen (Konvektionsströme), die in der Erde wie in anderen Himmelskörpern in erdgeschichtlicher Langsamkeit ablaufen, sind Kraftquelle und Former der äußeren Rinde, sind die mittel- oder unmittelbare Ursache aller tektonischen Erscheinungen jeder Größenordnung einschließlich der Kontinentalverschiebungen. Der Leser wird gemerkt haben, daß auch der Verfasser dieser Lehre zuneigt, da er glaubt, daß sie berufen sei, an die Stelle der klassischen Kontraktionstheorie zu treten, nachdem diese ein rundes Jahrhundert geherrscht hat.

Doch halten wir uns hier am besten an die Tatsachen. Die Beobachtung zeigt uns, daß die Gesteine der Erdoberfläche ganz offensichtlich teils in waagerechter Richtung zusammengeschoben und in Falten gelegt sind (T. 29, S. 173); sie zeigt uns darüber hinaus, daß neben

*) zu Wegener: s. S. 136.

den Faltungen Bewegungsbilder vorhanden sind, die darauf hindeuten, daß die Gesteinsplatten zerbrochen sind, und daß längs der Brüche und Sprünge die Schichtgesteine in senkrechter (radialer) Richtung gegeneinander verschoben sind. Das Zerbrechen der Gesteinstafeln läßt sich am besten wieder mit dem Zerbrechen der Eisdecke eines Gewässers vergleichen: Die Eisdecke zerfällt in Schollen, die durch Wind- und Wasserbewegung gegeneinander verschoben werden. So kommt es zu klaffenden Spalten, kommt es zum Absinken einzelner, zum Aufsteigen anderer Schollen, kommt es schließlich dazu, daß sich die Schollen übereinander schieben und auf das Ufer gedrängt oder in größere Wassertiefen hinabgedrückt werden. Dieses Bild der Eisschollen kommt dem des Zerbrechens der Gesteinstafeln recht nahe.

Wir unterscheiden also bei den „orogenetischen oder tektogenetischen Bewegungen" vorwiegend waagerecht und vorwiegend senkrecht verlaufende und fassen das Teilgebiet der Geologie, das sich mit der Erscheinungsform und Deutung dieser Bewegungen beschäftigt, als Tektonik (Baulehre oder tektonische Geologie) zusammen.

Faltungen

(T. 28, 29, S. 164, 173)

Ein Blick auf die Querschnitte der Abb. 70–75 zeigt den starken, in waagerechter Richtung erfolgten Zusammenschub von Gesteinsschichten. Man hat berechnet, daß die Alpen, die heute eine Breite von 120—150 km haben, eine um mindestens 300 km breitere Fläche einnehmen würden, wenn man sie sich ausgeplättet denkt! So wie hier im großen können Gesteine auch im kleinen, bis hinab zu faustgroßen Handstücken, „alpine" Faltenbilder zeigen.

Art und Ausmaß der Faltung sind abhängig von der Dicke und Beschaffenheit des Gesteins (weich oder fest, biegsam oder spröde), von der Tiefe, in der sich der Faltungsvorgang abspielt, sowie von der Dauer und Stärke der gebirgsbildenden Kraft und von etwaigen Hindernissen. Besonders wichtig ist die Tiefe oder, mit anderen Worten, die Mächtigkeit der hangenden Gebirgsschichten: Je dicker die Decke von Gestein ist, unter desto stärkerem Druck vollzieht sich die Faltung, um so bildsamer (druckplastisch) ist das Gestein, um so enger aber ist andererseits der Raum, in den sich das Gestein hineinfalten muß.

TAFEL XVII

Gletscherarbeit

1. Gletschertopf aus dem Gletschergarten von Inzell-Reichenhall Aufn. Dr. Edith Ebers
2. Sand und Ton, vom Inlandeis zur Walze gerollt. (Beispiel aus Rostock) Aufn. v. Bülow
3. Ein Wallberg, ehemals eine vom Gletscherwasser mit Kies und Sand ausgefüllte Spalte — heute durch Kiesgruben aufgeschlitzt. (Beispiel aus Mecklenburg) Aufn. v. Bülow
4. Ein Kar, ausgeschürft durch Gletscher. (Hafelekar, Innsbrucker Nordkette) Aufn. Fr. Halske

---

TAFEL XVIII

Der Wind

1. Der Wind trennt die leichten (hellen) Sandkörnchen von den schwereren (dunklen). (Ring als Maßstab) (Ostseestrand) Aufn. v. Bülow
2. Der sandbeladene Dünenwind arbeitet selektiv (auswählend) und zerstört Mörtel und weichgebrannte Ziegelsteine schneller als hartgebrannte. (Südl. Ostseeküste) Aufn. v. Bülow
3. Der steile Leehang der Wanderdüne fällt in den Wald ein. Aufn. v. Bülow
4. Wenn die Düne (hinten der flache Luvhang) über den Wald hinweggegangen ist, bleiben nur vermorschte Baumgerippe zurück. (Bild 3 und 4: Wanderdünen der Nehrung bei Łeba) Aufn. v. Bülow

1

2

3

4

1

2

1

2

3

1

2

3

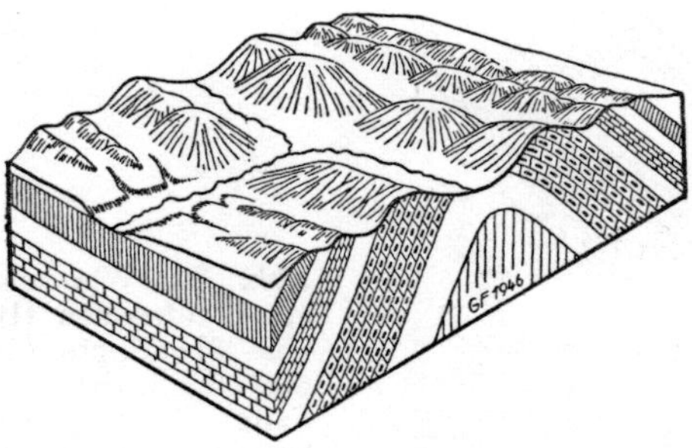

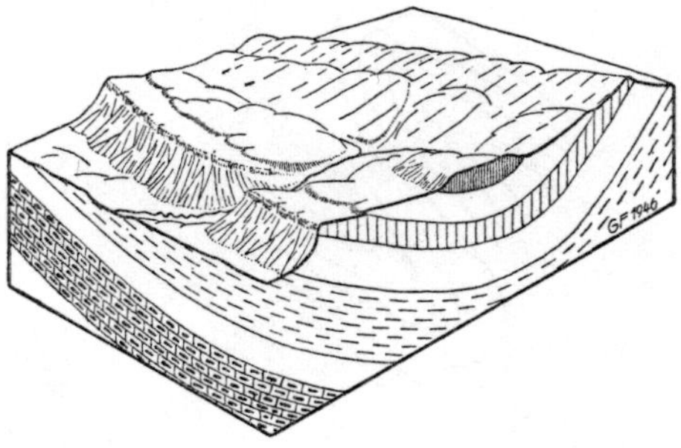

Abb. 70a. Räumliche Ansicht eines Schichtensattels (nach Georg Frebold)

Abb. 70b. Räumliche Ansicht einer Schichtenmulde (nach Georg Frebold)

Im übrigen ist klar, daß dickbankige, harte Schichten von Kalkstein oder Sandstein schwerer gefaltet werden, als dünnschichtiger Kalk mit Zwischenlagen von Ton; denn Ton gibt ein ausgezeichnetes Schmiermittel ab. Unter Auflast vermögen fast alle Gesteine, selbst wenn sie an der Oberfläche spröde und hart erscheinen, nahezu bruchlos gefaltet zu werden. Je näher das gefaltete Gestein an der Oberfläche liegt, um so stärker wird es beim Zusammenschub brechen.

Das Ergebnis des Zusammenschubes ist in jedem Fall eine Falte, ganz gleich, wie diese im einzelnen je nach Kraft, Tiefe und Gestein ausfallen mag. Abb. 72 zeigt, wie jede Falte aus einem Sattel und einer Mulde (Antiklinale und Synklinale = gegengeneigt und zusammengeneigt) besteht, wie die Mulde in den Sattel übergeht und der beiden gemeinsame Schenkel als Mittelschenkel bezeichnet wird, während die beiden Außenschenkel Sattel- oder Muldenschenkel bzw. -flügel genannt werden. Daß Falten aufrecht stehen oder auch liegen können, zeigt die gleiche Zeichnung sowie Abb. 74. Aus Abb. 73 ist der Sonderfall der parallelschenkligen = isoklinalen Falte zu ersehen. Wie bei anhaltendem starkem Zusammenschub aus einer waagerecht liegenden Schicht eine auf-

---

TAFEL XIX

Der Wind

1. Bauwerke und Landschaft der Wüsten ertrinken im eigenen Schutt. (Felsengräber bei Memphis) Archiv des Westermann Verlags
2. Zeugenberge am Rande des Kalaharibeckens, Reste der von mechanischer Verwitterung und Wind zurückgeschnittenen, umrandenden Hochfläche (rechts hinten). (Vgl. Tafel V oben) Aufn. DV-Bild
3. Auch im mitteleuropäischen Klima kommt der Wind zerstörend zur Geltung, so hier am Pilzfelsen („Äolischer Tisch“) der Steinernen Agnes im Lattengebirge. Die Decke besteht aus festerem Gestein als der sandige, lehmige Stil des „Pilzes“. (Salzburger Kalkalpen) Aufn. Dr. Pfeifer

---

TAFEL XX

Wüste

1. Luftbild eines Oasensees in der Wüste. Oben: schuttertränkte Hügel; unten: windgeborene Dünen; beide in der Nachbarschaft des Wassers mit Palmen bestanden. Am Ufer des verdunstenden Sees Zonen ausgeblühter Salze. (Westägyptische Wüste) Aufn. Dr. S. Kienow
2. Die Arak-Schlucht in den Vorbergen (Tassili) des Hoggar. Mechanischer Zerfall (Temperaturwechsel) und Ausräumung durch Wind formen die pflanzenfreie Wüstenlandschaft. Aufn. Ofalac, Algier
3. Großes Wadi in der Schuttwüste (Hammada). Hier der gleiche Zerfall wie in Bild 2. Aufn. Dr. Werner Wrage

Abb. 71. Schichtenfaltung (Anschwellung und Kräuselung der Schichten an den Umbiegungen) und Druckschieferung (Strichelung). Bei ++ können Versteinerungen erhalten sein.

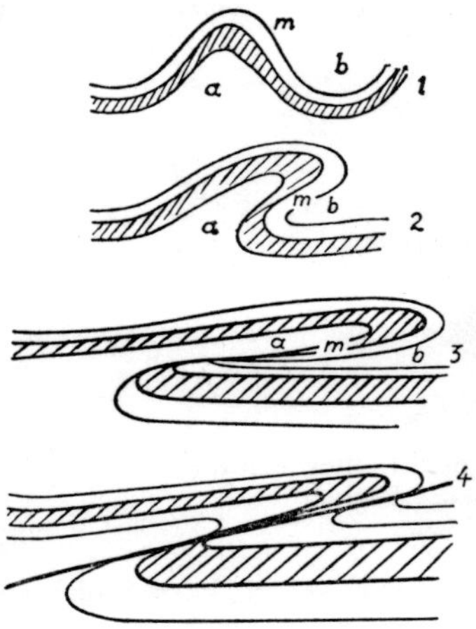

Abb. 72. Wie aus einer aufrechten (1) eine überkippte (2) und eine liegende (3) Falte hervorgehen kann und aus dieser eine Überschiebung (4), bei der der Zusammenhang der Schichten gerissen ist.
a: Sattel, b: Mulde, m: Mittelschenkel.

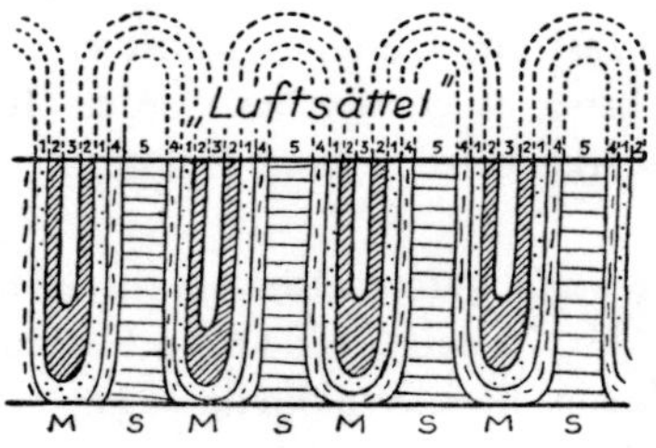

Abb. 73. Falten mit parallelen Schenkeln (sog. gleichgeneigte oder Isoklinalfalten)
Wenn ein derartiges Faltengebilde von der Abtragung bloßgelegt wird, trifft man an der Erdoberfläche in den Mulden (M) die Reihenfolge 1-2-3-2-1 der Schichten an, in den Sätteln (S) 2-1-4-5-4-1-2.

rechte, aus der aufrechten eine überkippte Falte werden kann und aus dieser schließlich durch Zerreißen des Mittelschenkels eine Faltenüberschiebung, läßt sich aus Abb. 72 und 74 entnehmen. Nimmt die Überschiebung sehr beträchtliches Ausmaß an, so daß der überschobene Teil flach auf fremden Schichten liegt und weit von seinem Wurzelgebiet getrennt ist, so ergibt sich eine Decke (Abb. 74). Decken beherrschen weithin den Bau der Alpen (Abb. 75, 76). Das erklärt auch deren gewaltigen Zusammenschub (T. 29, S. 173).

Mit der Faltung Hand in Hand gehen sehr häufig Schollenverschiebungen in waagerechter Richtung; man nennt sie Blattverschiebungen (Abb. 77) *).

Bei unseren Zeichnungen muß man zweierlei bedenken: Erstens, daß die Natur uns sehr selten Gelegenheit gibt, eine Falte oder gar ein ganzes Faltensystem im Zusammenhang aufgeschlossen zu beobachten (T. 4, S. 36), daß sie vielmehr die Deutung der Faltenbilder außerordentlich erschwert, da sich ja Falten und besonders Decken über ganze Gebirgszüge hin ausdehnen können, von denen oft infolge der Abtragung nur hier und da mal ein Bruchstück wirklich zu beobachten ist (T. 29, S. 173). Wir sind in solchen Fällen, und das ist die Mehrzahl, darauf angewiesen, die einzelnen Beobachtungen in Karten und Querschnitten aufzuzeichnen und durch Ergänzung des Abgetragenen das ursprüngliche Bild wiederherzustellen (Abb. 74).

Die zweite Schwierigkeit liegt darin, daß es sich bei Faltenüberschiebungen und Decken nicht um flächige Gebilde handelt, wie sie hier abgebildet sind, sondern vielmehr um räumliche. Wenn also ein Sattel oder eine Mulde, eine Überschiebung oder eine Decke, auch

---

*) Schichtenbiegungen, die jedoch keine „Faltung" wurden, sind die „B e u l e n" (Abb. 83, 84), die durch Auftreibung von unten her entstehen, also nicht durch Zusammenschub. Die von der Schicht ursprünglich eingenommene Fläche verringert sich demnach nicht wie bei „Faltung".

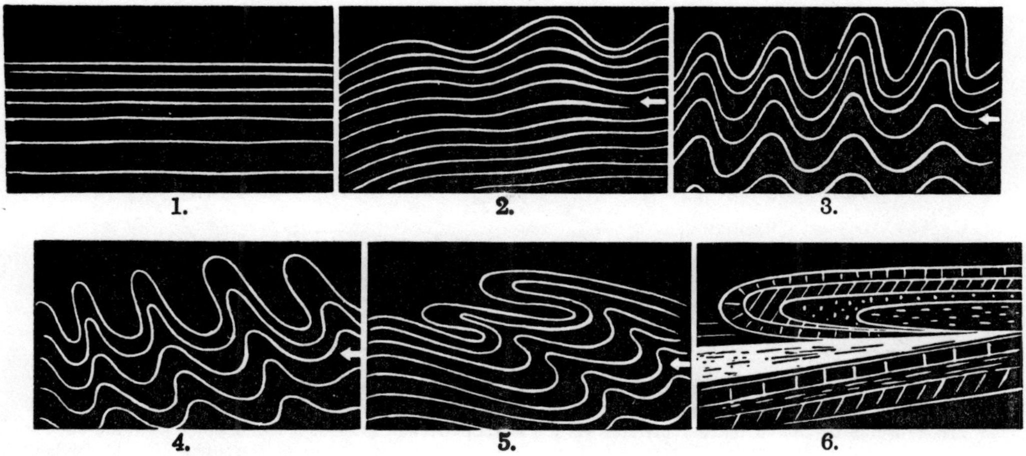

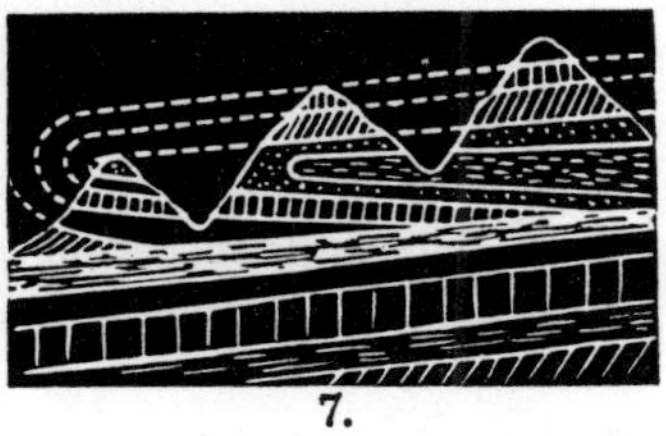

1 Ungestörte Schichten . . .

2 werden durch Schub (←) in Wellen gelegt.

3 Die Wellen werden zu aufrechten Falten,

4 diese zu überkippten,

5 zu liegenden Falten,

6 zur „tektonischen Decke": Ältere Schichten sind auf jüngere geschoben!

7 Aus der Decke schneidet die Talbildung ein Gebirge heraus. Die Deutung der Schichtenlagerung ist außerordentlich schwierig (Abb. 75).

Abb. 74. Von der Schicht zum Deckengebirge

eine Blattverschiebung, von der Erdoberfläche geschnitten wird, so ergeben sich naturgemäß oft recht verwickelte Bilder. Die Zeichnungen der Abb. 2 u. 3 versuchen die Erscheinungen, die wir bisher im Schnitt kennengelernt haben, so darzustellen, wie sie sich im Kartenbild, also im waagerechten Schnitt, günstigenfalls darbieten können. Erst die Vereinigung von Kartenbild und Schnitt ergibt eine räumliche Vorstellung des gefalteten oder überschobenen Gesteinskomplexes (Abb. 70, 75).

Nicht jede Faltung geht auf erdinnere Anstöße zurück. Es gibt auch plastische Gesteine, die bereits auf schwächere Impulse hin mit Faltung antworten. So sind die losen Ablagerungen des norddeutschen Flachlandes, die Ablagerungen des diluvialen Inlandeises, oft gründlichst gefaltet, ja, sie können unter dem schiebenden Eis geradezu wie Kuchenteig gerollt und zu

Abb. 75. Blockbild einer alpinen Deckfaltung
(Nach Frebold)

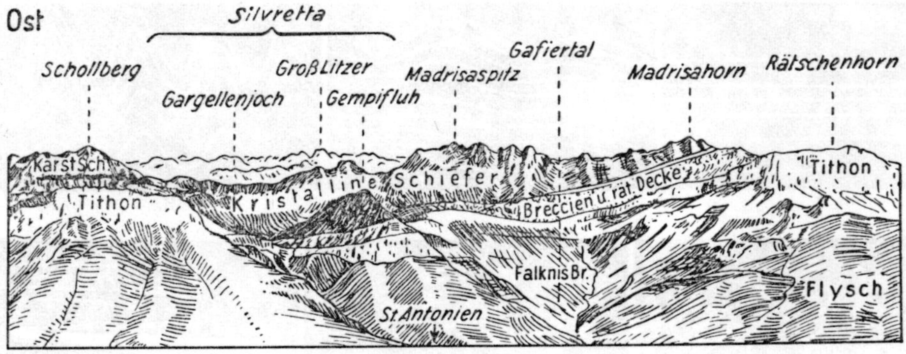

Abb. 76. Blick auf das Deckengebirge des Rätikon

Auf dem jungen Flysch liegen die älteren Tithonkalke des Weiß-Jura, darüber die noch älteren Gesteine der Breccien- und Rätischen Decke und zuoberst die ältesten, die kristallinischen Gesteine. Die Altersfolge ist völlig auf den Kopf gestellt, die Decken aus älteren Schichten liegen auf jüngeren Gesteinen. (Archivbild)

Walzen geformt sein (T. 17, S. 121). Auch die Salzstöcke des norddeutschen Flachlandes und des Harzvorlandes (Abb. 78) zeigen eine Faltung, die sich aus erdinneren Anstößen allein nicht erklärt. Das ungewöhnliche Ausmaß der Faltung innerhalb von Salzschichten beruht darauf, daß Salz bereits unter verhältnismäßig geringem Druck plastisch wird und seinerseits versucht, sich in die hangende Decke einzudrängen.

Die große Mehrzahl der Gebirge der Erde sind Faltengebirge. So besonders der junge Gebirgskranz, der den ganzen Erdball umzieht (Abb. 169) und, wie nicht anders zu erwarten, sich vielfach mit den Hauptgebieten des tätigen Vulkanismus deckt. Aber auch die älteren Gebirge, die sogenannten Steinkohlenalpen und noch frühere Gebirgsbildungen (siehe z. B. Abb. 108 u. 117) sind Faltengebirge. Abb. 166 versucht, deutlich zu machen, wie sich durch Auffaltung die frischen Sedimente in den großen Sammelmulden rund um die alten Kerne der Festländer, in diesem Fall Europas, schrittweise zu Gebirgen emporgefaltet haben und so einen Faltenring nach dem anderen um diesen Kern herumgelegt haben. In diesem Hergang spricht sich eines der großen Gesetze der Erdbildung auf der Nordhalbkugel aus. Man erkennt die streifenförmige Verbreiterung und Vergrößerung der Kontinente, und man versteht, warum immer weiter draußen liegende Teile der Erde gefaltet werden mußten; denn die inneren, bereits gefalteten, sind ja, ähnlich gewelltem Blech, gegen neue Faltungsimpulse gefeit, sie sind versteift. Sie können daher, wenn neue Gebirgsbewegungen die Erdrinde durchziehen, höchstens zerbrechen und nur in bescheidenem Umfange überfaltet werden.

Somit beobachten wir eine zunehmende Vergrößerung der Festlandflächen. Das gilt für die Norderde. Auf der Süderde hingegen, auf der das „Gondwanaland" bestand (S. 183), können wir den Zerfall dieses in große Schollen zerbrechenden Südkontinents verfolgen. Wahrscheinlich läßt sich beides auf die Strömungsverhältnisse im Magma zurückführen.

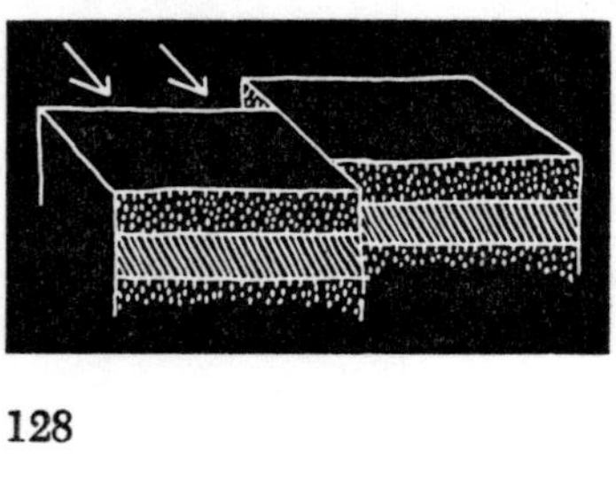

Abb. 77. Eine Blattverschiebung (in horizontaler Richtung — vgl. dagegen die in vertikalem Sinne bewegten Verwerfungen!).

Abb. 78. Ein Salzstock Nordwestdeutschlands (Kaliwerk Salzdetfurth nach E. Fulda, 1938)

Das Deckgebirge ist durch das aufquellende Salz nach oben gebogen („geschleppt") worden, im übrigen aber ziemlich ungestört. Tagewasser löst Teile des aufsteigenden Salzes; der schwer lösliche Gips bleibt als „Gipshut" zurück.

(Zeichnung Schwarzenbeck)

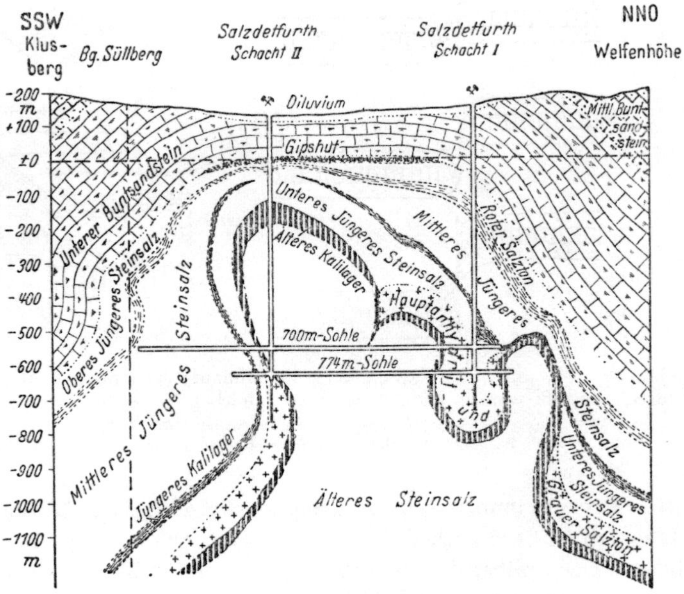

Verschiebungen

Die Auswirkungen der senkrechtgerichteten („radialen") Erdbewegungen bestehen im Zerbrechen von Schichttafeln, sie äußern sich aber auch im Zerbrechen bereits gefalteter Erdbereiche.

Kennzeichnend für diese Art Bewegungen, das Gegenstück zum Urbild der Falte, ist die Erscheinung, die man als Verschiebung, Sprung oder Verwerfung bezeichnet (Abb. 79 u. Titelbild). Im einfachsten Falle zerreißen die Gesteinsblöcke lediglich, es bilden sich Klüfte, wie sie in keinem Gestein der Erde fehlen. Bei anhaltender Bewegung verschiebt sich eine Scholle gegen die andere, so daß eine Verwerfung entsteht. Was unter Sprunghöhe der Verwerfung, unter Flügeln usw. zu verstehen ist, zeigt Abb. 79, wie Sprünge und Flexuren zusammengehören, das gleiche Bild. Auch hier gilt, was oben von den Falten gesagt wurde: So leicht eine Verwerfung im Lehrbuch dargestellt ist, so schwer ist sie oft in der Natur zu erkennen (Abb. 80 u. Titelbild). Häufig verrät sie sich dadurch, daß die durch den Bewegungsvorgang an der Oberfläche nebeneinandergelegten Gesteine verschieden stark verwittern. Oft ist eine Verwerfung durch austretendes Grundwasser zu erkennen (Quellinien Abb. 45); sehr oft aber liegt sie unter der Verwitterungsdecke begraben, so daß es schon sehr genauen Zusehens bedarf, um den durch sie hervorgerufenen Gesteinswechsel zu erkennen. In günstigen Fällen sind Verwerfungen in Steinbrüchen aufgeschlossen, wo dann zwei verschiedenartige oder verschiedenalterige Gesteine unvermittelt aneinanderstoßen. Häufig ist die Verwerfung daran zu erkennen, daß das Gestein zu beiden Seiten zerrieben oder sogar zu Ton zermahlen ist. Wenn der Steinbruchsbetrieb nur den einen Flügel abgebaut hat, so sieht man häufig, daß die Bewegungsfläche durch die Bewegung gekritzt, geschrammt, ja manchmal geradezu poliert ist (sog. Harnisch). Aus der Richtung der Harnischschrammen läßt sich die Bewegungsrichtung der Verwerfungsflügel ermitteln, aber es

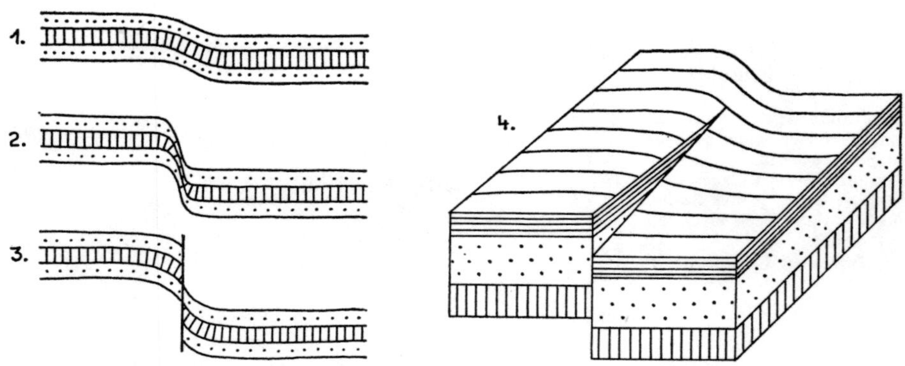

Abb. 79. Wie aus einer flachen Biegung (Flexur) (1) eine steilere Flexur (2) und schließlich eine Verwerfung (3) werden kann; 4 zeigt den gleichen Vorgang im Raume: die Verwerfung geht in eine Flexur (hinten) über.

Der rechte „Flügel" ist gegenüber dem stehengebliebenen um einen gewissen Betrag, die „Sprunghöhe", abgesunken.

ist keineswegs immer leicht zu sagen, welcher Flügel sich bewegt hat oder ob es beide waren. Praktisch ist es ja auch verhältnismäßig belanglos, ob der höhere Flügel sich gehoben hat oder nur gegenüber dem tiefer liegenden stehengeblieben ist. Das Wesentliche ist, das Ausmaß, die Sprunghöhe der Verwerfung kennenzulernen; aus ihr entnimmt der Geologe einen Hinweis auf das Ausmaß der gebirgsbildenden Kraft, entnimmt der Bergmann, in welcher Entfernung nach oben oder unten er die ihm durch die Verwerfung aus den Augen gekommene nutzbare Bodenschicht, die Kohle oder das Erz, wieder suchen muß. Der Bergmann muß sich mit dem Wesen der Verwerfungen besonders vertraut machen; erleichtert wird ihm dies Bemühen dadurch, daß in bestimmten Gebieten gewisse Typen der Verwerfungen vorherrschen, daß also in dem einen Gebiet vorwiegend schräge oder senkrechte Bewegungen sich vollzogen haben, während in dem anderen der waagerechte Anteil an der Bewegung überwiegt. Auch Überschiebungen und Decken treten häufig nicht vereinzelt auf.

Meist sind ganze Zonen, ganze Gegenden durch zahllose Verwerfungen zerschnitten. Ganze Landschaften verdanken ihren Aufbau und ihr äußeres Bild solchen Schwärmen von Verwerfungen, die oft einer oder wenigen Hauptrichtungen folgen. Zusammengehörige Verwerfungen, die lange, schmale Streifen aus dem Zusammenhang herausschneiden, erzeugen, je nachdem, ob die stärkstgehobene oder die stärkstgesenkte Schicht in der Mitte

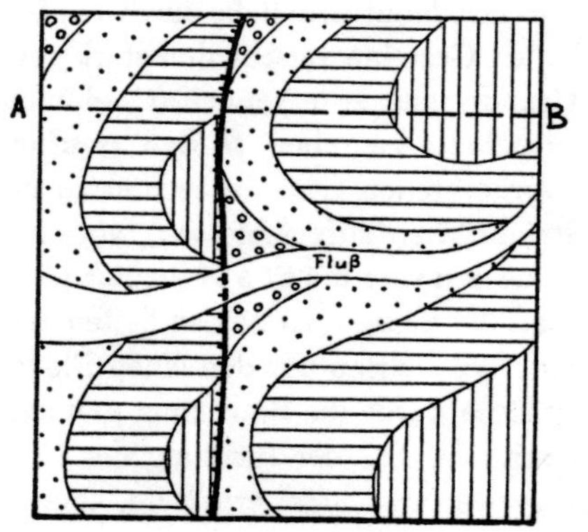

Abb. 80. Eine senkrecht stehende („seigere") Verwerfung (Zahnlinie).

Die Zähne zeigen auf den abgesunkenen Flügel im Kartenbild. (Die Höhenlinien sind fortgelassen.)
Es empfiehlt sich, die Schichten in Karte und Schnitt mit vier verschiedenen Farben anzulegen!

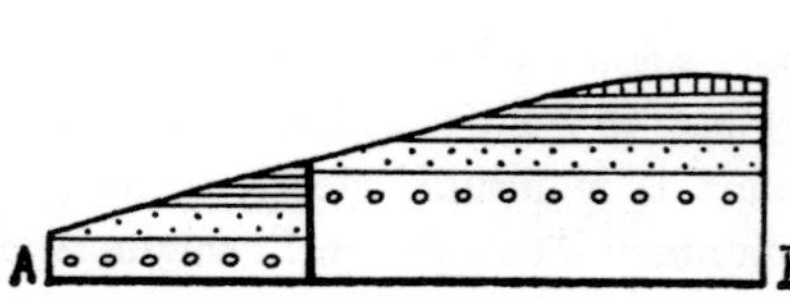

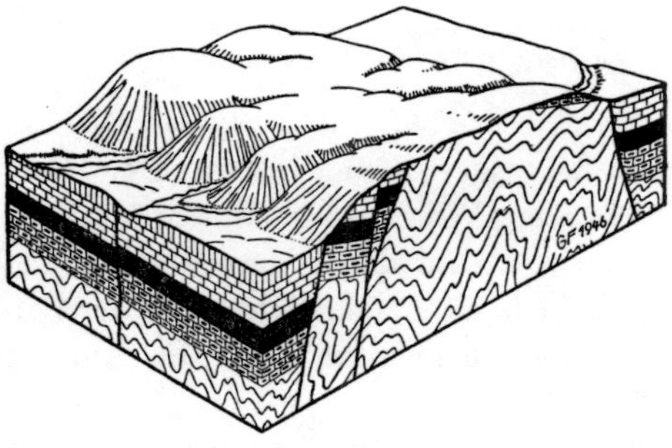

Abb. 81. Ein tektonischer Horst, der auch im Landschaftsbild noch als solcher hervortritt (nach Frebold).

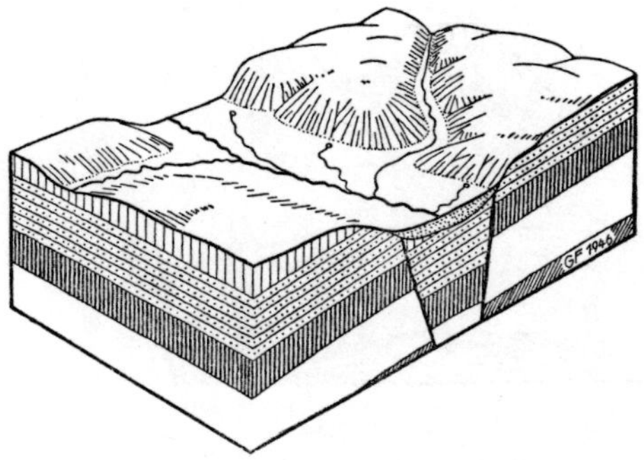

Abb. 82. Ein tektonischer Graben (nach Frebold), der auch im Landschaftsbild noch als solcher erkennbar ist.

liegt, die häufig vorkommenden tektonischen Horste (Abb. 81) und Gräben (Abb. 82). Das Oberrheintal (Abb. 84), die großen ostafrikanischen Gräben (Abb. 83) sind Beispiele für Gräben. Sie sind an Auftreibungen („Beulen") der Erdhaut gebunden, wie Abb. 83 u. 84 zeigen.

Waagerechter Zusammenschub erzeugt Falten und Faltengebirge, vorherrschend senkrechte Bewegungen erzeugen Verwerfungen und Schollengebirge (Abb. 159). Faltungen sind mit Sprüngen verknüpft, Verwerfungen gehen über Flexuren gelegentlich in Falten über. Falten können zu Flexuren, diese zu Verwerfungen werden (Abb. 79). Noch häufiger ist der Fall, daß alte Faltengebirge, die nach ihrer Auffaltung eingeebnet worden sind, später beim Aufleben der Gebirgsbewegungen zerbrechen, da sie nicht erneut gefaltet werden können. So bestehen die deutschen Mittelgebirge aus Faltenzügen, die in der Steinkohlenzeit entstanden sind und aus denen während der Auffaltung der Alpen große Sprünge Teil-

I. Island mit seinen Vulkanspalten, II. Skandinavien (Graben von Oslo u. a.), III. der „Britische Schild" mit seinem vulkanischen Streifen, IV. das französische Zentralplateau mit Gräben und Vulkanspalten, V. der Rheinische Gebirgsschild mit dem Rheingraben, dem Hessischen Graben, den rheinischen und hessischen Vulkanen. Zu Böhmen (VI) gehört der südwestpolnische Vulkanbogen. VII. Die Azorengruppe. VIII. Der Arabisch-nubische Schild mit großen Gräben (z. B. Rotes Meer) und vulkanischen Gesteinen. IX. Ostafrika mit den gleichen Erscheinungen. X. Madagaskar mit Brüchen und vulkanischen Erscheinungen. (Nach Cloos)

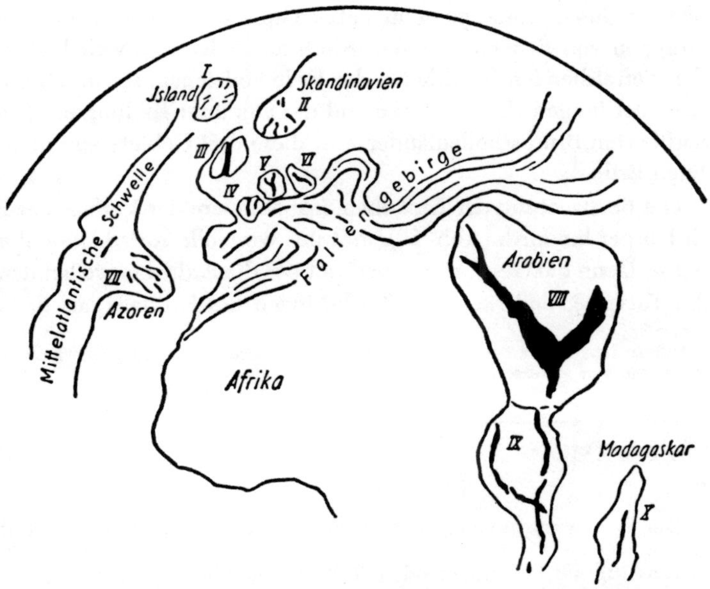

Abb. 83. Die Grabengebiete der Alten Welt liegen in (gleichsam aufgeplatzten, da überdehnten) „Beulen" der Erdhaut.

Abb. 84. Zusammenhänge zwischen Tektonik (Beule, Graben) und Vulkanismus, wie sie z. B. im Oberrheingraben in Erscheinung treten (nach Cloos).

stücke herausgeschnitten haben. Der Harz, der Thüringer Wald, das Rheinische Schiefergebirge usw. sind durch Verwerfungen begrenzte Teile alter steinkohlenzeitlicher Faltenzüge (s. geologische Karte im Anhang sowie Abb. 159).

Faltungen und Verwerfungen vollziehen sich im allgemeinen in erdgeschichtlichem Schrittmaß, d. h. mit einer Langsamkeit, die sie der menschlichen Beobachtung nahezu entzieht. Doch kommt es vor, daß Spannungen, die sich in der Erdkruste ansammeln, plötzlich ausgelöst werden, so daß sich besonders Verwerfungen kleineren Ausmaßes auch ruckweise und damit für uns bemerkbar abspielen. *) In solchen Fällen kommt es zu sogenannten tektonischen Erdbeben. Tektonische Erdbeben sind besonders in Gebieten häufig, in denen sich auf Grund des jugendlichen Alters der Gebirge schließen läßt, daß die Bewegungsvorgänge noch nicht völlig abgeschlossen sind. Sie treten daher hauptsächlich im Bereich der jungen Faltengebirge der Erde auf, so daß die Karte der Erdbebenverbreitung sich weitgehend mit der der Faltengebirge und diese wieder mit der des jungen Vulkanismus deckt. Auch die Erdbebenkarte Mitteleuropas (Abb. 85) läßt erkennen, daß die wenigen Erdbeben an tektonisch gestörte Gebiete geknüpft sind.

Daneben gibt es andere Ursachen für Erderschütterungen: So sind vulkanische Ausbrüche fast immer von Erdbeben begleitet, auch vulkanische Vorgänge, die sich in der Erdtiefe abspielen, bringen Erschütterungen mit sich. Daneben kommt es hier und da zu Erderschütterungen von örtlicher Bedeutung durch den Zusammenbruch von unterirdischen Hohlräumen, wie sie durch Auslaugung in Salz-, Gips- oder in Kalkgebieten entstehen. Diese beiden Gruppen von Erdbeben treten jedoch an Bedeutung weit hinter denen zurück, die sich an den tiefreichenden Bruchlinien der Erde vollziehen, so rund um den Großen Ozean, im Bereich der jungen Faltengebirge und der von ihrer Bildung in Mitleidenschaft gezogenen benachbarten Bruchschollenländer. Auf diese drei Gebiete entfallen allein 86% aller beobachteten Erdbeben.

Die Beobachtung der Erdbeben, insbesondere der Verlauf der Erdbebenwellen durch den Erdkörper hindurch (Abb. 86), gibt uns wertvolle Aufschlüsse über den Bau des Erdkörpers selbst. Denn die Geschwindigkeit, mit der die Erdbebenwellen den Erdball durcheilen, sowie die Tatsache, daß sie beim Durchdringen des Erdballs aus der geradlinigen Richtung ab-

*) Beim japanischen Beben 1923 und bei Messina 1908 entstanden jedoch (untermeerische) Höhenunterschiede von Hunderten von Metern.

TAFEL XXI

Löß

1. Der Wüstensturm verdunkelt die Sonne, wenn er Sand und Staub davonträgt. (Ostsudan) Aufn. The London Electrotype Agency Ltd.
2. Einseitig mit Löß überkleidete Talhänge in China Aufn. Ullstein
3. Senkrecht stehen die Wände des fast schichtungslosen eiszeitlichen Lößes in der Ziegeleigrube (bei Prag). Archivbild

1

2

3

1

3

///// Erdbebenherde (a: Vogtland usw., b: Oberrhein-Graben und Bodenseesenke, c: Niederrheinische Bucht, d: Mainzer Becken, e: Schweizer Jurafalten, g: Nördlinger Ries, h: Nordalpen, i: Harzvorland, k: Gera, l: (Talkessel von Jolenia Góra)

/ Bebenlinien (Sprünge im Erdgefüge)

⇄ Ausstrahlungsrichtungen der Bebenherde

● Vulkane aus der Zeit der Alpenfaltung

1303, 1904: Jahreszahlen von Beben im Flachland

Alte Gebirgskerne, die selbst ruhig sind und die meisten Bewegungen abfangen

Die Zahlen 0 bis 24 bedeuten die Anzahl der Beben in je 10 Jahren.

Abb. 85. Erdbebenkarte von Mitteleuropa

gelenkt werden, lassen Schlüsse auf die Elastizität, die Dichte und damit die stoffliche Zusammensetzung des Erdinnern einerseits, auf das Vorhandensein von Unstetigkeitsflächen im Erdinnern, d. h. auf schaligen Aufbau des Erdkörpers andererseits schließen. So beruhen unsere Vorstellungen vom Aufbau der Erde (Abb. 64) nicht zuletzt auf den Ergebnissen der Erdbebenforschung. Daneben geben selbstverständlich die Fördermassen der Vulkane, die Beschaffenheit der Tiefengesteine, die Tiefenlage der Erdbebenherde (man kennt solche in 700 km Tiefe, die Bewegungen im Erdmantel beweisen!) sowie die von anderen Weltkörpern zu uns gelangenden Bruchstücke (Meteorite) Hinweise auf den Bau des Erdballes, der eine weitgehende Ähnlichkeit mit dem Inhalt eines Hochofens zeigt. Es ist ein lohnendes Forschungsziel, den Bau der Erde immer zuverlässiger zu erkunden. Denn von dieser Kenntnis hängt letzthin alle Vorstellung nicht nur über den Hergang, sondern auch über die tiefste Ursache derjenigen Kräfte und Vorgänge ab, die den Entwicklungsgang der Erde von je bestimmt haben und in alle Zukunft bestimmen werden. Die Aufgabe ist schwierig, da die unmittelbare Kenntnis vom Bau der Erde nicht weiter reicht, als vergleichsweise die Kenntnis eines vierstöckigen Hauses bis zur — Unterseite der Dachziegel!

TAFEL XXII

Bodenzerstörung durch Wind

1. Bodenzerstörung in der durch Beweidung von Pflanzen entblößten Savanne (Gegend von Tabura, Ostafrika) Aufn. Prof. Dr. Orth
2. Hier hat abfließendes Regenwasser auf dem kahlen Hang die Hauptarbeit getan. Aufn. U.S. Dept. of Agriculture (Otto Behrens)
3. Übersandetes Haferfeld in der Nähe von Hannover Aufn. Dr. Steckhan
4. Windschluchten in der Kultursteppe Aufn. U.S. Dept. of Agriculture (Otto Behrens)

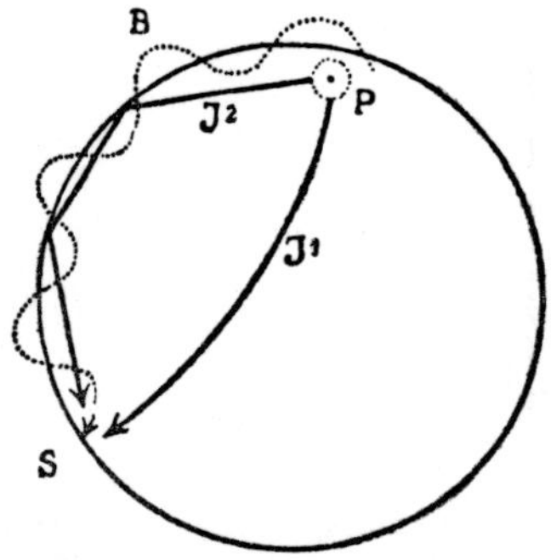

Abb. 86. Die Wege der Erdbebenwellen durch den Erdkörper hindurch, innerhalb der Gesteinsschale und — als Wellenbewegung — längs der Oberfläche. Eine Erschütterung am „Bebenherd" P erzeugt demnach am Aufnahmegerät der Erdbebenwarte (S) drei verschiedene, nacheinander eintreffende Wellenbilder. (Archivbild)

Die soeben erwähnten Meteorite fallen als Staub und Steine in ununterbrochenem Regen auf die Erde nieder. Die Mehrzahl besteht aus Meteoreisen mit Nickel, Kupfer, Kobalt und fast allen von der Erde bekannten Grundstoffen, ein kleinerer Teil, die Meteorsteine bestehen aus basaltähnlichem Gestein und zeigen die Zusammensetzung etwa der irdischen „Zwischenschicht" unter der Kruste. Art und Verteilung der Meteoriten entsprechen etwa unseren Vorstellungen vom Aufbau des Erdkörpers, der ja seinerseits nicht grundsätzlich anders aufgebaut sein wird als die übrigen Himmelskörper. Große, katastrophale Meteoritenfälle sind selten. Der Arizona-Krater (T. 25) ist in vorgeschichtlicher Zeit entstanden, ebenso wohl auch die arabischen, australischen und sonst bekannten „Meteorkrater". In jüngster Zeit hingegen, am 30. 6. 1908, fiel der gewaltige sibirische Meteorit, der im Umkreis von 20 km alle Bäume knickte; ein ähnlicher Block fiel am Amur am 2. 2. 1947. Er lieferte bisher an 40 t Eisen. Der wohl besterforschte Meteoritenkrater liegt auf deutschem Boden: Das Nördlinger Ries auf der Grenze zwischen Schwäbischer Alb und Fränkischem Jura. Er hat etwa 20 km Durchmesser. Man schätzt den jährlichen Massenzuwachs der Erde durch Meteoriten auf 2000 t. Das würde im Verlaufe von 1 Milliarde Jahren eine Schicht von 1 mm Dicke ergeben.

Alle Schichtenverstellungen, die bisher unter der Überschrift „Tektonik" an uns vorübergezogen sind, sind an die großen Blöcke aus kristallinem Urgestein (S. 114 f.), die Kerne der Kontinente gebunden; in ihnen ist die sialische Oberkruste am dicksten. Wo diese weniger mächtig und daher nachgiebiger wird, liegt sie als Fortsetzung der „Blöcke" unter einer Sedimentgesteinsdecke wie z. B. in der sog. Russischen Tafel (Osteuropa). Rings um die Blöcke und „Tafeln" legen sich nacheinander Kränze von Faltengebirgen (S. 219 ff.), aufgestiegen aus Geosynklinalen (S. 118), den nachgiebigsten und beweglichsten Partien der Festlandsmassen und später meist wieder eingeebnet. Wo das Sial (S. 115) fehlt, liegt das nächsttiefe Stockwerk der Kruste wie in Fenstern zutage, das dunkle basaltähnliche Sima; das sind die von Vulkanen übersäten Ozeanböden. Hier hat die moderne Meeresforschung das wohl großartigste „tektonische" Phänomen aufgedeckt: Es sind die erdumspannenden untermeerischen Gebirgsrücken auf der Mittellinie des Atlantik, einschwenkend in den Indischen Ozean, andererseits weiterstreichend in den Pazifik. Die Achse dieser Gebirge, die steiler und höher sind als die Alpen, bildet ein gewaltiges Längstal, ein ungeheurer Spalt, aus dem das dunkle Gesteinsmaterial des Erdmantels aufquillt. Von diesem Spalt ausgehend drängen die beiderseitigen Meeresböden nach außen. Offenbar ist hier eine der gewaltigsten Kraftquellen der Tektonik zu suchen, zudem ein großartiger Beweis für Wegeners Ansicht vom Auseinanderdriften der Kontinente!

Wie die Kugelschale des Mondes und anderer Planeten, so steht auch die der Erde seit je unter Spannungen, die schon in frühester Zeit zum Aufreißen von Schwächezonen („Erdnähten") führten. Die gewaltigsten von ihnen verlaufen meridional, d. h. nordsüdlich, von Pol zu Pol. Diagonal dazu entstand ein Doppelgitter von tektonischen Linien (Spalten, Verwerfungen usw.), die von NW nach SO und von NO nach SW verlaufen. Von erdweiter Ausdehnung bis in den mikroskopischen Bereich kehren die drei Hauptrichtungen in der Erdkruste, in Verwerfungen, in der Anordnung von Gebirgsfalten und Blockrändern ebenso, wie in der von Mineralteilchen in den Gesteinen immer wieder. Der Großbau der Erdkruste folgt somit einem Generalplan, der sich aus der Mechanik des unter planetarischen Bedingungen erkalteten Erdballes deuten läßt.

DIE BAUSTOFFE DER ERDRINDE— DIE ERZEUGNISSE DER ERDGESTALTENDEN KRÄFTE

Das Magma und seine immer wiederholten Versuche, zur Erdoberfläche durchzudringen, liefern die Glutflußgesteine; der große Kreislauf der Gesteine von Abtragung über Transport zu Neuablagerung, erneuter Gebirgsbildung und wieder beginnender Abtragung liefert aus dem Rohstoff der Glutflußgesteine immer neue, immer sich wandelnde Schichtgesteine. Die Einwirkungen des Glutflusses auf bereits erhärtete Gesteine wandeln diese Gesteine um und durchtränken sie mit Mineralen, die sich aus heißen Lösungen und Gasen des Magmas niederschlagen. Die Minerale selbst sind die Einzelbestandteile der Gesteine, jedes für sich von mehr oder weniger fest umrissener chemischer Zusammensetzung. Minerale sind die Grundbestandteile der Glutflußgesteine wie auch der Schichtgesteine und ebenso das Ergebnis des Einflusses der Glutflußgesteine auf ihre Umgebung.

Wir können die Erdrinde mit einem Haus vergleichen. Die Urgesteine sind das Fundament; die Schichtgesteine, meist entstanden aus verwittertem Urgestein, bilden das Mauerwerk, den Oberbau des Hauses. Der Vergleich geht so weit, daß wir sehr viele Häuser finden, deren Fundament wirklich aus Granit oder anderem Glutflußgestein besteht, während das Mauerwerk sich aus Steinen zusammensetzt, die tatsächlich aus verwitterten Glutflußgesteinen, nämlich aus Lehm, Sand usw., hergestellt werden.

Die Einzelbestandteile sowohl des Fundamentes wie der Steine des Mauerwerkes sind Minerale — sowohl in der Erdrinde wie im Haus; die Minerale wieder bestehen aus chemischen Verbindungen, letzthin aus Molekülen und Atomen (Abb. 87). Den Mauerfugen des Hauses und dem Bindemittel, das sie ausfüllt, vergleichbar sind die Adern und Gänge im natürlichen Gestein, Gänge aus Quarz, Kalkspat, Erzen usw., die die Natur ebenso aus wäßrigen Lösungen erhärten läßt wie der Baumeister den Mörtel. Und wie es beim Maurer vorkommt, daß hier und da einmal eine Mauerfuge nicht völlig durch Mörtel ausgefüllt ist, so bleibt auch in der Natur manche Gesteinskluft unausgefüllt.

Der Putz, der den Aufbau des Mauerwerkes verhüllt, der Unebenheiten ausgleicht und die Mauer vor der Verwitterung schützt, findet sein natürliches Gegenstück in der verhüllenden, ausgleichenden und schützenden Decke von Verwitterungsboden. Auch die Bergfeuchtigkeit im natürlichen Gestein, das Grundwasser, ja auch Quellen und ihre chemischen Neubildungen, haben ihre Parallele in der Feuchtigkeit, in Wasseraustritten und in Salzausblühungen des Mauerwerkes.

Der Vergleich kann noch weitergeführt werden: In der Natur ist die Form der die Erdrinde zusammensetzenden Gesteinskörper verschieden, es gibt plattenförmige Schichten und linsenförmige Gesteinskörper, es gibt säulenförmige Schlotausfüllungen der Vulkane und pilzförmige Lakkolithe usw.; verschieden ist die Verteilung der Gesteine im Erdbau, verschieden auch ihre Lagerung. So auch im Bauwerk: Bestimmte Gesteine werden nur für Fundamente, andere nur für den Oberbau, für Zimmerdecken und für das Dach verwendet; Haustein erhält andere Formen als Backstein, Schwemmstein andere als ungebrannter Lehm. Ebenso ist der Verband anders bei Haustein als bei Ziegeln, anders bei Dachpfannen als bei Schieferplatten.

Wer verstehen will, was die Gesteine der Erdrinde über ihre Herkunft, ihre Entstehungsbedingungen und ihre Zukunft auszusagen haben, muß die Gesteine ansprechen können. Zu diesem Zweck ist es erforderlich, daß der Geologe über eine gewisse Mineral- und Gesteinskenntnis verfügt. Da aber aus der Fülle der mehr als 2000 bekannten Minerale nur eine ganz kleine Anzahl wirklich als gesteinsbildend in Frage kommt, da andererseits die

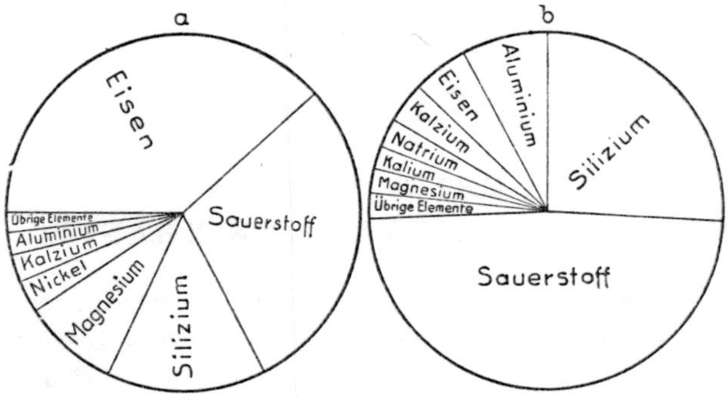

Abb. 87. a) Der Anteil der Elemente an der Zusammensetzung des Erdkörpers. b) Der Anteil der Elemente an der Oberflächenschicht der Erde (Archivbild)

Fülle der Gesteine sich in einige wenige große Gruppen einordnen läßt, ist diese Aufgabe, wenigstens für den Anfang, bei weitem nicht so entmutigend, wie sie auf den ersten Blick scheinen könnte. Andererseits ist selbstverständlich die Kenntnis der Grundtatsachen völlig unerläßlich. Ihre Aneignung wird aber dadurch erleichtert, daß man sich vor Augen hält, daß der große Kreislauf der Stoffe in der Natur ja stets die gleichen Bestandteile, nur in immer neuer Anordnung und Gruppierung, zu Gesteinen zusammenschließt.

Die Minerale *)

Ebenso wie von den chemischen Elementen nur eine kleine Anzahl in wirklich nennenswertem Umfange am Aufbau der Erdrinde beteiligt ist **), spielen nur ganz wenige Minerale eine namhafte Rolle als Gesteinsbildner. Ihre Kenntnis ist für den Geologen unerläßlich.

Die wichtigsten Kennzeichen der Mineralien sind die Kristallformen, sind Härte, Farbe, Glanz und der sogenannte „Strich".

Ein Kristall ist ein von natürlich gewachsenen, ebenen Flächen begrenzter Körper, dessen Begrenzungsflächen bestimmte Winkel bilden und nach bestimmten Symmetrieachsen angeordnet sind (Abb. 88). Man unterscheidet nach den Symmetrieverhältnissen eine Reihe von Kristallsystemen. Hierzu muß auf Lehrbücher der Mineralogie verwiesen werden ***).

Die Härte eines Minerals stellt man entweder mittels der Mohsschen Härteskala fest oder mittels anderer einfacher Hilfsmittel, die stets zur Hand sind:

Abb. 88.
Die wichtigsten gesteinsbildenden Mineralien
(Zeichnung Ebert)

*) Der Name kommt vom lat. mina = Schacht, Grube, Bergwerk.

**) An erster Stelle steht der Sauerstoff mit rund 50% der gesamten Erdrinde bis in 10 km Tiefe. Vom Rest nimmt das Silizium wieder die Hälfte für sich in Anspruch mit rund 26%; an dritter Stelle steht das Aluminium mit 7—7,5%, an vierter das Eisen mit 4,15%; dann folgen Kalzium, Natrium, Magnesium und Kalium mit jeweils 2 bis etwa 3%. Alle übrigen Elemente machen jedes für sich weniger als 1%, ja zum größten Teil weniger als 1‰ aus (Abb. 87).

***) Gute Hilfe leistet das Bestimmungsbuch: Börner, Welcher Stein ist das? Franckh'sche Verlagshandlung, Stuttgart.

Mineralien der Härte 1 sind leicht mit dem Fingernagel zu schaben; Mineralien von Härte 2 sind nur an den Kanten zu schaben, werden aber von einer Kupfermünze geritzt; H 3 ist nicht mehr mit dem Fingernagel, wohl aber leicht mit dem Messer zu schaben; H 4 ist schwer zu schaben, aber leicht mit dem Messer oder Glas zu ritzen; H 5 ist schwer zu ritzen, während H 6 bereits selbst den Stahl ritzt, H 7 ritzt Glas; H 8—10 kommen nur in selteneren Edelsteinen vor.

Farbe und Glanz sind ohne besondere Hilfsmittel festzustellen; für die Ermittlung des Striches benötigt man eine unglasierte Kachel (Biskuittafel), über die man mit dem Mineral streicht, so daß sich auf der Tafel ein farbiger Strich bildet. Die Farbe des Striches weicht häufig von der des Minerals ab.

Faustbestimmung von gesteinsbildenden Mineralen

(Farbtafeln bei S. 48, 98, 106)

Hauptmerkmal	Farbe: hell		Farbe: dunkel	
	Bruch muschelig, speckglänzend			
Mit Messer nicht, die dunklen Minerale schwer ritzbar, Quarz ritzt Fensterglas	farblos oder hell	Quarz	grün, glasglänzend	Olivin
	(frisch) ebene glänzende Spaltflächen			
	weiß, rötlich, grünlich	Feldspat	schwarz, Querschnitt 6 seitig	Hornblende
			schwarz, Querschnitt 8 seitig	Augit
	(angewittert) stumpfe Spaltflächen			
	schmutziggrau, -rötlich, Tongeruch beim Anhauchen	Feldspat	schmutzig-verwittert	Hornblende
			grünlich-verwittert	Augit
			grünlich-bräunlich	Olivin
	blätterig			
Mit Eisennagel ritzbar, blätterig	farblos, silberig	Muskovit	rostig, schwarzbraun	Biotit, frisch
	grünlich faserig	Chlorit	goldigbraun	Biotit, angewittert
	ebene glänzende Spaltflächen			
Braust mit Salzsäure	hell, auch durchsichtig	Kalkspat		
Braust mit heißer Salzsäure	weiß, grau	Dolomit		
Mit Fingernagel ritzbar	weiß, grau	Gips		
Metallglanz	gelb, metallisch	Schwefelkies	schwarz, metallisch magnetisch	Magnetit

*) Die Härteskala umfaßt Talk = H 1, Gips = H 2, Kalkspat = H 3, Flußspat = H 4, Apatit = H 5, Feldspat = H 6, Bergkristall (Quarz) = H 7, Topas = H 8, Korund = H 9, Diamant = H 10. Jedes Mineral wird von allen härteren geritzt und ritzt alle, die weniger hart sowie gleich hart sind.

Zwischen 1 und 2 schaltet eine verbesserte Skala eine weitere Stufe ein, zwischen 4 und 5 ebenfalls; die Zahl der Stufen zwischen 9 und 10 (Korund und Diamant) wird so erhöht, daß Diamant den Wert 15 erhält. Diese neue Skala hat im wesentlichen technologische Bedeutung.

Die Gesteine

Die Glutflußgesteine oder Magmatite *)

(Farbtafel bei S. 146)

sind der eigentliche Baustoff der Erdhaut, gleichviel, ob sie der ursprünglichen Erstarrungskruste angehören, die wohl längst wieder umgeschmolzen ist, ob sie als aufdringendes Magma die Oberfläche erreichten (Erguß- oder Eruptivgesteine) oder auf halbem Wege steckenblieben (Tiefengesteine) (Abb. 89). Man erkennt diese Gruppe an ihrer Körnigkeit, nach der man grob-, mittel-, fein- und verborgen-kristalline Gesteine unterscheidet, und an der meist regellosen Anordnung der Mineralkörner. Sind die Körner unmittelbar miteinander verwachsen, so ist das Gestein schlechthin kristallinkörnig; liegen sie in einer einheitlichen Grundmasse, wie Rosinen im Kuchenteig, so spricht man von porphyrischem Gefüge. Die verborgenkristallinen (kryptokristallinen oder scheinbar dichten) Gesteine erweisen sich erst unter dem Mikroskop als körnig; die Gläser hingegen sind gleichmäßig und gefügelos (strukturlos), höchstens, daß man im erstarrten Gestein noch Spuren ehemaligen Fließens erkennt (Fließgefüge oder Fluidalgefüge). Je schneller Schmelzfluß erkaltet, um so gleichmäßiger erstarrt er zu strukturlosem Glase; je langsamer die Erkaltung vor sich geht, desto mehr Zeit ist, daß sich gleichartige Bestandteile der Masse zu Kristallen zusammenfinden können, desto körniger wird das Gestein ausfallen. Porphyrische Gesteine entstehen, wenn sich im Erdinnern bereits einzelne Kristalle bilden können, dann die Masse nach oben durchbricht und plötzlich erkaltet, so daß der Rest zu einer mehr oder weniger glasigen Grundmasse erstarrt.

Tiefengesteine sind immer mehr oder weniger körnig, Ergußgesteine häufig porphyrisch, daneben auch körnig oder glasig.

Nach ihrer Entstehung als vulkanische Massen bilden die Ergußgesteine oberflächlich Schlotfüllungen, Kuppen oder Decken (Abb. 89). Sie sind mit dem Magmaherd durch den Vulkanschlot oder durch Gänge verbunden. Tiefengesteine bilden Stöcke von Batholithen oder Lakkolithen (Abb. 89, 97); sie füllen Hohlräume der Erdrinde und Spalten aus und bilden daher vielfach plattenförmige Körper, die den Schichtfugen folgen können (Lagergänge) oder ohne Rücksicht auf die Lagerung nach oben durchbrechen (echte oder Quergänge mit durchgreifender Lagerung) (Abb. 63, 89).

Die Glutflußgesteine unterscheidet man in erster Linie nach ihrer chemisch-mineralischen Zusammensetzung — der Gehalt an Kieselsäure (Quarz) spielt eine große Rolle —, nach ihrem Gefüge, ihrer Lagerungsform, auch nach ihrem erdgeschichtlichen Alter. — Die wichtigsten Erstarrungsgesteine sind:

Der Granit, ein Tiefengestein, das aus Feldspat, Quarz und Glimmer besteht und mit seinem regellos körnigen Gefüge das Urbeispiel für alle Tiefengesteine abgibt. Granit liegt in tausenderlei Abarten vor: mehr oder weniger grob- und feinkörnig, porphyrisch, flaserig **) usw., ausgezeichnet durch dunklen oder hellen Glimmer (Biotit oder Muskovit), auch durch das Auftreten beider Glimmersorten, durch Hornblende, Augit usw. Zugehörige Ergußgesteine von der gleichen chemischen Zusammensetzung: Quarzporphyr, eine meist rote Grundmasse, die schon in der Tiefe gebildete Kristalle von Feldspat (Orthoklas) und Quarz umschließt; Namen wie Granitporphyr, dichter Porphyr, Felsporphyr, Glimmer- und Augitporphyr sprechen für sich. Geologisch junge, chemisch dem Quarzporphyr gleichende

*) Sie nehmen 95% der Erdrinde ein.
**) D. h. aus einzelnen linsenförmigen Gesteinskörpern zusammengesetzt.

Abb. 89. Erscheinungsformen und Zusammenhänge der Glutflußgesteine (vgl. Abb. 97).

Gesteine heißen L i p a r i t (nach der Insel Lipari), dessen schaumige Abart als Bimsstein bekannt ist.

Das Tiefengestein S y e n i t enthält die gleichen Bestandteile wie der Granit, mit Ausnahme des Quarzes. Mit der Abnahme der Kieselsäure geht im allgemeinen ein Zunehmen der dunklen, nicht-sauren (basischen) Minerale Hand in Hand: Hornblende rückt im Syenit zum wichtigen Bestandteil auf, entsprechend in einem quarzfreien P o r p h y r und in dem jungen T r a c h y t. Bei weiterer Abnahme des Kieselsäuregehaltes ist auch die Bildung von Feldspat nicht mehr möglich, dann treten L e u z i t - u n d N e p h e l i n s y e n i t an die Stelle des eigentlichen Syenit. Die entsprechenden Ergußgesteine gehören zur Gruppe des K l i n g s t e i n e s (Phonolith).

50—60% Kieselsäure ist in dem meist schwarzweiß gefleckten D i o r i t vorhanden, der hauptsächlich aus Plagioklas und Hornblende besteht; wenn die Hornblende überwiegt, spricht man von H o r n b l e n d e f e l s oder Amphibolit; das entsprechende Ergußgestein heißt P o r p h y r i t, das jüngste dieser Reihe ist der A n d e s i t.

Im G a b b r o überwiegen die dunklen Gemengeteile durchaus: Diallag (= Augit) und ein kalkreicher Feldspat (Labradorit) setzen das grobkörnige, schwere Gestein im wesentlichen zusammen. Die dazugehörigen älteren Ergußgesteine sind der D i a b a s (Augit und Plagioklas) sowie der M e l a p h y r, dessen Blasenräume oft von Achat- oder Quarzmandeln erfüllt sind. Der jüngere B a s a l t ist ein dunkles, meist dichtes bis feinkörniges, viel benutztes Gestein, das aus Plagioklas, Augit und Hornblende besteht. Kennzeichnend ist die durch Abkühlung bedingte säulenförmige Absonderung des Basaltes; die im Querschnitt vieleckigen Säulen stehen senkrecht auf der Abkühlungsfläche (T. 24, S. 152).

Die P e r i d o t i t e bestehen fast ausschließlich aus Augit und Olivin, Feldspat fehlt ganz, statt dessen finden sich Chromeisen und Hornblende als gelegentliche Beimengungen; an der Erdoberfläche oder auch metamorph wandeln sie sich in S e r p e n t i n um, ein dichtes, grünes, sehr zähes Gestein. Dem Peridotit entspricht als Ergußgestein der dem Diabas ähnlich sehende P i k r i t.

V o m s a u r e n h e l l e n G r a n i t f ü h r t e i n e u n u n t e r b r o c h e n e R e i h e b i s z u m u l t r a b a s i s c h e n d u n k l e n, s c h w e r e n P e r i d o t i t. Alle Erstarrungsgesteine sind durch Übergänge miteinander verbunden; alle sind sie aus dem erkaltenden Magma hervorgegangen, das sich vor dem Erstarren nach seiner Schwere und dem Grade der Zähflüssigkeit in die verschiedensten Gemenge sonderte.

Es darf nicht verschwiegen werden, daß diese Übersicht über die Glutflußgesteine sowie die Tabelle auf S. 142 lediglich auf eine erste Unterrichtung zugeschnitten sind. In Wirklichkeit liegen die Verhältnisse hinsichtlich der „Verwandtschaftsbeziehungen" keineswegs so einfach. Bezeichnend ist, daß gegenwärtig ein lebhafter Meinungsstreit im Gange ist, der die Frage zum Gegenstand hat, ob der Granit in jedem Falle ein Tiefengestein im obigen Sinne ist. In der Erforschung der Magmagesteine ist zur Zeit vieles in Fluß.

Tiefengestein:	Zugehörige Ergußgesteine Alte	Junge	SiO_2-Gehalt	Haupt-bestandteil	Neben-bestandteile
Granit	Quarzporphyr	Liparit	65—75%	Feldspat (Kalifeldspat)	Quarz Biotit oder Muskovit Plagioklas
Syenit	Porphyr Orthophyr	Trachyt Phonolith	etwa 60%	Feldspat (Kalifeldspat)	Biotit Hornblende (kein Quarz) Plagioklas
Diorit	Porphyrit	Andesit	50—60%	Feldspat (Natronfeld-spat)	Biotit Hornblende Augit
Gabbro	Diabas Melaphyr	Basalt	rund 50%	Feldspat (Kalknatron-feldspat)	Augite (Diallag, Bronzit, Hypersthen) Olivin

Die Schichtgesteine oder Sedimente

Die Schichtgesteine (= Sedimente) gehen aus der Zerstörung der Glutflußgesteine sowie bereits vorhandener Schichtgesteine hervor. In den Schichtgesteinen stecken also die Minerale bzw. die gleichen Stoffe wie in den Erstarrungsgesteinen; aber diese gleichen Gesteinsbestandteile sind doch nicht mehr dieselben, denn sie sind zum Teil chemisch umgeformt; immer aber sind sie mechanisch verwittert. Die Schichtgesteine sind Trümmergesteine oder, mit einem viel gebrauchten Ausdruck, klastische Gesteine (klastisch = zerbrochen). Sind die Erstarrungsgesteine durchweg massig, nicht geschichtet, so sind die Schichtgesteine mehr oder weniger deutlich geschichtet und führen im Gegensatz zu jenen meistens Beimengungen organischer Herkunft, d. h. Versteinerungen von Tieren und Pflanzen. Die Glutflußgesteine bestehen im allgemeinen aus Quarz und Kieselsäureverbindungen, bei den Sedimenten hingegen spielen Kohlensäure- und Schwefelsalze, besonders Kalk und Gips u. a., eine Rolle — eine Folge der großen Löslichkeit dieser Stoffe. Entstammen die Glutflußgesteine zumeist unmittelbar dem Magma, so sind alle Sedimente mindestens sekundärer Natur, häufig sogar mehrmals umgelagert.

Nach dem Raum ihrer Ablagerung unterscheiden wir Landablagerungen, zu denen Süßwasser- und Festlandsablagerungen im engeren Sinne gehören, Küstengesteine (einschließlich Delta- und Brackwasserbildungen) sowie Meeresablagerungen der Küsten-, Flachsee- und Tiefseeregion. Fast in jedem dieser Räume können sich Gesteine aller Art bilden, solche aus organischen Stoffen und solche von rein mineralischer Zusammensetzung, tonige, sandige, kalkige, kohlige Sedimente. Aber diese Sedimente sind doch, je nach ihrem Bildungsraum, verschieden: In der Strandzone des Meeres sind sie meist grobklastisch, weitab von der Küste werden sie feiner; Windablagerungen können verschieden körnig sein, Flußablagerungen je nach der Transportkraft des Flusses fein oder grob. Alle Gesteine können

Abb. 90. An der Kreuzschichtung des roten Sandsteins erkennt man, daß er ehemals Dünensand war. (Mauerwerk aus Buntsandstein.)
(Zeichnung Schwarzenbeck)

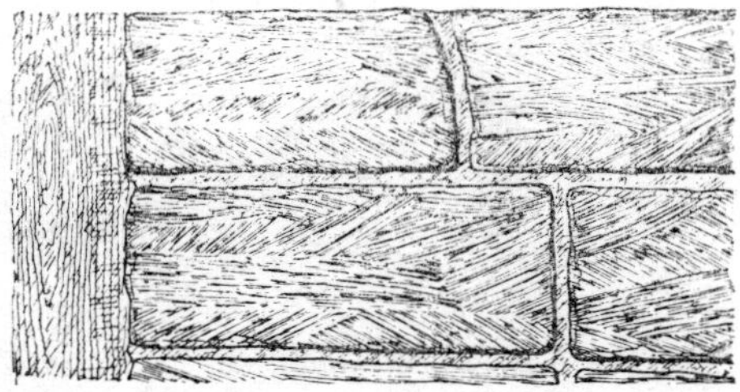

mehr oder weniger Reste von Tieren und Pflanzen enthalten, ja, gelegentlich vorwiegend aus solchen bestehen (biogene Sedimentgesteine, unter ihnen wiederum zoogene, die aus Tierresten bestehen, und phytogene, die aus Pflanzenteilen zusammengesetzt sind).

Auch die Art der Ablagerung wechselt und damit die Schichtung der Sedimentgesteine: Absätze, deren Bildung vom Wechsel der Jahreszeiten abhängt, können ganz regelmäßig geschichtet sein, indem sich das Gesteinsgut im Sommer anhäuft, im Winter fast ausbleibt (z. B. Bänderton); reichliche Zufuhr schafft dicke Schichten, die man auch Bänke nennt; Korallen- und Schwammriffe ermangeln jeder Schichtung, sind klotzig, massig (Abb. 141). Dünensand, der von wechselndem Wind abgelagert wird, Flußkies, der sich bei veränderlicher Strömung niederschlägt (T. 11), Deltasedimente sind schräg- oder kreuzgeschichtet (Abb. 90).

Immer aber, wenn eine Unterbrechung der Stoffzufuhr eintritt oder die Art des abgesetzten Gutes sich ändert, entsteht eine Schichtfläche, die später im Gestein als Schichtfuge erscheint. Jede Schichtfuge bedeutet eine Pause in der Sedimentation oder einen Wandel in den Absatzbedingungen.

Gleichförmig, parallel übereinander liegende Schichten nennt man konkordant; ungleichförmige Lagerung — z. B. waagerechte Schichten über schrägstehenden — diskordant. Eine Diskordanz entsteht, wenn ehedem waagerecht abgelagerte Schichten aufgerichtet, „gestört" sind und nun von neuen waagerechten Schichten bedeckt werden. Jede Diskordanz bedeutet nicht nur eine Unterbrechung des Absatzes, sondern auch eine in dieser Pause erfolgte Bewegung. Diskordanzen werden daher zu einem der wichtigsten Hilfsmittel für die Klärung der gebirgsbildenden Bewegungen im Verlaufe der Erdgeschichte (Abb. 98, 99, T. 28, S. 164).

Jede Gesteinsschicht ist in einem begrenzten Raum abgelagert worden, sei es ein Seebecken, ein Flußbett, eine Wüstenwanne oder das Meer; jede Schicht muß daher trotz ihrer im großen planparallelen *) Begrenzung irgendwo auslaufen („auskeilen"), sie muß, im großen gesehen, die Form einer Linse haben. Schichten von geringer Ausdehnung bezeichnet man daher auch schlechtweg als Linsen.

Auch der Fossilinhalt eines Gesteins gibt Hinweise auf dessen Entstehung (T. 31, 32, S. 191, 192). Meeresablagerungen werden im allgemeinen nur die versteinerten Reste von Seetieren enthalten, Treibholz u. a. kann jedoch auf Nähe des Landes hindeuten; Wüstengesteine sind arm an Fossilien, in Küstengesteinen überwiegen Pflanzenreste usw.

Wirkliche Versteinerung liegt nur dann vor, wenn das betreffende Lebewesen unter Erhaltung seines Aufbaues oft bis hinab zu den feinsten Geweben mit irgendeinem Stoff, z. B. Kieselsäure, getränkt wurde (T. 32, S. 192). Meist sind die sogenannten Versteinerungen nur Ausfüllungen der Hohlräume, die der verweste Körper in der Ablagerung zurückgelassen hat (Abguß, Steinkern, Abb. 91). Werden z. B. Pflanzen von Kalk umkrustet und nicht von ihm durchsetzt,

*) Die Dicke von Schichten wird „Mächtigkeit" genannt, selbst wenn eine Schicht nur 1 mm „mächtig" ist. „Wahre Mächtigkeit" = rechtwinkelig zu den Schichtflächen. Bohrlöcher durchschneiden Schichten oft schräg und täuschen eine höhere Mächtigkeit vor.

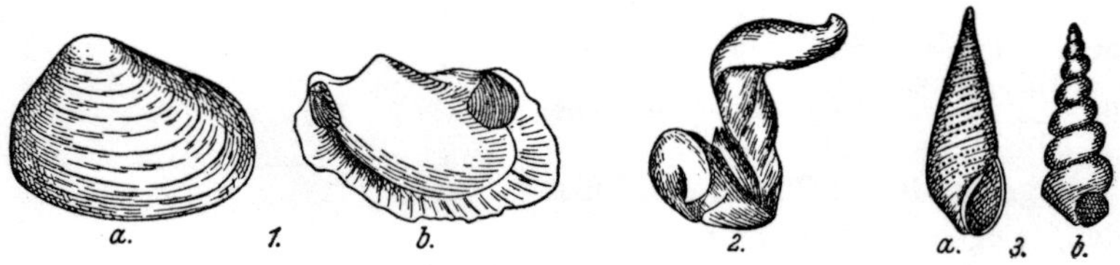

Abb. 91. Schale und Steinkern 1. *Crassatella,* eine Muschel (*a.* Schale von außen, *b.* Steinkern); 2. Steinkern von *Diceras* (vgl. Abb. von der Schale von *Diceras* auf S. 206); 3. Eine Schnecke (*Cerithium*) (*a.* Schale, *b.* Steinkern)

so spricht man von Umkrustung, hierbei verbleiben nach der Verwesung Hohlräume (Abb. 91, T. 32, S. 192). Auch unversteinerte Reste fallen unter den Begriff des Fossils, so z. B. Weichtierschalen (Abb. 91), erhalten gebliebene, höchstens ausgelaugte Knochen; ebenso Abdrücke, Kriech- und Fußspuren (T. 31, S. 191) u. dgl. sowie z. B. die menschlichen Moorleichen Nordwestdeutschlands (T. 31, S. 191), ferner Mineralgebilde, die an die Stelle des vergangenen Körpers getreten sind (T. 32, S. 192). Selbst die vergänglichsten Reste werden abformbar, wenn sie in gefrorenem Zustand eingebettet werden.

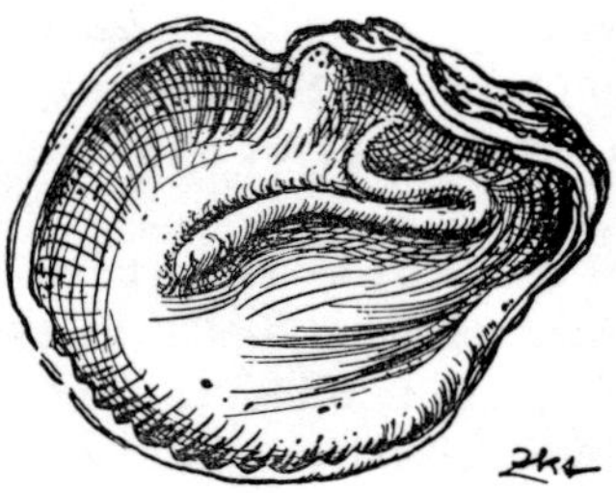

Abb. 92. Fierasfer dubius von der Perlmuschel Meleagrina margaritifera in Perlenmutter eingehüllt.

Aus der Entstehungsweise der Schichtgesteine ergibt sich, daß jedes Gestein sowohl in waagerechter wie senkrechter Richtung in andersartige Absatzgesteine übergehen muß: So gehen die Schlamme der Tiefsee allmählich in die Bildungen der flacheren See über, diese in die der Küstenzone und diese wiederum in solche des Strandes und des Festlandes. Ebenso bringt eine Vertiefung des Meeres oder eine Änderung der Stoffzufuhr etwa infolge von Landhebung einen Wechsel des Sedimentes mit sich (Abb. 51). Derartige Erscheinungen bezeichnet man als Fazieswechsel (Fazies = Gesicht, Aussehen).

Die „Fazies" umfaßt die gesamten Eigenschaften eines Gesteins, die sich aus der Entstehungsart und dem Entstehungsraum ergeben, im Gegensatz zu denen anderer gleichzeitig gebildeter Gesteine. Die Fazies ist also die Summe der durch ein Gestein und seinen Fossilinhalt ausgedrückten, zu einer gegebenen Zeit an einem gegebenen Ort und in dessen Umgebung herrschenden Verhältnisse.

In diesem Sinne spricht man von mariner Fazies (Tiefsee- oder pelagische Fazies, Flachsee- oder hemipelagische Fazies, Küsten- oder litorale Fazies), von festländischer oder kontinentaler Fazies (Wüsten-, Eis-[glazigener], Wind-[äolischer], Süßwasser-[limnischer], Fluß-[fluviatiler] Fazies) usw. Die jetzt im Rhein abgesetzten Sandmassen sind also ebenso Fazies des Holozäns, der gegenwärtigen erdgeschichtlichen Zeit, wie die Torfschichten der norddeutschen Moore, die Dünen der Ostsee, die Moränen der Alpengletscher, die Salzkruste der afrikanischen Wüstenseen sowie — die Müllkippen.

Die wichtigsten Gruppen der Sedimentgesteine

(Farbtafel bei S. 178)

Während die Erstarrungsgesteine rund 95% der obersten 16 km der Erdrinde ausmachen, entfallen auf die Sedimentgesteine nur etwa 5%; unter diesen spielen wiederum die klastischen Sedimente die Hauptrolle, indem 4/5 auf die Tongesteine und 15% auf die Sandgesteine entfallen.

*Tongesteine *)*

Fast alle Schichtgesteine, die nicht Sandstein oder Kalk sind, gehören in diese Gruppe. Sie bestehen aus Zersetzungsrückständen besonders der Glutflußgesteine und enthalten feinste Bruchstücke mechanisch und chemisch veränderter Minerale. Durch Eisengehalt werden sie rot oder braun (Eisenoxid und -hydroxide) oder graugrünlich und bräunlich (Eisensilikate) gefärbt; organische Beimengungen rufen dunkelgraue und schwarze Farbtöne hervor.

Das reinste, an Ort und Stelle durch Verwitterung entstandene Tongestein bildet der Kaolin ($H_4Al_2Si_2O_9$) (Porzellanerde), er entsteht unter dem Einfluß von Humussäure und warmem Klima. Tonige Absätze des fließenden Wassers und der Gezeitenzone sind Schlamm und Schlick; mit Sand durchsetzter und durch Eisen gelb gefärbter Ton ist Lehm.

Am Boden des Meeres bilden sich die farbigen Küstenschlicke, der Tiefseeton usw. (S. 99 f.). Kalkhaltiger Ton oder Lehm heißt Mergel, und zwar je nach der Menge des Kalkes entweder Tonmergel, Mergel oder Mergelton. Rückstand der Verwitterung von Kalk, Gips und Salz ist der sich in Höhlen und Spalten sammelnde Höhlenlehm, sind Salz- und Gipsmergel; Glimmermergel und andere Bezeichnungen verstehen sich von selbst.

Durch Alterung (S. 107) und den Druck hangender Schichten wandelt sich der plastische, weiche Ton usw. in festere Massen um. Es entstehen: Schieferton, Tonschiefer, Mergelschiefer, Letten (= kolloidarme, d. h. nicht mehr plastische, meist farbige Tone), Alaunschiefer, die Schwefelkies enthalten, Kupferschiefer, der Kupfererz enthält, aufs feinste spaltender dunkler Dachschiefer, stengelig geklüfteter Griffelschiefer usw. Bei den beiden letzteren tritt zu den Vorgängen der Diagenese der Gebirgsdruck hinzu. Tongesteine sind oft sehr regelmäßig geschichtet, wie z. B. der sogenannte Bänderton, oft aber auch gänzlich schichtungslos, wie z. B. unter tropischem Klima aus Granit entstandene Massen. Tierfährten, Pflanzenabdrücke, Trockenrisse (T. 31, 32, S. 191, 192) halten sich in tonigen Sedimenten oft vorzüglich, ja, es finden sich sogar die Abdrücke fossiler Regentropfen und Quallen.

Die praktische Bedeutung der Tongesteine ist groß: Kaolin dient der Porzellanherstellung, Lehm und Ton sind die Grundlagen wichtiger Baustoffe (Ziegel u. a.) und der grob- und feinkeramischen Industrie; im Wasserbau werden Tongesteine zur Abdichtung verwendet; feste Tongesteine dienen als Baustoff, als Lieferanten von Ton und Lehm, als Muttergestein von Alaun (siehe oben), von Kupfer- und Silbererzen (Mansfeld), von Düngephosphor (knochenreicher Höhlenlehm), von Brennstoff (organismenreicher bituminöser Schiefer, S. 105, 150). Mergel diente früher in großem Umfang als Bodenverbesserungsmittel.

Mit Vorbehalt hierher zu stellen ist der Löß, jenes Windsediment der Eiszeit und der Gegenwart, von dem mehrfach die Rede war. Löß ist ein sehr feinkörniger kalkhaltiger Quarzsand; im Gegensatz zu dem eigentlichen Ton ist er locker und durchlässig für Wasser. In der trockenen Jahreszeit hingegen steigt das Grundwasser in den feinen Poren des Gesteins auf und durchfeuchtet die oberen Schichten. Dabei wird der ursprünglich fein verteilte Kalkgehalt in Form von Knollen (Lößpuppen) angereichert. Im ganzen stellt der Löß, der einen breiten Streifen von Śląsk (= Schlesien) über Magdeburg, Thüringen bis zum Nieder-

*) 4% der Erdrinde = 82% der Sedimente.

rhein bedeckt und auch in Süddeutschland, Österreich und Osteuropa weit verbreitet ist, einen beinahe idealen Boden dar, der außerdem der Ziegelherstellung dient. In Europa nimmt er rund 7%, auf der ganzen Erde rund 3,5% der Landoberfläche ein.

Tongesteine fehlen in keinem Abschnitt der Erdgeschichte. In Deutschland haben Tonschiefer einen großen Anteil am Aufbau der Mittelgebirge. Letten bauen einen Teil der Schichten des Altertums, des Mittelalters und der Erdneuzeit auf. Mergelschichten finden sich besonders im Erdmittelalter. Der eiszeitliche Geschiebemergel nimmt große Flächen im norddeutschen Flachland ein.

Sandgesteine *)

Die Sandgesteine stehen an zweiter Stelle unter den klastischen Sedimenten. Sind die Tongesteine im allgemeinen so fein, daß man sie als „verborgen-klastisch" bezeichnen darf, so erreicht die Korngröße der Sandgesteine Ausmaße, die über der Grenze mikroskopischer Kleinheit liegen.

Lockere, unverfestigte Sandgesteine sind die Flußschotter und Brandungsgerölle, der Kies der Flüsse und des Strandes, der Sand der Flüsse, Meere, Dünen und Wüsten. Ihre Bestandteile sind durch den Wind- und Wassertransport mehr oder weniger abgeschliffen, gerollt. Nach vorhandenen Gemengteilen unterscheidet man auch Spatsand (mit Feldspat), Glimmersand, Magneteisensand u. a. Feinster Sand wird als Schluff bezeichnet; der Löß, der eigentlich ein Schluff ist, darf bereits zu den Tongesteinen gerechnet werden, wie es bei mehreren Schluffen angebracht ist.

Durch diagenetische Veränderungen werden die lockeren Massen verkittet, zu Sandstein verfestigt. Sickerwasser bringt Kieselsäure, Kalk und Eisen herbei oder löst diese Stoffe aus den Mineralien des Sandes, um sie an anderer Stelle als Bindemittel auszuscheiden **). Kieseliger Sandstein ist meist hell, kalkiger grau oder graublau, Eisensandstein meist gelb, rot oder braun; organische Stoffe erzeugen gedämpften grünlich-schwärzlichen Farbton.

Durch Verkittung entstehen aus Geröll Konglomerate („Nagelfluh" [Fluh = Fels]), aus Kies feinkörnige Konglomerate, aus Sand Sandstein (kalkig, kieselig, dolomitisch, Eisensandstein usw.); Glimmersand wird zu plattigem Sandstein. Kantiger, noch nicht gerollter Schutt ergibt Brekzien (ein aus dem Deutschen stammendes italienisches Wort, Bresche wird zu breccia, gesprochen etwa „bretscha"). Brekzien enthalten scharfkantige grobe Bestandteile, Konglomerate gerundete (Farbtafel bei S. 178); Fanglomerat ist verbackener Schlammschutt.

Spatsand wird zu Arkose (feldspathaltiger Sandstein; geht meist aus verwittertem Granit usw. hervor, dessen Schutt nicht weit transportiert worden ist, so daß der Feldspat nicht zerstört wurde). In den fahlgrauen bis tiefdunklen Grauwacken, die meist dem Erdaltertum entstammen, sind noch Schieferstückchen und Bruchstücke von Glutflußgestein erkennbar (Verwitterungsgrus). Quarzite sind äußerst feste Sandsteine, deren kieseliges Bindemittel oft durch Ordnung seiner Moleküle mit den Sandkörnern kristallographisch völlig verschmolzen ist.

---

*) 0,75% der Erdrinde.

**) Eisenzusammenballungen („Konkretionen") sind z. B. die bekannten Klappersteine oder Klapperkugeln, im Volksmund auch Blitzkugeln genannt.

Zwischen den sandigen und den tonigen Gesteinen sind alle Übergänge möglich. Auch die Sandgesteine fehlen in keiner Zeit, bilden doch die Sedimente der landnahen Flachsee die Hauptmasse aller sedimentären Gesteine der Erdgeschichte überhaupt. Denn die sandfreien Bildungen der tiefsten See, wie wir sie vom Ozeanboden kennen, sind fossil wohl noch nirgends beobachtet worden. Wir schließen daraus, daß die gewaltigen Verschiebungen von Land und Meer im Laufe der Erdgeschichte sich vorwiegend in dem verhältnismäßig engen Raum des Festlandes und seines flachmeerigen Sockels abgespielt haben.

Die Schichtung der im Meer entstandenen Sandgesteine ist meistens regelmäßig. Deltabildungen zeigen ebenso wie Fluß-, Dünen- und Wüstensande meistens Schrägschichtung. Häufig wechseln Sandsteinschichten mit Tonlagen. Oft, besonders bei Wüsten- und Strandsandstein, erkennt man die sogenannten Rippelmarken, zierliche Wellensysteme, erzeugt von Wind- oder Wasserströmung (T. 12, S. 84). Fossilien sind im Sandstein häufig nur als Steinkerne erhalten, weil die Kalkschalen vom Sickerwasser fortgeführt sind.

Sandgesteine tragen in manchem System ein besonderes Gepräge, das sie von den Sandgesteinen anderer Systeme unterscheidet (S. Kap. Erdgeschichte).

In der Praxis finden Sandgesteine Verwendung: in lockerem Zustand als Bausand, Glassand, als Betonkies, Straßenschotter und Steinschlag, Wegematerial, Schleifmittel usw.; in festem Zustand, besonders bei hartem Bindemittel, als Bau- und Pflastersteine und als Ausgangsstoff für die Herstellung feuerfester Erzeugnisse (Quarzit).

Kalkgesteine *)

Kalk als leicht löslicher und ebenso leicht wieder abgesetzter Stoff fehlt so gut wie nirgends. Er ist in vielen Gesteinen aller Bildungsräume und fast überall im Verwitterungsboden vorhanden. Toniger, kieseliger und bituminöser Kalk bildet sich am Grunde des Meeres weitab vom Einschwemmungsbereich festländischer Mineralteile; er besteht aus chemisch ausgeschiedenem kohlensaurem Kalk und enthält zerriebene und ganze Schalen von Weichtieren sowie Skeletteile anderer Meeresbewohner und gelöst gewesene Kalk- und kieselige Beimengungen, Radiolarien, Schwammskelette und Bitumen, das heißt Öl- und Eiweißstoffe der Tierleiber. Mariner Kalk ist meistens deutlich geschichtet, mit Ausnahme der schichtungslosen Korallen-, Schwamm- und Bryozoenriffe (Bryozoen = Moostierchen). Auch die mechanische Zusammenhäufung von Kalkschalen und Ooiden (= „ei-ähnlich“, wegen der Kugelform) (Abb. 93) und ähnlichem kann zur Bildung ganzer Kalkschichten führen, wie der Trochitenkalk des deutschen Muschelkalkes beweist, der stellenweise fast ganz aus den Stielgliedern einer Seelilie besteht.

Diagenese führt im Kalk neben Verfestigung gelegentlich zur örtlichen Anreicherung von kolloidaler Kieselsäure. Die Entstehung der Feuersteinknollen der Schreibkreide, eines besonders reinen Kalkes, gehört vielleicht hierher, wenn auch feststeht, daß ein Teil der Feuersteine im noch weichen Kreideschlamm entstand. Diagenese verwandelt gelegentlich magnesiumhaltigen Kalkstein in Dolomit durch Fortführung des leichtlöslichen Kalkgehaltes und demzufolge Anreicherung des Magnesiumgehaltes. Der Dolomitisierung unterliegen besonders gern Riffkalke.

Auf dem Festland entstehen Kalkabsätze im Trockenklima als Ausscheidungen der oberflächlich austretenden Bodenfeuchtigkeit (kalkige Wüstenrinden). Im Süßwasser

*) 0,25% der Erdrinde.

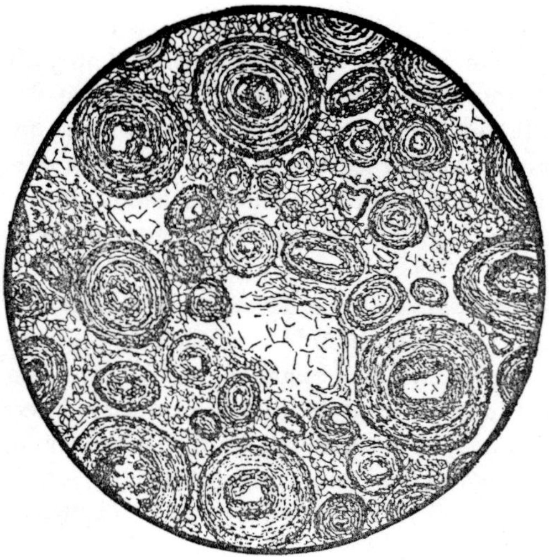

Abb. 93. Kalkoolith (Dünnschliff, vergrößert) besteht aus kleinen Kalkperlen (Ooiden), die sich im bewegten Meerwasser bilden.
(Archivbild)

scheidet sich Kalk aus, wenn dem Wasser, sobald es zutage tritt, der Kohlensäuregehalt entzogen wird, oder wenn Pflanzen die Kohlensäure verbrauchen. In dem ersten Fall entsteht Quellkalk, dessen Massen sich besonders schnell am Austritt warmer Quellen anhäufen, da auch die Abkühlung die Lösungskraft des Wassers herabsetzt (hierher gehört der berühmte Baustein Roms, der Travertin, auch die Kalktuffbildungen deutscher Quellen, z. B. Weimar, Bad Cannstatt). In stehenden Gewässern schlägt sich Kalk aus dem genannten Grunde gelegentlich massenhaft auf den Kohlensäure verbrauchenden Unterwasserpflanzen nieder. Laichkräuter und Armleuchter spielen dabei die Hauptrolle. Aber auch die Tierwelt des Süßwassers verbraucht Kalk zum Aufbau von Schneckengehäusen, Muschelschalen und Knochen. Alle diese Kalkmassen bilden am Boden des Gewässers, untermischt mit anderen Schlammbestandteilen, den sogenannten Kalkfaulschlamm, der durch Ausfaulen der organischen Teile allmählich zu weißer Seekreide (Wiesenkalk) werden kann.

Auch Tonmergel gehören zu den kalkigen Gesteinen, darunter der Geschiebemergel Norddeutschlands (S. 101). Dieser verdankt seinen Kalkgehalt der Aufnahme der durch das nordische Inlandeis zerriebenen Kalksteinschichten Nordeuropas und des Ostseebodens.

Kalksteine finden sich in fast allen Abschnitten der Erdgeschichte, in besonders großem Umfange vom Erdmittelalter ab. Über die praktische Verwendung kalkiger Gesteine zu Bauzwecken (als Werkstein, Mörtel und Zement), sowie als Dünge- und Bodenverbesserungsmittel und Rohstoff der Industrie, braucht Näheres hier nicht angeführt zu werden.

Kieselgesteine

bilden sich am Boden der Tiefsee als Radiolarienschlamm; im Süßwasser entstehen gelegentlich massenhafte Anhäufungen von Schalen der Kieselalgen (Diatomeen), die z. B. aus der Lüneburger Heide bekannte Kieselgur, auch Bergmehl genannt. An heißen Quellen werden, z. T. durch Bakterien und Algen, Kieselsinterabsätze gebildet, auch Wüstenrinden können aus Kieselsäure bestehen. Diagenese und Metamorphose wandeln die organischen Kieselablagerungen in festen Kieselschiefer und Hornstein um. Kieselgesteine entstehen auch in der Schreibkreide (Feuersteine) oder bei der Verwitterung bestimmter Silikate (Verkieselungen). Der technische Wert der Kieselgesteine beruht auf ihrer großen Härte: man verwendet sie zu Pflastersteinen, Straßenschotter, Wetz- und Schleifsteinen, feuerfesten Erzeugnissen. Die lockere, poröse Kieselgur hingegen dient als Isoliermittel in Kühlanlagen, Heizungen, Panzerschränken usw., infolge ihres großen Aufsaugevermögens als Filtermittel, als Unterlage für die Dynamitherstellung und außerdem als Schleif- und Poliermittel.

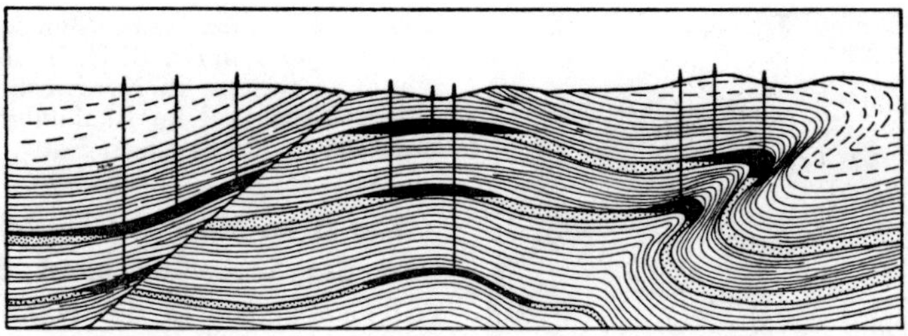

Abb. 94. Schematischer Querschnitt durch ein gefaltetes Gebirgsland. Ölanreicherung in den Antiklinalen (rechts) und in den an einer Verwerfung geschleppten Schichten (links). Schwarz: Öl; punktiert: poröses Gestein, von Salzwasser erfüllt; eng liniert: tonige, teils bituminöse Schichten; weit gestrichelt: durchlässige Gesteinsschichten. (Archivbild)

Kohlegesteine

Die Kohlegesteine nehmen eine Sonderstellung ein, da sie fast ausschließlich aus organischen Verbindungen der Elemente Kohlenstoff, Sauerstoff, Wasserstoff und auch Stickstoff bestehen. Sie können sich nur bilden, wenn die völlige Verwesung pflanzlicher Massen durch Absperrung des Luftsauerstoffes unmöglich gemacht wird. Im allgemeinen wird der Luftabschluß in der Natur durch Wasserbedeckung erreicht. Der in den Pflanzenstoffen vorhandene Sauerstoff reicht dann zur völligen Verwesung nicht aus, so daß kohlenstoffreiche, sauerstoff- und wasserstoffarme Verbindungen übrigbleiben.

Das jüngste Kohlegestein, das sich heute aus den Pflanzen des Wassers, des Röhrichts und des Bruchwaldes bildet, ist der Flachmoortorf, während der Hochmoortorf sich in der in Abb. 55 geschilderten Art aus den Resten von Torfmoos *(Sphagnum)* anhäuft. Flachmoortorf ist meistens reich an Asche, gleichmäßig dunkel und schmierig, gelegentlich jedoch auch faserig (Sauergrastorf, Schilftorf und andere). Moostorf hingegen ist heller, braun, ja bei geringer Zersetzung noch fast weiß, kann aber als sogenannter älterer Hochmoortorf schwarz und dann in trockenem Zustand fast brikettartig werden. Man unterscheidet die Torfe praktisch nach den pflanzlichen Bestandteilen, die in der Grundmasse erkennbar sind.

Braunkohle ist der Torf von Waldmooren vorwiegend der Tertiärzeit, Steinkohle der älteren Zeiten, insbesondere des Erdaltertums. Die abrupte Abnahme des Sauerstoffgehaltes bei der Steinkohle hat ihren Grund darin, daß die Entwicklung bis zum Braunkohlestadium ein diagenetischer Vorgang (s. Diagenese!) ist, während die Umwandlung der Braunkohle in Steinkohle durch erhöhten Druck infolge von Gesteinsauflast oder tektonischer Beanspruchung und zunehmende Temperaturen in größerer Erdtiefe eine Erscheinung der Metamorphose (s. diese!) ist. Daß eine ununterbrochene Verwandtschaftsreihe von der Pflanzenfaser bis zur Steinkohle und darüber hinaus bis zum Graphit führt, zeigt folgende Übersicht:

Es enthält durchschnittlich

	Kohlenstoff %	Wasserstoff %	Sauerstoff %
Pflanzenfaser	50	6	44
Torf	55—60	6	25—40
Tertiäre Braunkohle	60—70	5	25—30
Steinkohle	80—90	4—5	5— 5,5
Anthrazit	95	3	2
Graphit	100	—	—

Die restlichen Teile sind Asche.

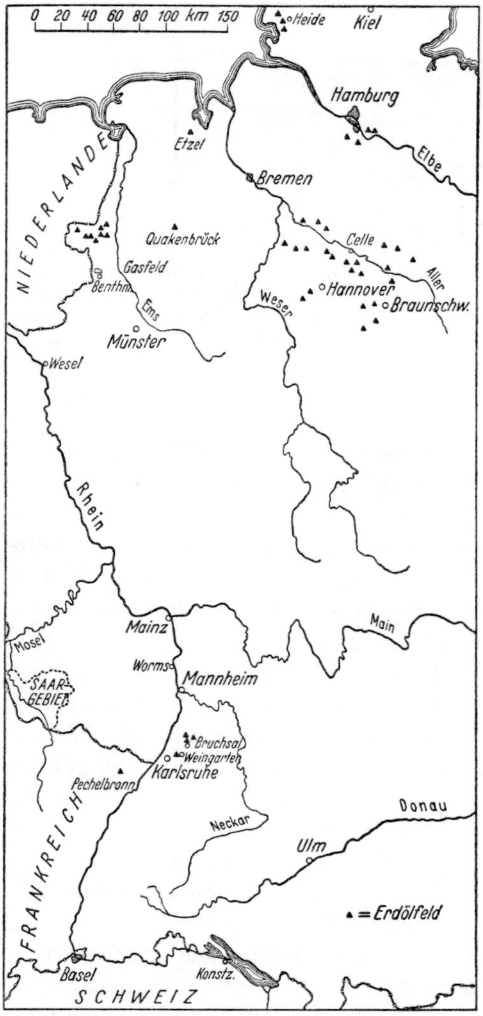

Abb. 95. Karte der wichtigsten Erdöl- und Erdgasvorkommen in der BRD. In neuerer Zeit sind zahlreiche weitere in Nordwestdeutschland, im Alpenvorland und im Rheintalgraben hinzugekommen. (Nach einem Entw. v. Dr. R. Brill)

Ehe es im Moor zur Torfbildung kommt, wird das Seebecken meist durch Faulschlamm bis in die Nähe des Wasserspiegels angefüllt. Faulschlamm besteht neben mikroskopischen Algen hauptsächlich aus öl- und fetthaltigen Tier- und Pflanzenresten. Bei der Zersetzung unter Luftabschluß bildet sich Bitumen, ein Sammelbegriff für feste, gasförmige und flüssige, besonders für wasserstoffreiche Kohlenwasserstoffverbindungen der Erdrinde. Gebirgsdruck, Erdwärme und lange Zeiträume bewirken unter anderem deren Umwandlung in Erdöl, das sich, ähnlich dem Grundwasser, in der Erdrinde zwischen und innerhalb von Gesteinen sammelt (Abb. 94). Durch Druck und Wärme wird das Erdöl weiter entgast; es entsteht Erdgas — in Kohlebergwerken „Schlagende Wetter“ (Methan = CH_4). — Die gasarmen Rückstände gehen durch Sauerstoffaufnahme in Erdwachs (Ozokerit) und in Erdpech (Asphalt) über, das z. B. in Trinidad und Venezuela Seen bildet. Dem Reichtum aller Meere an Leben entsprechend, treten bituminöse Sedimentgesteine in großer Verbreitung auf, so die bituminösen Mansfelder Kupferschiefer, die Stink- und Ölkalke und -schiefer im süddeutschen Jura, im Zechstein, die asphaltführenden Sandmergel im Elsaß (Tertiär), im oberen Jura der Provinz Hannover und viele andere mehr. Auch Erdöl ist in der BRD nicht selten. Es findet sich bisher im Holsteinischen, in Hannover, Braunschweig, im oberen Rheintal, in Baden, am Tegernsee, im Voralpenland usw. (Abb. 95).

Im Torf treten als mineralische Beimengungen auf: Wiesenkalk, Blaueisenerz (Vivianit), eine Phosphoreisenverbindung, Weißeisenerz, ein Eisenoxidulkarbonat in kolloidaler Form, Raseneisenerz, Brauneisen. Bei der Braunkohle unterscheidet man u. a.: schwarze, spröde, glänzende Pechkohle, dunkelbraune feste Braunkohle, weniger harte,

TAFEL XXIII

Vulkanismus

1. Lavasee im Krater des Halemaumau (Hawaii) Aufn. W. Stoy, Hawaii
2. Krateröffnungen durchbrechen den aus Lava und Asche aufgeschichteten Vulkan. Sie sind durch einmalige Gasausbrüche entstanden. (Blick in den Niragongo-Krater, Ostafrika) Archivbild
3. Der jüngst entstandene Vulkan Paricutin in Mexiko: Aschenkegel und -krater Aufn. F. H. Pough
4. Ausfließende Lava (bei San Juan de Parangaricutiro, Mexiko) Aufn. W. F. Foshag

1

2

3

4

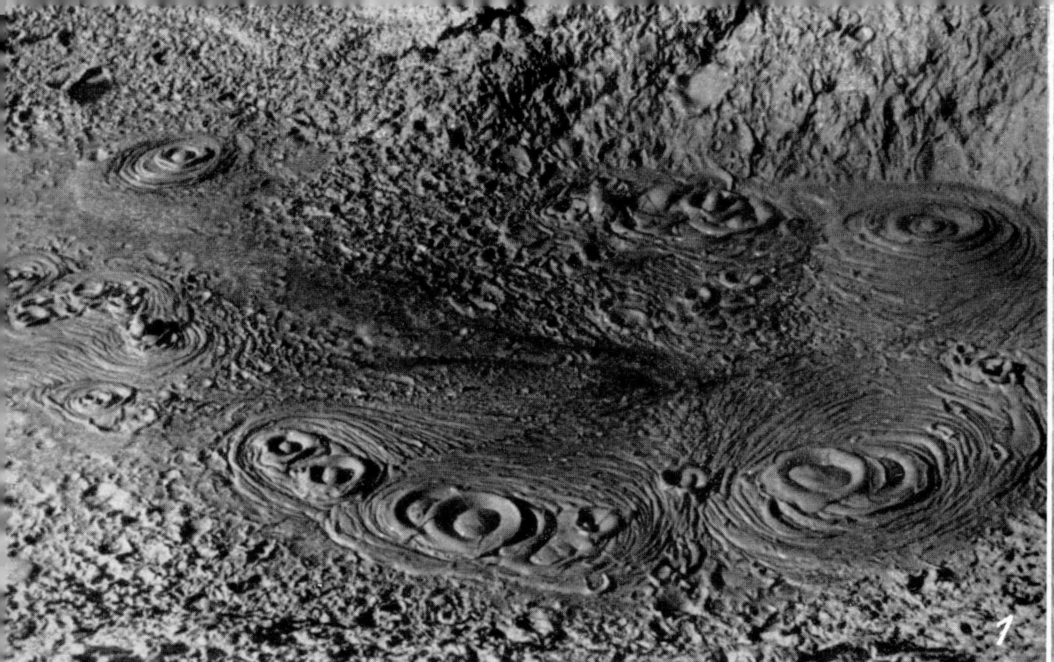

1

3

2

4

stückige gemeine Braunkohle, die oft erdig zerfällt; Lignit sind Massen, die das Holzgefüge noch erkennen lassen; Wachskohle = Pyropissit, eine helle wachs- und harzreiche Kohle.

Steinkohle: Glanzkohle besteht aus Humusbestandteilen, Mattkohle enthält andere organische Bestandteile. Streifenkohle besteht aus wechselnden Lagen von Glanz- und Mattkohle (fast alle unsere Steinkohlen); die sogenannten Boghead- und Kännelkohlen sind reich an Sporen und Algen; in Westdeutschland unterscheidet der Bergmann u. a. die Kohlen nach ihrem Gasgehalt, wie Fett-, Mager- und Gaskohle usw. Die große Mächtigkeit vieler Kohlenlager („Flöze") erklärt sich daraus, daß sie über sinkendem Untergrund entstanden (Abb. 116).

Chemische Niederschläge

Hierher gehören in erster Linie die Salze im engeren Sinne: Chloride wie Steinsalz (Natriumchlorid = $NaCl$), Sylvin (Kaliumchlorid = KCl), Carnallit (Kalium-Magnesiumchlorid = $KCl \cdot MgCl_2 \cdot 6\,H_2O$), Bischoffit ($MgCl_2 \cdot 6\,H_2O$); Kainit mit der chemischen Zusammensetzung $KCl \cdot MgSO_4$ (Magnesiumsulfat) $\cdot\,3\,H_2O$ leitet über zu den Sulfaten (Schwefelsalzen): Anhydrit ($CaSO_4$), Kieserit ($MgSO_4 \cdot H_2O$), Polyhalit (Kalium-Magnesium-Kalziumsulfat mit zwei Teilen Wasser = $2\,CaSO_4 \cdot MgSO_4 \cdot K_2SO_4 \cdot 2\,H_2O$), Langbeinit ($2\,MgSO_4 \cdot K_2SO_4$).

Diese Salze und ihre natürlichen oder künstlichen Gemische dienen als künstliche Dünger. Einige werden unmittelbar verwendet, darunter das Hartsalz (= Steinsalz + Silvin + Kieserit). Sie entstehen in abflußlosen Meeresbecken oder Wüstenseen. In jedem Fall ist trockenes Klima Vorbedingung für die Entstehung, das zur Eindampfung führt (Totes Meer in Palästina, Großer Salzsee in Utah). Neben den genannten kommen Borax, Glaubersalz und viele andere vor. Bei der Verdunstung fallen die gelösten Salze nach dem Grade ihrer Löslichkeit aus, und zwar die schwerstlöslichen zuerst. Daher ordnen sich die Salze in den Salzlagerstätten von unten nach oben vielfach in folgender Weise an: Zuunterst Anhydrit, darüber Steinsalz mit „Jahresringen" von Anhydrit, Steinsalz mit Polyhalit, Steinsalz mit Kieserit, Kalisalze und zuoberst als Schutz eine wasserdichte Decke von Ton (Salzfolge von Staßfurt in der Gegend von Magdeburg).

Also auch Gips (bzw. Anhydrit) gehört hierher; Kalkstein fällt ebenfalls z. T. rein chemisch aus (Quellkalk, Süßwasserkalk). Wegen seiner relativ geringen Löslichkeit müßte er am Beginn einer jeden Salzfolge ausgeschieden werden, also zuunterst liegen. Besonders die „Ei- oder Erbsensteine" (Oolithe oder Pisolithe [Abb. 93]) und die Rogensteine sind hier zu nennen: Sie bestehen aus bis zu erbsengroßen Kalkkügelchen (schalig aufgebaute Konkretionen = Zusammenballungen), die durch einen Zement miteinander verbacken sind. Werden die Kügelchen aufgelöst, so bleibt „Schaumkalk" zurück. Der Absatz von Kieselsubstanz (Quarz, Opal) aus Quellen (Geysiren) mag ebenfalls noch einmal erwähnt werden.

Auch für die chemischen Sedimente, ja, für alle Sedimentgesteine gilt, was auf S. 141 über die Glutflußgesteine gesagt werden mußte: Im einzelnen ist ihre Entstehung keineswegs vollständig geklärt. Ihre Erforschung steht noch in den Anfängen und ist die Aufgabe besonderer Forschungszweige (Sedimentologie, Geochemie u. a.).

TAFEL XXIV Vulkanismus

1. Schlammtöpfe von Rotorua (Neuseeland) Archiv Erich Fischer
2. Strickförmige Lava am Vesuv Aufn. L. Schuster
3. Wechselnde Winde und periodische Auswurftätigkeit bewirken die Schichtung der von dem neuen Vulkan (Tafel 23 unten links) geförderten Asche. Aufn. F. H. Pough
4. Lavastrom, zu vielkantigen Säulen erkaltet (Basalt), unter einer Decke von vulkanischer Asche; darin: abgestürzte vulkanische Bomben (Gegend von Niedermending) Aufn. Knauff

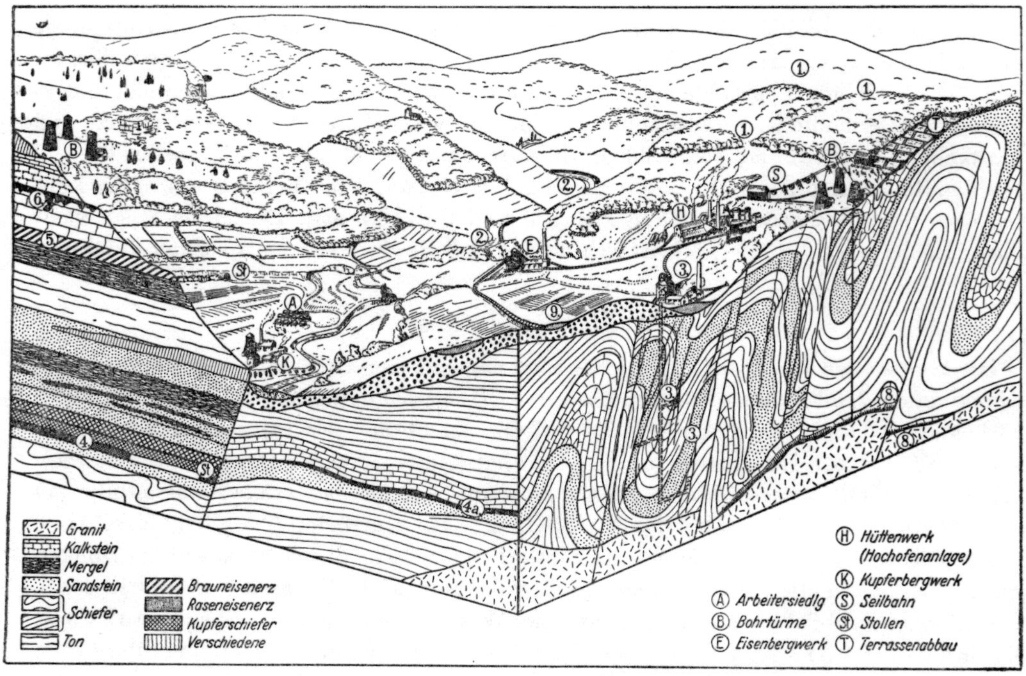

Abb. 96. Die wichtigsten Arten der Erzlagerstätten

1. Im Gebirge liegen vom Granit ausstrahlende goldhaltige Quarzgänge (Berggold).
2. Infolgedessen enthält der Flußgrund den Quarz und das Gold der zerstörten Gänge (vgl. 1.) (Fluß- oder „Seifen"-gold).
3. Spalten im Schiefergebirge sind von wäßrigen Lösungen mit Blei- und Zink-Kristallen ausgekleidet worden (Erzgänge).
4. Kupfer- und schwefelhaltiger Meeresschlamm ist zu einer Schicht von „Kupferschiefer" geworden.

4a. In anderen Meeressedimenten kann der Eisengehalt so groß sein, daß der Abbau lohnt (Thüringen).

5. Auch die Erze des süddeutschen Braunjura sind am Meeresboden entstanden (auch Brauneisen in Lothringen: Minette).
6. Eisenhaltiger Verwitterungsboden alter Kalkhochebenen (z. B. Alb) (Verwitterungslagerstätte).
7. Wo Eisen das Kalzium des Kalkes (Kalzium-Karbonat) ersetzt, entsteht Eisenkarbonat = Eisenspat (Verdrängungslagerstätte).
8. Der ehedem glutflüssige Granit hat das Nebengestein verändert und hier und da mit Erzen durchsetzt (Berührungs- oder Kontaktlagerstätte).
9. Raseneisenerz im Flachmoor.

(Nach einem Wandbild des Verlags „Der praktische Schulmann", Entwurf v. Bülow.)

Anhang

Gesteine, die weder Glutfluß- noch Schichtgesteine sind

Schichtgesteine vulkanischer Herkunft sind die vulkanischen Tuffe. Sie sind nichts anderes als die schichtweise Anhäufung von vulkanischer Asche, häufig untermischt mit Lapilli (s. S. 110) und Bruchstücken der Gesteine, die der vulkanische Ausbruch durchschlagen hat, so der Bimssteintuff des Neuwieder Beckens bei Koblenz und der Traß der Eifel. Das Material der Tuffe wechselt ebenso wie das der Ergußgesteine, aus denen sie hervorgehen.

Im gewissen Sinne gehören hierher auch viele Erze, über die bereits einiges gesagt worden ist. Die Praxis bezeichnet als Erz nur solche metallhaltigen Massen, also Mineralien und Gesteine, aus welchen wirtschaftlich und im großen Metalle oder Metallverbindungen gewonnen werden können. Den Geologen hingegen interessieren auch solche Erze, die nicht abbauwürdig sind. Auch durch sie werden wichtige Fingerzeige für die Entstehung der nutzbaren Lagerstätten gegeben (Abb. 96). Man unterscheidet syngenetische Erze, die gleichzeitig mit dem umgebenden Gestein entstanden sind, z. B. die Doggererze des Jura und der Mansfelder Kupferschiefer, sowie Auskristallisation aus dem Schmelzfluß; epigenetisch entstanden, d. h. jünger als das sie einschließende Gestein, sind Kontaktbildungen, Erzgänge in anderen Gesteinen, Erzlager, die durch chemische Verdrängung entstehen, sowie Anreicherung von Erzen durch Verwitterung. Die Erzanreicherungszone unseres Klimas ist der Eiserne Hut. Die große Mehrzahl aller Erzvorkommen verdankt ihre Entstehung der Ausscheidung aus wäßrigen Lösungen, so die aus Thermalwässern stammenden Gänge, die Verwitterungsbildungen alter Landoberflächen (Bohnerze) und andere. Da aber die Erzminerale nie allein gelöst sind, so scheiden sich mit ihnen zugleich zahlreiche andere Mineralien wie Quarz, Kalkspat usw. als „Gang- oder Lagerarten" aus (T. 30, S. 174).

Durch Metamorphose (S. 114, Abb. 97) entstehen Gesteine, die häufig weder als Glutflußgesteine noch als Schichtgesteine erkannt werden können. Der Grad der Umwandlung durch Kontakt- oder Regionalmetamorphose sowie durch Gebirgsbewegungen ist oft so groß, daß der ursprüngliche Gesteinscharakter völlig verwischt wird. Je höher das Alter ist, desto größer ist die Zahl der Gelegenheiten für ein Gestein gewesen, regionalmetamorph umgewandelt zu werden. (Farbtafel bei S. 186.)

Oben (S. 114) wurden die wichtigsten Erzeugnisse der Metamorphose geschildert, durch die sowohl Schichtgesteine wieder zu „kristallinen" Gesteinen, wie auch Glutflußgesteine zu neuen Gesteinen umgeschmolzen und umkristallisiert werden. Mancher Granit hat sich als ehemals andersartiges Gestein entpuppt. An der Untergrenze der festen Erdhaut mischen sich abgesunkene Gesteine mit den Massen der Fließzone zu Mischgesteinen („Migmatiten" S. 115). Die Festlandsblöcke, wie Skandinavien, Kanada und andere, sind durch die fast ununterbrochene Abtragung so weit entblößt, daß in ihnen die Migmatitzone heute an der Oberfläche freigelegt ist und Einblick gewährt in die Vorgänge innerhalb der sonst jedem menschlichen Auge unzugänglichen Bereiche der tieferen Erdkruste.

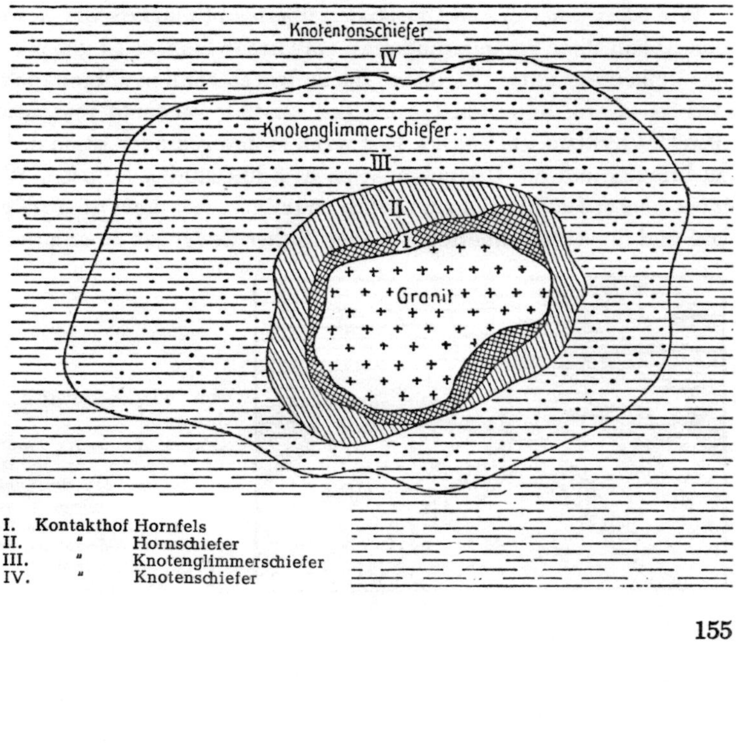

Abb. 97. Ein Kontakthof am Granit. Der Umwandlungsgrad des Nebengesteins wird mit zunehmender Entfernung vom Granit geringer. (Archivbild)

I. Kontakthof Hornfels
II. " Hornschiefer
III. " Knotenglimmerschiefer
IV. " Knotenschiefer

DER ABLAUF DER GESCHICHTE DER ERDE UND DES LEBENS IM GEGENSPIEL DER INNEREN UND DER ÄUSSEREN KRÄFTE

Wir haben bisher gesehen, wie das Wechselspiel der erdinneren und der von außen her auf die Erdrinde einwirkenden Kräfte den Kreislauf der Gesteine aufrechterhält; wir haben gesehen, welcher Art die Gesteine sind, die im großen Kreislauf des erdgeschichtlichen Geschehens entstehen und wieder vergehen, um neue Formen anzunehmen. Dieser erdumspannende Hergang spielt sich ab, solange eine feste Erdrinde mit Ländern und Meeren besteht. Jahrmillionen hindurch wurde eine Schicht auf die andere gepackt, quoll der Glutfluß aus der Tiefe zur Oberfläche empor, falteten erdinnere Kräfte Gebirge auf, die alsbald wieder der Zerstörung anheimfielen und Stoffe für neue Schichtgesteinsmassen im Meere lieferten.

Die Umrisse von Festland und Meer wechselten; damit änderten sich die Ablagerungsräume und die ihnen zugehörenden Abtragungsräume und somit auch die Formen der Gesteinsschichten. Ablagerungsräume wurden Abtragungsräume, Festland wurde Meer. So kommt es, daß nirgends auf der Erde die Schichten der gesamten Erdgeschichte lückenlos übereinander an einer Stelle zu finden sind.

Hinzu kommt, daß nur wenige Gebiete wirklich von Bewegungen verschont geblieben sind, so daß die meisten Schichten, denen wir im Gelände begegnen, sich nicht mehr in der ursprünglichen waagerechten Lage befinden. Zur Lückenhaftigkeit der Schichtfolge tritt also die oft sehr gründliche Störung ihrer ursprünglichen Lage.

Ziehen wir die Folgerungen aus diesen Feststellungen, so finden wir, daß die erdgeschichtlichen Urkunden, die die Gesteine ja sind, sich gar nicht selten in einem auf den ersten Blick chaotisch darbietenden Zustand befinden.

Wie ist es unter diesen Umständen überhaupt möglich, die Geschichte der Erdoberfläche, den Ablauf ihrer Veränderungen zu entwirren? Nun, es ist genau so, wie in der Erforschung der Völkergeschichte: Urkunden, die zu wirren Haufen aufgestapelt in irgendeiner Ecke des Archivs lagern, ungeordnet, zum Teil zerstört, verstaubt und auseinandergerissen, nützen dem Geschichtsforscher nichts. Erst wenn es ihm gelungen ist, in den wirren Haufen Ordnung zu bringen und die Urkunden, seien es Schriftstücke, Münzen, Wappen oder Erzeugnisse menschlicher Handfertigkeit, zeitlich zu ordnen, erst dann ist es möglich, etwas über den Ablauf und die Aufeinanderfolge geschichtlicher Ereignisse zu ermitteln.

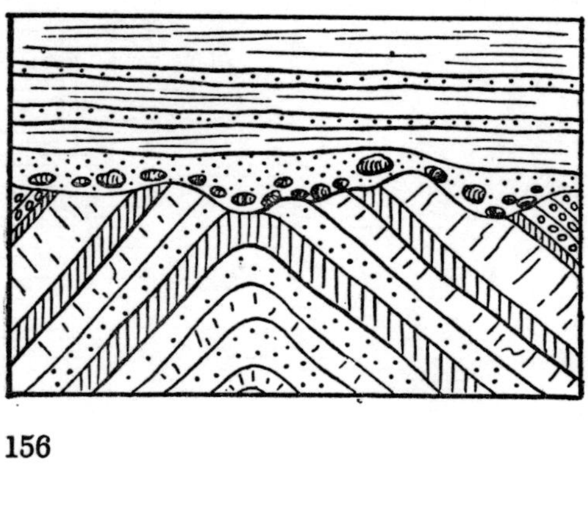

Abb. 98. Dieses einfache Profil sagt eine ganze Menge aus:
Nachdem die untere Schichtenfolge abgelagert und verfestigt worden war, wurde sie zum Sattel zusammengeschoben und danach abgetragen. Das über sie hinweggehende Meer rührte die verschiedensten Bruchstücke der liegenden Schichten zum Transgressions- oder Grundkonglomerat zusammen und legte ein neues Schichtenpaket darüber. — Die Grenzfläche zwischen beiden Schichtenfolgen ist eine „Diskordanz".

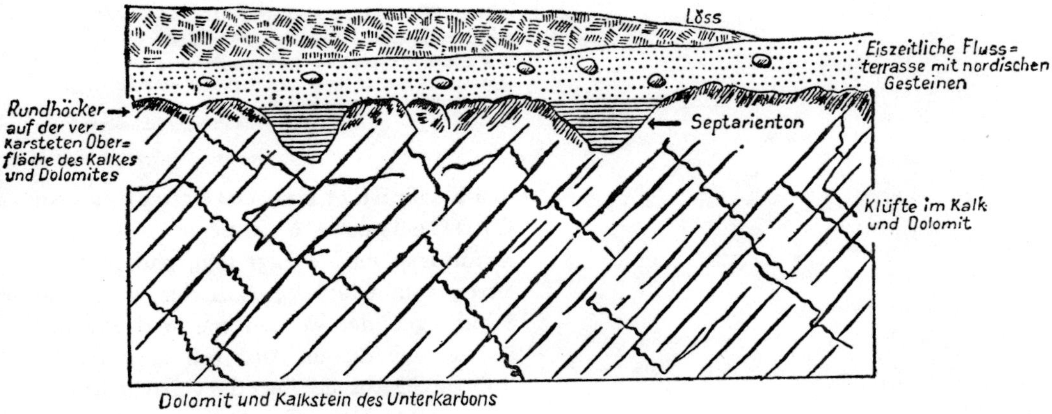

Abb. 99. Die erdgeschichtlichen Runen in einer einzigen Steinbruchwand zeugen von einer wechselvollen, aber für große Teile des deutschen Bodens kennzeichnenden Entwicklung (Beispiel von Ratingen bei Düsseldorf).

Die Reihenfolge der Ereignisse, die sich in diesem Aufschluß ausdrücken, war: Waagerechte Ablagerung der Kalkschichten im Meer der frühen Steinkohlenzeit — Umwandlung der obersten Kalkschichten in Dolomit (s. o.) — Aufrichtung der Schichten in der späten Steinkohlenzeit und anschließend Entstehung der Klüfte — Auskleidung der Klüfte seitens des Kluftwassers mit Quarz, Kalkspat, Manganspat, Bleiglanz, Zinkblende u. a. Kristallen — Verkarstung (s. o.) der Kalkoberfläche und Bildung der Dolinen (Erdfälle Abb. 36) im späten Erdmittelalter — Eindringen des (mitteloligozänen) Septarientonmeeres, Bedeckung und Füllung der Dolinen mit Septarienton. Das zweite Eis der Eiszeit geht über das Gebiet hinweg, beseitigt den Septarienton zum großen Teil wieder (nur in den Dolinen bleibt er unversehrt), schleift die Felsoberfläche rund und glatt (Rundhöcker) und breitet seine Moräne (mit nordeuropäischen Gesteinen!) darüber — der eiszeitliche Rhein beseitigt die Moräne, nimmt aber das nordische Gesteinsgut in seinen Schotter auf, der als „Terrasse" liegenbleibt — Eiswind einer späteren Vereisung weht Lößstaub darüber. — Jede Grenze unserer Zeichnung bedeutet eine längere Pause in der Ablagerung, ist eine Diskordanz! Das Alter des Kalkes und Dolomites ist durch steinkohlenzeitliche, das des Septarientones ebenfalls durch kennzeichnende Versteinerungen (Meerestiere) sichergestellt.

Genau so muß der Geologe vorgehen; er muß versuchen, den Wirrwarr der Gesteine vor seinem geistigen Auge in den Zustand zurückzuversetzen, in dem sie ursprünglich gelegen haben. Er muß versuchen, das ordnende Gesetz in diesem Chaos zu erkennen. Und dazu stehen ihm verschiedene Möglichkeiten zur Verfügung:

Das wichtigste Gesetz, das wir bereits kennengelernt haben, lautet, daß die jüngeren Schichtgesteine auf den älteren liegen müssen; was unten liegt, muß älter sein als das, was darüber liegt. Wenn wir also eine bestimmte Schicht ins Auge fassen, so ist die liegende Schicht älter als sie, und sie selbst wieder älter als die hangende.

Wir haben weiter erkannt, daß jede Schichtfuge einer zeitlichen Unterbrechung der Ablagerung entspricht; wir müssen überall dort, wo uns eine Schichtfuge oder gar ein grundsätzlicher Gesteinswechsel begegnen, mit einer Lücke im zeitlichen Geschehen rechnen.

So ist es möglich, die Reihenfolge der Entstehung von Gesteinsschichten festzustellen. Es ist aber auch nötig, gebirgsbildende Bewegungen zeitlich einzuordnen. Jede Diskordanz (Abb. 98, 99) gibt dazu die Möglichkeit: Die Bewegung, die die unteren Schichten aufgerichtet hat, muß später erfolgt sein, als die jüngste mitaufgerichtete Schicht gebildet worden ist — sonst hätte diese ja nicht mitaufgerichtet werden können. Sie muß auch älter sein als die älteste diskordant darüber liegende Schicht — denn sonst wäre diese ja ebenfalls mit in die Bewegung einbezogen worden.

Ganz ähnlich geht man vor, wenn man das Alter von vulkanischen Ausbrüchen ermitteln,

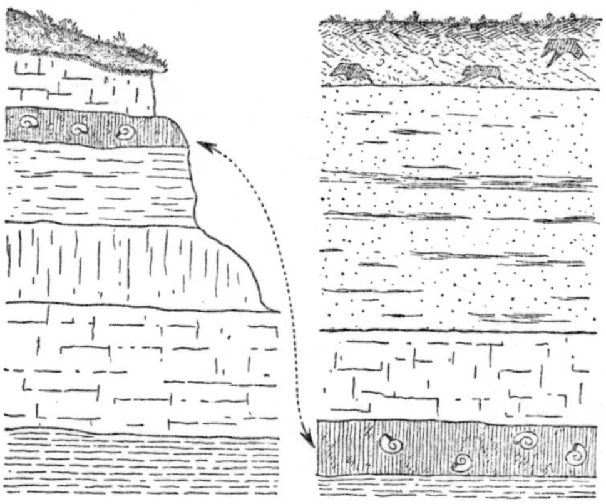

Abb. 100. Stratigraphische (relative) Altersbestimmung mit Hilfe von Fossilien

Die gleichen Fossilien in verschiedenen Aufschlüssen lehren, daß die Schichten rechts jünger sind als im größten Teil des Aufschlusses links.

(Zeichnung Schwarzenbeck)

den Zeitpunkt des Aufdringens von Glutflußgestein festlegen will: Das Aufdringen muß erfolgt sein, nachdem die letzte, vom Glutflußgestein durchschlagene Schicht gebildet worden war und ehe die älteste, von diesem Ausbruch nicht mitbetroffene Schicht sich über das vulkanische Gestein legte. Von Gesteinsgängen ist immer der der jüngste, der die bereits vorhandenen Gänge und andere Gesteine „durchsetzt". Durch mühselige Kleinarbeit, die auf diesen Erkenntnissen aufbaute, ist es gelungen, eine gewisse Reihenfolge der Entstehung von Gesteinen festzulegen. Man hat sich dabei anfangs nach der Gesteinsbeschaffenheit gerichtet. Natürlich ist es nicht möglich, jede auftauchende Altersfrage auf diesem einfachen und selbstverständlich anmutenden Wege zu lösen. Denn mehr als einmal kommt es ja vor, daß eine Schichtfolge durch tektonische Bewegungen buchstäblich auf den Kopf gestellt ist; dann liegt das Jüngste zuunterst, das Älteste oben drauf. Wie oft kommt es nicht auch vor, daß durch enge Faltung die Gesteine an der Oberfläche streifenförmig zutage kommen, sich Schichtfolgen ergeben, bei denen das Gesetz versagt; denn es wiederholt sich ja die Schichtfolge vom Jungen zum Alten ungezählte Male nebeneinander an der Oberfläche (Abb. 73).

In diesem Fall muß ein anderes Hilfsmittel einspringen, dessen Bedeutung schon früh erkannt worden ist. Insbesondere ist erstaunlich, wie der junge Goethe, seiner Zeit weit vorauseilend, die Bedeutung der Versteinerungen für die Altersbestimmung der Schichtgesteine erkannte (Abb. 100). Von der Erfahrung ausgehend und von der Überlegung, daß die Entwicklung des Lebens von niederen zu höheren Formen sich nur einmal vollzieht, und daß diese Entwicklung niemals wieder zu ihrem Ausgangspunkt oder auch nur zu einem früheren Entwicklungsstadium zurückkehrt, daß sie also nicht umkehrbar ist, darf man die Reste fossiler Pflanzen und Tiere als Zeitzeiger, gleichsam als Seitenzahlen im Buche der Erdgeschichte, ansehen. Es hat unendlicher Kleinarbeit bedurft, um aus dieser Erkenntnis im Laufe vieler Geschlechterfolgen wissenschaftlicher Forscher das Werkzeug für die Altersfestsetzung der Gesteine der Erdrinde zu schmieden. Heute gibt es wohl kaum ein Schichtgestein mehr, das nicht auf Grund seines Inhaltes an Versteinerungen in die Stufenfolge der erdgeschichtlichen Entwicklung eingegliedert werden könnte. Und wo Versteinerungen fehlen, lassen sich wenigstens Lagerungsbeziehungen und damit Altersbeziehungen zu versteinerungsführenden Schichtgesteinen ermitteln.

Natürlich ist nicht jeder fossile Rest als Leitfossil geeignet. Es gibt Tierformen, die sich im Verlaufe der unendlich langen Erdgeschichte so gut wie gar nicht geändert haben. Andererseits gibt es Tierstämme, die sich mit solcher Geschwindigkeit entwickelt haben, daß manchmal jedes dünne Gesteinspaket neue Arten des gleichen Stammes enthält: So gestatten die fossilen Ammonshörner eine bis ins einzelne gehende Gliederung der süddeutschen Juraablagerungen. Aber auch die schnelle Entwicklung neuer Formen allein genügt nicht, um ein Fossil zum „Leitfossil" zu stempeln. Denn die Tiere sind ja — das gilt für die Pflanze in noch höherem Maße — an ihren Lebensraum gebunden. Tiere der Tiefsee verirren sich nicht in die Flachsee, Wüstenbewohner nicht in den sumpfigen Urwald. Lebewesen, deren Lebensraum eng begrenzt (sog. „Faziesfossilien“ — Fazies S. 144) ist, sind als Leitfossilien nicht brauchbar; vielmehr kommen als solche in erster Linie Tierformen in Frage, deren Lebensraum die größte denkbare Ausdehnung hat, insonderheit also Tiere des offenen Meeres.

Als Leitfossilien sind Tier- und Pflanzenformen am besten geeignet, die bei kurzer Lebensdauer möglichst weltweite Verbreitung gehabt haben. Auch sie sind an einen Lebensraum gebunden, aber an den Lebensraum, der uns im fossilen Zustand als weitest verbreitete Fazies gegenübertritt.

Die Gesetze der Schichtlagerung und das Vorhandensein von organischen Resten in den Schichtgesteinen geben uns somit die Möglichkeit, in den Wirrwarr der Gesteinsmassen des Erdbaues Ordnung zu bringen. Das geht so weit, daß man auf Grund von zuverlässig erkannten Leitfossilien ohne Schwierigkeit etwa Schichten in Deutschland mit solchen beispielsweise aus Hinterindien gleichsetzen kann.

Da es somit möglich ist, Ablagerungen gleichen Alters über die ganze Erde hin zu verfolgen, ist es auch möglich, aus allen Ablagerungen des gleichen Zeitraumes ein Bild von dem Zustand der Erdoberfläche in eben diesem Zeitraum zu entwerfen; denn Meere, Wüsten und Urwälder des betreffenden Zeitraumes sind an ihren Lebensresten verhältnismäßig leicht zu erkennen. Wo aber Schichten aus dieser gleichen Zeit fehlen, dürfen wir mit Fug und Recht annehmen, daß dort zu jener Zeit Abtragungsgebiete, also Festland, gelegen hat (sofern nicht spätere Abtragung nachgewiesen wird). Die Erdgeschichtsforschung versucht, den Zustand der Erdoberfläche für jeden einzelnen Zeitabschnitt festzustellen, gleichsam einen Querschnitt zu legen durch den Strom des erdgeschichtlichen Werdens (Paläogeographie = Alt-Erdbeschreibung). Übereinander geordnet ergeben dann alle diese paläogeographischen Feststellungen ein Bild von der Gesamtentwicklung der Erdoberfläche durch alle erdgeschichtlichen Zeitabschnitte hindurch.

Ebenso wie die Völkergeschichte teilt man auch die Erdgeschichte in längere und kürzere Abschnitte ein. Die Einheit war lange Zeit die Formation. Da Formation im bisherigen Sinne sowohl einen Zeitraum als auch die in diesem Zeitraum entstandenen Gesteine umfaßt, d. h. doppeldeutig ist, wird jetzt aufgrund internationaler Übereinkommen statt Formation (zeitlich) Periode vorgezogen, statt Formation (stratigraphisch) System; so ist z. B. die Kreidezeit eine Periode, die in ihr gebildeten Schichten sind ein System. Die Periode wird unterteilt in Epochen und Alter, das System in Abteilungen und Stufen. Die Zone schließlich ist die kleinste stratigraphische Einheit, die eine ganz bestimmte Lebewelt oder auch nur ein einziges bezeichnendes Leitfossil enthält. Mehrere Systeme werden zu einer (stratigraphischen) Gruppe zusammengefaßt, mehrere Perioden zu einer Ära. Der Begriff „Formation“ wird außerdem noch für Schichtpakete verwendet, die aufgrund ihrer Entstehung eine Einheit bilden.

Die Parallelen zur Menschheitsgeschichte liegen auf der Hand: Die Gruppe entspricht den großen Einheiten wie Neuzeit, Mittelalter usw., das System ließe sich mit „Zeitaltern“ vergleichen wie etwa dem Zeitalter der Sächsischen Kaiser, der Reformation oder der beiden Weltkriege. Abteilung, Stufe und Zone wären dann kleinere Ausschnitte aus diesem Zeitalter.

Die Erdgeschichte strebt darauf hin, die Reihenfolge der Ereignisse festzustellen; ihre Zeitrechnung ist also relativ. Sie will erfahren, was älter, was jünger ist und was sich gleichzeitig abgespielt hat. Die Frage nach dem absoluten Alter — ausgedrückt in Zahlen — und der absoluten Dauer der Ereignisse trat bisher in den Hintergrund. Seit einigen Jahrzehnten aber ist es mit wachsender Genauigkeit möglich geworden, die Zeitalter der Erdgeschichte zahlenmäßig festzulegen. Man gründete diese Versuche vordem auf die Absatzgeschwindigkeit von Ablagerungen; man versuchte, experimentell und gedanklich die Größenordnung der Zeit zu erfassen, die der Erdball etwa zur Abkühlung, zur Niederschlagung flüssigen Wassers und zur Bildung der Hülle der Absatzgesteine gebraucht hätte. Heute zieht man die Zerfallsgeschwindigkeit radioaktiver Elemente heran, um das Alter von Mineralen und damit der sie einschließenden Gesteine zu ermitteln. Das erste Verfahren beruhte darauf, daß Uran über Radium zu Helium und Blei zerfällt und daß die Zeit dieser Umwandlung bekannt und offenbar unbeeinflußbar ist. Aus dem Verhältnis des unzerfallenen Urans zu dem aus Radium hervorgegangenen Helium und Blei errechnet sich das Alter des Minerals. Wenn die gewonnenen Zahlen auch noch nicht ganz endgültig sein sollten, so ergänzen sie doch die „relative Zeitbestimmung" auf das beste und geben eine Vorstellung von der Größenordnung erdgeschichtlicher Zeiträume, von der Dauer der Systeme, der Gebirgsbildungen usw. Um welche Größenordnungen es in der Erdgeschichte geht, läßt sich aus Abb. 167 und 168 entnehmen. Immer neue Wege der Altersbestimmung, die der zuerst angewandten ähneln, bestätigen die bisherigen Ergebnisse (radioaktiver Kohlenstoff u. a.). Wir können somit heute die Länge von Systemen, die Lebensdauer von Tier- und Pflanzenarten, die Dauer von Gebirgsbildungen usw. in Jahreszahlen ausdrücken.

Es bestehen also folgende Möglichkeiten, Gesteine zu Gruppen zusammenzufassen: Die nächstliegende und daher auch am frühesten benutzte ist die, sie nach ihrer Gesteinsbeschaffenheit zusammenzuschließen; Namen wie Buntsandstein, Rotliegendes, Schwarzer, Brauner und Weißer Jura erinnern noch heute an diese Zeit. In vielen Fällen stellte es sich heraus, daß die so gewonnenen Gesteinsgruppen sich auch durch ihren Gehalt an Versteinerungen voneinander unterscheiden. Man konnte daher dazu übergehen, Schichten von anderer Zusammensetzung, aber mit dem gleichen Fossilinhalt, etwa dem Rotliegenden oder dem Weißjura usw. zuzuweisen. Man kam damit allmählich zu einer Einteilung, die unabhängig von der Gesteinsbeschaffenheit ist und sich lediglich auf die Aussage der Lebensreste stützt, wenn sie auch die alten Namen beibehält. Jedes System, jede Stufe, jede Zone trägt ihren eigenen Charakter; Gruppen von Systemen unterscheiden sich wieder durch bestimmte Eigentümlichkeiten von anderen

---

TAFEL XXV Vulkanismus und Meteorite

1. Der Meteorkrater in Arizona, der 1300 m Durchmesser und 190 m Tiefe hat, ist die Aufschlagspur eines Riesenmeteoriten. Aufn. Winslow, Arizona
2. Der aschegefüllte Vulkanschlot (links) hat die Kalkschichten (rechts) des Weißen Jura der Schwäbischen Alb durchschossen (Neuffener Steige). Aufn. v. Bülow
3. Heutige Tätigkeit im Bereich des im Meer versunkenen Krakatau Aufn. Gallaway
4. Die Reste des Vulkans Krakatau nach der Explosion von 1883: Bruchstücke des alten Kraterrandes (Modell) Archivbild

---

TAFEL XXVI Vulkanlandschaften

1. Vulkanlandschaft des Hegau vom Withoh gesehen. Die Berge sind keine Vulkankegel, sondern durch die Verwitterung herausgearbeitete Schlotfüllungen Aufn. L. Windstosser
2. Zu Bergen herausmodellierte Porphyrdecken — spätpaläozoische Lava — im Landschaftsbild des Innersudetischen Beckens Archivbild
3. Devils Tower (Teufelsturm) in Wyoming, USA., ist wohl der Abtragungsrest einer zu Säulen erstarrten Lavadecke. (Durchmesser am Grunde 300 m, oben 62 m, Höhe 263 m, Durchmesser der Säulen 1,8 m) National Park Service

1

2

3

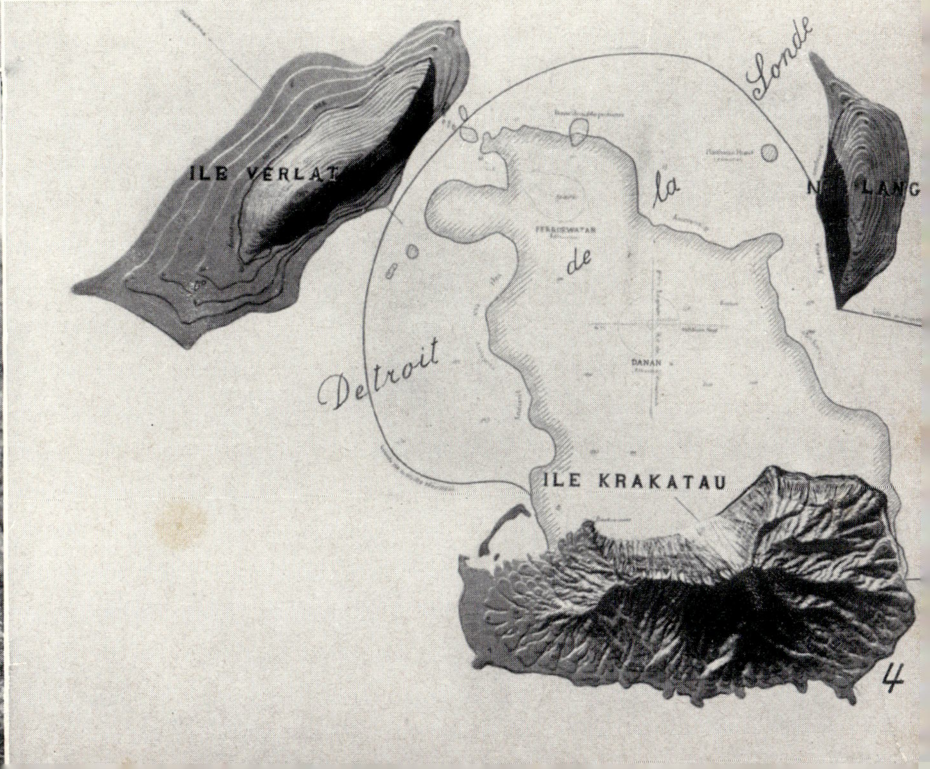
ILE VERLAT
Detroit de la Sonde
ILE KRAKATAU
PERBOEWATAN
DANAN

4

1

1

2

3

4

1

2

3

4

Systemgruppen, so daß man diese zu Weltaltern oder Systemgruppen vereinigen konnte. Auch hat sich darüber hinaus gezeigt, daß Systemgruppen, die also durch einen bestimmten Stand der Entwicklung des pflanzlichen und tierischen Lebens sich von anderen Gruppen unterscheiden, von diesen auch durch das Vorherrschen bestimmter Sedimentgruppen unterschieden sind. Beurlen hat diese alten Erfahrungen zu Ende gedacht und eine Einteilung der Formationen sowohl nach ihrem Lebensinhalt wie ihrer diesem entsprechenden Gesteinseigenart vorgeschlagen; so ergeben sich Gruppen wie die Schwarzschieferformationen, die Grauwackenformationen und andere.

Die älteste bekannte Unterlage aller durch Versteinerungen altersbestimmbaren Systeme bildet das **Urgebirge**, das die beiden Großabschnitte der archaischen Formation und z. T. das **Proterozoikum** umfaßt. Wie in vielen jüngeren Systemen gibt es für bestimmte Zeitabschnitte der Erdgeschichte und die darin gebildeten Gesteine auch für das Urgebirge verschiedene andere Bezeichnungen wie z. B.: Algonkium, Riphäikum, Svekofennikum, Jotnium u. a.

Die Kerne aller Festländer bestehen aus den Gesteinen des Urgebirges, wobei der Ausdruck „Gebirge" im Sinne der alten Bergleute als „Gestein" schlechthin gebraucht wird; überall auf der Erde ist das Urgebirge als Sockel aller anderen Systeme anzunehmen. In den Festlandskernen aber kommt es zutage: In Europa im finnisch-skandinavischen Block, in Böhmen und anderen Gebieten; in Asien in den sibirischen, chinesischen, indischen Massen; in Australien im Großteil des Kontinents, ebenso als Grundbau ganz Afrikas und Südamerikas, sowie ferner im kanadisch-grönländischen Block, um nur die wichtigsten zu nennen.

Die Gesteine des Urgebirges sind durch Regionalmetamorphose stark verändert; die tektonische Durchknetung dieser Gesteine ist nachhaltig und gründlich erfolgt, Durchbrüche des Glutflusses sind häufig gewesen. Alle diese Umstände haben die Gesteine des Urgebirges so weit verändert, daß es schwer ist, sie ähnlich den jüngeren Systemen nach Alter und Entstehung zu gliedern. Es ist um so schwerer, als in jenen fernen Zeiten landbewohnende Wesen fehlten und die Reste der Wasserbewohner, soweit sie überhaupt schon vorhanden waren, weitgehend zerstört worden sind. Trotzdem läßt sich aus der gegenwärtigen Ge-

---

TAFEL XXVII

Epirogenese

1. Von marinen Bohrmuscheln durchlöcherter Torf von der Doggerbank — durch Transgression unter den Nordseespiegel geraten Aufn. v. Bülow
2. Dünen, die nur auf dem trockenen Land entstanden sein können, heute von Moor umhüllt, sagen das gleiche aus, wie der oben abgebildete Torfbrocken: Mit dem Steigen der See stieg der Grundwasserspiegel, ertranken die Dünen. (Gegend von Łeba) Aufn. v. Bülow
3. Während das eingeebnete (variszische) Rumpfgebirge während der Eiszeiten wieder aufstieg, schnitt der Rhein sein Tal im gleichen Schrittmaß ein. Archivbild
4. Die Bucht von Along in Nord-Vietnam — eine ertrunkene Landschaft. Aufn. Photothèque

---

TAFEL XXVIII

Tektonik

1. Das Südpfälzer Bergland verdankt seine steilen Felswände und ebenen Hochflächen der flachen Lagerung der Buntsandsteinschichten. Archivbild
2. „Streichen" und „Fallen" einer sanft geneigten, zu Tage ausgehenden Schicht Aufn. v. Bülow
3. Zwischen den flachlagernden und den geneigten Schichten: eine Diskordanz. (Bild aus dem Kaukasus) Archivbild
4. Sanft geneigte („flach einfallende") Gesteinsschichten. (Beispiel aus dem afghanischen Hindukusch) Aufn. Prof. Rudolf Fischer

steinsbeschaffenheit erschließen, daß ein guter Teil des Grundgebirges aus umgewandelten Schichtgesteinen oder aus Migmatitgesteinen hervorgegangen ist, ja, es besteht Grund zu der Annahme, daß ein Teil von ihnen aus feldspathaltigem Sandgestein (= Arkose) trockenen Klimas, ein anderer aus den Ablagerungen urzeitlicher Gletscher, wieder andere aus Kalkgestein und sogar aus kohligem Gestein hervorgegangen sind. Sicher ist jedenfalls, daß auch in jenen fernen Zeiten bereits Land und Meer bestanden haben, daß Ablagerung und Abtragung miteinander wechselten, daß also bereits Gebirge entstanden und wieder vergingen und das Klima nicht einheitlich war. Es kann sich nach alledem nicht um die ursprüngliche Erstarrungskruste der Erde selbst handeln; von dieser wissen wir nichts. Möglich auch, daß wir niemals etwas von ihr erfahren werden, da anzunehmen ist, daß sie in der Masse der Migmatite aufgegangen ist.

Daß auch Gebirgsbewegungen sich abgespielt haben, erkennt man aus dem Auftreten ausgedehnter Diskordanzen, die zu verfolgen jedoch in dem hochgradig veränderten Urgebirge ungeheuer schwer ist. Es wird noch langer Arbeit bedürfen, ehe die Geologie über die Entstehungsgeschichte dieser ältesten Formationen wird klare Auskunft geben können.

Gegen Ende der Urgebirgszeit, im Algonkium, müssen die Verhältnisse sich so weit gefestigt haben, daß es auf der dicker und widerständiger gewordenen Erdkruste nunmehr zur Bildung von Schichtgesteinen kam, die bis heute als solche erkennbar geblieben sind und schon recht gut gegliedert werden können. Das sind die roten Sandgesteine von wüstenhaftem Charakter, die wir aus Schottland, aus Mittelschweden kennen; das sind Eisabsätze, wie sie aus Europa, China, Nordamerika, Australien und Afrika bekannt sind, wo sie stellenweise eine Mächtigkeit von 200 m erreichen und viele andere.

Daß diese Absätze bis heute ziemlich unverändert erhalten geblieben sind, liegt daran, daß sie sich auf bereits versteiften Teilen der Erdkruste absetzten, die gegenüber späteren Gebirgsbewegungen unempfindlich waren. Diese Sedimente liegen also seit ihrer Bildung nahezu unberührt von äußeren Ereignissen da. Daß sie so häufig den Charakter von Wüstenbildungen tragen, braucht nicht auf Trockenklima hinzudeuten, wohl aber auf das völlige Fehlen einer Pflanzendecke des Festlandes.

Einzelne Teile der Erdrinde weisen durch fast den ganzen Verlauf der Erdgeschichte hindurch das Bestreben auf, sich über ihre Umgebung emporzuheben. (Wir machen aufsteigende Ausgleichsströmungen im Erdmantel dafür verantwortlich.) Wo dieses Bestreben von Anbeginn an geherrscht hat, hoben sich Teile des Urgebirges immer und immer wieder hinauf in den Bereich der Abtragung; wenn sie auch vorübergehend Decken von jüngeren Schichten erhielten, so wurden diese doch sehr bald wieder fortgeräumt, so daß immer wieder das Urgebirge oberflächlich zutage kam. Das sind die Stellen, die wir als Kerne der Festländer der Erde erwähnten.

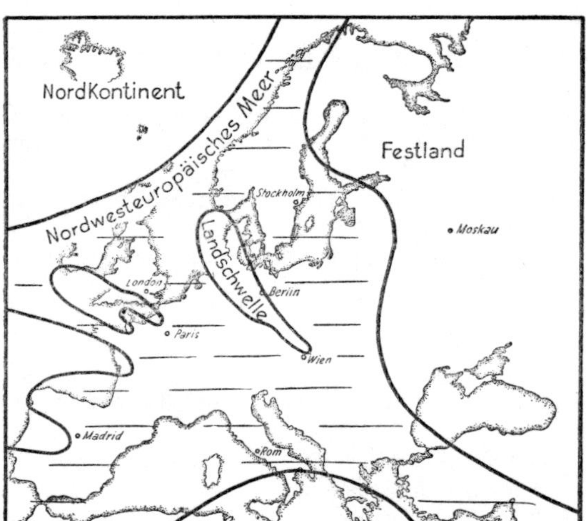

Abb. 101. Land und Meer im Kambrium
Dieses und die folgenden paläogeographischen Kärtchen sind Archivbilder.

Abb. 102. Land und Meer im Ordovizium

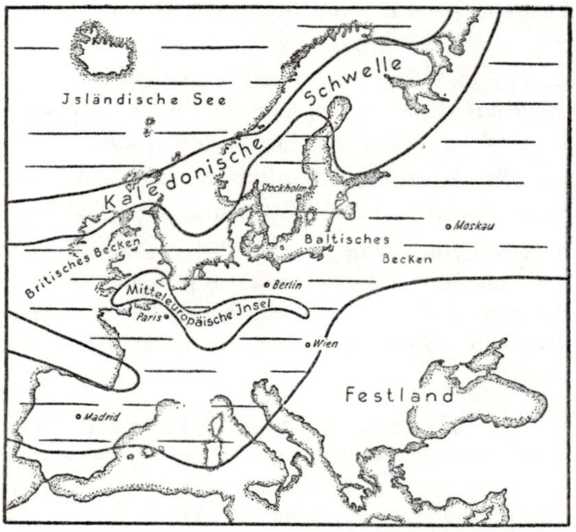

Allmählich schälten sich Züge des werdenden Erdbildes im *Altertum der Erdgeschichte* heraus (Abb. 101): Die Kerne bildeten die Urfestländer; rund um die Festlandsblöcke lagerte das Meer Kränze von sandigen Flachseegesteinen ab, die in größerer Landferne durch Kalkschichten abgelöst wurden. Das war im wesentlichen das Bild der als **Kambrium** bezeichneten Zeitspanne. Im folgenden **Ordovizium** (Abb. 102) rückten die Kalksedimente näher an die Festlandskerne heran, während sich in Landferne weltweit schwarze Schlammschichten, die zu Schiefer wurden, ablagerten: Das offene Meer jener Zeit enthielt im Gegensatz zum heutigen Ozean s c h w a r z e S c h l a m m a s s e n mit einem Überschuß an bituminösen Stoffen. Die Erklärung hierfür mag in folgendem zu suchen sein: Ehe die Tierwelt (Abb. 103) sich der Erde bemächtigen konnte, mußten Pflanzen vorhanden sein, da ja das Tier in jedem Fall von der Pflanze abhängt. Nun hatte die Pflanzenwelt bereits das Meer erobert. Es scheint aber, als wenn der Fülle von pflanzlichen Stoffen, die sich im Meer absetzten, noch nicht eine genügende Menge von Tieren gegenübergestanden hätte, die in der Lage gewesen wären, diese Überfülle zu verarbeiten und in ihre ursprünglichen Bestandteile zu zerlegen. Die Folge davon muß gewesen sein, daß unverdaute und unverweste organische Stoffe sich in großer Menge dem Meeresschlamm beimischten und diesem Farbe und bituminöse Beschaffenheit gaben. Dieses Verhältnis verschob sich bereits im Ordovizium langsam zugunsten der Tierwelt; denn die Zunahme der Kalksedimente im Ordovizium beruht darauf, daß nunmehr die schalentragenden Meerestiere in schnellem Schrittmaß den Vorsprung der Pflanzenwelt aufzuholen suchten. Auch kalkausscheidende Korallen finden sich seit dem Ordovizium bereits in größerem Umfang, daneben auch weiterhin Riffe, die, wie im Kambrium, von Kalkalgen aufgebaut wurden.

Das kennzeichnende Gestein dieser Zeiten ist aber ein schwarzer Schiefer; man könnte daher Kambrium bis **Silur** als Gruppe der Schwarzschieferformationen zusammenfassen, wie Beurlen es tut.

Während sich im Meer das Aufblühen der Pflanzen- und Tiergeschlechter vollzog, blieb das Festland weiterhin lebensfrei; weder Pflanzen noch Tiere bevölkerten die „Urwüste", die ihre Art seit den Zeiten des Urgebirges auch jetzt noch nicht geändert hatte. Die Urwüste braucht keineswegs trocken gewesen zu sein, ja, es müssen in ihr zonenweise recht erhebliche Niederschläge gefallen sein; daß ihre Absätze trotzdem wüstenhaft wirken, liegt eben am Fehlen ihrer Pflanzendecke.

Im Bilde Europas jener Zeit (Abb. 102) erkennen wir südlich vom fennoskandischen Block ein Meer, das von England her durch Mitteleuropa bis ins polnische Mittelgebirge reichte und gegen Skandinavien langsam flacher wurde. Seine südliche Begrenzung bildete zeitweise der

*) Heute hat es sich eingebürgert, das „Untersilur" als Ordovizium, das bisherige „Obersilur" als Silur schlechthin (oder seltener als Gotlandium) zu bezeichnen.

Festlandskern, der von Böhmen nach Südwesten bis ins französische Zentralplateau sich verfolgen läßt. Südlich dieses Urgebirgsblockes stand das offene Weltmeer, dessen Spuren sich in Europa in Ablagerungen auf Sardinien, in Spanien, in den Ostalpen usw. finden. Vom Weltmeer aus stieß die See mehrfach nach Norden vor, so bis in den Kern Böhmens hinein, bis nach Oberfranken und Ostthüringen, um in diesen Gebieten ebenfalls seine Ablagerungen zurückzulassen (auch nördlich von Fennoskandien sind die Ablagerungen eines Meeres der Schwarzschieferzeit auf Grönland und Spitzbergen bekannt).

Seinen Niederschlag hat der Werdegang der Schwarzschieferformationen in den Gesteinsfolgen der damaligen Ablagerungsräume gefunden. Aus einem Vergleich zwischen der Schichtfolge etwa Böhmens und des Ostseebereichs ergeben sich die Verschiedenheiten zwischen dem tieferen und dem flachen Meere jener Zeit, wie nachstehende Tabelle erkennen läßt:

Einige Gesteinsfolgen des Kambriums und Silurs

		Oslo-Gebiet	Böhmen	Thüringen	Karnische Alpen
	3	Sandstein, Kalk	Kalk	Schiefer	Kalk
Silur					
				mit	
(Gotlandium)	2	Sandstein, Kalk sowie Schiefer	Schiefer mit Kalk		Kalk
				Grapto-	
	1	Schiefer und Sandstein	Schiefer	lithen	Kalk
	5	Kalk und Schiefer	Sandstein, Grauwacke	Schiefer	Kalk- und Tonschiefer
	4		Sandstein		
				mit	
	3	Kalk	Sandstein und Schiefer		—
Ordovizium					
				Eisenerz-	—
	2	Schiefer	Schiefer		
	1		Konglomerat	lagen	–
		Ostseegebiet	**Böhmen**		
Oberkambrium (Olenus-Stufe) *)		Sandstein Alaunschiefer	Konglomerate Sandstein		
Mittelkambrium (Paradoxides-Stufe) *)		Alaunschiefer (im Osten fehlend)	Schiefer		
Unterkambrium (Olenellus-Stufe) *)		Sandstein und Ton	Konglomerate		

Gegen Ende des Silurs erreichte die zweite große Gebirgsbildung seit dem Ende jener Vorgänge, die dem Urgebirge ihren Stempel aufgeprägt hatten, ihren Höhepunkt: Die rund um die Landkerne abgelagerten, mächtigen Schichtgesteinsmassen stiegen gegen Ende des Silurs, aufsteigend aus den Geosynklinalen dieser Zeit, zu Faltengebirgsketten empor, die sich kranzförmig um den Urkern Europas und den ihm westlich benachbarten Kern „Eria“ (= heutiges Schottland u. a.) herumlegten und den Zwischenraum zwischen den beiden Urkernen ausfüllten (Abb. 166). Überall, wo die Gebirgsketten aufstiegen, mußte das Meer weichen; so leistete die „kaledonische Gebirgsbildung“ den ersten Beitrag zur Schaffung Europas, indem sie an die alten Kerne einen Streifen jungen Landes anschweißte. Daß der Faltenverlauf auch vom böhmischen Kern beeinflußt wurde, läßt Abb.

*) Nach dem „leitenden“ Trilobiten benannt (Abb. 103).

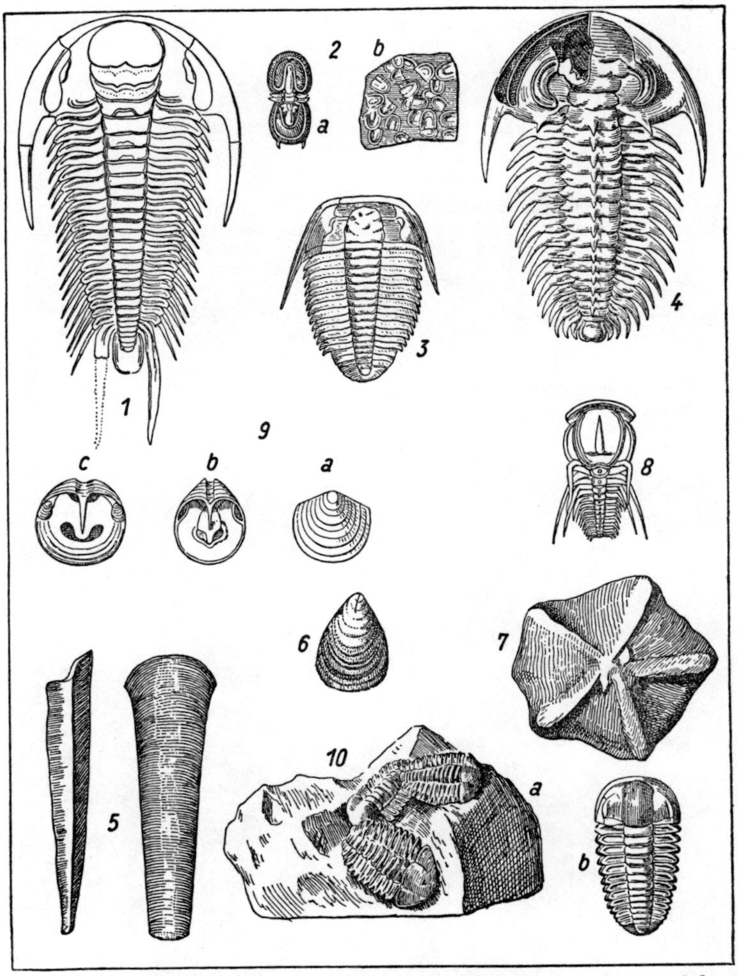

Abb. 103. Die Tierwelt des Kambrischen Meeres wird durch Dreilappkrebse (Trilobiten) beherrscht.
1. Paradoxides bohemicus (Leitfossil des mittleren Kambrium); 2. Agnostus pisiformis (a vollständiges Tier, vergrößert; b Schiefer mit losen Kopf- und Schwanzschildern); 3. Olenus truncatus (leitend für das Oberkambrium); 4. Olenellus Kjerulfi (leitend für das Unterkambrium); 5. Hyolithes, wahrscheinlich der Köcher einer Flügelschnecke (Pteropode); 6. Lingulella, ein Armfüßer (Brachiopode), der noch keine Kalkschale, sondern eine Hornschale trägt; 7. Medusites, der Ausguß der Leibeshöhle einer Meduse (Qualle); 8. der Trilobit Hydrocephalus („der Wasserkopf"); 9. Obolus Apollinis, ebenfalls ein hornschaliger Armfüßer (a und b kleine Schale von außen und innen, c große Schale von innen — Oberkambrium des Ostseegebietes); 10. Ellipsocephalus, ein Dreilappkrebs (Archivbild)

166 gut erkennen. Auch auf dieser Abbildung nicht als „kaledonische Faltenkette" gezeichnete Bereiche sind — vielleicht ohne daß sie sich über den Meeresspiegel erhoben — in Mitleidenschaft gezogen worden; so gibt es kaum eines der ja erst in späterer Zeit gefalteten deutschen Mittelgebirge, in dem nicht kaledonische Gerüstteile stecken. In der Oberlausitz, in den Westsudeten, in Ostthüringen, im Rheinischen Schiefergebirge, in den Ardennen, in der Bretagne sind kaledonische Faltenwellen besonders deutlich vertreten; sie zeigen, daß der Rand des böhmisch-französischen Urgebirgsblockes ebenso seinen Faltenkranz erhielt wie die nordeuropäischen Kerne, ja, man kann sich vorstellen, daß die Faltung dadurch gefördert wurde, daß der mitteleuropäische Block nach Norden drängte und die Schwarzschiefersedimente aus ihrem Sammeltrog hinausquetschte.

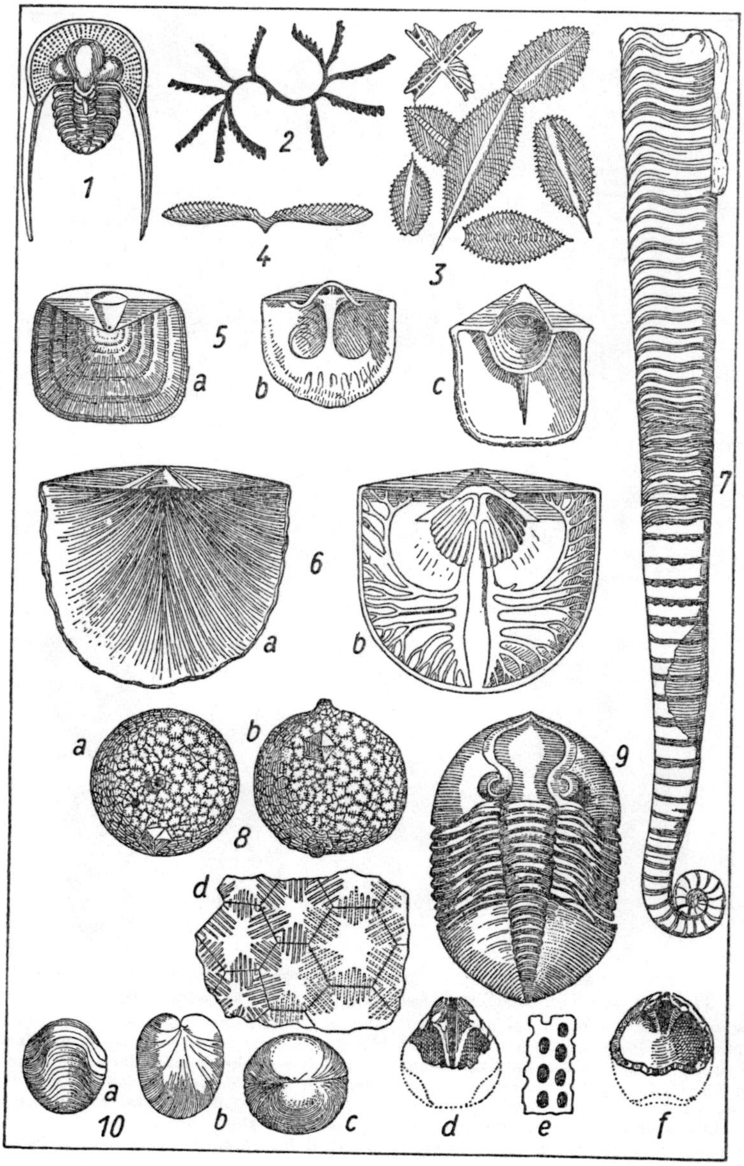

Abb. 104. Die Tiere des Ordovizium-Meeres erscheinen als Weiterentwicklung der kambrischen Tierwelt.

1. Trinucleus, der „dreikernige" Trilobit. Die Graptolithen (vergl. Abb. S. 171) sind neu: Coenograptus (2); Phyllograptus (3); Didymograptus (4). Im Gegensatz zum Silur finden sich hier zweizeilige Kolonien. Wichtig als Leitformen! Die Armfüßer [Clitambonites (5), Rafinesquina (6)] mehren sich; 7. Lituites, ein Vorfahr der später so formenreichen Kopffüßer, aus der Verwandtschaft des heute noch lebenden Nautilus der Südsee; 8. Echinosphärites, der einfachste Vertreter der späteren Stachelhäuter, gehört zu den Beutelstrahlern (Cystoideen); 9. Asaphus (Trilobit); 10 Parambonites, wieder ein Armfüßer — von außen (a—c), Schalen von innen (d, f), Schalenstück mit Poren (e) *) (Archivbild)

*) Die Mehrzahl der in diesem Buch erwähnten Fossilien finden sich ausführlicher im Kosmos-Naturführer Beurlen, „Welche Versteinerung ist das?"

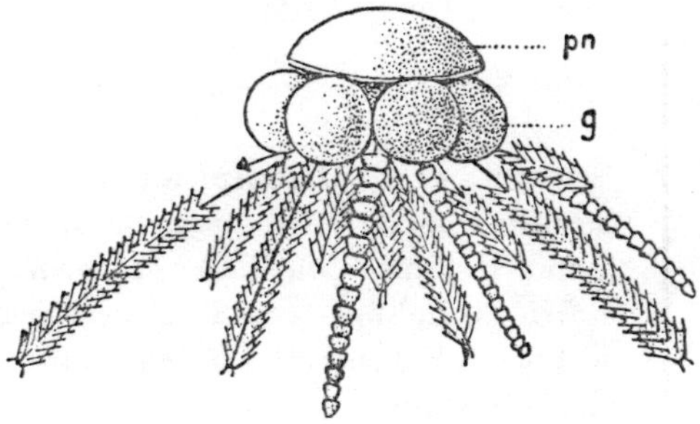

Abb. 105. Graptolithen sind die wichtigsten Leitfossilien des Ordoviziums und Silurs

Die Graptolithen-Kolonie (Diplograptus) wird durch eine Schwimmblase (pn) getragen, unter der die Eikapseln (g) sitzen. (Archivbild)

Abb. 106. Tangartige Algen, die zu den ältesten **Pflanzen der Erdgeschichte gehören.**

Durch die kaledonische Gebirgsbildung, die nach früheren Vorstufen am Ende des Silurs Höhepunkt und Abschluß erlebte, wird die Gruppe der Schwarzschieferformationen beendet. Sie wird für uns schon deshalb beendet, weil die Ablagerungsräume der kambrischen und silurischen Gesteine nunmehr, infolge Emporhebung über den Meeresspiegel, als solche aufhören zu bestehen. Das ist eine Erfahrung, die wir im weiteren Verlaufe unserer Betrachtung immer wieder machen werden: Das Ende von Systemen wird oft durch das Verschwinden des Meeres aus seinem bisherigen Raum gekennzeichnet, das Einsetzen eines neuen Systems infolgedessen durch die Wiederkehr des gesteinespeichernden Meeres. Transgression und Regression sind vielfach Anfang und Ende eines Systems.

Um wieviel mehr müssen festlandumspannende, ja, die ganze Erde betreffende Gebirgsbildungen einen Einschnitt in erdgeschichtliches Geschehen bedeuten! Nicht nur, daß sie das Meer aus weiten Räumen verdrängen, die es bis dahin innegehabt hatte, sondern auch dadurch, daß das aufsteigende Gebirge den großen Kreislauf der Zerstörung und Ablagerung von neuem belebt. Wir können daher die ganze Erdgeschichte in Großkreisläufe einteilen, deren jeder zwischen zwei Gebirgsbildungsphasen liegt, etwa derart, daß man den Großkreislauf beginnen läßt mit der Abtragung neu entstandener Gebirgsketten. Dieser Abschnitt aus dem Großkreislauf würde also im wesentlichen durch Abtragung des Landes und Neubildung von Schichtgesteinen gekenn-

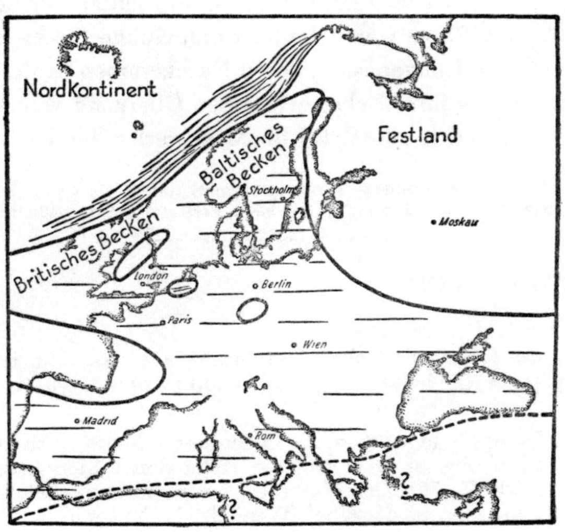

Abb. 107. Am Ende des Silurs (Gotlandium) beginnt das junge Kaledonische Gebirge, das Meer nach Süden zu drängen.

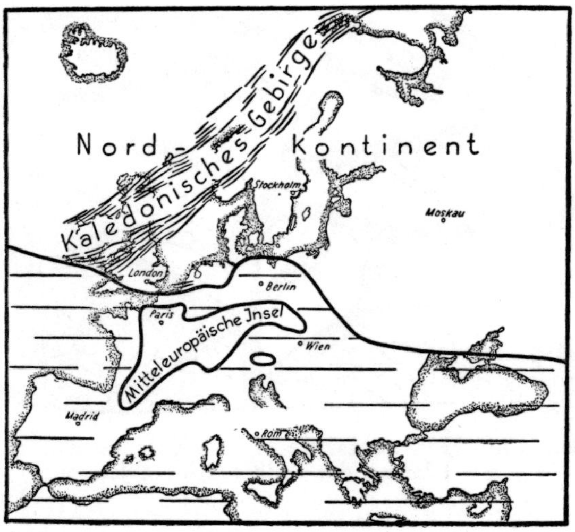

Abb. 108. Land und Meer im Devon

zeichnet sein. Die Anhäufung von Schichtgesteinen durch ganze Systeme hindurch führt schließlich zur neuerlichen Auffaltung von Gebirgsketten. Mit deren Vollendung würde man dann den Großkreislauf abschließen lassen, ein neuer würde mit der Abtragung dieser Ketten beginnen usw.

Wir würden somit den letzten Urgebirgskreislauf mit dem Ende des Silurs, d. h. mit dem Aufstieg der kaledonischen Gebirge, abschließen lassen. Kambrium bis Silur bedeuten demnach die Bildung mächtiger Gesteinsschichten aus dem Abtragungsschutt der vorkambrischen Festlandskerne. Wenn wir unter diesem Gesichtspunkt den weiteren Verlauf der Erdgeschichte betrachten, so werden wir finden, daß der auf das Silur folgenden Gruppe von Systemen der Gesteinsschutt des zerfallenden kaledonischen Gebirges den Stempel aufdrückt.

Diese Gruppe umfaßt den Zeitraum des **Devons** und des **Karbons**. Die kaledonische Gebirgsbildung an der Grenze zwischen Silur und Devon hatte den Nordkontinent aus dem Meere gehoben, der im Osten bis Böhmen und im Westen nach Nordwestdeutschland hineinragte (Abb. 107, 108). Die Ardennen bildeten eine Insel ebenso wie die sogenannte alemannische Insel, die vom Zentralplateau über den Schwarzwald bis nahezu an Böhmen heranreichte. Die Einebnung der Gebirge des nördlichen Festlandes lieferte den sogenannten „alten roten Sandstein" auf und an dem Nordland, das Eria (Schottland) umfaßte und über Grönland mit dem nordamerikanischen Altrotfestland in Verbindung trat. Auf diesem Riesenkontinent entfalteten sich die ältesten Wirbeltiere; es waren ganz einfach gebaute Panzerfische, die am Strand lebten, an der Grenze zwischen Wasser und Festland (Abb. 109); es waren ferner rundmäulige Fische, die sich langsam zu kiefertragenden umbildeten. Lungenfische, deren Nachkommen heute in fast der gleichen Form noch leben, vermitteln in ihrer Lebensweise den Übergang vom Wasser zum Land. Ebenso wie das flache Festland sich allmählich im Meer verlor, fanden auch Quastenflosser *) den Weg aus dem

*) Die Quastenflosser (Crossopterygier) galten als schon in der Kreidezeit ausgestorben, bis man 1939 an der Küste Ostafrikas den ersten lebenden Vertreter dieser urtümlichen Gruppe der Vierfüßervorfahren fing.

TAFEL XXIX

Tektonik

1. Ein Schichtensattel im Steinbruch Aufn. Heimatschutz Dresden
2. Ein Sattelflügel im Gelände, wohl kreidezeitliche Schichten, im Mantarotal, Mittel-Peru Aufn. Heckler
3. Quarzgänge machen die Lagerungsverhältnisse sinnfällig. Etwas unter der Mitte ist eine Überschiebung zu erkennen, die völlig den Bildern entspricht, wie sie die Alpentektonik aufweist (Abb. 75, 76). Der Maßstab ist verschieden — hier Dezimeter, dort Kilometer —, die Erscheinung aber ist dieselbe! (Wendelstein. Sachsen) Aufn. Heimatschutz Dresden

1

2

3

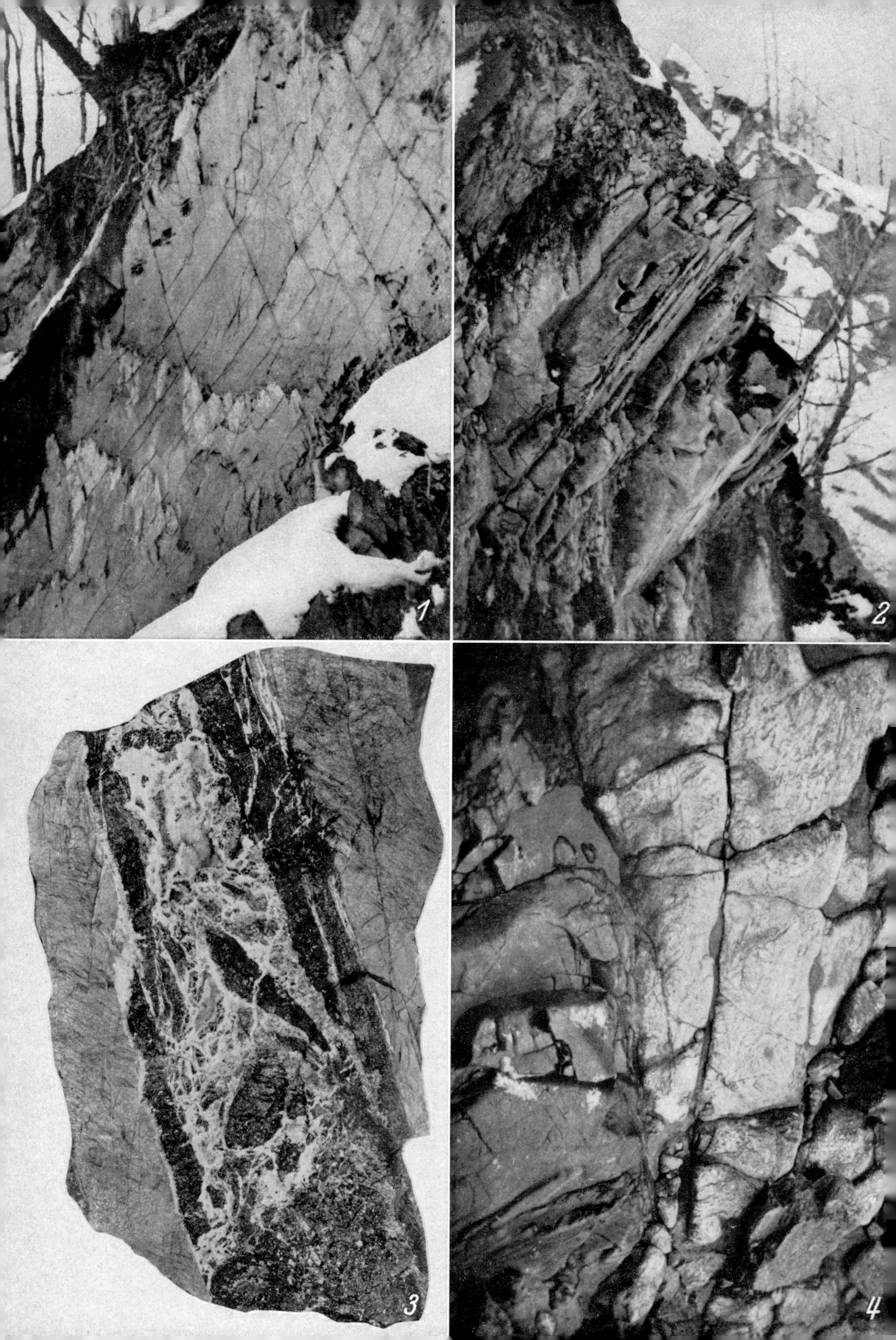
1
2
3
4

Abb. 109. Ein Panzerfisch aus dem Devon. Diesem Tiere fehlen sowohl eigentliche Gliedmaßen, wie auch ein Unterkiefer.
(Archivbild)

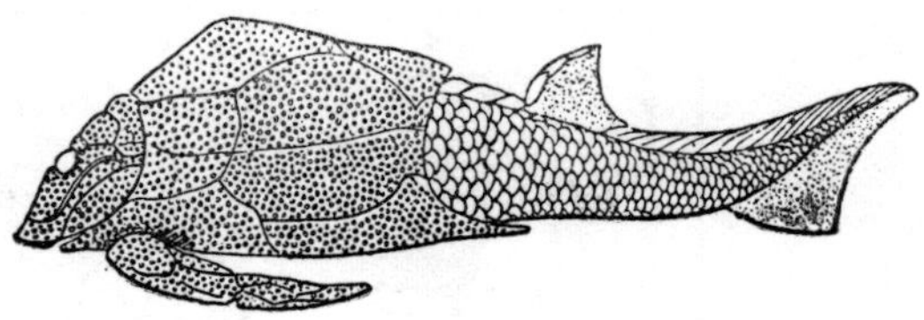

Süßwasser des Festlandes ins Meer zurück. Es scheint, als ob die ältesten Wirbeltiere überhaupt im Süßwasser entstanden wären und den Weg ins Meer auf dem Umweg über Landformen fanden. Im Meer entwickelten sie sich weiter zu Fischen, die auf dem Festland verbleibenden Formen bildeten sich in amphibische Vierfüßer um, die aus den Quastenflossern hervorgingen.

Die Festlandsablagerungen der ganzen Erde jener Zeit tragen Wüstencharakter. Aber auch hier geht dieser auf das immer noch zu verzeichnende Fehlen von Landpflanzen zurück.

Zwischen dem nordeuropäischen Kontinent und dem alemannisch-böhmischen Kern, der im Osten noch mit dem Nordkontinent zusammenhing, lagerte das Meer im mitteleuropäischen Raum eine mächtige, dreifach gegliederte Schichtfolge von devonischem Gestein ab. Wir finden sie weit verbreitet beispielsweise im Rheinischen Schiefergebirge. Die Schichtfolge beginnt mit klastischen Gesteinen, geht in der Mitte in solche von kalkiger, toniger und schiefriger Beschaffenheit über, um im oberen Teil wieder klastischen Gesteinen Platz zu machen (Tab. S. 180). Wir entnehmen aus dieser Tatsache, daß das durch die Gebirgsbewegung verdrängte Meer erneut in den mitteleuropäischen Raum eindrang, daß dieser sich also gesenkt haben muß. In dem noch flachen Meer entstand aus dem Schutt der benachbarten Festländer die klastische Schichtfolge des unteren Devons. Als die Senkung des Ablagerungsraumes weiter fortschritt, das Meer also tiefer und gleichzeitig die Festländer flacher wurden, entstanden die Sedimente des mittleren Devons. Die klastischen Absätze im Oberdevon deuten darauf hin, daß das Meer wieder flacher wurde und den mitteleuropäischen Raum verließ.

Wir haben also im Devon die Erscheinung, die wir als kennzeichnend für den Ablauf eines erdgeschichtlichen Systems ermittelt hatten: Transgression und Regression als Folge pulsender epirogenetischer Erdrindenbewegungen.

Im Meer dieser Zeit wurde die Tierwelt des Silurs (Abb. 110) mehr und mehr durch neuartige Tierformen verdrängt. Jetzt entfalteten sich die Brachiopoden (Armfüßer), äußerlich den Muscheln ähnliche, jedoch ganz anders gebaute Tiere (Abb. 113), entfalteten sich Weichtiere, Stachelhäuter und auch einzelne Gruppen der Wirbeltiere (Abb. 109).

Der Meerrückzug (die Regression) im Oberdevon läßt erkennen, daß dieser Zeitraum nicht frei war von erdinneren Bewegungen; auch vulkanische Ergüsse am Meeresboden, besonders

---

TAFEL XXX

Klüfte und Gänge

1. Zwei Scharen von Klüften durchsetzen infolge „tektonischer Beanspruchung" das schiefrige Gestein in gesetzmäßiger Anordnung. Sie stehen etwa senkrecht zu der (freiliegenden) steil aufgerichteten Schichtfläche. Aufn. v. Bülow
2. Verwitternd zerfällt das gleiche Gestein längs der Kluft- und Schichtflächen in regelmäßig begrenzte Teile. Aufn. v. Bülow
3. Erzgang (heller Quarz, dunkle Zinkblende u. a.), brekzienartig zerstückelt und durch Quarz verkittet, in grauem Gneis (rechts und links). Größe des Stückes 80×120 cm (Obergruna, Sachsen) Aufn. Sächsischer Heimatschutz
4. Von dunklem Nebengestein ausgefüllte Klüfte (Gänge, besonders linkes Drittel und Mittellinie) im hellen Granit Aufn. v. Bülow

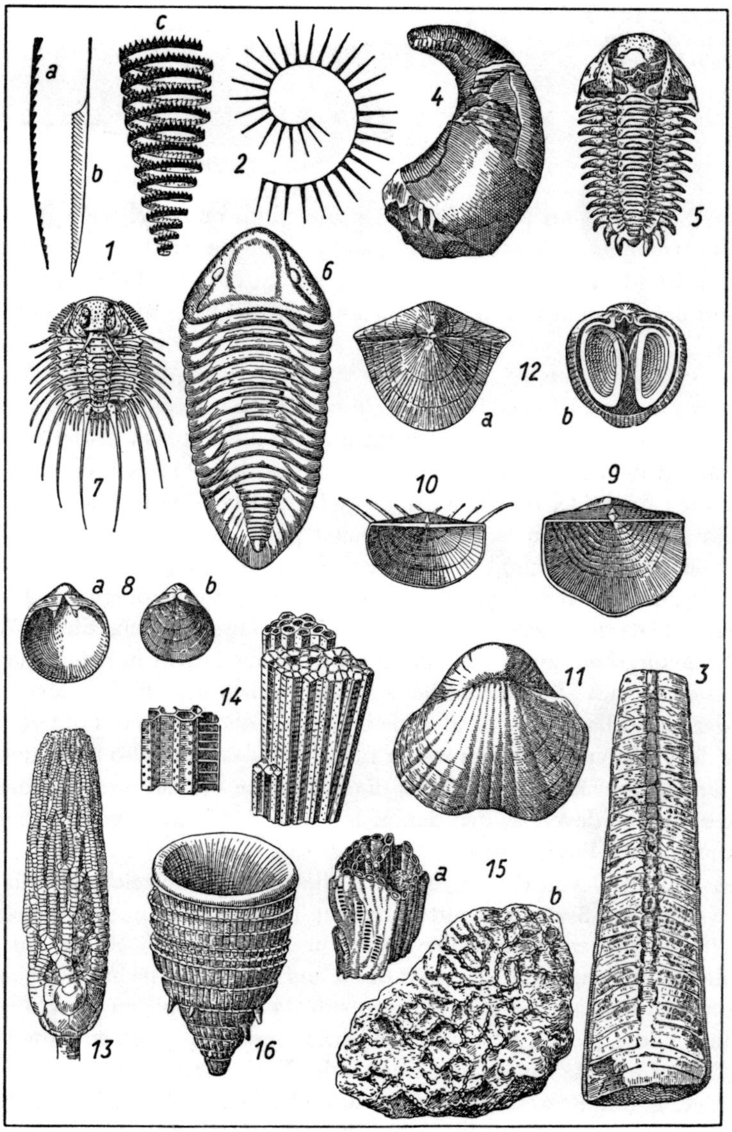

Abb. 110. Silurische Versteinerungen (= Gotlandium)
bezeugen das Aufblühen der Tierstämme. Insbesondere erscheinen jetzt die ersten Fische (aus der Verwandtschaft der Haie und die abenteuerlichen Panzerfische — Abb. 109), daneben riesige Panzerkrebse und Schwertschwänze (Verwandte des heutigen Molukkenkrebses). Korallen, Seelilien und Muscheln treten bestimmend hervor.
1 und 2 Graptolithen; die e i n zeiligen Formen Monograptus und Rastrites; 3 Orthoceras („Geradhorn"), der noch nicht aufgerollte Vorfahr der späteren Kopffüßer (man erkennt die Kammern und den sog. Sipho in der Mittelachse); Cyrtoceras beginnt bereits, sich zu krümmen (4); die Trilobiten nehmen immer buntere Gestaltung an (5 = Cheirurus, 6 = Homalonotus, 7 = Acidaspis). Die Armfüßer legen sich zum Teil spiralige Kiemengerüste zu; 8 = Orthis; 9 = Leptaena; 10 = Chonetes; 11 = Pentamerus; 12 = Atrypa (b = das Armgerüst); 13 Cyathocrinus, eine Seelilie aus dem Kreis der Stachelhäuter; 14 und 15 sind „Bödenkorallen" = Tabulate Korallen: 14 Favosites; 15 Halysites, während 16 eine vierstrahlige Einzelkoralle darstellt (Omphyma).

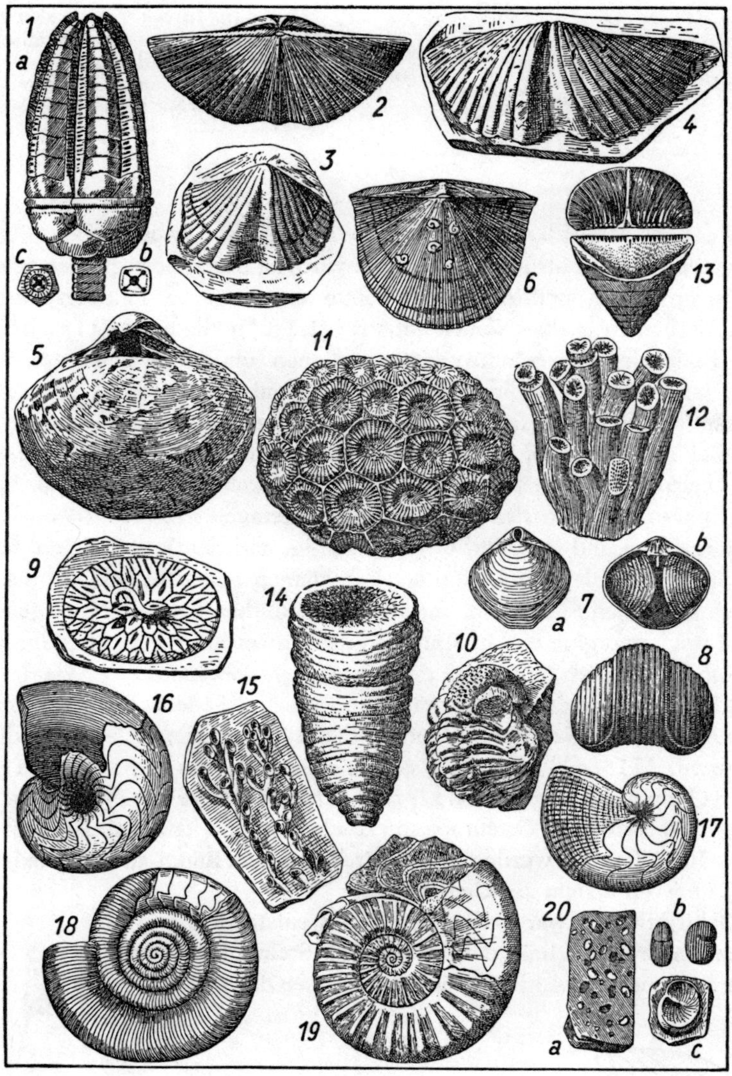

Abb. 111. Im devonischen Erdbild treten die ersten, sehr einfachen Landpflanzen auf (S. 178 f.). Die Tierwelt läßt die später so wichtigen Muscheln und Schnecken noch fast ganz, alle Wirbeltiere außer den Fischen ganz vermissen. Unter den Kopffüßern beginnen die Ammonshörner eine Rolle zu spielen. — 1. Die Seelilie Cupressocrinus (a = Kelch mit Stielansatz, b = Stielquerschnitt, c = oberste Stielplatte); 2—8 Armfüßer (Brachiopoden meist mit spiraligem Gerüst): 2 = Spirifer Verneuili; 3 = Sp. carinatus; 4 = Sp. Hercyniae; 5 = Stringocephalus Burtini; 6 = Orthothetes; 7 = Athyris; 8 = Rhynchonella cuboides; 9 die tabulate Koralle Pleurodictyum mit Schmarotzerwurm; 10 Phacops, ein Trilobit mit großen Fazettenaugen; 11—14 Vierstrahlige Korallen (11 und 12 = Cyathophyllum in 2 Arten); 13 = Calceola, die Pantoffelkoralle; 14 = Cystiphyllum, eine Einzelkoralle wie die vorige; 15 Kolonie der kriechenden Böden = (Tabulaten-) Koralle Aulopora; 16 und 17 stellen die ältesten Ammoniten dar (Goniatites intumescens und simplex); 18 und 19 einen Seitenzweig der Ammoniten (Clymenia undulata und speciosa); 16—19 haben sehr einfache „Lobenlinien", d. i. die Nahtstelle zwischen Außenschale und Kammerwänden; 20 ist ein winziger Muschelkrebs (Entomis serratostriata): a Gestein mit Schalen, b Schale vergrößert, c Abdruck der Schale, vergrößert

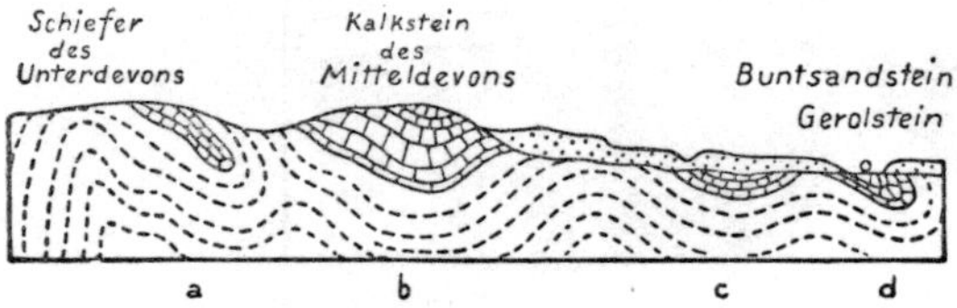

Abb. 112. In der Eifel beherrscht das stark gefaltete Devon des Rheinischen Schiefergebirges das Bild.
In dem unterdevonischen Schiefer sind die Kalkschichten des Mitteldevons als Mulden (a—d) erhalten.

von Diabas, deuten darauf hin. Die Grenze zwischen dem Devon und der Steinkohlenformation (deren unterer Teil als Kulm bezeichnet wird) ist durch Bewegungen gekennzeichnet, die man als bretonisch bezeichnet; ihr folgte eine weitere Faltungsphase am Ende des unteren Karbons, die den Namen sudetisch trägt *); die sudetische Faltung leitete das Ende der sog. Grauwackenformationen und eine neue große Gebirgsbewegung ein, jene Gebirgsbildung, die an das kaledonische Alteuropa einen neuen Kranz von Gebirgsketten anschmolz: die sogenannten variszischen Gebirgsketten. Das Variszische Gebirge legte sich, von Granitmassen durchflochten, Strang um Strang an den Südrand des kaledonisch zusammengeschweißten Nordkontinents (Abb. 115, 117, 166). Wir finden seine Spuren im südlichsten England, in der Bretagne und der Normandie, im Rheinischen Schiefergebirge und im Harz, in Ostthüringen und den Westsudeten, fast überall in Anlehnung an ältere, kaledonische Falten. Wir können einen Nordstamm dieses Gebirges unterscheiden und einen Südstamm, der aus dem südlichen Senkungsraum jenseits der alemannischen Insel hervorging und in Spuren in den Karnischen Alpen, in Mähren und in den Ostsudeten, aber auch noch im Bereich des Mittelmeeres erkennbar ist. Wie der Nordstamm von Norden her, so greift der Südstamm von Süden und Südost um den böhmischen Kern herum. Vom variszischen Gebirge blieben nur die Stücke erhalten, die sich an die Urgebirgskerne anlehnten. Mittel- und Westeuropa hat durch die variszische Gebirgsbildung die Grundzüge seines Baues aufgeprägt bekommen, ebenso wie Nord- und Osteuropa in algonkischer und kaledonischer Zeit ihren Stempel erhielten. In Südeuropa wurde der variszisch gefaltete Raum alsbald wieder „erweicht" (regeneriert) und von neuem zur Geosynklinale.

Mit der Gebirgsfaltung war ein neues Erdbild entstanden, wie es nunmehr den jüngeren Abschnitt des **Karbons**, die **Steinkohlenformation** im engeren Sinne, kennzeichnet. Die Schuttmassen des alsbald wie-

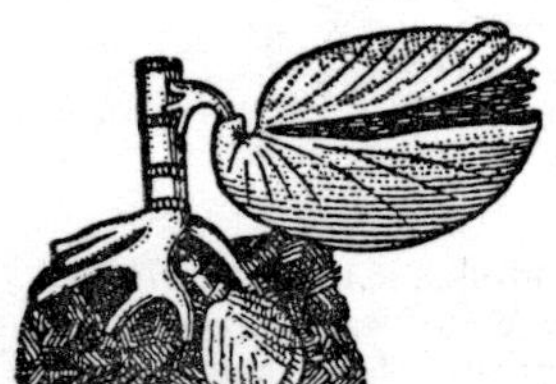

Abb. 113. Ein lebender Armfüßer läßt erkennen, daß diese Tiere eine obere und eine untere Schale haben, nicht wie die Muscheln eine rechte und linke.
(Archivbild)

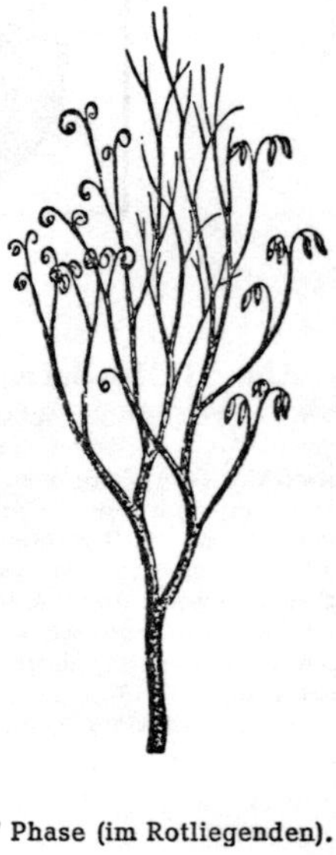

Abb. 114. Im Devon erscheinen die Psilophyten-Stämmchen mit Wurzelstock, Pfriemenblättchen, Sporenkapseln — ein amphibisches Bindeglied zwischen Algen und Bärlappgewächsen.
(Archivbild)

*) Weitere Phasen sind die „asturische" (zwischen Westfal und Stephan) und „saalische" Phase (im Rotliegenden).

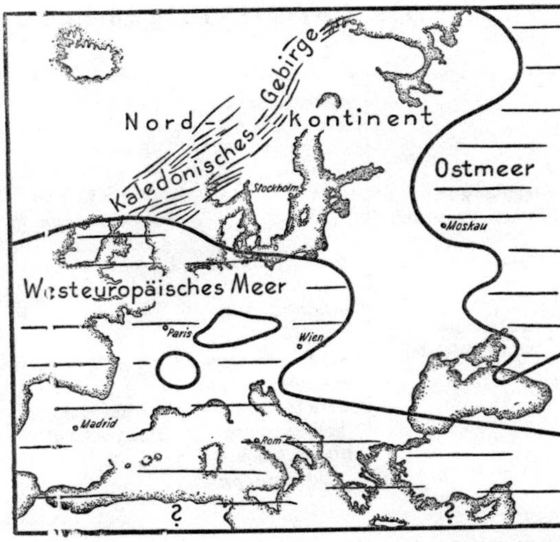

Abb. 15. Land und Meer im Unterkarbon

der zerfallenden Variszischen Gebirges und fortdauernde Bodenbewegungen verdrängen endgültig große Teile des Meeres, so auch die, die den mitteleuropäischen Raum bis dahin bedeckt hatten. Dafür bricht der große Nordkontinent auseinander und macht auf weite Strecken hin dem Weltmeer Platz.

Mit der großen Wandlung im Antlitz der Erde änderte sich auch die Art der neugebildeten Schichtgesteine des Festlandes: An Stelle der Rotsandsteinmassen des früheren Abschnittes traten bereits während des Devons und des Unterkarbons (= Dinant, früher Kulm) mehr und mehr Gesteine, die seit je unter dem Namen *Grauwacke* zusammengefaßt werden. In der Steinkohlenformation erreicht die Bildung von Grauwacke ihren Höhepunkt und ihre größte Ausdehnung. Dieses grüngraue, auch fast schwarze Gestein ist geradezu typisch für diese Formationsgruppe; Grauwacke ist ein mehr oder weniger grober Sandstein, in dem Gesteinsbruchstücke, z. B. von Granit, darauf hindeuten, daß die Zerstörung des anstehenden Gesteins im wesentlichen auf mechanischem Weg erfolgt und daß der Weg vom Gebirge zum Ablagerungsraum nur kurz gewesen sein kann. In dieser Hinsicht hatte sich also gegen früher wenig geändert. Doch die Graufärbung spricht für eine bedeutsame Neuerung: Schon daraus, daß sich zwischen die Grauwackenbänke des Oberkarbons Schichten von Steinkohle schieben, geht der *Anteil der Pflanzenwelt an der Bildung der Sedimente der damaligen Zeit* hervor. Und sie ist es auch, die an die Stelle der roten Urwüstenablagerungen die humusgrauen Gesteine der Grauwackenformation setzt.

Während im Silur die Pflanze sich ganz auf das Meer beschränkt hatte (Algen), finden wir im Unterdevon bereits die ersten Pflanzen, für die man eine amphibische Lebensweise annehmen darf: die sogenannten Psilophyten (Nacktgewächse, Vorfahren der Farne, Bärlappe usw.) sind niedere Pflanzen, die die feuchten Zonen zwischen Meer und Land bewohnt haben (Abb. 114). Im Laufe des devonischen Zeitabschnittes beginnt die Pflanze von dieser Grundlage aus den Angriff auf das Festland: Wir finden jetzt bereits Schachtelhalme, Bärlappgewächse, Farne und sogar schon Farnsamer, also nicht nur die niederen Kryptogamen, sondern bereits eine Gattung, die den Weg zur Samenpflanze eingeschlagen hat. Die Kryptogamen schwingen sich im Karbon zur Herrschaft über die Erde auf, vermögen jedoch fürs erste nicht viel mehr als die Sumpfniederungen des Küstenbereiches zu erobern.

Die Ablagerungen des Oberkarbons (= Siles) sind, sofern sie nicht im Meer selbst entstanden sind, *solche sumpfiger Küstenniederungen*; die abgelagerten Schuttmassen wurden durch Humusstoffe teils ausgelaugt, teils grau und schwarz gefärbt. Da sie sich aber im übrigen ebenso darbieten, wie der sich von ihnen nur durch die Farbe unterscheidende Rotsandstein früherer Zeiten, müssen wir uns folgende Vorstellung von ihrer Entstehung machen: Sie sind auf mechanischem Wege, also ohne Teilnahme der Pflanzenwelt, im Binnenland verwittert, schnell und ungerundet der Ablagerung zugeführt

		Ruhrgebiet Rheinland	Inner-sudetisches Becken	Südwest-polnisch-Tschecho-slowa-kisches Becken	Saargebiet	Ostalpen
Siles (Oberkarbon)	Stephanische Stufe (Stephan)	—	Sandstein, Konglomerate mit einigen Flözen		Ottweiler Schichten (mit Kohle)	flözführende Grauwacken und Fusulinenkalk
	Westfälische Stufe (Westfal)	Gasflammkohlengruppe Gaskohlengruppe Fettkohlengruppe Obere Magerkohlengruppe Mittlere Magerkohlengruppe	— Waldenburger „Hangendzug“	Muldenflözgruppe Sattelflözgruppe (wenig Flöze)	Flammkohlengruppe u. a.	pflanzenführende Grauwacke
	Namurische Stufe (Namur)	Untere Magerkohlengruppe „Flözleeres“	Weißsteiner Sandstein Waldenburger „Liegendzug“	Ostrauer Schichten Sandstein	„Flözleeres“	—
Dinant (Unterkarbon)		Kohlenkalk und Grauwacken usw.	Konglomerate und Grauwacken	Kalk	—	Karnische Alpen Dach- und Kieselschiefer
Oberdevon		vorwiegend Kalk und Schiefer	Kalk Transgressionskonglomerat	Kalk des offenen Meeres mit Clymenien und Brachiopoden	—	Kalk mit Clymenien
Mitteldevon		Kalk (auch Riffkalk) und Schiefer	—	—	—	Riffkalk und Kalk des offenen Meeres
Unterdevon *)		Sandstein, Grauwacken und Schiefer	—	Arkosesandstein	—	Riffkalk und Kalk des offenen Meeres

und dort dem Einfluß der Pflanzendecke unterworfen worden. Die sumpfigen Wälder im Ablagerungsraum reichten also nicht hinauf in das pflanzenfreie Binnenland. Der Grauwackencharakter dieser Formation ist uns also Ausdruck dafür, daß die Pflanze ihren Eroberungszug auf das Festland vorerst nur bis in sumpfige Niederungen der Küste hatte vortragen können.

Die Schuttmassen ergeben die Schichtfolge am Fuß des Gebirges: Es wechseln Kohlenflöze mit Schichten von schieferigem Ton, sandigem Schiefer und oft recht grobem, ja, konglomeratischem Sandstein, darüber folgen dann wieder Ton, Schiefer, Sandstein usw. (Abb. 116) Jedes Flöz entspricht einem Moor. Moor kann sich nach dem, was wir wissen, nur bei einigermaßen beständigem Wasserspiegel bilden. Sobald der Boden unter und mit dem Moor sinkt, ertrinkt die Pflanze, und auf den Torf legt sich anfangs der feine und schließlich der grobe

*) Feingliederung durch Spirifer-Arten (Abb. 111).

1 In der feuchten Uferniederung des Meeres wuchert der Kohle (Torf) erzeugende Wald.
2 Der Boden senkt sich vorübergehend, der Moorwald ertrinkt; Meer und Flüsse packen Sand und Schlamm auf die Kohleschicht. Der Wasserspiegel kann dabei unverändert bleiben.
3 Sobald die Senkung ruht, faßt der Wald wieder Fuß und lagert seinen Torf bis zum Wasserspiegel ab.
4 Erneute Senkung leitet das Spiel von neuem ein — und so fort. So entstanden sowohl viele unserer Stein- wie auch Braunkohlenlager.

Abb. 116. Wie man sich die Wechsellagerung an Kohlenflözen und Gestein entstanden zu denken hat.

Schutt des Landes. Tritt danach ein Stillstand in der Senkung ein, so wird es der Moorpflanzenwelt wieder möglich, das Gelände zu besetzen und erneut Torf zu bilden, bis von neuem beginnende Senkung wieder Schieferton, Sandstein usw. bringt. Aus der Aufeinanderfolge von Kohleflözen und klastischen Schichtgesteinen, die oft Meeresversteinerungen enthalten, dürfen wir demnach schließen, daß der Boden am Fuße des Variszischen Gebirges sich ruckweise senkte (Abb. 116, 117) und allmählich Platz gab für viele Tausend Meter mächtige, von Kohlenflözen unterbrochene Schichtfolgen von klastischen Gesteinen. Ganz ähnlich spielte sich der Vorgang im Innern des Gebirges ab, wo die großen Längstäler zwischen den Faltenketten des Gebirges die Schuttmassen der Gebirgsketten aufnahmen und gleichzeitig damit Torfschichten gebildet wurden. Der einzige Unterschied zwischen den erstgenannten und diesen Ablagerungsbecken ist der, daß in den Binnensenken meerische Gesteinsablagerungen fehlen (Abb. 120). Wir sprechen daher von meeresnahen (paralischen) und Süßwasser- (limnischen) Kohlenbecken. Zu den ersteren gehören Ruhrbezirk und Oberschlesisches Becken (Abb. 119), zu den letzteren das Saarrevier (Abb. 120), die Kohlenlager Sachsens, der Sudeten, Böhmens und andere. Hier wie dort aber sind die Kohlenlager „autochthon", d. h. an Ort und Stelle gewachsen; noch im Untergrund verwurzelte Stämme („Stigmarien") beweisen es.

Das Variszische Gebirge mit seinen Kohlesenken und immer wieder gleichen Schichtenfolgen finden wir nicht nur in Nordwest- und Mitteleuropa, sondern auch im Südosten Europas, in Zentralasien und China ebenso wie im östlichen Nordamerika.

Die Eroberung des Festlandes durch die Pflanze zog die Tierwelt nach sich. Wir finden in der Steinkohlenzeit an Stelle der früheren Panzerfische und neben ihnen Knorpelfische, zu denen heute die Rochen und Haie gehören; wir finden als Vorläufer der späteren Ammonshörner die Goniatiten (Abb. 121) mit einer scharf gewinkelten Lobenlinie; wir finden unter den Brachiopoden auffallende Gestalten

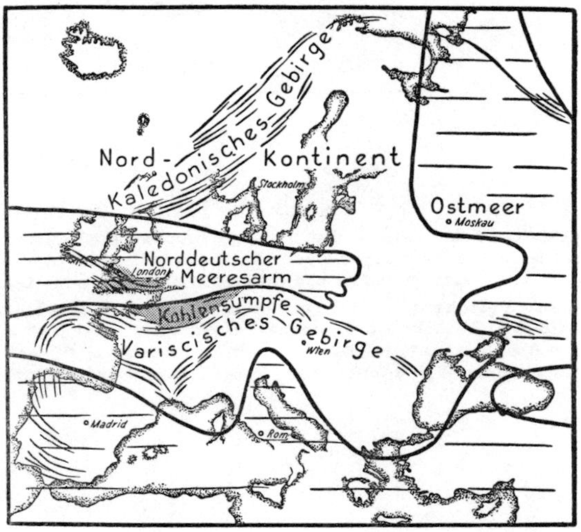

Abb. 117. Im Oberkarbon entstand das variszische Gebirge. Kohlensümpfe erfüllten die Niederungen.

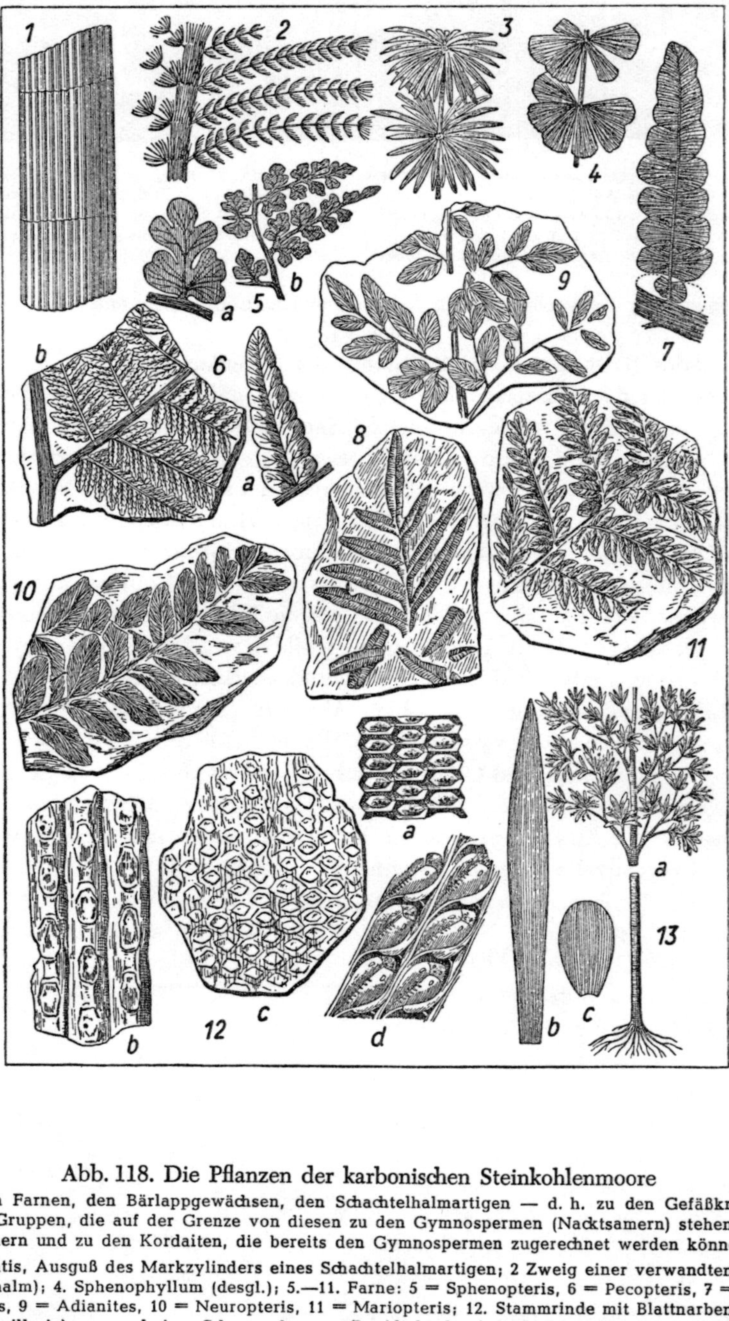

Abb. 118. Die Pflanzen der karbonischen Steinkohlenmoore

gehören zu den Farnen, den Bärlappgewächsen, den Schachtelhalmartigen — d. h. zu den Gefäßkryptogamen —, sowie zu zwei Gruppen, die auf der Grenze von diesen zu den Gymnospermen (Nacktsamern) stehen: zu den Farnsamern und zu den Kordaiten, die bereits den Gymnospermen zugerechnet werden können.

1. Asterocalamatis, Ausguß des Markzylinders eines Schachtelhalmartigen; 2 Zweig einer verwandten Art; 3. Annularia (Schachtelhalm); 4. Sphenophyllum (desgl.); 5.—11. Farne: 5 = Sphenopteris, 6 = Pecopteris, 7 = Odontopteris, 8 = Alethopteris, 9 = Adianites, 10 = Neuropteris, 11 = Mariopteris; 12. Stammrinde mit Blattnarben verschiedener Siegelbäume (Sigillaria) a—c und eines Schuppenbaumes (Lepidodendron) d; 13. Cordaites, ganzer Baum und einzelne Blätter (Archivbild)

Abb. 119. Schnitt durch das meernahe („paralische") Śląsker Kohlenrevier bei Bytom (Beuthen)
Verwerfungen zerstückeln die flachliegenden Schichten einschließlich der Trias- und Tertiärdecke. Die Zerstückelung steht im Zusammenhang mit der Entstehung der Mittelgebirge zur Zeit der Alpenfaltung.

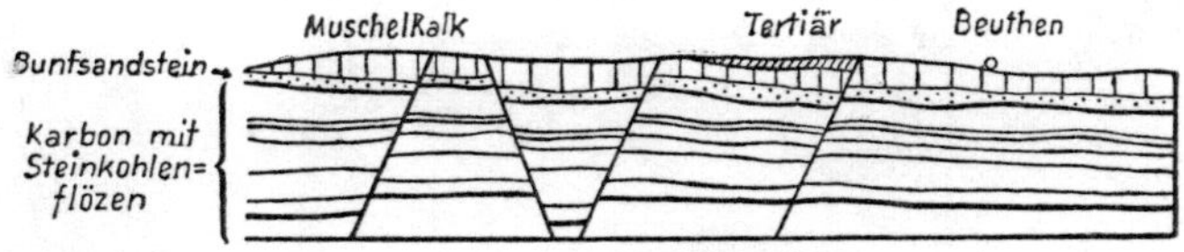

(Abb. 121), ferner Muscheln und als Bewohner der sumpfigen Urwälder eine Fülle von Gliederfüßern, Insekten, Libellen usw. Die kriechenden Embolomeren mit ihren gerade eben angedeuteten vier Gliedmaßen folgten der Pflanze aufs Land und entwickelten sich einerseits weiter zu den auf Feuchtigkeit angewiesenen Amphibien und auf der anderen Seite zu den frühesten Formen der Kriechtiere (Cotylosaurier). Hier begegnet uns zum erstenmal der Name Saurier.

Südlich des Variszischen Gebirges treffen wir Gesteine von gleichem Alter wie die mitteleuropäische Steinkohlenformation, jedoch von rein meerischer Herkunft, den Spuren von Vorstößen des Weltmeeres in das zerfallende Nordland (Abb. 117). Im Mittelmeergebiet und auf einem breiten Streifen, der über die Gegend nördlich von Arabien und Indien hinweg bis zum Großen Ozean verfolgt werden kann (Ausläufer reichen bis in die östlichen Südalpen), trifft man marine Ablagerungen von hauptsächlich kalkiger Beschaffenheit, an deren Aufbau bis etwa 1 cm große Foraminiferen der Gattung *Fusulina* maßgeblich beteiligt sind (Abb. 122). Neben dieser spielen Ammoniten und Brachiopoden eine Rolle. Wir haben es hier im Gegensatz zur Fazies der mitteleuropäischen Kohlenreviere mit der Fazies des offenen Weltmeeres zu tun. Wir begegnen in diesen Ablagerungen dem großen erdumspannenden Weltmeer der Tethys*). Die Tethys umrundete den Erdball dort, wo wir heute die jungen Faltengebirge antreffen (Abb. 169); die Tethys ist die große Sammelmulde der Sedimente, die nunmehr nach der Auffaltung des variszischen Gebirges noch frei ist. Aus ihr sollen dereinst die Faltengebirge der Tertiärzeit geboren werden. Jenseits der Tethys ist der alte Südkontinent noch erhalten. Das Gondwanaland **), wie er auch heißt, umfaßt außer Südamerika und Afrika auch Indien und Australien. Es scheint, als ob im Gondwanaland zum letztenmal die Kontinentalschollen, die heute das Erdbild bestimmen, noch zu einem riesigen Festlandblock vereinigt sind. Jedenfalls geht Alfred Wegener bei seiner Vorstellung vom Auseinandertreiben der Kontinentalschollen von diesem Urzustand aus, wie er im Karbon wohl noch erhalten war (Abb. 123a). Auf diesem karbonischen Südland finden wir eine Pflanzenwelt, die sich zwar grundsätzlich nicht über die Entwicklungshöhe unserer Steinkohlenflora emporschwingt, aber doch durch besondere Formen, insbesondere den Zungenfarn (*Glossopteris*, Abb. 124), ein eigenes Gepräge erhält,

Abb. 120. Die kohleführenden Schichten des meerfernen („limnischen") Saarreviers
legen sich — vielfach gefaltet und zerbrochen — im Norden (links) auf das Devon des Hunsrücks, im Süden verschwinden sie unter der Buntsandsteindecke (bei St. Ingbert) der Pfalz. Decken von Melaphyr (schraffiert) beenden die Kohlebildung, die rund 400, davon 70 abbauwürdige, Flöze erzeugt hat.

*) Nach der Gemahlin des Meergottes Okeanos.
**) Nach einer Landschaft in Vorderindien.

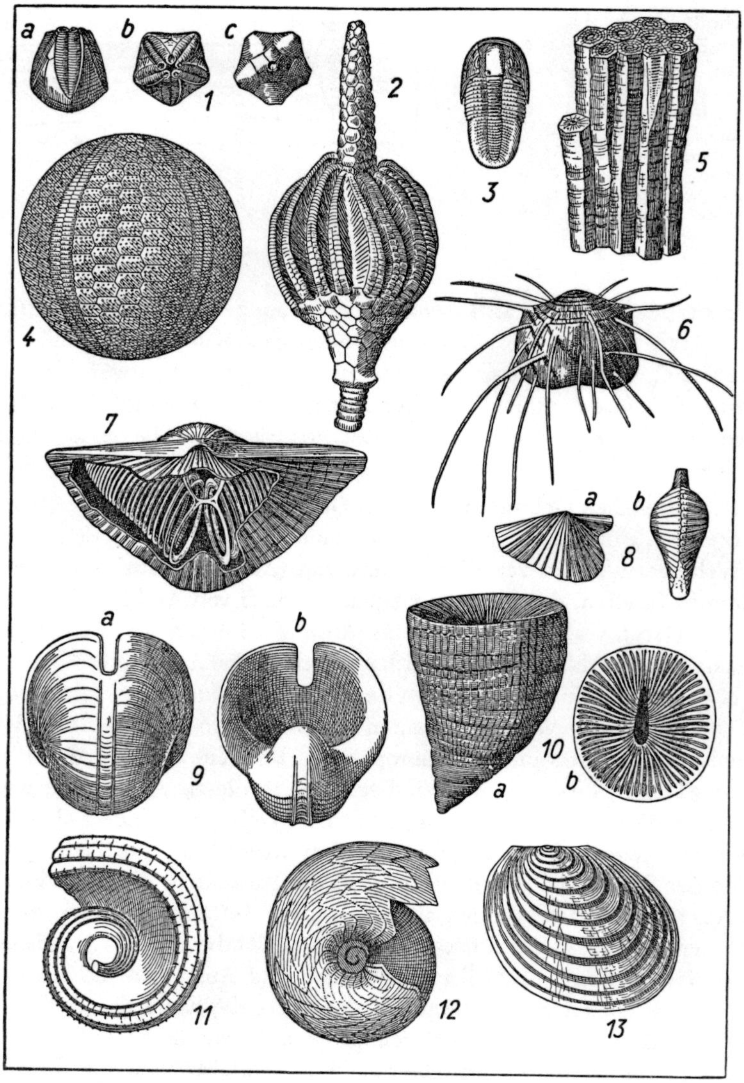

Abb. 121. Im Unterkarbon (Dinant)

barg das Meer des „Kohlenkalks" eine reiche Lebewelt, während die vorwiegend in Landnähe abgelagerten Grauwacken, Schiefer und andere Gesteine erheblich ärmer sind (1—12 Kohlenkalk, 13 Kulm):

1—2 Stachelhäuter (1 = Pentremites, ein „Knospenstrahler"; 2 = Batocrinus, eine Seelilie mit langer Afterröhre); 3 = Philippsia, einer der letzten Trilobiten; 4 = Palaechinus, der Urseeigel; 5 = Lithostrotion, der „basaltförmige" Stock einer vierstrahligen Koralle; 6—7 Brachiopoden (6 = Productus mit langen Stacheln, 7 = Spirifer striatus); 8 = Conocardium, eine Herzmuschel; 9 = Bellerophon, eine Meeresschnecke; 10 die vierstrahlige Einzelkoralle Zaphrentis, von der Seite und von oben; 11=Nautilus, ein naher Verwandter des lebenden Nautilus; 12=der Goniatit Glyphioceras; 13 = Posidonia Becheri, eine Muschel, das wichtigste Leitfossil des Kulmschiefers

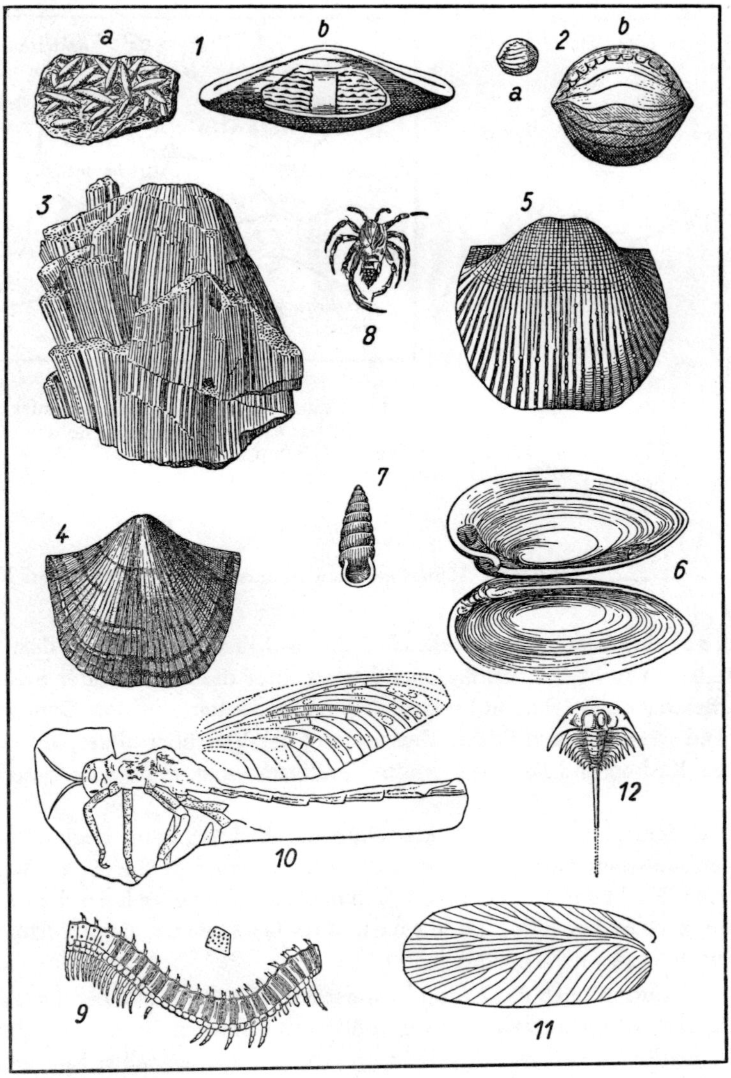

Abb. 122. Im Meere der Oberkarbonzeit

spielten Foraminiferen (Lochträger) eine große Rolle (1 = Fusulina, a: ein Stück Fusulinenkalk; b: Fusulina vergrößert; 2 = Schwagerina, b: vergrößert; 3 = Chaetetes, eine Koralle aus dem Moskauer Kohlenkalk; 4 und 5 Armfüßer, 4 = Spirifer mosquensis, 5 = Productus semireticulatus).

Aus den „produktiven", d. h. kohleführenden Karbonschichten sind abgebildet: 6 Anthracosia, eine Süßwassermuschel der Steinkohlenmoore; 7 die älteste bekannte Landschnecke (Dendropupa); 8—12 Gliedertiere: 8 Protolycosa; ein Tausendfuß (9); eine riesige Heuschrecke (10); der Flügel einer Schabe (11); ein Verwandter des lebenden Limulus (Molukkenkrebs) (12)

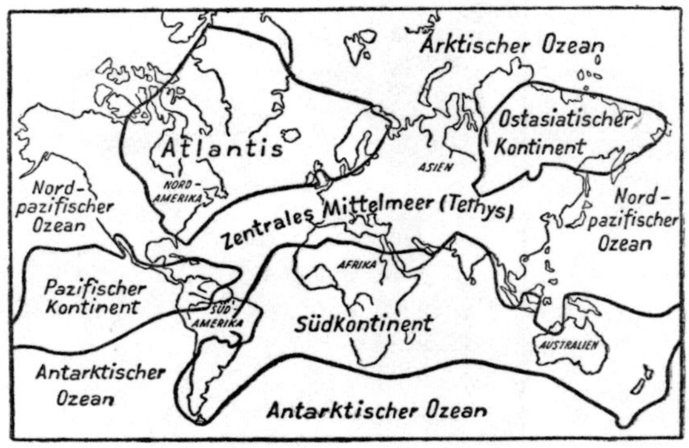

Abb. 123b. Das Bild der Erde zur ausgehenden Karbonzeit nach der vor Wegener geltenden Auffassung (vgl. a. 115 und 117!)

Abb. 123a. Das Gondwanaland nach A. Wegeners Vorstellung

das man wohl auf ein andersartiges, vielleicht kühleres Klima zurückführen darf. Überall, wo die Glossopterisflora nicht auftritt, finden sich statt ihrer die Pflanzen der Steinkohlen, die ihrer ganzen Beschaffenheit nach auf warmes Klima hindeuten. Auf dem Gondwanaland hat sich anscheinend die oben geschilderte Entwicklung der Vierfüßer abgespielt; auf ihm entwickelte sich im Karbon und Perm die größte Vergletscherung, die die Erdgeschichte jemals gesehen hat.

Entsprechend dem Ablauf der Großkreisläufe der Erdgestaltung beginnt mit der Auffaltung der karbonischen Gebirge sogleich deren Abtragung. *Die Einebnung der variszischen Faltenketten bestimmt das Geschehen der anschließenden Zeitabschnitte, in denen die Gesteine des* **Perms** *und des* **Erdmittelalters** *entstanden* (Abb. 127).

Im großen und ganzen blieb das Erdbild vorerst erhalten. Im Weltmeer der Tethys lagerte sich, so z. B. in den Ostalpen, Kalk mit einer Fülle von Ceratiten ab, die eine derart schnelle Entwicklung durchliefen, daß es möglich ist, sie als Leitfossilien selbst für verhältnismäßig kleine Zonen der Schichtfolge zu verwenden. Die Ceratiten, einfach gebaute Ammoniten mit besonderer Lobenlinie (Abb. 131/3), bedeuten gegenüber der älteren Lebewelt einen grundsätzlichen Wandel in der Zusammensetzung der Tierwelt (Abb. 125). Während die letzten Nachzügler der Trilobiten noch bis in den Anfang des Perm hinein zu finden sind, treten bereits modern anmutende Korallen auf (sechsstrahlige an Stelle der früheren vierstrahligen), und nehmen Muscheln, Schnecken, Armfüßer, Moostierchen und andere Gruppen in großer Formfülle Anteil an der Zusammensetzung der Tierwelt. Der Wandel der Tierwelt, der dem der Pflanzenwelt folgt, vollzieht sich im Verlaufe des Perms, so daß man dieses als *Grenz-*

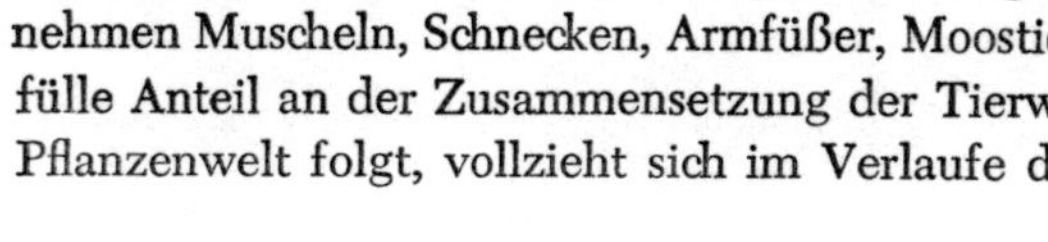

Abb. 124. Glossopteris, der Zungenfarn, ist die Leitpflanze des Karbons auf der Südhalbkugel. Archivbild

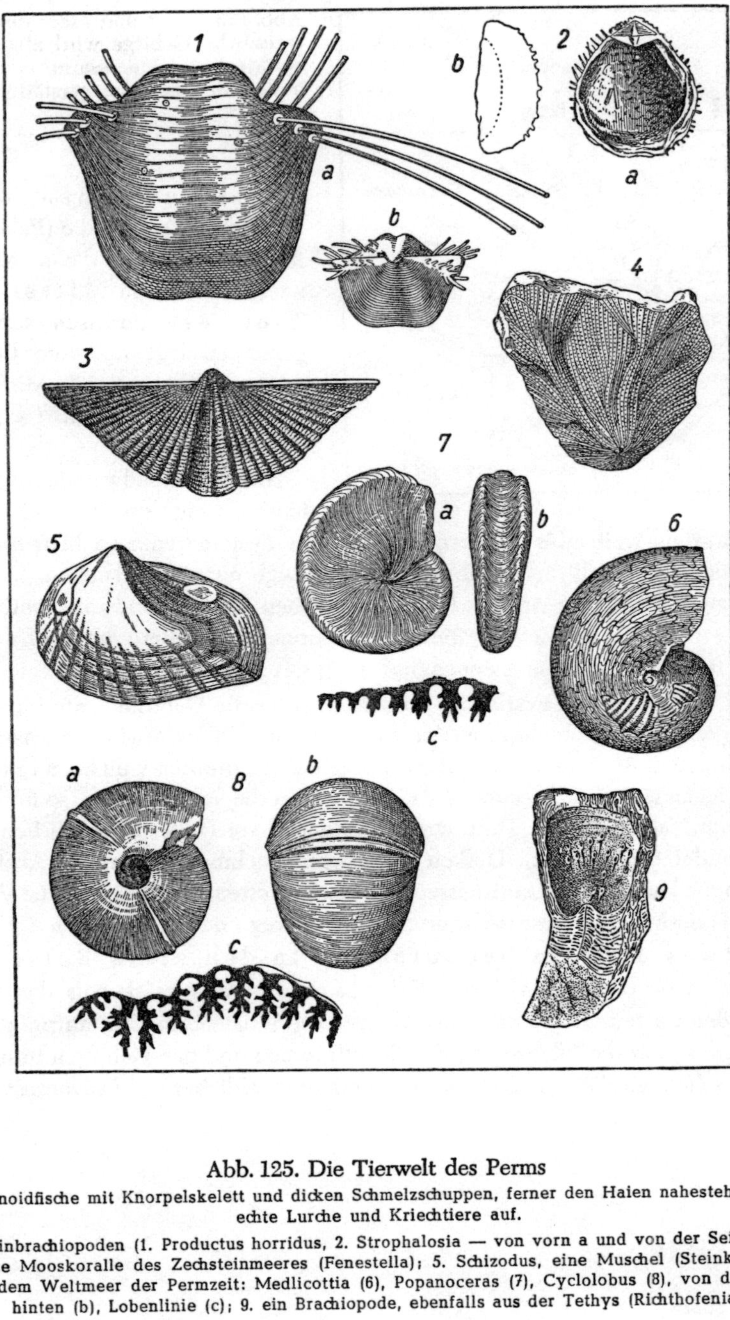

Abb. 125. Die Tierwelt des Perms

wies u. a. Ganoidfische mit Knorpelskelett und dicken Schmelzschuppen, ferner den Haien nahestehende Raubfische, echte Lurche und Kriechtiere auf.

1.—3. Zechsteinbrachiopoden (1. Productus horridus, 2. Strophalosia — von vorn a und von der Seite b); 3. Spirifer alatus; 4. eine Mooskoralle des Zechsteinmeeres (Fenestella); 5. Schizodus, eine Muschel (Steinkern); 6.—8. Ammoniten aus dem Weltmeer der Permzeit: Medlicottia (6), Popanoceras (7), Cyclolobus (8), von der Seite (a), von hinten (b), Lobenlinie (c); 9. ein Brachiopode, ebenfalls aus der Tethys (Richthofenia) (Archivbild)

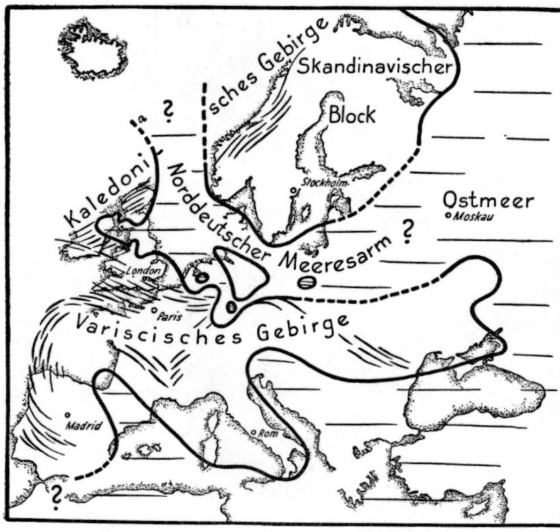

Abb. 126. Land und Meer des Perms. Das variszische Gebirge wird abgetragen. Der norddeutsche Meeresarm verdunstet und hinterläßt die Salzlagerstätten der Zechsteinzeit.

system zwischen dem Altertum der Erde (Paläozoikum = Alttierzeit) und dem Mesozoikum als dem Mittelalter der Tierwelt auffassen kann. Im allgemeinen legt man die Grenze zwischen Altertum und Mittelalter der Erde zwischen Perm (= Dyas) und Trias (Abb. 178).

Auf dem Gondwanaland ging die Anhäufung von Verwitterungsschutt unverändert vom Karbon weiter bis ins **Perm** hinein. Eine Systemgrenze ist hier, mitten in der „Karruformation" der südlichen Halbkugel, demzufolge nicht zu erkennen. Der westliche Indische Ozean, der südliche Atlantische Ozean brechen in den Gondwanakontinent ein, so daß dessen Zerfall in dieser Zeit beginnt. Eine kontinentweite Vereisung auf der Südhalbkugel spricht für eine ausgeprägte Zonengliederung des Klimas.

Im Bereich des nördlichen Festlandes wird das variscische Gebirge weiterhin eingeebnet. Hier und da geht die Kohlebildung weiter, so an Saar und Nahe sowie in Sachsen, am Harz und an den Sudeten. Als Nachwirkung der Gebirgsbildung brechen vulkanische Massen aus und legen sich deckenförmig auf und zwischen die Schuttmassen, so in den Binnensenken des Saar-Nahe-Gebietes, Thüringens, der Gegend von Halle, im nördlichen Erzgebirge und in den Sudeten (Taf. 26/2). Decken von Porphyr nehmen teil an der Ausfüllung der Senken durch die klastischen Schuttmassen der Gebirgsketten. Es ist der gleiche Vorgang wie bereits vorher; doch haben diese Ablagerungen durchweg rote Farbtöne, die jetzt jedoch etwas anderes bedeuten als in den alten Rotsandsteinschichten des devonischen Festlandes. War es damals das Fehlen der Pflanze, die der Gesteinszerstörung und Ablagerung Wüstencharakter aufprägte, so ist es jetzt das Klima, das die Pflanze von den Schutträumen und den Gebirgen fernhält. Einen Beweis dafür sehen wir darin, daß die wenigen erhaltengebliebenen Pflanzenreste der Perm-

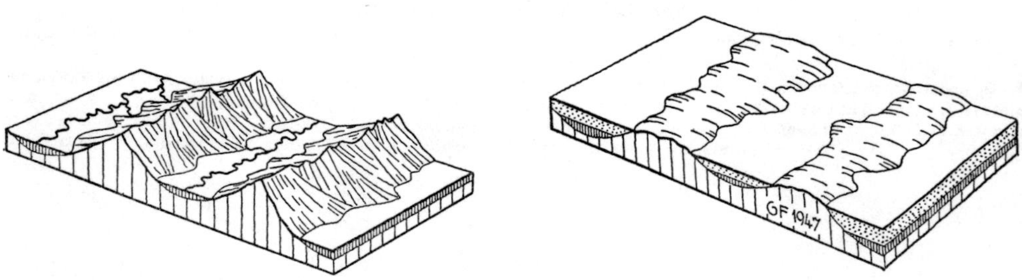

Abb. 127. Die Einebnung der variszischen Faltenzüge (links) in der Rotliegend-Zeit (rechts) — sie ertrinken im eignen Schutt (nach Frebold).

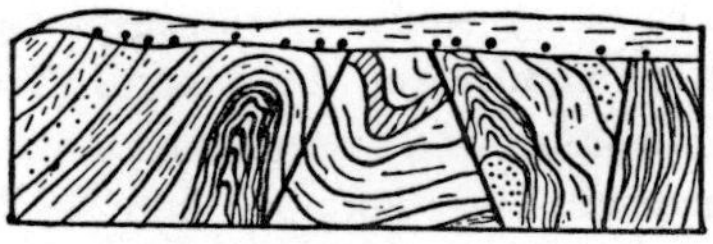

Abb. 128. Beispiel für die diskordante Lagerung des „Oberbaues“ auf dem „Unterbau“ der deutschen Mittelgebirge (Bohlenwand bei Saalfeld — einer der schönsten mitteldeutschen Aufschlüsse) vgl. Abb. 178. Die Devonschichten wurden durch die variszische Faltung der Steinkohlenzeit aufgerichtet, gefaltet, verworfen. Das Zechsteinmeer ist über die eingeebnete Faltenlandschaft hinweggegangen, hat sie weiter eingeebnet (die Punkte deuten das Transgressionskonglomerat an) und seine Schichten waagerecht darübergebreitet. Die Diskordanz entspricht der Gebirgsbildung der Steinkohlenzeit. (Der Aufschluß ist rund 600 m lang und annähernd 100 m hoch.)

zeit außerhalb der Kohleflöze nicht verkohlt sind wie vorher im feuchten Karbon, sondern daß sie, von Kieselsäure völlig durchtränkt, versteinert sind (T. 32, S. 192). Ähnliche Erscheinungen können wir heute in Wüsten beobachten. Übrigens handelt es sich jetzt nicht mehr ausschließlich um Kryptogamen, sondern wir finden bei mikroskopischer Untersuchung der verkieselten Hölzer, daß diese bereits zur Gruppe der Nadelhölzer zu zählen sind, und zwar zu solchen, die den heutigen Araukarien ähnlich sind, den bekannten Zimmertannen, deren Verwandte in den südamerikanischen Anden wild wachsen (Abb. 133). Die Senken füllen sich mit dem Wüstenschutt der Gebirge; der Schutt quillt über die Ränder der Senken; die Gebirge, die immer niedriger werden, ertrinken schließlich im eigenen Schutt (Abb. 127). Der Kupferbergmann des Mansfeldischen Reviers hat die roten Gesteine dieser Zeit beim Abbau des dem Zechstein angehörigen Kupferschiefers stets zu seinen Füßen, im Liegenden, gehabt und nannte sie daher schlechthin das **Rotliegende.** Dieser Name ist der Formation bis heute im wissenschaftlichen Sprachgebrauch verblieben.

Als die erste Hälfte der Permzeit zu Ende ging, war von dem stolzen steinkohlenzeitlichen Gebirge so gut wie nichts mehr da. Auf die Einebnung des Berglandes folgt, wie so oft, nun auch im norddeutschen Raum ein neuerlicher Einbruch des Meeres.

Das Meer geht über die gefalteten und durch Abtragung entblößten Schichten hinweg und breitet in der nach Abb. 128 erklärbaren Art und Weise sein Strandgeröll über das ganze, von ihm allmählich überwältigte Land. Dieses Transgressionskonglomerat des eindringenden **Zechstein**meeres kennen wir aus Hannover und Thüringen, aus Sachsen und Südwest-Polen. Darüber liegt eine dünne Lage von schwarzem, bituminösem Schiefer, die Ablagerung eines schlecht durchlüfteten, von Fäulnisstoffen gesättigten Meeresbeckens. In dieses Meeresbecken gelangten die in der abgetragenen Landoberfläche bloßgelegten Bestandteile der Mineral- und Erzgänge des Variszischen Gebirges hinein. Hier wurden sie unter dem Einfluß chemischer Umsetzungen ausgefällt und dem Sediment beigemischt — wie, das ist im einzelnen heute noch nicht befriedigend geklärt. Tatsache ist jedenfalls, daß der bituminöse Meeresschlamm der Zechsteinzeit so reich an Schwermetallverbindungen, insbesondere an Kupferschwefelverbindungen und anderen Sulfiden ist, daß er einen viele Jahrhunderte alten Bergbau gelohnt hat und heute noch lohnt (Abb. 129).

Dieser Zustand des Zechsteinmeeres hielt offenbar nicht lange an, denn unmittelbar auf den Kupferschiefer folgt eine Bank von Kalk, der sogenannte Zechsteinkalk, über dem wiederum eine oft mächtige, von Anhydrit eingeleitete Schichtfolge von Stein- und Kalisalzen lagert, die nach oben hin durch den sogenannten Salzton abgeschlossen wird.

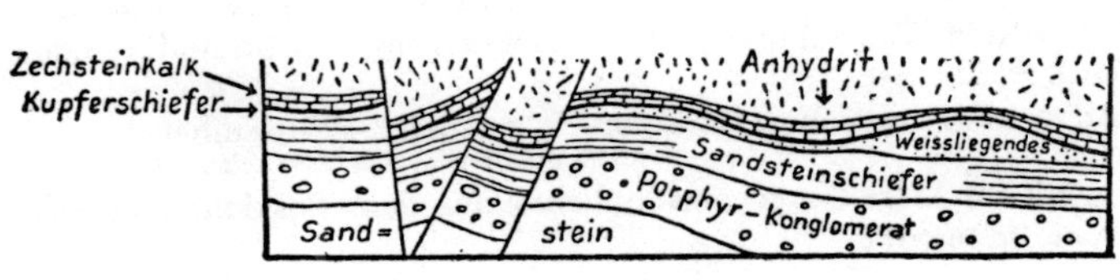

Abb. 129. Die Kupferschiefer-Schichtenfolge des Zechsteins bei Mansfeld

Die Folge: Konglomerat, Kupferschiefer, Kalk, Anhydrit, Salz bedeutet Senkung des Festlandes, Eindringen des Meeres (Transgression), Eindunstung des Meerwassers. Diese aber ist nur unter trockenem Klima möglich. Nun verstehen wir auch, wie es zur Anreicherung von Erzen im Meer kommen konnte; denn die Erzgänge, die in der Landoberfläche des Rotliegenden bloßgelegt waren, unterlagen dort wüstenhafter Verwitterung, also insbesondere der Lösung durch Bodenwasser, das aufsteigend die Oberfläche mit den ausfallenden Stoffen durchtränkt und überkrustet. Das transgredierende Zechsteinmeer fand diese Erze also bereits angereichert vor und brauchte sie nur aufzuarbeiten und in seinen Schlamm aufzunehmen.

Der Einbruch des Zechsteinmeeres und seine Verdunstung ist nichts als eine Episode gewesen. Aber für uns ist er von einem Wert geworden, der ihn hoch über viele andere erdgeschichtliche Ereignisse hinaushebt. Nicht nur, daß die dünne Lage des Kupferschiefers einen uralten Bergbau ins Leben gerufen hat, der weit über seine wirtschaftliche Bedeutung hinaus Kulturträger geworden ist, sondern der obere Zechstein hat mit seinen Salzlagern (S. 153) dem deutschen Boden auch einen Schatz hinterlassen, der bis zur Entdeckung von Kalilagern auch in anderen Ländern lange Zeit hindurch einzig in der Weltwirtschaft dastand. Daß darüber hinaus die Zechsteinsalze eine eigenartige Rolle in den späteren Gebirgsbildungen spielen sollen, wird uns weiter unten beschäftigen (S. 223). Zudem sind sie vielfach mit Erdöllagerstätten gekoppelt.

Unmittelbar nachdem diese Episode überwunden war, herrschten im mitteleuropäischen Raum die gleichen Verhältnisse wie vorher. Die Gesteinsablagerungen oberhalb des Zechsteins tragen von jeher den Namen **Buntsandstein.** Der Buntsandstein besteht fast durchweg aus rotgefärbten klastischen Sedimenten verschiedener Korngröße, vom Ton über den feinen und mittleren bis zu grobem Sand und verhärtetem Kies (= Konglomerate von Helgoland!). Seine Entstehung kann man sich so vorstellen, daß die trockenfallenden Zechsteinsenken des Harzvorlandes und Niedersachsens sowie Thüringens und ein großer Teil der DDR und von Süddeutschland wiederum zur Wüste wurden, in der sich wandernder Dünensand, die Absätze kurzlebiger, toniger Pfützen und Tümpel mit gelegentlich zwischengeschalteten marinen Schichten absetzten. Diese marinen Schichten sagen aus, daß die Wüste immer noch zum Teil unter dem Meeresspiegel lag, ähnlich der heutigen nordafrikanischen Wüste, und so dem Meer gelegentliche Einbrüche ermöglichte. Diese Einbrüche erfolgten ähnlich wie im Zechstein, so auch im unteren und mittleren Buntsandstein von Nordwesten aus der Gegend des heutigen Nordseebeckens her. Als jedoch das Weltmeer selbst, diesmal von Südosten her, in den mitteldeutschen Raum einbrach, änderten sich die Verhältnisse grundsätzlich (Abb. 130).

Das Meer kam in einen von vornherein durch Wüstenrinden übersalzenen Raum, so daß der Salzgehalt seines Wassers recht beträchtlich werden mußte. Wir finden daher den

---

TAFEL XXXI

Fossilisation

1. Eine Fliege in Bernstein (Aus Andrée, Bernstein)
2. Eine Vogelfeder in Bernstein (Aus Andrée, Bernstein)
3. Ein menschliches Fossil: der wohlerhaltene Kopf der Moorleiche des Mannes von Tollund Aufn. des Nationalmuseums in Kopenhagen
4. Abdrücke (Ausgüsse) von Trockenrissen (Taf. 32) und Fährten in einer Tonpfütze im Rotliegenden bei Tambach in Thüringen Aufn. Fritz Kellner
5. Ein junger Ichthyosaurus im Augenblick der Geburt (Lias von Holzmaden i. Württemberg) Aufn. Staatl. Museum f. Naturkunde, Stuttgart
6. Ein zartschaliger flacher Ammonit im Lias: Harpoceras lythense aus dem Posidonien-Schiefer des Oberen Schwarzen Jura Aufn. Dr. Dieterich

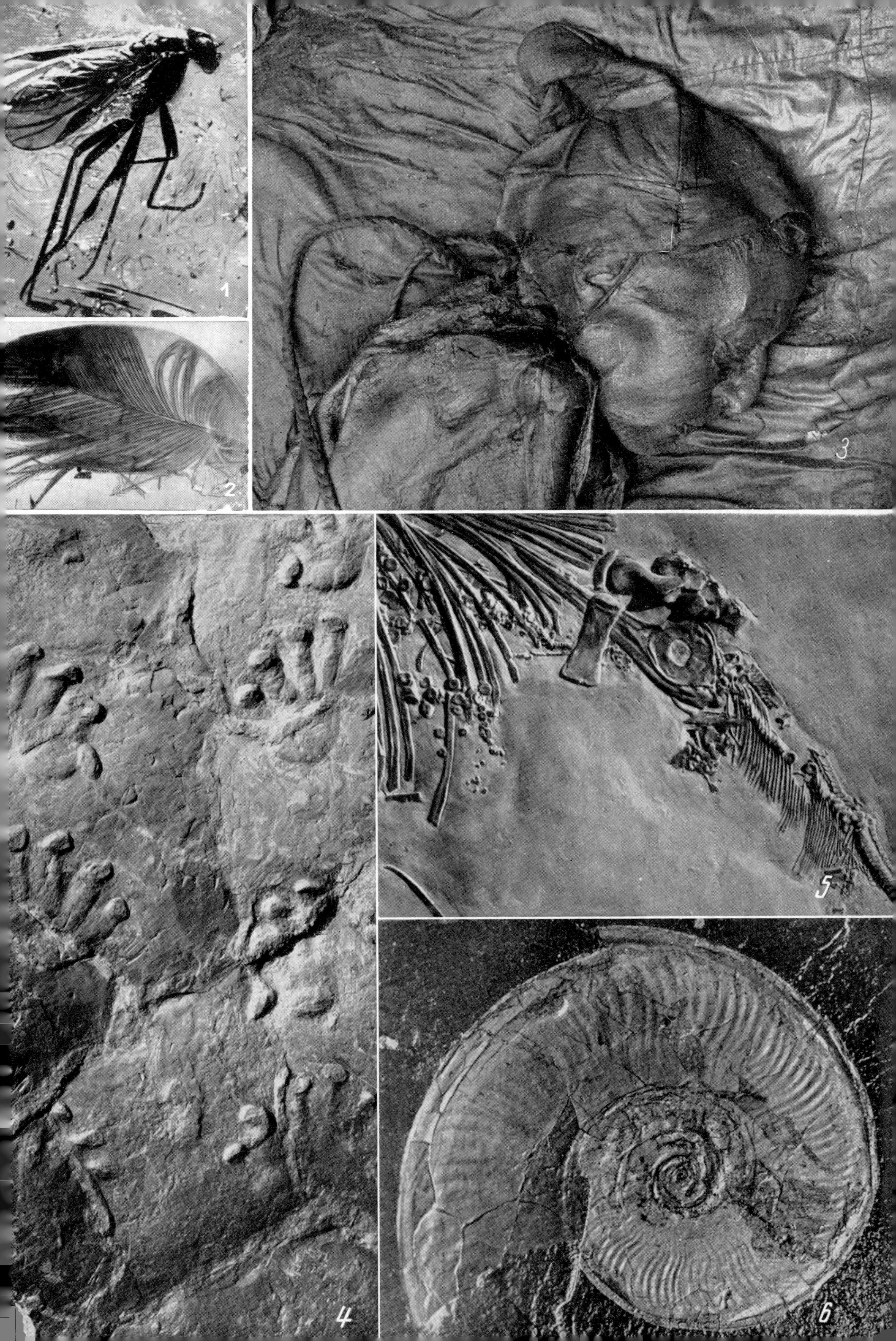
1
2
3
4
5
6

1

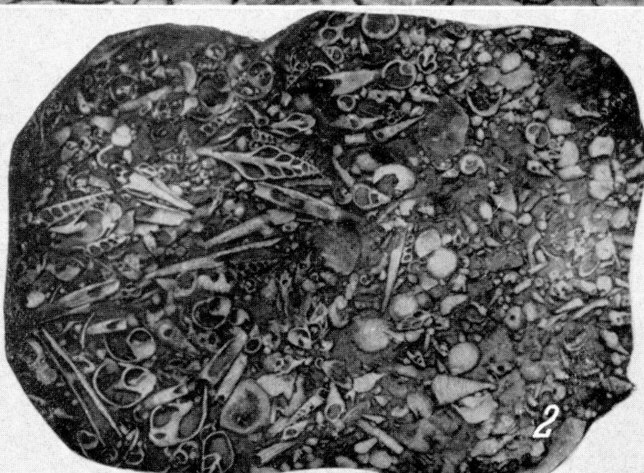

2

3

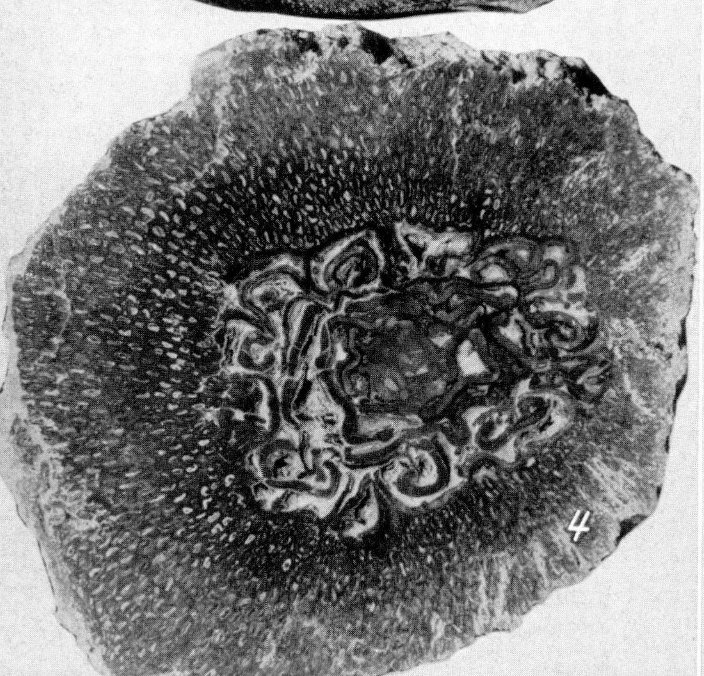

4

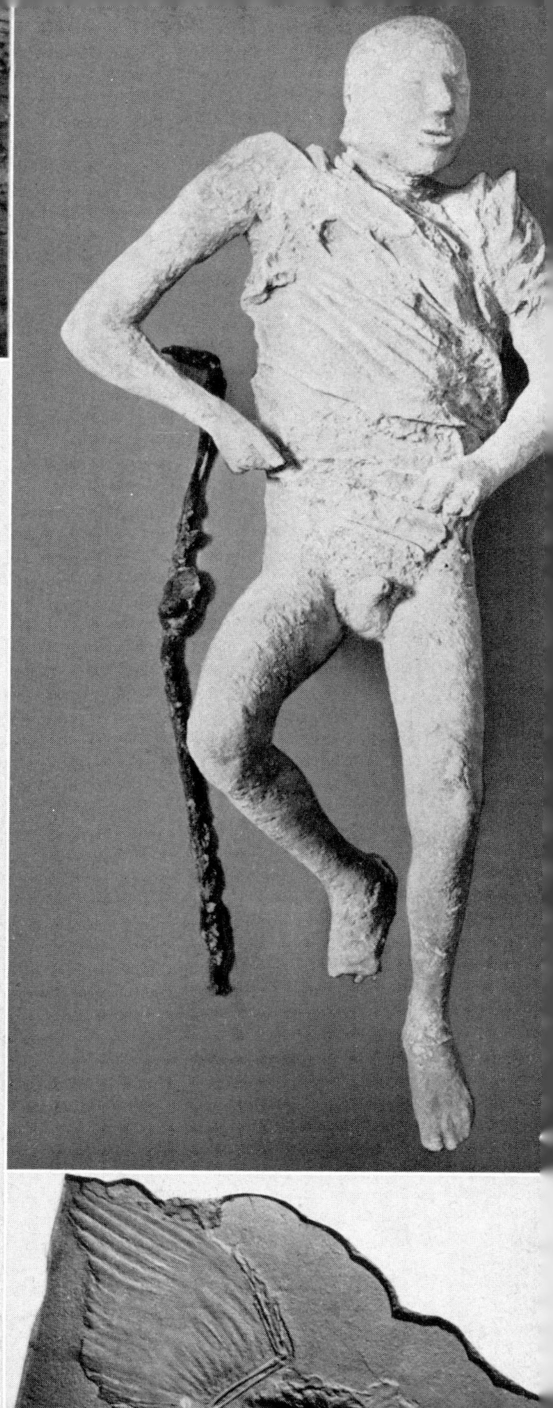

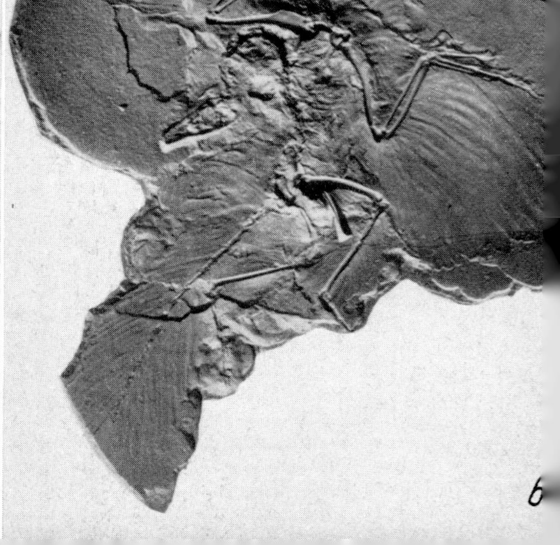

6

Abb. 130. Das deutsche Muschelkalkmeer war eine flache Bucht des Weltmeeres.

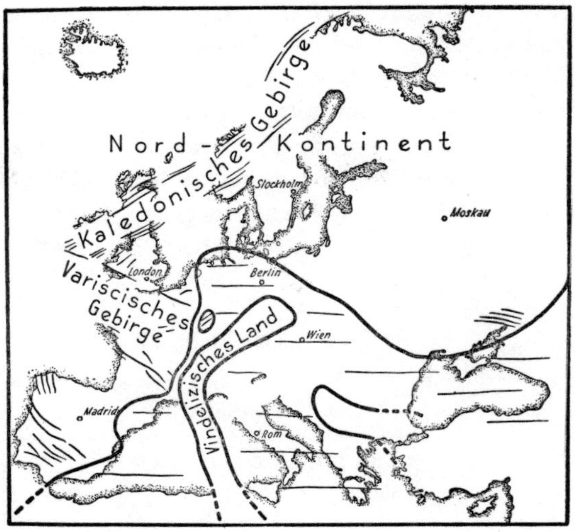

Schichten des **Muschelkalk**meeres eingelagert wieder Salzlager, so besonders in Süddeutschland, im Westen der Böhmischen Masse, im Bereich der Hessischen Senke und ihrer südlichen Fortsetzung, die dem Meer den Weg aus der norddeutschen Mulde nach Süden hin öffnete. Das Meer, das östlich der Sudeten längs des Nordrandes der Variszischen Ketten vorgestoßen war, konnte sich daher bis weit nach Süddeutschland hinein vorarbeiten; es weitete sich durch die burgundische Pforte zum Rhônetal hin aus und erreichte dort wieder die Tethys (Abb. 130). Alsbald schloß sich die Pforte von Ostrawa, das Meer verflachte, blieb salzig und gewährte nur einer verhältnismäßig geringen Zahl von Lebewesen, die sich diesen außergewöhnlichen Lebensverhältnissen anzupassen wußten, ein Fortkommen. Die Folge davon war, daß das Muschelkalkmeer ebenso wie andere Binnenmeere eine zwar artenarme, dafür aber an Zahl reiche Tierwelt besaß (Abb. 131).

In der Richtung, in der das Meer vorstieß, verschwand es allmählich. Als es den deutschen Boden nach Südwesten langsam freigegeben hatte, setzte wiederum die Ablagerung roter Gesteinsschichten ein. Trotzdem änderten sich die Ablagerungsbedingungen ganz erheblich in der nun beginnenden Keuperzeit, dem jüngsten Abschnitt der Trias.

Die rote Farbe der abgelagerten Schichten blieb zum guten Teil noch erhalten, so daß wir auch für diese Zeit — wenigstens teilweise noch — mit trockenem, wüstenartigem Klima rechnen müssen. Doch spielten bereits im Unteren Keuper, dessen süddeutsche Ablagerungen unter der Bezeichnung L e t t e n k o h l e bekannt sind, Anhäufungen pflanzlicher Massen zu kohligen Schichten eine Rolle. Im Mittleren Keuper wird der alte Kampf zwischen Meer und Land wieder deutlich, denn das Weltmeer bricht vorübergehend von Westen durch die lothringische Straße und von Südwesten durch die burgundische Pforte in den süddeutschen Raum ein. Gipslinsen und Salzschichten in Süddeutschland sind seine Spuren. Im übrigen finden sich Schichten von mergeligen Süßwasserabsätzen, die offenbar aus eingewehtem Staub entstanden sind und die Schalen der wasserflohähnlichen Estherien (Abb. 131/10) enthalten.

TAFEL XXXII

Fossilisation

1. Trockenrisse in einer heutigen Tonschlammpfütze (vgl. Taf. 31) Aufn. v. Bülow
2. „Sternberger Kuchen“ — fossiler Strand aus dem Mecklenburgischen Oligozän Aufn. v. Bülow
3. Seeigel aus der weißen Schreibkreide (Senon Norddeutschlands), bewachsen mit Kolonien von Moostierchen. Aufn. v. Bülow
4. Querschnitt durch den verkieselten Stamm eines Baumfarnes (Psaronius infaretus) aus dem sächsischen Rotliegenden (Gegend von Hilbersdorf) Aufn. Heimatschutz Dresden
5. Ein künstlicher Steinkern: Gipsausguß eines Hohlraumes in der Vesuv-Asche von Pompeji Archivbild
6. Urvogel Archäopteryx aus dem Solnhofener Kalk (Weiß-Jura) Archivbild

Daneben ist ein von schilfähnlichen Pflanzenröhren durchsetzter Sandstein bezeichnend, der sogenannte Schilfsandstein, der jedoch nicht Schilf enthält, sondern die Stämme von Schachtelhalm (*Equisetum*). Gegen Ende der Keuperzeit, dem Rät genannten Oberen Keuper, brach das Meer erneut von Lothringen her ein und bedeckte Süddeutschland wiederum mit Ton sowie mit Sandstein, der eine arme Meeresfauna enthält. Gleichzeitig überschwemmte das Nordmeer vom Nordseebereich her Nordwestdeutschland. Beide Meereseinbrüche leiten bereits zu der folgenden Formationsgruppe über.

Gesteinsfolgen des Perms und der Trias

		im Tethysbereich	im Mitteleuropäischen Raum		
		Südliche Ostalpen	**Nordwestdeutschland**		**Süddeutschland**
Trias	Obere Trias = Keuper	Mergelkalk „Dachsteinkalk“ u. „Hauptdolomit“	Keuper	Rät-Ton Rät-Sandstein	Rät-Sandstein und -Ton (Rät)
				Bunter Mergel, Schilfsandstein	Stubensandstein, bunter Mergel, Schilfsandstein (Gipskeuper)
		Schiefer, Mergel, Sandstein		Lettenkohlensandstein, Dolomit, Mergel	Sandstein, Dolomit, Schiefer (Kohlenkeuper)
	Mittlere Trias = Muschelkalk	Kalk und Dolomit	Muschelkalk	Ceratiten- und Trochitenkalk	Trigonodusdolomit *) Ceratiten- und Trochitenkalk
				Zellenkalk, bröckliger Kalk mit Gips	Mergel, Dolomit, Gips, Salz
		Kalk und Sandstein		Wellenkalk mit Terebratel- und Oolithbänken	Wellendolomit und Wellenkalk
	Untere Trias = Buntsandstein	Mergel, Dolomit, Sandstein	Buntsandstein	Kalk, Mergel, Gips	Röt-Ton, Plattensandstein
				Verschiedenkörniger Sandstein, weiß oder rot	Hauptkonglomerat Hauptbuntsandstein „Ecksches Konglomerat“ Tigersandstein
Perm	Oberes Perm = Zechstein	Mergel, Dolomit und Kalk		Roter Salzton Stein- und Kalisalz-Folge Anhydrit, Dolomit, Steinsalz Zechsteinkalk Kupferschiefer Zechsteinkonglomerat	Kreuznacher Sandstein
	Unteres Perm = Rotliegendes	Roter Sandstein		Roter Sandstein usw. des Thüringer Waldes	„Rotliegendes“ (Sandstein, Konglomerate)

*) Nach der Leitmuschel benannt.

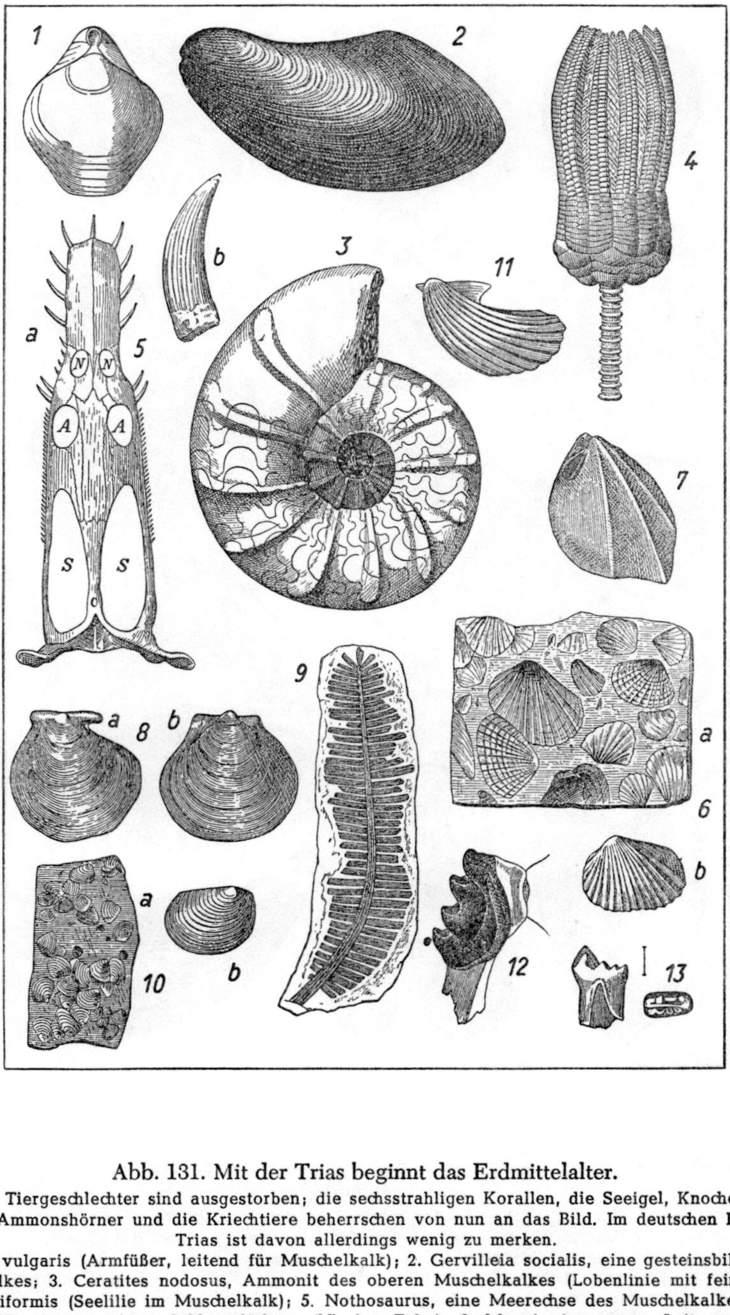

Abb. 131. Mit der Trias beginnt das Erdmittelalter.

Zahlreiche alte Tiergeschlechter sind ausgestorben; die sechsstrahligen Korallen, die Seeigel, Knochenfische, besonders aber die Ammonshörner und die Kriechtiere beherrschen von nun an das Bild. Im deutschen Binnenmeer der Trias ist davon allerdings wenig zu merken.

1. Terebratula vulgaris (Armfüßer, leitend für Muschelkalk); 2. Gervilleia socialis, eine gesteinsbildende Muschel des Muschelkalkes; 3. Ceratites nodosus, Ammonit des oberen Muschelkalkes (Lobenlinie mit feinen Zähnchen); 4. Encrinus liliiformis (Seelilie im Muschelkalk); 5. Nothosaurus, eine Meerechse des Muschelkalkes (a = Schädel mit Schläfen- (S), Augen- (A) und Nasenlöchern (N), b = Zahn); 6. Myophoria costata, Leitmuschel im oberen Buntsandstein (Röt); 7. Myophoria vulgaris (Muschelkalk); 8. Pecten laevigatus (Muschelkalk); 9. Pterophyllum-Zweig (Zykadee des Keupers); 10. Estheria (b = vergrößert), ein winziger Schalenkrebs des Süßwassers (Muschelkalk, Keuper); 11. Avicula contorta, Hauptleitmuschel des obersten Keupers (Rät); 12. Zahn des Lurchfisches Ceratodus im Keuper; 13. Backenzahn des ältesten Beuteltieres (Microlestes) im obersten Keuper

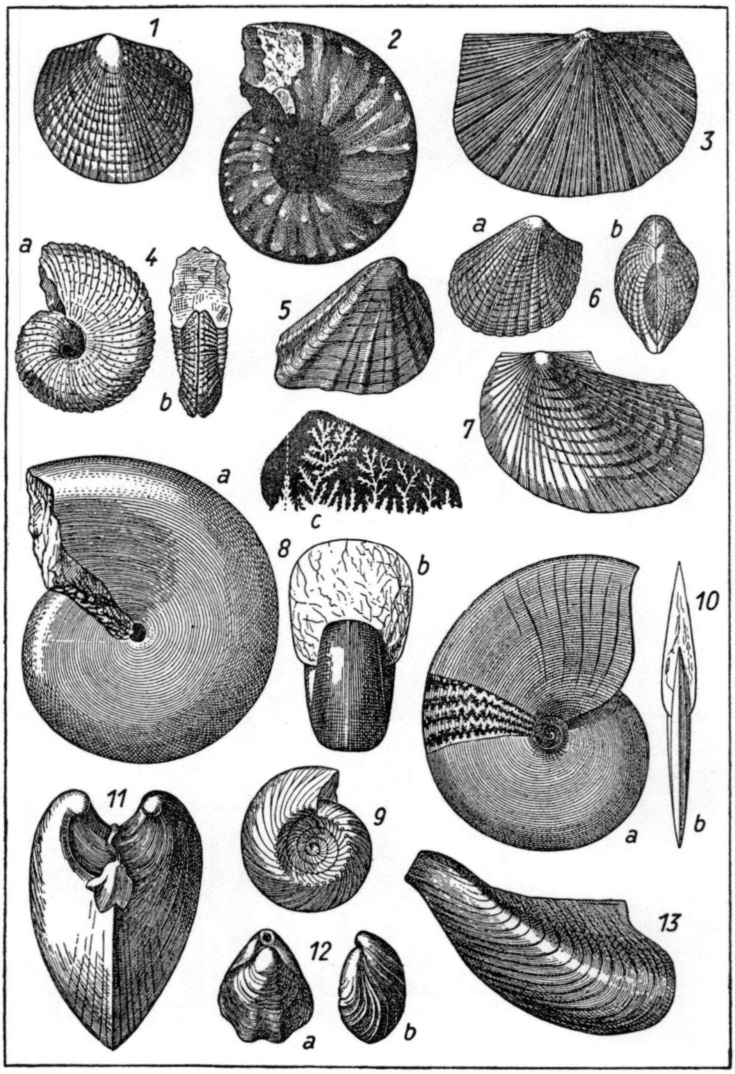

Abb. 132. Formenreicher war die Lebewelt des Weltmeeres zur Triaszeit; aus der alpinen Trias sind abgebildet:

1. Pseudomonotis, Leitmuschel des alpinen Buntsandsteins (Werfener Schichten); 2. Ceratites trinodosus (mittl. Muschelkalk); 3. Daonella, Leitmuschel des unteren Keupers (Wengener Schichten); 4. Trachyceras, Leitammonit, unt. Keuper (Cassianer Schichten); 5. Myophoria Kefersteini, Leitmuschel, unt. Keuper; 6. Cardia crenata, Muschel, unt. Keuper; 7. Monotis salinaria, Leitmuschel, mittl. Keuper (Hallstätter Kalk); 8. Cladiscites, Ammonit, ebendaher; 9. Tropites, desgl.; 10. Pinacoceras, desgl.; 11. Megalodon, Leitmuschel des Dachsteinkalkes (ob. Keuper); 12. Terebratula gregoria, Brachiopode (Rät); 13. Gervilleia inflata, Muschel (Kössener Schichten)

Abb. 133. Die araukarienähnliche Walchia, eine frühe Konifere, fand sich im Perm auf der ganzen Erde. Ullmannia (rechts) tritt im Perm in Europa auf. (Archivbild)

Wenn wir zurückblicken, werden wir bemerken, daß sich die Verhältnisse des Rotliegenden und des Meereseinbruchs des Zechsteins in der Triaszeit in ganz ähnlicher Weise wiederholen: Auf den dem Rotliegenden entsprechenden Buntsandstein folgt der vorübergehende Einbruch des Muschelkalkmeeres und sein Zurückebben im Keuper. Da zudem die Sedimente beider Formationen eine weitgehende Ähnlichkeit aufweisen, ist es durchaus berechtigt, die beiden Formationen zur Gruppe der Rotsandsteinformationen zusammenzufassen. Diese Bezeichnung rührt von den Verhältnissen im mitteleuropäischen Raum her. In der gleichen Zeit bildeten sich im Weltmeer der Tethys ganz andersartige Ablagerungen als im Nebenmeer Mitteleuropas. Der „germanischen Ausbildung der Trias" steht die bereits in den Alpen herrschende Fazies der Tethys gegenüber. Die Tabelle stellt neben die Zeitabschnitte der germanischen Ausbildung die gleichaltrigen Absätze der alpinen Fazies (S. 194; Abb. 131 u. 132).

Die Lebewelt der Rotsandsteinformationen ist dadurch gekennzeichnet, daß die Steinkohlenflora nicht nur wegen des trockener werdenden Klimas verschwunden ist, sondern auch, weil ihre Zeit vorbei war und andere, höher entwickelte Gewächse an ihre Stelle traten: Statt der baumartigen Schachtelhalme des Erdaltertums, der Calamiten, haben wir nun die durchaus modern anmutenden kleineren Equiseten, an Stelle von Lepidodendron und den anderen Bärlappgewächsen finden wir nunmehr Pleuromeia, einen kakteenartigen Nachfahren der Steinkohlen-

Abb. 134. Im deutschen Buntsandstein lebte die Nadelholzgattung Voltzia. (Archivbild)

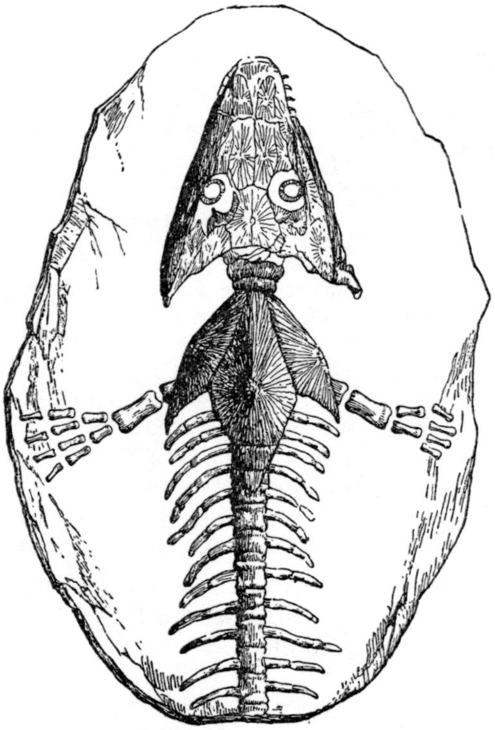

Abb. 135. Ein Panzerlurch aus dem Rotliegenden, ein Angehöriger der ältesten Unterklasse der Lurche (Archivbild)

flora. Wichtiger aber ist, daß an die Stelle der herrschenden Kryptogamen während der Rotsandsteinformation die Nacktsamer (Gymnospermen), vor allem die **Nadelhölzer**, treten. Aus der Verwandtschaft der Sumpfzypressen (*Taxodium*) ist es *Voltzia* (Abb. 134); aus der Verwandtschaft der Araukarien, die im Rotliegenden mit araukarienähnlichen Hölzern einsetzten, wäre Walchia zu nennen (Abb. 133), dazu kommen Cycadophyten, die die Brücke von den Nacktsamern zu den späteren Blütenpflanzen (Bedecktsamern) schlagen.

In der Tierwelt (Abb. 132) fallen besonders die schmelzschuppigen Ganoidfische auf, die ein Knorpelskelett besitzen, unter ihnen besonders der im Kupferschiefer häufig vererzte *Paläoniscus*. Die Kriechtiere entwickeln sich allmählich bis zu den Dinosauriern, zu Schildkröten und Plesiosauriern; auch die ersten Fischechsen (Ichthyosaurier) treten auf, die eine Tiergruppe für sich bilden (Abb. 155, Taf. 31). Im übrigen setzt sich mit dem Beginn der Trias die Lebewelt des Erdmittelalters an die Stelle der des Altertums. Ammoniten, Belemniten und Saurier bestimmen fortan das Bild.

Die Zeit der **Jura- und Kreideformation** wird durch die Rättransgression eingeleitet, die das Meer von Nordwesten und Westen her in den mitteleuropäischen Raum führte. Zwischen dem norddeutschen und dem südwestdeutschen Becken bestand eine

Abb. 136. Fährten des „Handtieres“ (Chirotherium) aus der Trias. Neben Abgüssen von Fährten erkennt man die von Trockenrissen (T. 31, S. 191) (Archivbild)

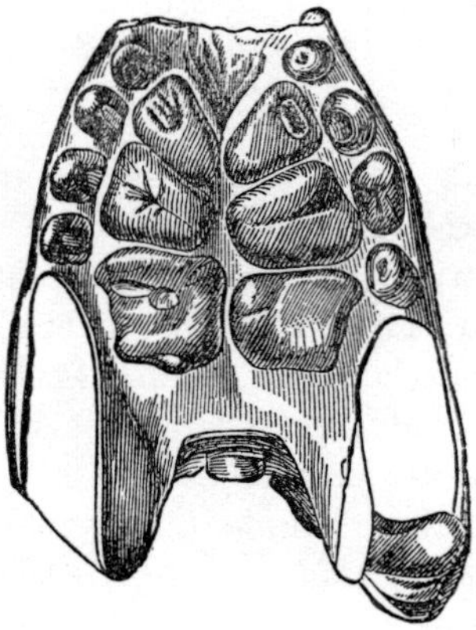

Abb. 137. Unterkiefer mit den dunkel-glänzenden Pflasterzähnen eines Placodus (meerbewohnender Saurier) (Archivbild)

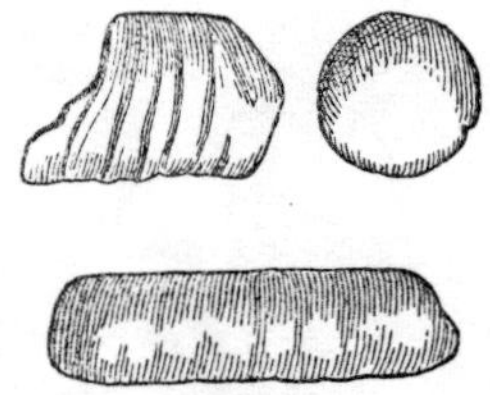

Abb. 138. Tierische Exkremente (sog. „Koprolithe“ = Miststeine) aus der obersten Trias (Archivbild)

Verbindung im Zuge der Hessischen Senke. Im Innern der Becken setzte sich dunkler Ton ab, während an den Rändern aus Schalentrümmern aufgebaute Kalkschichten niedergeschlagen wurden. Der Bitumengehalt des dunklen Tones deutet auf ein reiches Pflanzenleben des eingeebneten Festlandes hin. Da auch die rote Farbe fehlt, dürfen wir auf ein feuchteres Klima schließen, dessen Anfänge uns bereits zu Beginn der Keuperzeit entgegentraten. Daher war auch das Meer dieser Zeit nicht mehr übersalzen, wie wir es vom Muschelkalkmeer annehmen müssen.

Das süddeutsche Becken war ein rings von Untiefen umschlossener Meeresraum; in der Gegend des Nördlinger Rieses lag eine Barre, ebenso im Nordschweizer Jura; auch die Nähe Böhmens verrät sich durch klastische Strandablagerungen (Gegend von Regensburg). Ähnlich war dieses Becken im Norden durch die mitteldeutsche Schwelle gegen das nordwestdeutsche Becken abgegrenzt (Unterer **Jura** = Schwarzer Jura oder Lias) (Abb. 139).

Der aufsteigende „vindelizische“ Rücken im Bereich des Schweizer Jura und das ebenfalls aufsteigende Böhmen belebten die Erosion und die Abtragung und bewirkten, daß an Stelle der vorwiegend tonigen Absätze der Liaszeit nunmehr gröbere Sedimente sich bildeten. Das Klima muß recht warm, auch feucht gewesen sein; wir dürfen annehmen, daß das der Abtragung verfallende Festland vielfach mit Laterit oder Roterde bedeckt war, deren Eisengehalt sich dem Meeressediment beimischte, denn wir finden im unteren Braunjura, der nunmehr einsetzt, die eisenreichen Sedimente der Minette in Lothringen sowie des Schwäbischen und Fränkischen Jura, die die Grundlage einer alten Eisengewinnung geworden sind. Gleichzeitig hob sich die mitteldeutsche Schwelle und trennte gegen Ende des Dogger (Mittlerer oder Braunjura wegen des

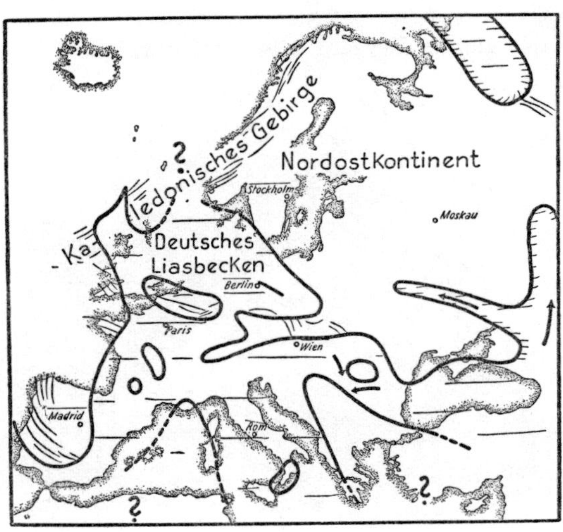

Abb. 139. Das Meer des Unteren Jura (Lias) griff im Mittleren Jura (Dogger) weit auf das nördliche Festland (Pfeile) über...

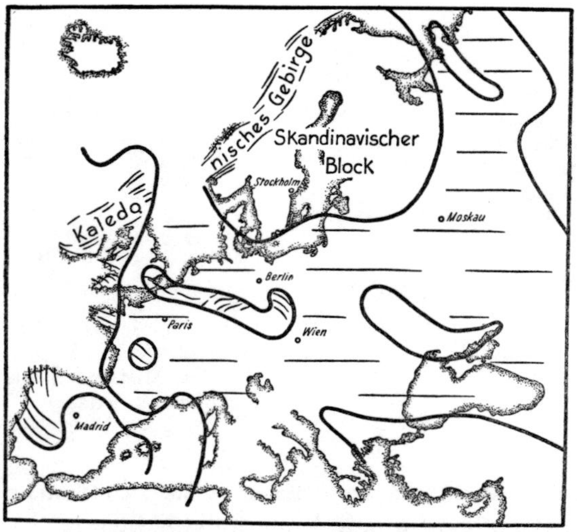

Abb. 140. ... und überschwemmte im Oberjura (Malm) fast ganz Europa.

Eisengehaltes) das süddeutsche vom norddeutschen Becken (Abb. 140).

Der letzte Abschnitt der Jurazeit (W e i ß j u r a oder Malm) ist dadurch ausgezeichnet, daß im gleichen Maße wie die mitteldeutsche Schwelle aufstieg, das süddeutsche Becken nach Süden gedrängt wurde (Abb. 140). Das bedeutet, daß das Jurabecken flacher wurde und nach Südosten über die nunmehr wieder ertränkte vindelizische Schwelle abfloß. Dieser Vorgang wird durch die Zunahme der im Flachwasser entstandenen Schwammriffe verdeutlicht, die einen großen Teil der obersten Juraablagerungen (Abb. 141) ausmachen und weithin im Schwäbisch-Fränkischen Jura das heutige Landschaftsbild beherrschen. In Lagunen dieses Riffmeeres setzte sich feinster Kalkschlamm ab, der als „Solnhofener Platten" und in seiner feinsten Abart als „lithographischer Schiefer" bekannt ist. Er enthält die herrlichsten Versteinerungen (Abb. 149, Taf. 32).

Im Gegensatz dazu nahm die Tiefe des nordwestdeutschen Beckens zu, um gegen Ende des Jura bei einsetzender Bodenhebung erneut zu verflachen. An die Stelle von Meeresschichten traten solche des Brack- und Süßwassers. D e r J u r a b e g a n n i n D e u t s c h l a n d m i t e i n e r Ü b e r f l u t u n g u n d e n d e t e m i t e i n e m M e e r r ü c k g a n g , i m S ü d e n w a r d a s M e e r v e r s c h w u n d e n , i m N o r d e n z u m B i n n e n b e c k e n g e w o r d e n. Die Schichtenfolge (Tabelle S. 213) spiegelt diesen Werdegang wider.

Mit der Regression endete die Juraformation. Im norddeutschen Binnenbecken setzte sich der festländische, zum Teil in Flüssen gebildete, pflanzenführende sogenannte W ä l d e r t o n der untersten **Kreide** ab, während sich an den Beckenrändern der Verwitterungsschutt des Festlandes zum „Deistersandstein" anhäufte (Abb. 142). Erneute Senkung des Bodens führte wiederum zum Einbruch der See vom Nordseebereich her und brachte marine Gesteine; und nun wiederholte sich in gewisser Weise der gleiche Hergang wie zur Jurazeit: Dunkler, schwefelkiesführender Ton, wie im Lias, leitete die Kreideschichtfolge im Norden ein (sogenannter Hilston, der randlich in den vom Teutoburger Wald bis zum Harzvorland verbreiteten Hilssandstein übergeht). Das transgredierende Meer arbeitete die in der Jurazeit gebildeten Erdschichten und „Eisenrinden" des Festlandes auf und häufte sie zu einer

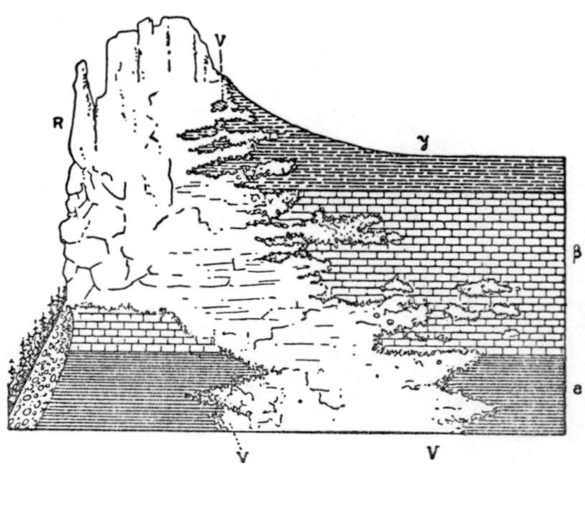

Abb. 141. Die schichtigen Absätze des freien Meeres werden im Oberjura mehr und mehr durch massige Riffkalke ersetzt (Schwammriffe der Alb). (Archivbild)

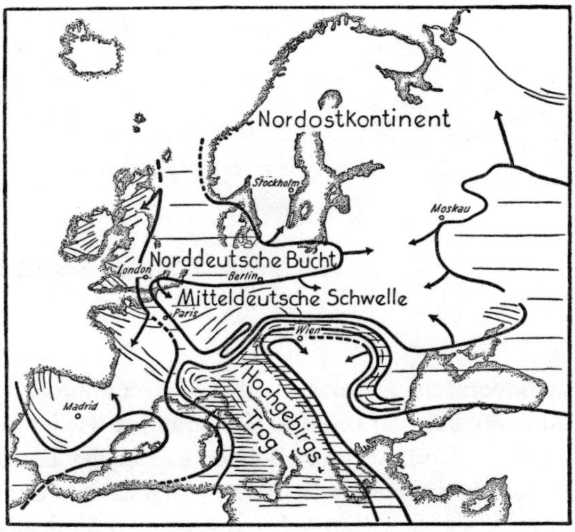

Abb. 142. In der Unteren Kreide waren weite Gebiete aus dem Meere aufgetaucht. In tiefen Trögen bereitete sich die Bildung der Hochgebirge vor. Pfeile deuten das neuerliche Ausgreifen des Meeres an, das...

Lage von „Trümmereisenerz" auf (Erzlager von Salzgitter). Dieses Meer überschwemmte im Gegensatz zum Liasmeer nicht die mitteldeutsche Schwelle, fand aber, ebenso wie dieses, seine östliche Begrenzung in dem kaledonischen Schwellenzug. Örtliche Hebungen leiteten einen Wechsel der Fazies ein. Die Schichtfolge entwickelte sich zu hellem, fast reinem Kalk, ganz wie im Verlaufe des Jura. Dabei weitete sich der norddeutsche Ablagerungsraum erheblich aus. Das Ruhrgebiet und das Münsterland bis zum Sauerland hin wurden unter Wasser gesetzt. Als Spur des Überflutungsvorganges kennen wir den glaukonitführenden sogenannten Essener Grünsand, während sich im Beckeninnern die feinschichtigen, von Tonmergelbestegen *) gegliederten Plänerkalkschichten absetzten. Aufstieg des Festlandes brachte auch hier wieder Sand ins Meer; so begann der Harz sich zu heben und das Meer aus dem Vorland zurückzudrängen; auch die kreidezeitlichen Sandsteinschichten am Nordrand Böhmens bestehen aus „umgelagerten" Glutflußgesteinen (T. 5, S. 53 u. Abb. 25). Ein erneuter Meeresvorstoß arbeitete die Trümmererze wieder auf und lagerte sie zu dem jüngeren Trümmereisenerz von Peine und Gr.-Ilsede ab.

In Süddeutschland hatte sich während der Jurazeit ein südöstlich abgedachtes Festland aus dem Meere gehoben; eingeebnet durch die festländische Verwitterung hat sich dort eine Schichtstufenlandschaft entwickelt, die die Härteunterschiede der triassischen und jurassischen Gesteinsschichten zur Geltung brachte — eine Schichtstufenlandschaft, die durchaus dem heutigen Bilde der süddeutschen Schichtstufenlandschaft entsprochen haben wird (Abb. 144), nur daß damals die Randgebirge noch fehlten und ebenso die tertiären Ablagerungen. Unter dem warmen Klima verkarstete die kalkige

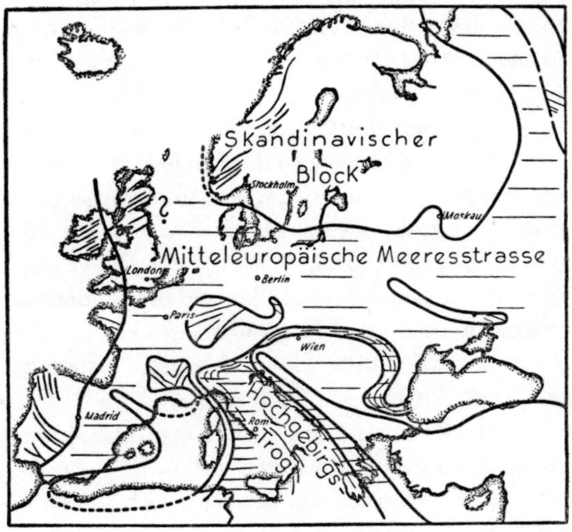

Abb. 143. ... in der Oberen Kreide zur Überflutung fast ganz Europas führte.

*) Besteg, bergmännischer Ausdruck für feine tonige Zwischenlagen zwischen zwei Schichten.

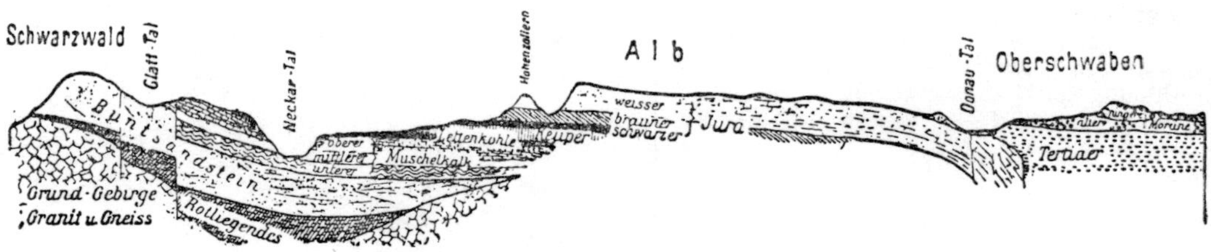

Abb. 144. Schnitt durch die Schwäbische Schichtstufenlandschaft

Landoberfläche (Abb. 36), wobei die Braunjuraerze mit abgetragen, teilweise aber in Dolinen (Abb. 36, 99) und anderen Vertiefungen wieder als die „Amberger Eisenerze" Frankens zusammengehäuft wurden. Nur einmal in der Kreidezeit versuchte das Meer einen erneuten Vorstoß in das verlorene Gebiet von Südosten her, wohin es sich im Oberjura zurückgezogen hatte. Eisenerz, Grünsand und Kalk sind ähnlich wie in Nordwestdeutschland die Gesteine, die es in der weiteren Umgebung von Regensburg und nördlich davon hinterließ. Im Gegensatz zum übrigen Süddeutschland, das während der ganzen Kreide Festland blieb, war dieser Teil während der Oberkreide vom Meere bedeckt, von demselben Meere, das sich nicht nur in Norddeutschland große Räume eroberte, sondern weit darüber hinaus in allen Teilen der Erde einen größeren Raum einnahm als wohl jemals zuvor und jemals danach (Abb. 143).

Ähnlich also wie sich die Ereignisse der Rotliegend-Zechsteinzeit in der Trias wiederholten und der Gruppe Formationen den Stempel einer festländischen Zeit aufprägten, so wiederholen sich die Ereignisse der Jurazeit in der Kreide, diesen beiden Zeitabschnitten den Stempel der Meeresherrschaft verleihend. Diesem letzteren Umstand verdankt die Gruppe ja auch ihren ganz anders gearteten Gesteinscharakter; sie verdankt ihm darüber hinaus eine reich gegliederte, in lebhafter Entwicklung befindliche Tierwelt, deren Reste eine weitgehende zeitliche Aufteilung in Unterabschnitte gestatten.

Zur Gliederung von Jura und Unterkreide sind besonders die eigentlichen Ammonshörner geeignet (Abb. 145 ff.), die die vorjurassischen Ceratiten ablösten. In der Oberkreide neigt sich die Zeit der Ammoniten ihrem Ende zu, sie entwickeln ganz ungewöhnliche, abirrende („aberrante") Formen (Abb. 150, 151). Auch die Belemniten (Donnerkeile, Skeletteile von Tintenfischen, Abb. 151) machen ihre Entwicklung in dieser Formationsgruppe durch: Sie beginnen im Lias und enden mit der Oberkreide, ein einwandfreies Kennzeichen dieser Formationsgruppe. Darüber hinaus gestatten sie durch das Auftreten kurz aufeinander folgender Formen, diese Gruppe im einzelnen aufzugliedern. Im übrigen ist die Fülle anderer Lebewesen geradezu unvorstellbar groß: sechsstrahlige Korallen im Jura, Stachelhäuter, besonders Seelilien und Seeigel (Abb. 150ff., 153, T. 32, S. 192), die gewaltig entfaltete Muschelfauna an Stelle der früher vorherrschenden Armfüßer und die Modernisierung der Schneckenwelt, die die altertümlichen Schnecken des Triaskalkmeeres ersetzen; die Ganoidfische werden immer mehr den Knochenfischen ähnlich, die mit kleinen Formen einsetzen; unter den Kriechtieren herrschen neben den Fischechsen (Abb. 155, T. 31, S. 191) die Dinosaurier (Abb. 154) und die Flugechsen, die am Ende des Jura im Urvogel Archäopteryx gipfeln (Taf. 32, S. 192). Die ersten primitiven Säugetiere treten auf.

In der Pflanzenwelt finden wir vom Jura an die ersten neuzeitlichen Nadelhölzer aus der Gruppe der Tannenverwandtschaft, wir finden auch den seltsamen Ginkgobaum, der sich als heiliger Baum der Chinesen in Ostasien bis auf unsere Tage unverändert erhalten

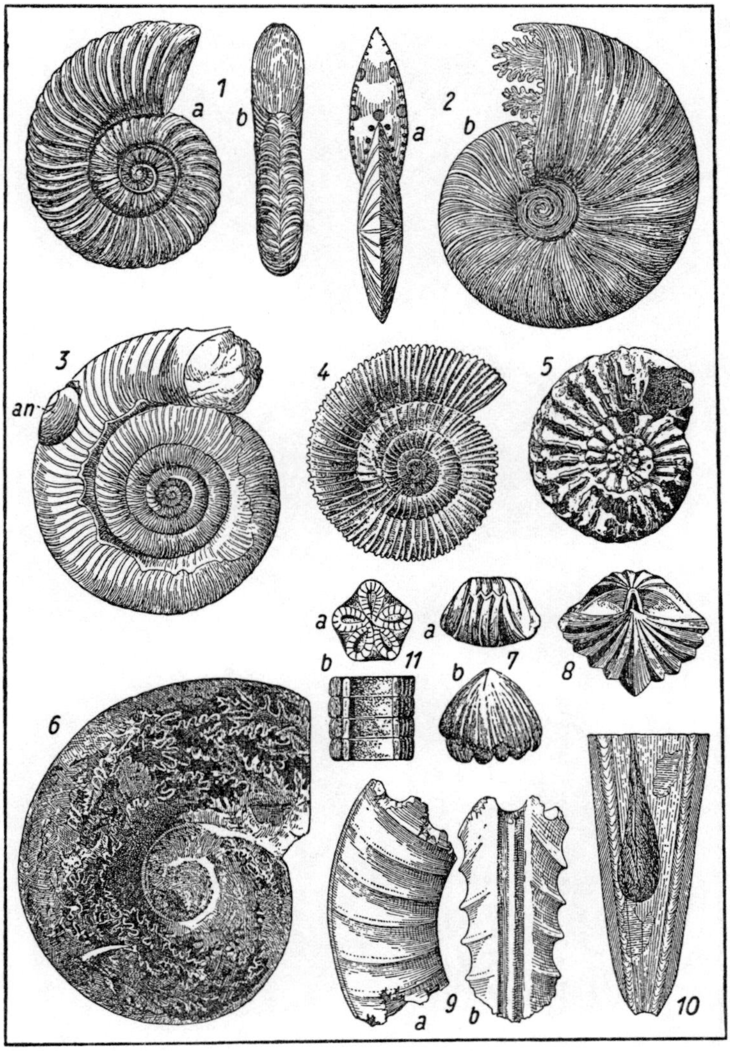

Abb. 145. Mit dem Lias beginnt der außerordentlich versteinerungsreiche Jura mit Ammoniten, Belemniten (Donnerkeile) und großen Meeresechsen

1.—6. Ammoniten (1. Schlotheimia, 2. Oxynoticeras, 3. Psiloceras, 4. Coeloceras, 5. Amaltheus, 6. Lytoceras); 7. Rhynchonella rimosa und 8. Spiriferina Walcotti sind Brachiopoden; 9. Arietites bisulcatus (Bruchstück), ein Ammonit; 10. Geotheutis mit erhaltenem Tintenbeutel, ein Tintenfisch; 11. Pentacrinus tuberculatus (Stielglieder), eine Seelilie (Archivbild)

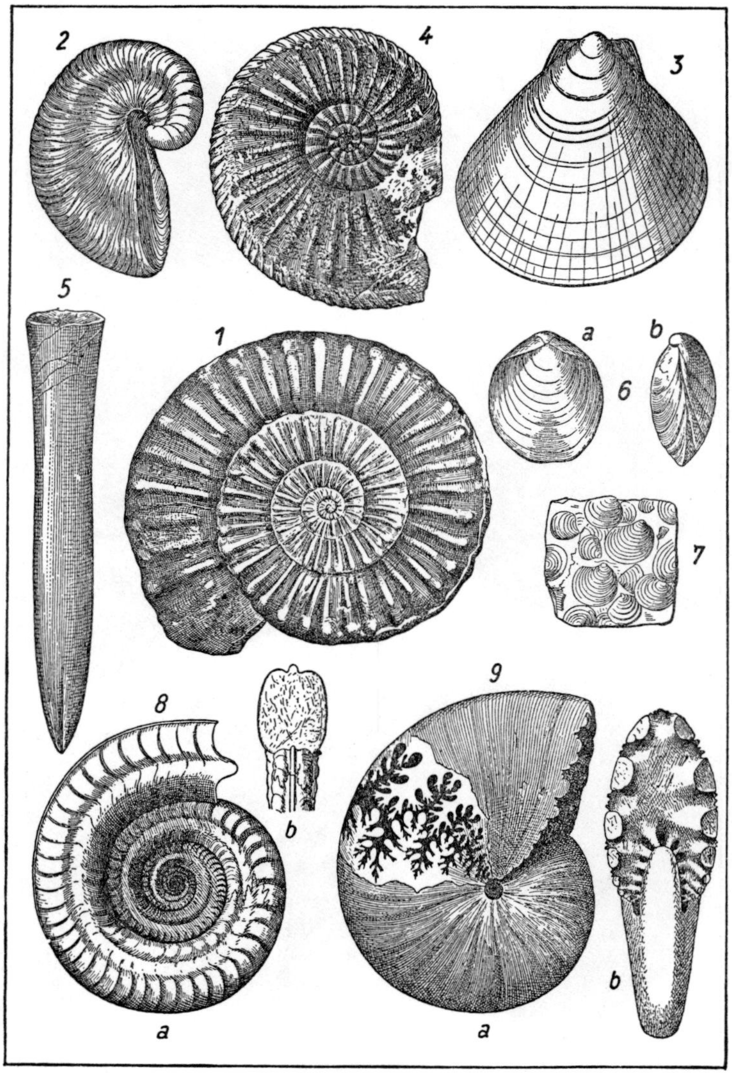

Abb. 146. Weitere Tiere des süddeutschen Liasmeeres:
1. Arietites Bucklandi (Ammonit, unt. Lias); 2. Gryphaea arcuata (Auster, unt. Lias); 3. Lima gigantea (Muschel, unt. Lias); 4. Amaltheus margaritatus (Ammonit, mittl. Lias); 5. Belemnites paxillosus („Donnerkeil" eines Tintenfisches, mittl. Lias); 6. Terebratula numismalis (Armfüßer, ebendort); 7. Posidonia Bronni (Muschel, gesteinsbildend im „Posidonienschiefer" des oberen Lias); 8. Harpoceras bifrons und 9. Phylloceras Heterophyllum (Lobenlinie!), Ammoniten aus dem oberen Lias (Archivbild)

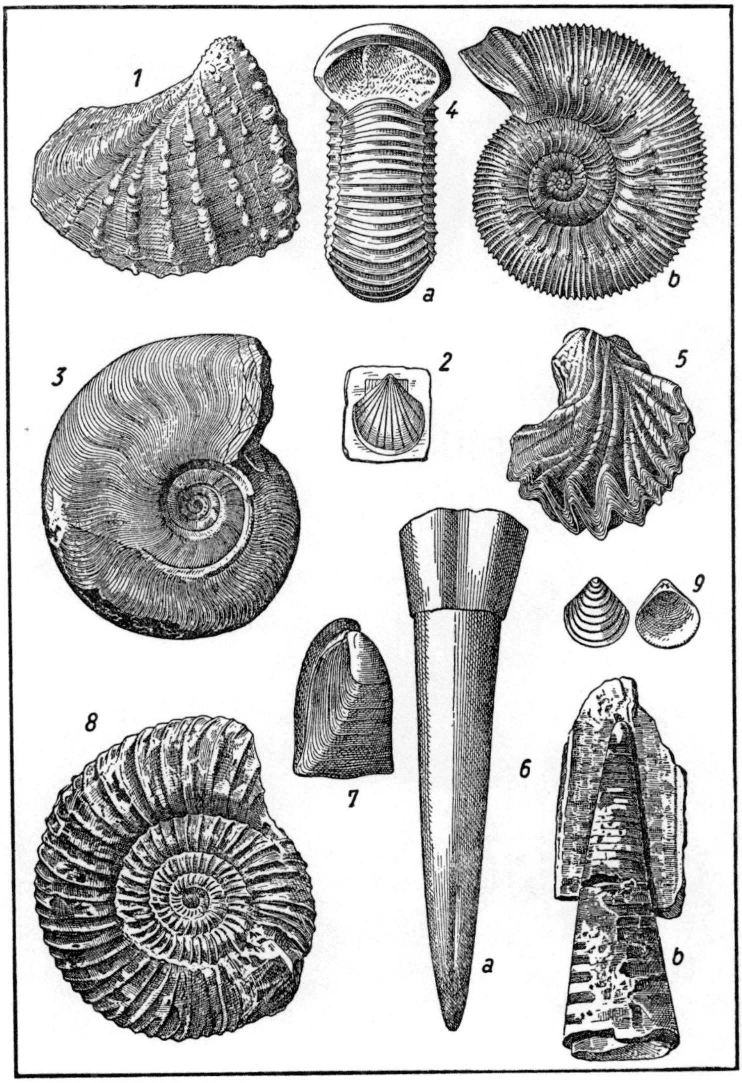

Abb. 147. Aus dem mittleren Jura, dem Dogger Süddeutschlands, seien folgende wichtige Versteinerungen angeführt:

1. Trigonia navis (Muschel, unt. Dogger); 2. Pecten personatus (Muschel, massenhaft im Sandstein d. unt. Dogger); 3. Harpoceras opalinum (Ammonit, unt. Dogger); 4. Stephanoceras Humphriesianum, einer der reichstverzierten Ammoniten; 5. Alectryonia Marshi (Auster, mittl. Dogger); 6. Belemnites giganteus (Riesenbelemnit, mittl. Dogger — vgl. Abb. 146, S. 204); 7. Waldheimia digona (Armfüßer, ob. Dopper); 8. Parkinsonia Parkinsoni (Ammonit, ob. Dogger); 9. Astarte Voltzi (Muschel, unt. Dogger) (Archivbild)

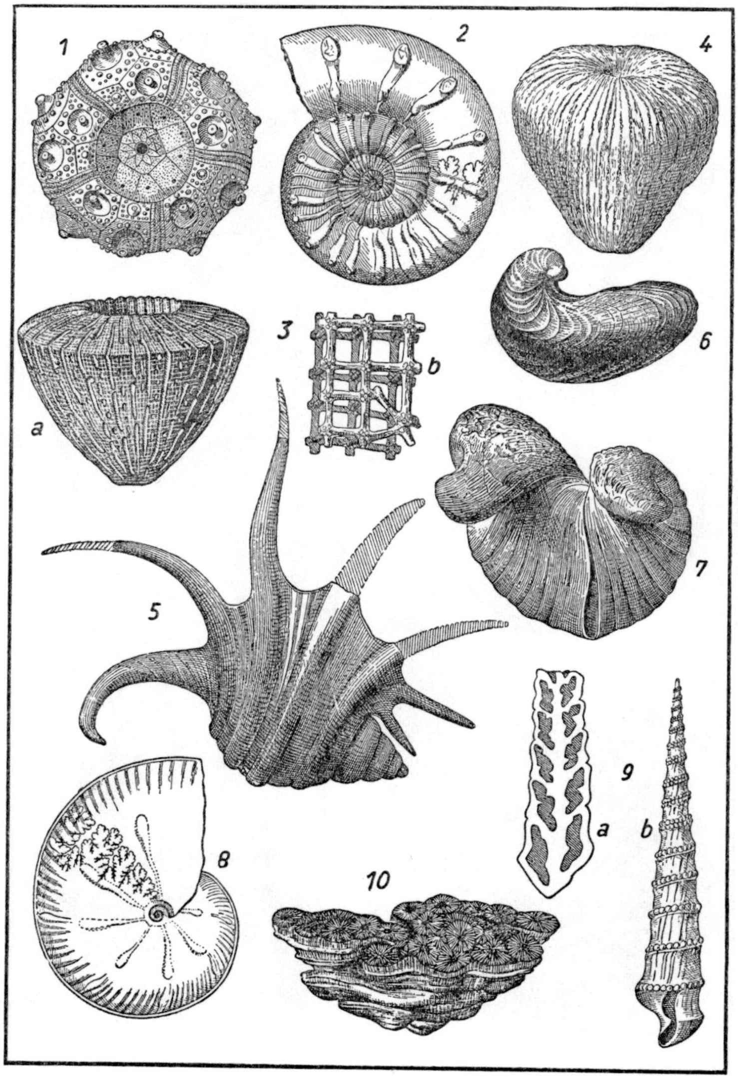

Abb. 148. Tiere des Weißjura-Meeres (Malm):

1. Cidaris coronata, ein Seeigel; 2. Aspidoceras perarmatum, ein Ammonit; 3. Pachyteichisma, ein Kieselschwamm (a), ein Teil des inneren Skeletts (b); 4. Cnemidiastrum, desgl.; 5. Pteroceras Oceani, eine Flügelschnecke; 6. Exogyra virgula, austernähnliche Muschel; 7. Diceras, eine ungleichklappige Muschel; 8. Oppelia tenuilobata, ein Ammonit mit besonders fein verästelten Lobenlinien; 9. Nerinea tuberculosa, eine turmförmige Schnecke (a = im Längsschnitt); 10. Thamnastraea, der Stock einer sechsstrahligen Koralle (Archivbild)

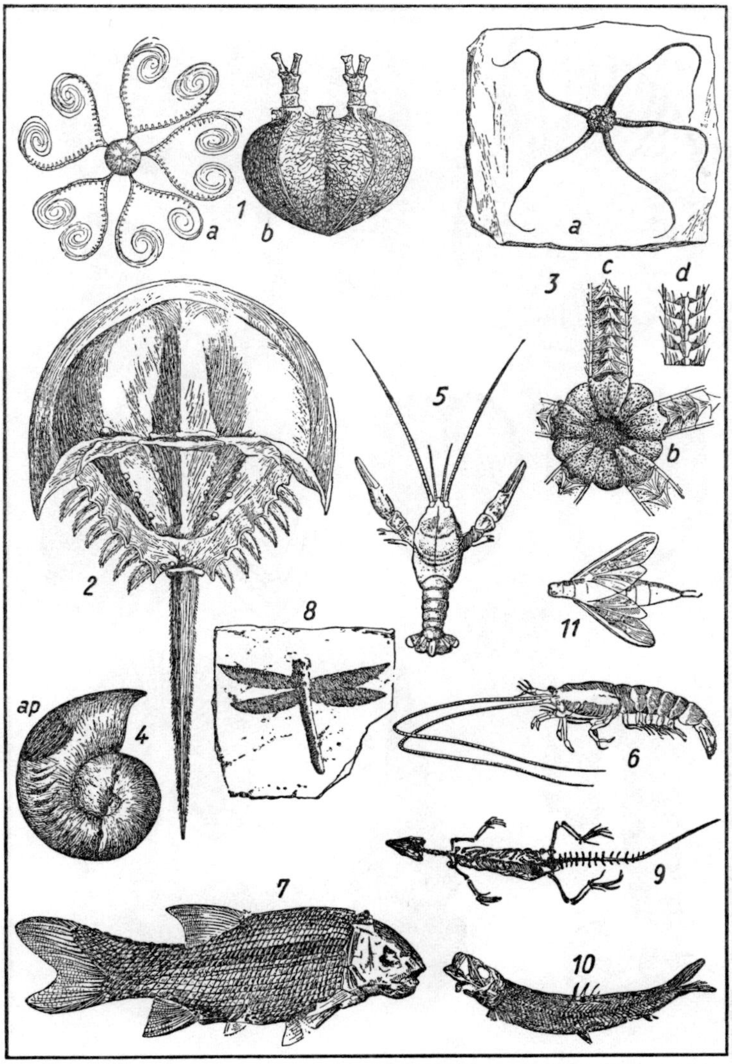

Abb. 149. Der Solnhofener Plattenkalk birgt eine Fülle feinst erhaltener Versteinerungen, darunter neben dem weltbekannten „Urvogel" (Taf. 32, S. 192) und vielen Flug-Echsen beispielsweise haarfeine Seelilien

(1. Saccocoma, b = Kelch von der Seite vergrößert); Pfeilschwanzkrebse (2. Limulus Walchi); Schlangensterne (3. Geocoma, b = Scheibe und c = Armstück von oben, d = Armstück von unten); dünnschalige Ammoniten (4. Oppelia steraspips mit Deckel „Aptychus" ap); Krebse (5. Eryma und 6. Penaeus); urtümliche Ganoid-Fische (7. Lepidotus und 10. = Leptolepis); Libellen (8); 11. eine Holzwespe; Echsen (9. = Homoeosaurus) (Archivbild)

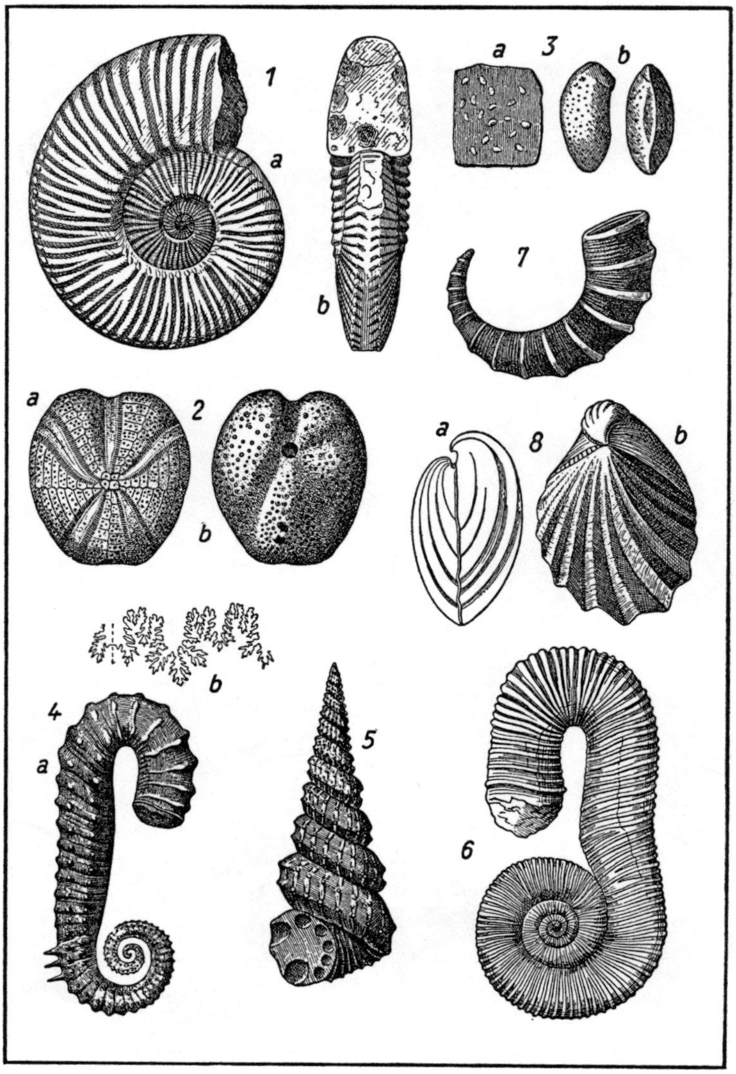

Abb. 150. Die Lebewelt der Unteren Kreide setzt die im Jura angesponnene Entwicklung fort. Von nun an treten jedoch Schwämme und Seeigel, merkwürdig verformte Ammoniten, viele Kriechtiere und Vögel immer mehr hervor.

Der Ammonit Hoplites noricus (1) ist noch durchaus „normal" gebaut, während Ancyloceras (4), Turilites (5), Macroscaphites (6) und Toxoceras (7) eigenartige „Nebenformen" darstellen; außerdem sind bemerkenswert: der herzförmige Seeigel Toxaster complanatus (2a von oben, b von unten); der kleine Muschelkrebs Cypridea waldensis (3) (b = vergrößert); eine Muschel aus der Gattung Inoceramus (8), die in der Kreide eine Reihe von Leitfossilien stellt.
(Archivbild)

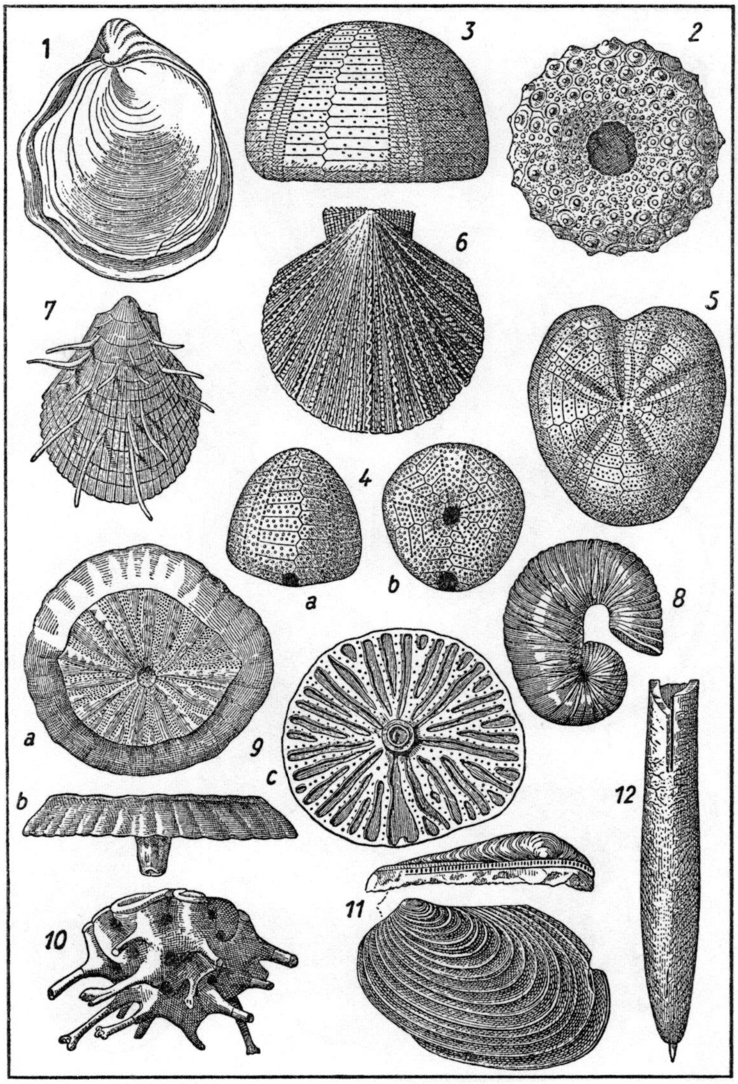

Abb. 151. In der Oberen Kreide Nordeuropas findet sich eine Fülle von Sauriern, treten die zweikeimblättrigen Blütenpflanzen ihren Siegeszug an. Daneben herrschen die alten Tiergeschlechter weiter.

1. Exogyra columba, eine austernähnliche Muschel; 2.—5. Seeigel: Cyphosoma (2), Discoidea (3), Echinoconus (4) und Micraster (5), mit Ausnahme von 2 sämtlich „irregulär" gebaut; 6. Pectenasper, die Pilgermuschel; 7. Spondylus spinosus, eine langstachelige Klappmuschel; 8. Scaphites aequalis, ein „abnormer" Ammonit; 9. und 10. Kieselschwämme (das pilzförmige Coloptychium — a von oben, b von der Seite, c von unten — und die mit hohlen Stacheln besetzte Becksia); Inoceramen (I. Cripsi, 11) und Belemniten (Belemnitella mucronata, 12) begegnen uns auch hier. (Archivbild)

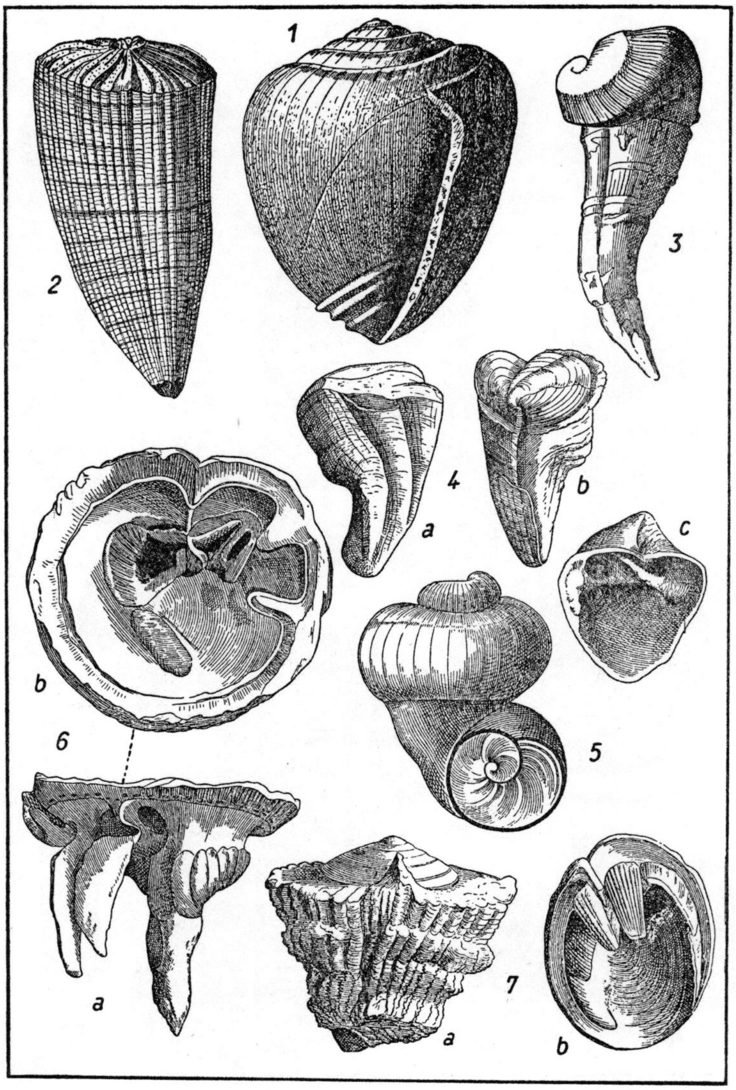

Abb. 152. Im Weltmeer der Oberen Kreide (Südeuropa) herrschten andere Formen, darunter besonders die auffallend unsymmetrisch gebauten Riffmuscheln mit einer riesig vergrößerten und einer oft winzig kleinen Schale, sowie mit dicken, die Verbindung („Schloß") der Schalen bildenden Zähnen. Zu diesen „Dickzähnern" gehören die Nr. 2—7: Hippurites, die „Pferdemuschel" (2); Caprinula, die „Ziegenmuschel" (3); Monopleura (4) — a von vorn, b von hinten, c untere Schale von innen; Requienia (5); Hippurites (6) — eine andere Art derselben Gattung wie Nr. 2 (a = Deckelschale mit Zähnen, b = Unterschale von innen — in die schwarzen Gruben passen die Schloßzähne von a). Nr. 1 ist eine Meeresschnecke (Actaeonella) (Archivbild)

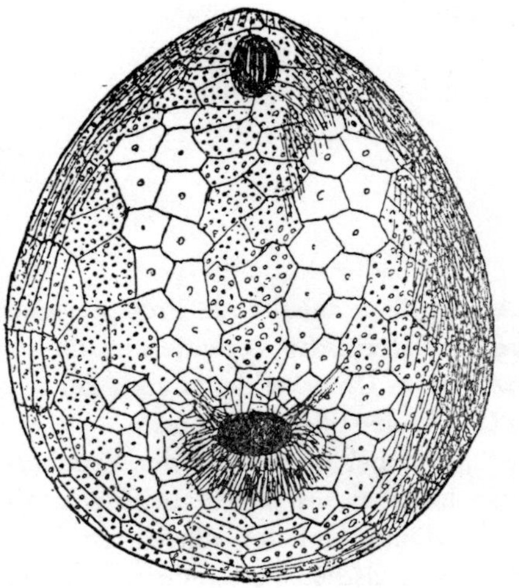

Abb. 153. Der in der weißen Schreibkreide häufig vorkommende Seeigel Echinoconus ovatus (von unten gesehen).

(Archivbild)

hat. Von der Oberkreide an aber bahnt sich in der Pflanzenwelt ein grundsätzlicher Wandel an: Die Laubhölzer und Blütenpflanzen (Angiospermen) erscheinen und entwickeln sich zu reicher Formenfülle.

Die überraschend reiche Entwicklung der Tierwelt mag darauf zurückzuführen sein, daß sich in diesen Zeiten der Meeresherrschaft weite neue Flachmeerräume auftaten und jungfräuliche Lebensräume für die Tierwelt darboten. Daher mag auch rühren, daß die Vierfüßer des Festlandes einen Hang zum Meer zu zeigen begannen und teilweise ins Meer zurückgingen.

Zwei große Faziesräume beherrschen das Bild der Erde: Die Tethys mit ihren Randgebieten, zu denen Süddeutschland zu rechnen ist, denen aber auch Mittelamerika angehört; auch hier finden wir kalkige Absätze, die der Formationsgruppe den Namen eingetragen haben, finden wir vielfach ausgedehnte Riffbildungen, bewohnt von dickschaligen Weichtieren (Abb. 152) und

der boreal-arktische Faziesraum, der vom arktischen Becken her in die Nordsee ausstrahlt, die große Moskauer Senke erfüllt und seine Spuren am nordamerikanischen Küstenrand des Großen Ozeans hinterlassen hat. Ähnlich verhielt sich das Meer des Südpolargebietes, das bis zu den Spitzen der heutigen Südkontinente reichte. Tonige Absätze, denen Riffe und ihre dickschaligen Bewohner fehlen, kennzeichnen das arktische und das antarktische Meer als tiefer und landferner als die Tethys und ihre Randgebiete.

Im Tethysbereich herrschte wärmeres Klima als im Bereich des anderen Faziesraumes; im großen und ganzen aber wird man das Klima der Jura- und Kreidezeit als weitgehend ausgeglichen, als warm und, wie die Lateritbildungen zeigen, wechselfeucht ansehen dürfen.

Abb. 154. Dinosaurus
(Archivbild)

Abb. 155. Ichthyosaurus (Archivbild)

Jedoch schließt die weite Verbreitung der großen Landreptilien anhaltende Frostperioden bis in recht hohe Breiten aus. Im gleichen Sinne sprechen lateritische Verwitterungsrinden unter transgredierendem Jura sowie Bauxite der französischen Unterkreide, ja auch der aus Granit hervorgegangene Kaolin der transgredierenden Oberkreide Skandinaviens.

Zur Kreidezeit waren die Hochgebirge, die heute untrennbar zum Bilde der Erdoberfläche gehören, noch nicht vorhanden. An ihrer Stelle lagerten sich mächtige Schichtfolgen ab, woraus wir eine weitreichende Senkung dieser Räume ableiten dürfen. Im Verlauf dieser Absenkung werden auch die alten kaledonisch-variszischen Festländer und Berge weithin überflutet und zu Schelfen des ausgreifenden Weltmeeres. Wie wir gesehen haben, vollzog sich jedoch die Senkung nicht gleichmäßig; vielmehr wurde sie, in Raum und Zeit wechselnd, von gegenteiligen Bewegungen und von Ruhepausen unterbrochen. Wir erinnern uns an den Rückzug des Meeres zu Beginn der Kreidezeit oder denken an eine ausgedehnte Rückflutung im Bereich des Großen Ozeans.

In diesen Meeresrückzügen macht sich zum erstenmal eine weitere große Gebirgsbewegung *) bemerkbar, die der späteren Tertiärformation ihren Stempel aufdrücken sollte. Auch später, an der Grenze zwischen Unter- und Oberkreide, zeigen sich auf erneute Bewegungen hindeutende Diskordanzen in Nordwestdeutschland und in vielen anderen Teilen der späteren Kettengebirge. In dieser Frühphase der Bewegung wurden zwar Gesteine gefaltet, entstanden jedoch noch keine Gebirge; denn bald ging das Meer über die gefalteten Gesteinsschichten wieder hinweg. Am Ende der Oberkreide wurde der Rückzug des gewaltig ausgreifenden Meeres durch neuerliche Bewegungen eingeleitet, die sich in Amerika bis zur Auffaltung der Ostketten der Kordilleren steigerten und auch in Südamerika bis hin nach Patagonien die wichtigste Bewegungsphase darstellten. Die Bewegungen ergriffen seit der Mitte der Kreidezeit, besonders aber zur **Tertiärzeit** **) die Alpen und

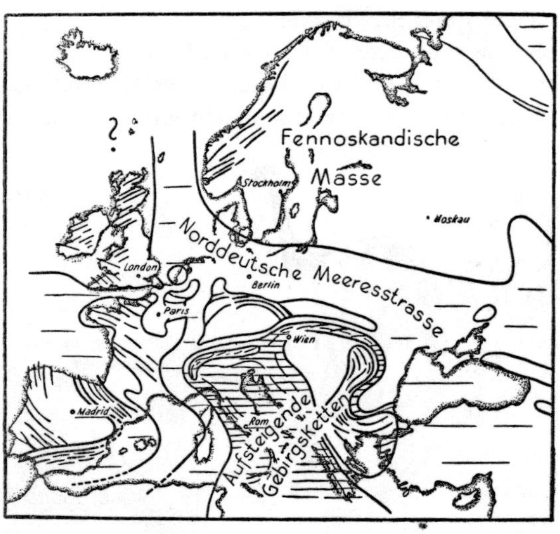

Abb. 156. Im Alttertiär nahm das Meer nach abermaligem Rückzuge große Teile Europas erneut in Besitz. Allmählich stiegen die jungen Hochgebirge aus den Trögen empor.

*) „Kimmerische" Bewegungen im Jura (in Amerika vielfach bereits die Hauptfaltungsphasen!).

**) Mit dem Tertiär beginnt die Gruppe der „Systeme der jungen Lockergesteine": Tertiär und Quartär. Sie werden gekennzeichnet durch vielfach noch unverfestigte Gesteine: Sand ist noch nicht zu Sandstein geworden, Ton noch nicht zu Schiefer usw.

Gesteinsfolgen aus Jura und Kreide

	Süddeutschland	Norddeutschland	Stratigraphische Bezeichnungen	Ostalpen (nördliche Kalkalpen)
Oberkreide	—	Schreibkreide Grünsand	Maastricht Campan	Kalk, Mergel, Sandstein Flysch
	Mergel	Kreidemergel, Gr.-Ilseder Braun- eisen-Konglomerat	Santon Coniac	
	Sandstein, Kalk	Grünsand, Pläner, kreidiger Kalkmergel Quadersandstein	Turon *)	
	Regensburger Grün- sandstein	Heller Pläner u. a. Essener Grünsand Quadersandstein	Cenoman *)	
Unterkreide	Amberger Eisenerz- formation — —	Grünsandstein, Flammenmergel u. a. Hils-Ton und Sandsteine Hils-Konglomerat (Salzgitter) Deistersandstein, Kohle (Wälderton) Süßwasserkalk	Alb Apt Barrême Hauterive Valangin	

	Süddeutschland	Norddeutschland	Leitende Ammoniten	Ostalpen (Tethys)
Weißer oder Oberer Jura (Malm)	Lithograph. Schiefer Geschichteter Kalk Riffkalk	Mergel und Plattenkalk	Virgatites Gravesia	Ammonitenkalk
	geschichteter Kalk u. Schwammriff-Kalk	Sandig-mergelige Schichten	Rasenia	
	Mergel	Korallenoolith, z. T. mit Eisenoolith	Cardioceras und Peltoceras	Hornstein, Radiolariengestein
Brauner oder Mittlerer Jura (Dogger)	Ton, Oolith	Ton und sandig-mer- gelige Gesteine	Cosmoceras Macrocephalites Parkinsonia	Hornstein, Radiolarien- gestein Kalk, Mergel
	Kalk, Ton und Oolith	Ton, z. T. mit Ton- eisenstein und Sep- tarien	Garantiana Stephanoceras Sonninia	
	Eisensandstein „Wasserfallbänke" Ton (Opalinuston)	Opalinuston	Ludwigia	
Schwarzer oder Unterer Jura (Lias)	Mergel Ölschiefer	Mergel Posidonien- schiefer	Harpoceras (s. T. 31, S. 191)	Ammoniten- u. Crinoiden- kalk
	Kalk Mergel	Kalk Mergel	Amaltheus Deroceras	
	Kalk und dunkler Ton	Ton, Eisenoolith, Sandstein, Mergel	Aegoceras Arietites Psiloceras	

*) Namen nach keltischen Stämmen, die noch in heutigen französischen geographischen Bezeichnungen fortleben: Touraine, Maine.

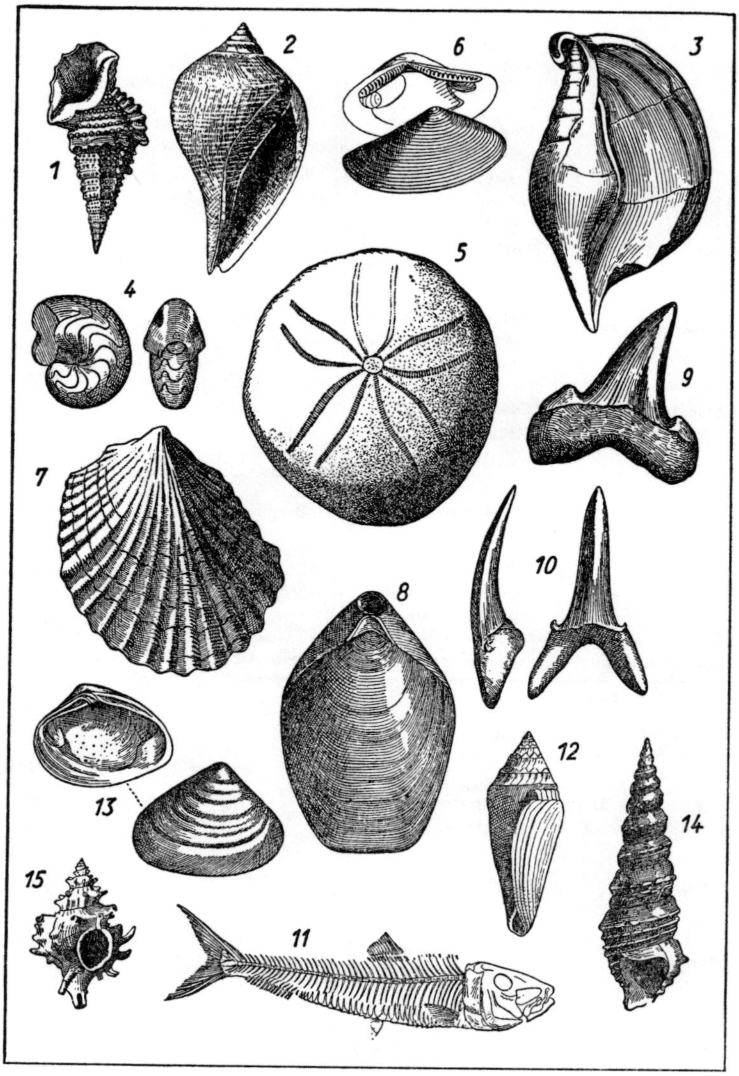

Abb. 157. Bereits im Alttertiär, zu Beginn der Erdneuzeit, waren die großen Saurier verschwunden. Ebenso die Ammoniten, die echten Belemniten, die Inoceramen (Abb. 150 und Abb. 151), die „dickzähnigen" Muscheln (Abb. 152) und eine Reihe anderer Muscheln. Neue Gruppen von Schnecken und Muscheln, die Foraminiferen, die Säugetiere treten an ihre Stelle. Die gesamte Lebewelt strebt unaufhaltsam auf den heutigen Entwicklungsstand hin. Folgende Fossilien gehören dem Eozän und Oligozän an: Meerestiere: 1.—3. Schnecken: Cerithium hexagonum (1), Fusus bulbiformis (2); Rostellaria macroptera (3); 4. ein Nautilusverwandter (Aturia ziczac); 5. ein (irregulärer) Seeigel (Echinolampus Kleini); 6. und 7. Muscheln (Leda Deshayesiana und die Auster Ostrea ventilabrum); 8. eine Terebratel (T. Grandis); 9. und 10. Zähne von Haifischen (Otodus und Lamna); 11. Meletta, ein sardinenähnlicher Fisch; 12. Conus, eine Kegelschnecke; 13. Cyrena cuneiformis ist eine Brackwassermuschel; 14. Melania inquinata, eine Süßwasserschnecke; 15. Typhis tubifer, eine Meeresschnecke

erzeugten eine randliche Senke zwischen dem Alpenraum und der vindelizischen Schwelle. Die Abtragungsprodukte der Nachbargebirge häufen sich in dieser Senke zu dem sogenannten Flysch, aus Sand- und Tongesteinen wechselnden Schichtpaketen. Über dem Flysch liegt der an münzenförmigen Gehäusen der Nummuliten (große Foraminiferen) reiche Kalk des offenen Meeres, das von Südwesten her an den Nordrand der Alpen vorgestoßen war (Abb. 156). Auf den Nummulitenkalk des tieferen Wassers folgt wieder Flysch, ein Hinweis auf die Neubelebung der Bewegungen im Alpenbereich. Diese Bewegungen gingen so weit, daß der junge Flysch von der Faltung mit ergriffen wurde (Abb. 158), und daß die Kalkalpen auf den Flysch hinaufgeschoben wurden. Daher rührt der mauergleiche Anstieg der Kalkalpen aus dem Flachland.

Nun lieferten die zum Hochgebirge aufsteigenden Alpen riesige Massen grobklastischen Schuttes, der sich als Molasse oder Nagelfluh in die Nordalpensenke legte. Die Sandstein- und Konglomeratschichten der Molasse wechseln mit Süßwasserschichten und Meeresablagerungen, die darauf hinweisen, daß das Meer auch in dieser Zeit immer wieder versuchte, in die Voralpensenke (von Südwesten her) einzubrechen.

Wir haben bei den Alpen also das gleiche Bild wie bei der Auffaltung der Steinkohlengebirge: In beiden Fällen am Außenrand der aufsteigenden Faltenketten eine sedimentaufnehmende Vorsenke.

Während dieser Ereignisse spielten sich im Mittelmeergebiet nach der Nummulitenkalktransgression Rückzüge und Vorstöße des Meeres ab, bis sich schließlich aus dem Widerstreit die heutigen Umrißformen von Festland und Meer herausschälten. Die äußersten Ausläufer der mittelmeerischen Weltmeerfazies begegnen uns im Wiener Becken. Das Nordmeer schmolz langsam auf das Becken der heutigen Nordsee zurück.

Anfangs war dieses Meer (Abb. 156), nachdem es am Ende der Kreidezeit Mitteleuropa freigegeben hatte, über die Landoberfläche der Kreide vorgedrungen und hatte dabei, ähnlich wie zu Beginn der Oberkreidezeit, Sandschichten hinterlassen, die durch aufbereiteten Feuerstein eine besondere Note erhalten (Paläozän = ältester Abschnitt des Tertiärs). Mergel- und Tonabsätze deuten auf die alsbaldige Vertiefung dieses Meeres hin (Eozän). Darüberliegende grobsandige Absätze künden mit ihrem Fazieswechsel wiederum Verflachung an. In dieser Zeit hob sich die cimbrische Halbinsel (Schleswig-Holstein, Jütland) empor, ein Anzeichen der die Verflachung bedingenden Bodenbewegungen (Unter-Oligozän). Noch einmal, im Mitteloligozän, stieß das Meer weit in die VR Polen hinein vor, um dann endgültig zurückzuweichen. Schritt um Schritt gab es den norddeutschen Boden frei, der sich nunmehr mit festländischen und Süßwasserablagerungen bedecken konnte.

Das Mitteloligozänmeer lieferte den sogenannten Septarienton, der seinen Namen von festen, oft Versteinerungen enthaltenden Kalkknollen, den Septarien, erhielt. Über Thüringen und Hessen drang das Meer in schmäler werdendem Streifen nach Süden in den soeben eingebrochenen Rheintalgraben, der seinerseits eine Bucht des Molassemeeres geworden war, und in das Mainzer Becken vor. Im Oberrheingraben trat das Nordmeer mit den Ausläufern des südlichen Weltmeeres in Verbindung. Die aufsteigenden deutschen Mittelgebirge unterbrachen diese Verbindung; die anfangs marinen Absätze des Mainzer Beckens,

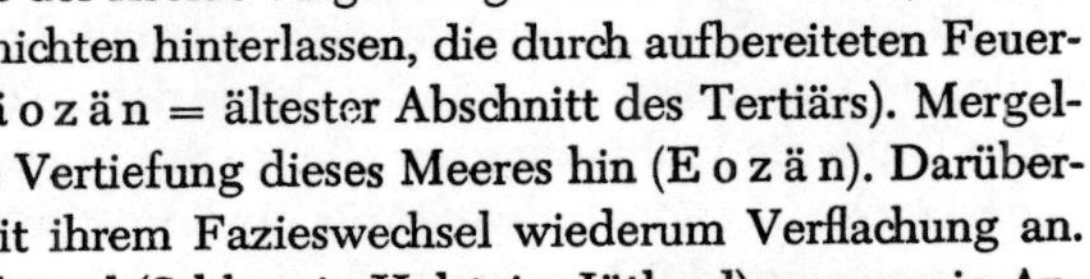

Abb. 158. Im Voralpenland sind die Schichten des Tertiärs bis hinauf zum Miozän in Falten gelegt.
Die ungestörte Decke von eiszeitlichen Ablagerungen (Pleistozän) beweist, daß die Faltungsbewegungen vor Beginn der Eiszeit abgeschlossen waren. Die Alpen sind links (südlich) zu denken.

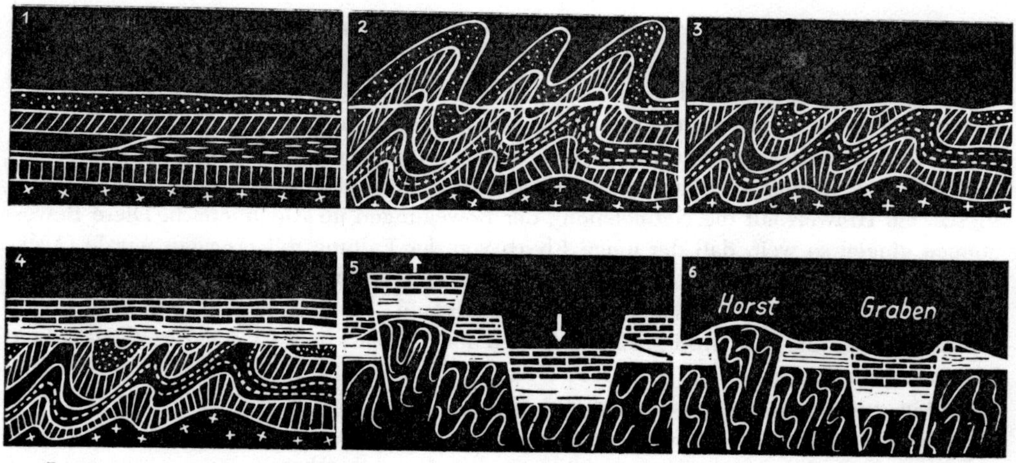

1 Ungestörte Schichten des Erdaltertums
2 wurden in der Steinkohlenzeit gefaltet.
3 Das Steinkohlengebirge wurde zum „Rumpfgebirge" eingeebnet und ...
4 ... von jüngeren Schichten diskordant überdeckt. Aus diesem Bau ...
5 ... wurde in der Tertiärzeit durch Druck und Zersplitterung ein Mosaik verschieden hoch liegender „Bausteine", ein „Schollengebirge".
6 Abtragung schuf daraus die heutige Landschaft. In den Gebirgshorsten tritt der gefaltete Unterbau wieder zutage.

Abb. 159. Der Werdegang der deutschen Mittelgebirge

die später durch solche des Brack- und des Süßwassers abgelöst wurden, spiegeln diese Entwicklung wider. Nach beiden Seiten entfernte sich das Meer aus Mitteleuropa, so daß sich allmählich das heutige Bild der Landschaft und der Umrisse des Festlandes herausschälte. Ja, anfangs nahm das Land sogar noch größeren Raum ein als heute. So hing England einerseits mit dem europäischen Festland, andererseits mit Grönland zusammen; an Stelle der Ostsee dehnte sich Festland, und dem größeren Schwarzen Meer fehlte die Verbindung zur offenen See. Ruckweise stiegen die deutschen Mittelgebirge auf und wurden Schritt für Schritt wieder eingerumpft *) (Abb. 159). Die alten Senkungsgebiete blieben Sammelbecken für Sedimente, so die Voralpenebene und das norddeutsche Tiefland. Dazu brachen — im Tertiär, auch noch während des Quartärs — im Gefolge der mit der Alpenentstehung sich abspielenden Zerrüttung des deutschen Bodens, im Gefolge des Aufstieges der deutschen Mittelgebirge allerorten Glutflußgesteine zur Oberfläche empor. Vulkanische Gesteine bestimmen das Landschaftsbild des Kaiserstuhls im Rheingraben, des Hegaus, der Hessischen Senke, des Vogelsberges und der Rhön, das Landschaftsbild großer Teile von Südwest-Polen sowie im Innern des Rheinischen Schiefergebirges, der Eifel, des Siebengebirges, des Westerwaldes und Nordböhmens (Abb. 161); sie liegen größtenteils auf gespaltenen Beulen (Abb. 83).

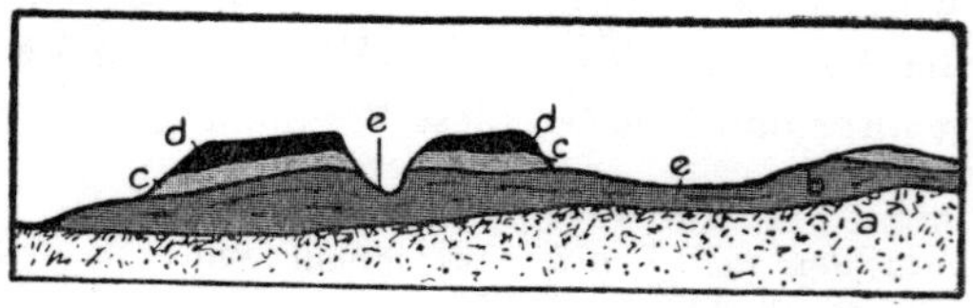

Abb. 160. Dieses einfache Profil (aus Hessen) sagt dem Kundigen eine ganze Menge;
aus der Schichtenfolge von Basalttuff (a), Kieselgur (b), Ton mit tertiären Lebewesen (c) und Basalt (d) schließt er auf die Reihenfolge der Ereignisse: Vulkane werfen Basaltasche aus, darüber füllen sich Süßwasserbecken mit Kieselgur und mit Tonschlamm, (beide, wie die Versteinerungen besagen, im Tertiär). Anschließend erfolgt die Förderung von Basaltlava. Die Basaltdecke schützt Ton und Kieselgur vor der Abtragung (e) und bestimmt das Aussehen der Landschaft.

*) D. h. durch Einebnung der Falten in ein „Rumpfgebirge" umgewandelt.

Abb. 161. Ein Steilabfall (Verwerfung) trennt das Erzgebirge vom nordböhmischen Graben. Tertiäre Braunkohlensümpfe zeigen, daß zur Zeit ihrer Bildung der Graben bereits „fertig“ war.

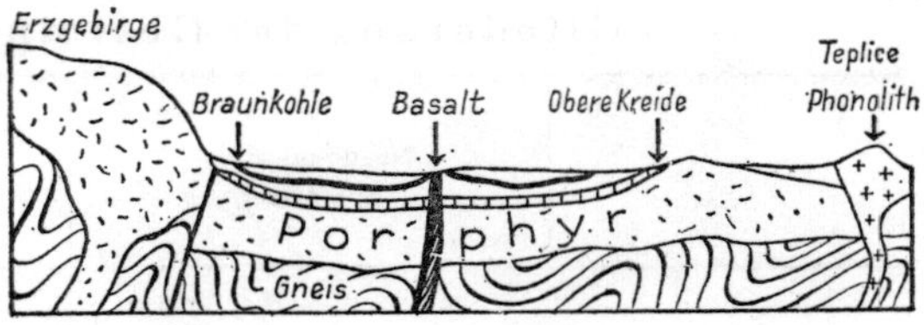

Die Gesteinsabsätze dieser Zeit, die nach altem geologischen Brauch Tertiär heißen, sind anders geartet als die des Festlandes nach der Bildung der steinkohlenzeitlichen Gebirgsketten, also anders als die vom Rotliegenden bis zur Keuperzeit: Hatten diese unter dem Zeichen der Einebnung der variszischen Gebirge gestanden, so begann nun mit der Auffaltung der Alpen und der mit ihr ursächlich verbundenen Erhebung nicht nur der deutschen Mittelgebirge ein neuer erdgeschichtlicher Großkreislauf. Wir stehen heute noch ganz am Anfang dieses Großkreislaufes, ja, wir können sagen, daß — erdgeschichtlich gesprochen — die Faltengebirge von den Alpen bis zum Himalaja und rund um den Großen Ozean soeben erst entstanden, ja vielleicht noch nicht einmal ganz fertig sind (Abb. 166); und doch können wir bereits erkennen, wie der Zerfall dieser Hochgebirge den Schutt zur Ausfüllung der Ablagerungsräume liefert. Die Verwitterung stand anfangs noch unter dem Zeichen des warmen Klimas des Tertiärs. Hier und da finden sich selbst auf deutschem Boden, geschützt durch darübergeflossene Decken vulkanischer Gesteine, Reste der alten tropischen tertiären Landoberfläche (Abb. 160). Im übrigen schütteten die Flüsse Skandinaviens den tiefgründig verwitterten Gesteinsschutt Nordeuropas in Form von reinem Quarz- oder Quarzglimmersand nach Norddeutschland hinein, bildeten sich in den sumpfigen Niederungen des norddeutschen Bereiches, in den Senkungsfeldern zwischen den deutschen Mittelgebirgen (Abb. 161) und am Alpenrand Torflager, die zu Braunkohle werden sollten (Abb. 162). Das Klima muß also wieder feucht gewesen sein; vielleicht hängt damit zusammen, daß statt der nacktsamigen Gewächse nunmehr die Laubhölzer sich zum Herrscher aufwarfen. Große Binnenbecken nahmen die abgetragenen Verwitterungsrückstände der älteren Tertiärzeit auf und häuften sie zu Flammenton, Porzellanerde usw. an. Die Landoberfläche Süddeutschlands, insbesondere des Jura, die seit der Kreidezeit kein Meer gesehen hatte, verkarstete weiter; es bildeten sich als Begleiterscheinung der tropischen oder wenigstens subtropischen Bodenverwitterung Bohnerze (Knollen von Brauneisenstein); in Südwest-Polen, Hessen,

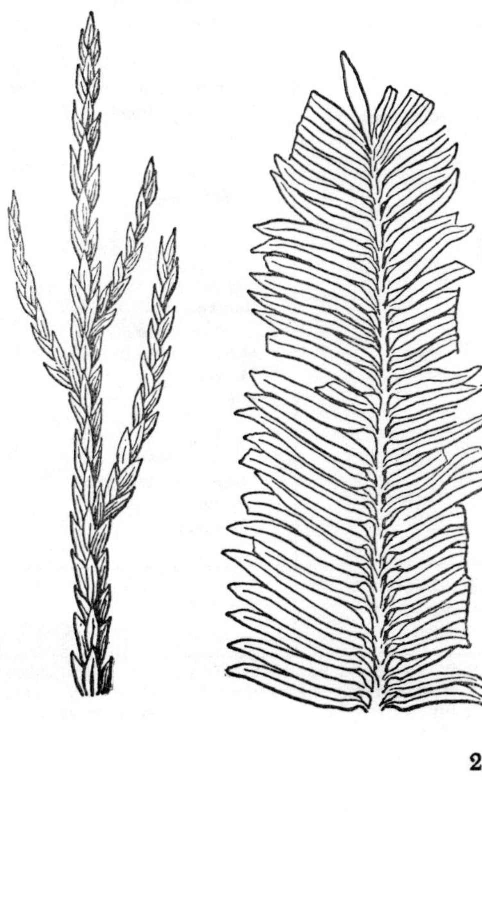

Abb. 162. Zweige der wichtigsten Bäume unserer Braunkohle: Mammutbaum (Sequoia — links, von Kreide/Tertiär bis heute); Taxodium, die Sumpfzypresse, hat sich vom Tertiär bis heute unverändert gehalten (rechts).

(Archivbild)

Gliederung der Gesteinsfolgen des Tertiärs

		Norddeutsches Flachland	Süddeutschland und Mainzer Becken	Mittelmeer-Gebiet [1] (Ungarn, Wiener Becken)
Jungtertiär	Pliozän	Mastodontenschotter [2] Kaolinsand	Sand, Ton, Braunkohle im Mainzer Becken	Schichten
		Jüngere Niederrhein. Braunkohle	—	mit
		Älteste Rheinterrassen (Kieseloolithschotter)	Bohnerz, Congerienschichten (Abb. 163). Dinotheriensand [3]	Süßwasserschnecken
	Miozän	Glimmerton Deltabildungen mit Braunkohle	Obere Süßwassermolasse	Cerithienton (Abb. 164) Grobkalk
		Jüngere Braunkohlen und Basaltergüsse	Obere Meeresmolasse	Bryozoenkonglomerat
		Meeresschichten und Braunkohlenschichten Mittel- und Norddeutschlands	Cerithien- und Hydrobienschichten (Abb. 163)	Land- und Meeresablagerungen
Alttertiär	Oligozän	Sternberger Kuchen Kasseler Meeressand Oberbayer. Kohle	Cyrenenschichten	Glaukonitsandstein
		Stettiner Sand Septarien- (Rupel-) Ton	Untere Meeresmolasse Septarienton Alzeyer Meeressand	Sandiger Ton
		Bernsteinsand	Salzführender Mergel im Elsaß	Sandstein, Mergel mit Pflanzenresten
	Eozän	Glaukonitische, kieselige Gesteine Mitteldeutsche Braunkohle Ton	Kalk mit Nummuliten Eisenoolith Bohnerze Nummulitenschichten	Nummulitenkalk (Sandstein bei Wien) Nummulitenschichten
	Paläozän	„Molerformation" mit Lagen vulkanischer Asche Grünsand		Süßwasser- und Landablagerungen
Dänische Stufe (Übergang zur Kreide)				

[1]) Weiter südlich enthält das Tertiär fast ausschließlich Meeresablagerungen.
[2]) Mastodonten = Rüsseltragende Dickhäuter, Vorfahren der Elefanten (Abb. 163).
[3]) Dinotherien = den Mastodonten verwandte Rüsseltiere (Abb. 163).

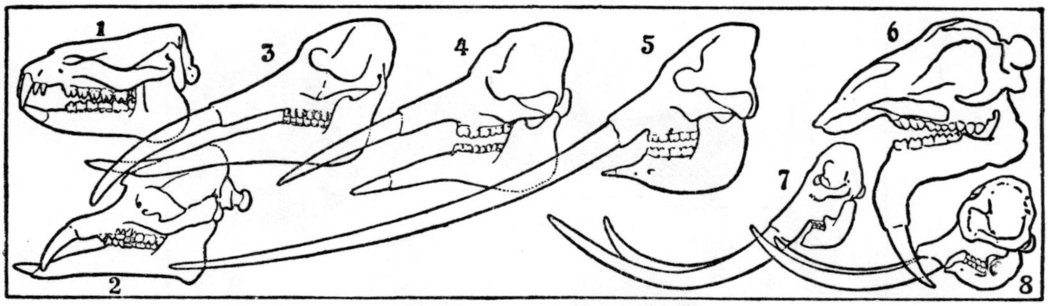

Abb. 163. Die Entwicklung der Rüsseltiere in der Neuzeit:
1. Die schweinartige Stammform (Eozän Ägyptens); 2. Oligozän Ägyptens: Palaeo-Mastodon; 3. Miozän Europas (Mastodon angustidens); 4. Pliozän Europas (Mast. longirostris mit langem Rüssel); 5. ein anderer Mastodon des Pliozäns; 6. Dinotherium (eine Sonderform im Miozän und Pliozän); 7. das Stegodon des Pliozäns; 8. der afrikanische Elefant. (Archivbild)

auf dem Rheinischen Schiefergebirge und andernorts entstanden unter dem Einfluß der Verwitterung mächtige Lager von Kaolin.

Langsam kühlte sich im Laufe des Tertiärs das Klima so weit ab, daß es etwa die heutigen Werte erreichte. Ebenso wie Landschaft, Klima und Festlandsumrisse sich den gegenwärtigen Verhältnissen annäherten, strebte auch die T i e r w e l t (Abb. 163—165) — von der Pflanzenwelt sprachen wir bereits — mit Riesenschritten dem gegenwärtigen Entwicklungsstand zu. Aus den bescheidenen Anfängen der Säugetiere in den bereits beschriebenen Systemen entwickelten sich zu Beginn der Erdneuzeit Insektenfresser, Fledermäuse und primitive Nagetiere. Man kann sich wohl vorstellen, daß die in der Oberkreide beginnende Entfaltung der Blütenpflanzen nicht nur den Säugetieren, sondern auch der Insektenwelt (T. 31, S. 191) Auftrieb zur Entwicklung gegeben hatte und daß dieser dann die insektenfressenden Säugetiere und Vögel folgten; auch die Entwicklung der Nagetiere mag als Folge der Entfaltung der Laub- und Blütenpflanzen anzusehen sein.

Den Insekten- und Pflanzenfressern folgten die Raubtiere in sprunghafter Entwicklung; sie erreichten ihren Höhepunkt, als mit der Entwicklung und Ausbreitung von Grasfluren im Miozän die herdenbildenden Huftiere, die Hauptnahrung der großen Raubtiere, entstanden und die Erde erfüllten. Hand in Hand ging mit dieser Entwicklung die der höchstorganisierten Säugetiere, der Affen, aus deren Stamm sich zu einem schwer festlegbaren Zeitpunkt im Tertiär an noch unbekannter Stelle der Zweig löste, der als letzte Blüte das Menschengeschlecht hervorbringen sollte (Abb. 174).

Mit der Auffaltung der Alpen und der mit ihnen gleichaltrigen Kettengebirge der ganzen Erde war der Erdbau so, wie er uns heute entgegentritt, im wesentlichen fertig (Abb. 169). Das soll uns Anlaß sein, einen ganz kurzen r ü c k s c h a u e n d e n B l i c k a u f d e n **Werdegang der Gebirge der Welt,** insbesondere Europas, zu werfen. Wenn wir hier vorwiegend von Europa sprechen, so ist das so zu verstehen, daß wir Europa stellvertretend für die Verhältnisse in der ganzen übrigen Welt ansehen dürfen; was für Europa gilt, gilt grundsätzlich auch für alle übrigen Erdteile (Abb. 166).

Zur Urzeit bestand Europa lediglich aus einigen hochliegenden Teilen des Urgebirges, unter denen Fennoskandia der wichtigste war, während das französische Zentralplateau und die böhmische Masse, die miteinander über den Schwarzwald zusammenhingen, an zweiter Stelle standen. Da die Ablagerungen des älteren Erdaltertums diskordant auf den Land-

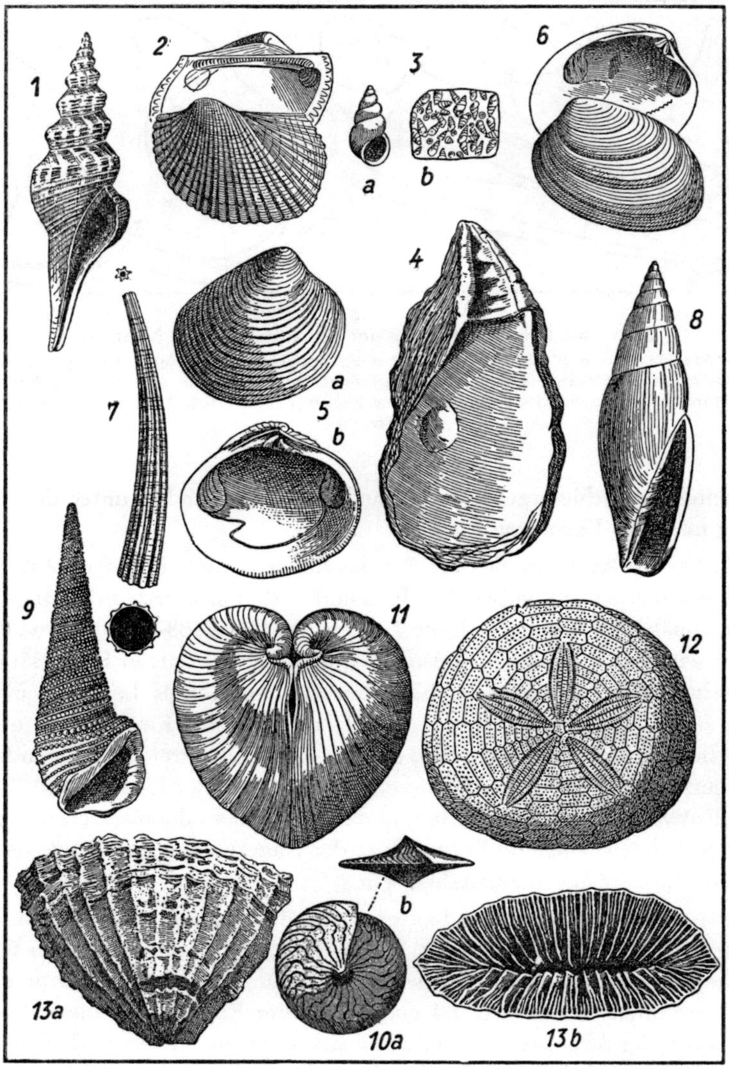

Abb. 164. Im Jungtertiär, im Miozän und Pliozän

beherrschen Muscheln und Schnecken weiterhin das Bild. — Muscheln: Arca diluvii (2), Ostrea crassissima (4), eine Auster, Venus cincta (5), Tapes gregaria (6), Congeria subglobosa (11) (Brackwasser) — Schnecken: Fusus longirostris (1), Hydrobia (Litorinella) acuta (3) (Strandschnecke), (a = vergrößert), Mitra fusiformis (8), Cerithium margaritaceum (9). — Abb. 7 stellt Dentalium sexangulare dar, einen Grabfüßer (Sonderklasse der Weichtiere neben Muscheln, Schnecken und Kopffüßern), Abb. 10; die Foraminifere Amphistegina (vergr.), Abb. 12 Scutella subrotunda, einen Seeigel, und Abb. 13 die sechsstrahlige Einzelkoralle Flabellum Roissyanum (a von der Seite, b von oben) (Archivbild)

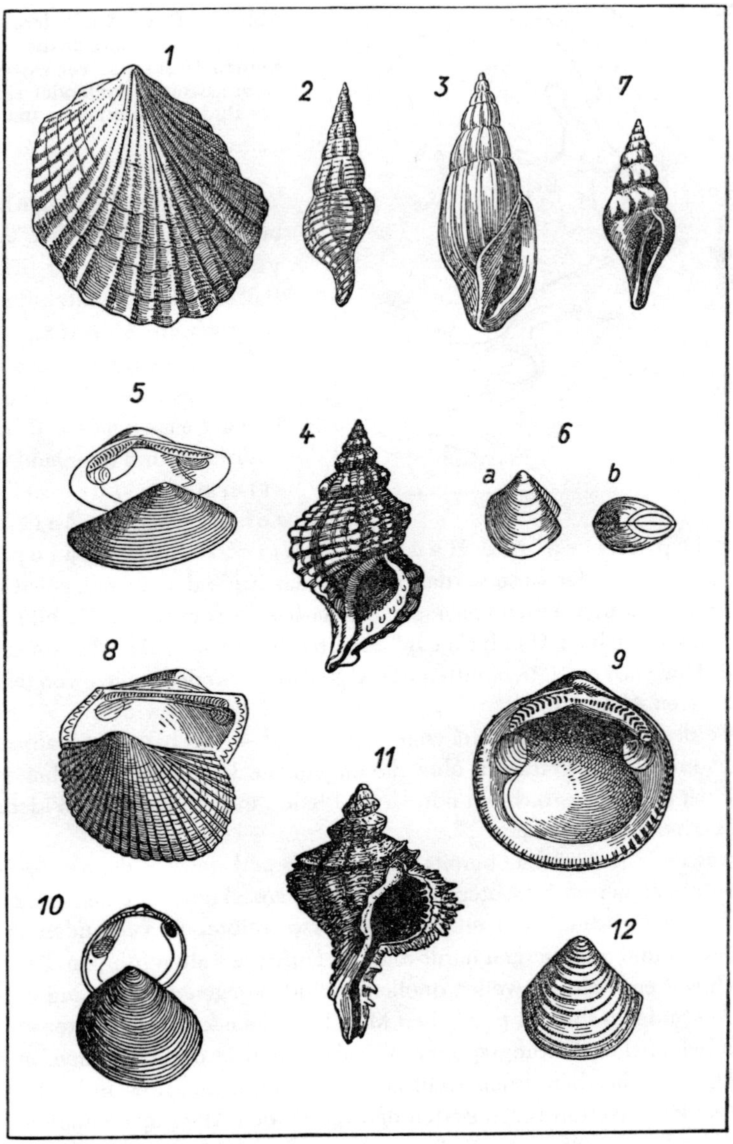

Abb. 165. Aus dem norddeutschen Tertiär seien folgende wichtige Weichtiere abgebildet:
Muscheln: Ostrea ventilabrum, eine Auster (1); Leda Deshayesiana (5); Axinus unicarinatus (6); Arca diluvii (8); Pectunculus pilosus (9); Limopsis aurita (10); Astarte Kickxei (12) — Schnecken: Fusus elongatus (2); Voluta decora (3); Triton flandricus (4); Pleurotoma Selysii (7) und Murex aquitanicus (11) (Archivbild)

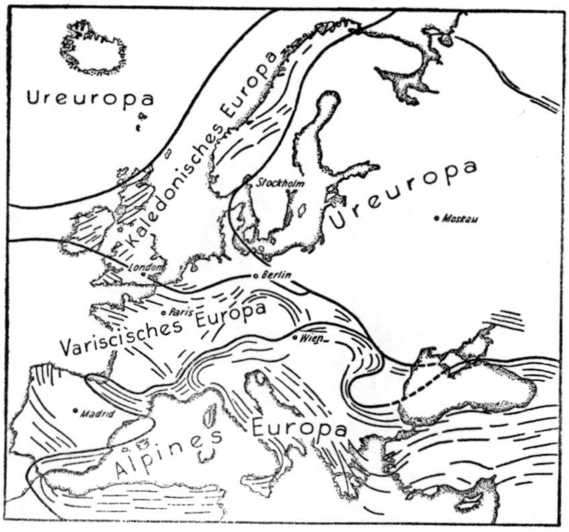

Abb. 166. Durch Angliederung des alpinen Hochgebirgskranzes an die bereits mit den Kernen Ureuropas verschweißten älteren Gebirgsstränge vollendet sich im Tertiär das Bild des Kontinents (nach Stille).

kernen liegen, folgern wir, daß diese bereits vor Beginn der engeren Erdgeschichte, also vor Einsetzen des Paläozoikums gefaltet, und damit versteift waren (Abb. 168).

Die Grenzen des urfennoskandischen Kernes und des Eria genannten Blockes, der Schottland und Grönland umfaßt, bestimmten für alle erdgeschichtliche Zeit den Verlauf der Hauptfalten und Hauptbruchrichtungen Europas*). Ganz ähnlich ist es überall auf der Erde, so daß man für das Ende der Urgebirgszeit eine erdumspannende Gebirgsbildung annehmen muß, die nach amerikanischem Vorbild die Bezeichnung „Laurentischer Umbruch" erhalten hat (Abb. 167). Ein weiterer, offenbar grundlegender Umbruch erfolgte inmitten des Algonkiums, an der Grenze von dessen älterem gegen den jüngeren Abschnitt.

Soweit Teile des Grundgebirges stehengeblieben sind — das bedeutet wahrscheinlich, soweit sie sich, vom Magma getragen, über die allgemeine Erdoberfläche gehoben haben —, wirkten sie durch die Erdgeschichte hindurch als Pfeiler, insbesondere als Widerlager für die kaledonischen Faltenketten.

Die kaledonische Faltung setzte bereits sehr früh ein und stauchte dann am Ende des Silur die inzwischen abgelagerten Schichten des älteren Paläozoikums zu einem Faltenkreuz auf, der die Landkerne umschloß und miteinander verschweißte. So verbanden durch Schottland, Skandinavien und Spitzbergen nordöstlich verlaufende Faltengruppen die beiden Kerne Ureuropas. Schwächere Faltungswellen quollen im Süden gegen den Südrand Osteuropas vor und sind in den Sudeten und im polnischen Mittelgebirge erkennbar; weiter im Westen begegnen wir kaledonischen Faltungsspuren in Brabant und in den Ardennen, im Lahngebiet und in den übrigen oberrheinischen Gebirgen, sowie auch im Harz, in Thüringen und im Vogtland. Diese Faltenketten vergrößerten den Raum, den Alteuropa einnahm, und schufen rund um die alten Kerne neue steife Erdkrustenteile, die nun ihrerseits als Widerlager für die nächstjüngere Gebirgsbildung, die variszische, dienen.

Von Süden her drängten die seit der kaledonischen Faltung abgelagerten, nunmehr gefalteten Schichtgesteine des Devons und des Karbons nach Norden gegen das kaledonisch gefaltete Gebiet und die russische Tafel, die die Fortsetzung der fennoskandischen Masse bildet. Die variszischen Falten umflossen die kaledonischen Randschollen und die Bruchstücke des Urgebirges, wie insbesondere Böhmen. So entwickelt sich ein Bild, wie es Abb. 166 in den gröbsten Zügen wiederzugeben sucht: Ein westlicher Bogen, der von der Bretagne bis zum Zentralplateau verläuft; ein östlicher Bogen, der eigentliche variszische Faltenbogen, der von Mittelfrankreich bis Polen zu verfolgen ist; zwischen beiden ein Seh-

*) Variszische Richtung NO—SW, Herzynische Richtung NW—SO, Rheinische Richtung NNO—SSW.

Abb. 167. Übersicht über die Gliederung der erweiterten Erdgeschichte

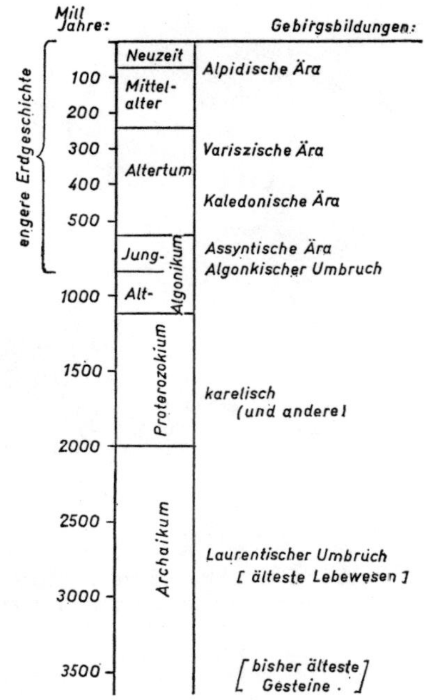

nenbogen, der seine Spuren in Südirland und England, in den Ardennen, im Rheinland und im Harz hinterlassen hat. Der südliche Gegenbogen des variszischen Gebirges verläuft am Südrand des Mittelmeeres durch Nord-West-Afrika. Genaue Untersuchungen haben gezeigt, daß das variszische Gebirge nicht auf einen Ruck entstanden ist, sondern daß es sich Stück für Stück und Schritt für Schritt in der Zeit vom endenden Devon bis zum Ende des Unterrotliegenden aufgefaltet hat; sie haben ferner gezeigt, daß dem variszischen Gebirge ein ähnlicher Bau zukommt wie den jüngeren Faltengebirgen.

Nach der Beendigung der variszischen Gebirgsbildung, die vom Aufdringen granitischen Magmas begleitet war, lagerten sich die Schichtpakete des Rotliegenden mit Porphyrergüssen und des Zechsteins, der Trias sowie des Jura und der Kreideformation ab. Gegen Ende der Kreidezeit begannen sich stärkere Erdbewegungen erneut bemerkbar zu machen, die im Bereich der deutschen Mittelgebirge bis ins Pleistozän, ja in die Gegenwart hinein vorwiegend als Hebungen und Senkungen entlang alter, nun wieder aufreißender Verwerfungen in Erscheinung traten, wobei das Salz oft als „Schmiermittel" wirkte und vielfach pfropfenartig in die Höhe quoll („Salzstöcke" Abb. 78). Es sind die Auswirkungen der sich im Süden, im Sammelbecken der Tethys abspielenden Faltungen, aus denen die A l p e n hervorgingen. Die versteifte Gesteinsmasse Mitteleuropas konnte dem von Süden her drängenden Schub nicht durch Faltung ausweichen, sondern zerbrach, wobei einzelne Schollen — wie die Steine eines berstenden Gewölbes — in die Tiefe, andere nach oben gedrückt wurden. Dabei wurden Teile des alten, längst eingeebneten variszischen Gebirges über die Oberfläche emporgepreßt, wo sie uns heute als Einheiten der d e u t -

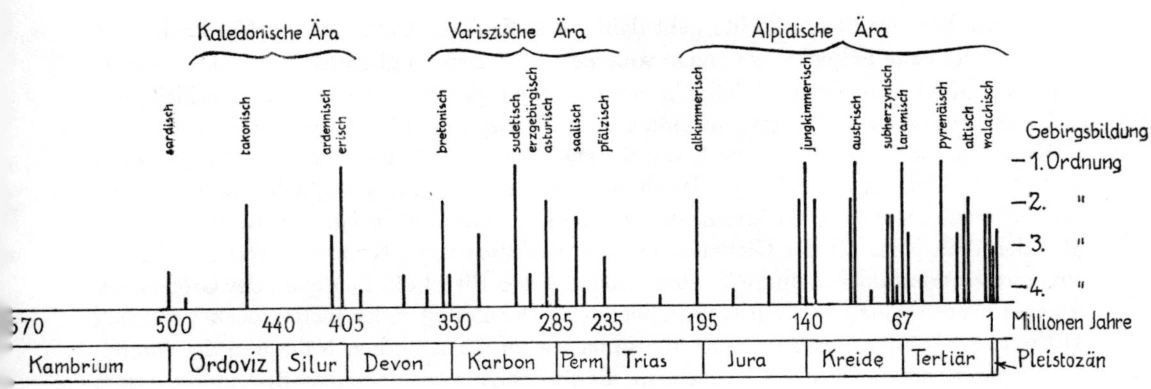

Abb. 168. Die Gliederung der engeren Erdgeschichte aufgrund der Phasen der Gebirgsbildung (nach Stille, Brinkmann u. a.)

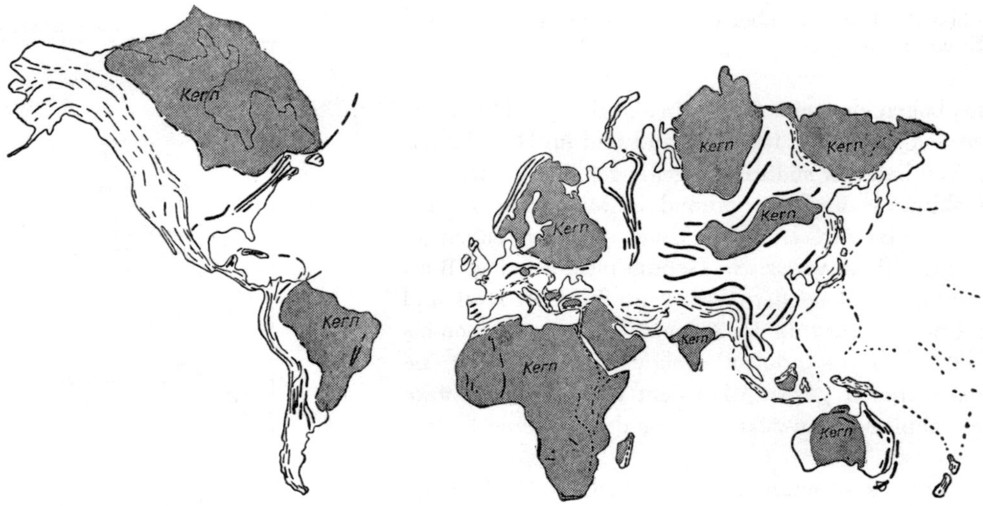

Abb. 169. Die tektonischen Grundzüge des Erdbildes: Kerne, paläozoische (dicke Linien) und jüngere (dünne Linien) Faltenzüge und Gräben (gerissene Linien)

schen Mittelgebirge entgegentreten. Diese Einheiten sind begrenzt von Bruchlinien, die unter dem Einfluß der Alpenfaltung entstanden oder auf alten Schwäche-Zonen erneut aufrissen.

Im Raum der Tethys vollzog sich um diese Zeit eines der gewaltigsten geologischen Ereignisse: Alle Sedimente, die die Tethys vom Erdaltertum bis zum Beginn der Erdneuzeit in sich vereinigt hatte, quollen nun — zu Falten zusammengestaucht, oft überschoben und zu riesigen Decken ausgewalzt (Abb. 75, 76) — über den damaligen Meeresspiegel empor. Die jungen Falten legten sich als letzter Kranz um das durch den variszischen Gebirgskranz vergrößerte Alteuropa herum und gaben dem Kontinent seine heutigen Umrisse. Wie in Europa, so war es in der ganzen Welt. Man denke sich aus Abb. 169 die erdumspannenden Züge der Kettengebirge fort und wird finden, daß diese es sind, die den Erdteilen die heutige Form geben.

Das Streben der Erdgeschichte geht dahin, den Erdball, zumal auf der Nordhalbkugel, durch immer neue Faltenkränze immer weiter zu versteifen. In gleichbleibendem Schrittmaß legt sich Kranz an Kranz. Vielleicht aber werden die Systeme kürzer, beschleunigen sich das Tempo der Schichtgesteinsbildung und das der Entwicklung des Lebens.

Hatte die Natur bisher versucht, die Sammelbecken der Erdoberfläche mit dem Schutt zerfallender Gebirge auszufüllen oder sie mit Meeresablagerungen zu bedecken, so griff sie nunmehr zu einem anderen Mittel, das sie schneller zum Ziel bringen sollte. Sie bediente sich der Transportkraft des Gletschereises, der praktisch keine Grenze gesetzt ist. Für ein mehrere Hundert oder mehrere Tausend Meter dickes Eis ist ein Block von der Größe eines Hauses ebenso winzig wie ein kopfgroßer Stein. Das Zeitalter der *pleistozänen Vereisung* (Diluvium = Sintflut) erscheint uns Menschen wegen der zeitlichen Nähe und der zahlreichen Spuren, denen wir überall begegnen, als ein Ereignis von einmaliger Bedeutung, dessen Wiederholung man sich schwer vorstellen kann. Jedoch ist das **Pleistozän** nicht die erste Zeit länderweiter Vergletscherungen gewesen, vielmehr kennen wir Spuren riesiger

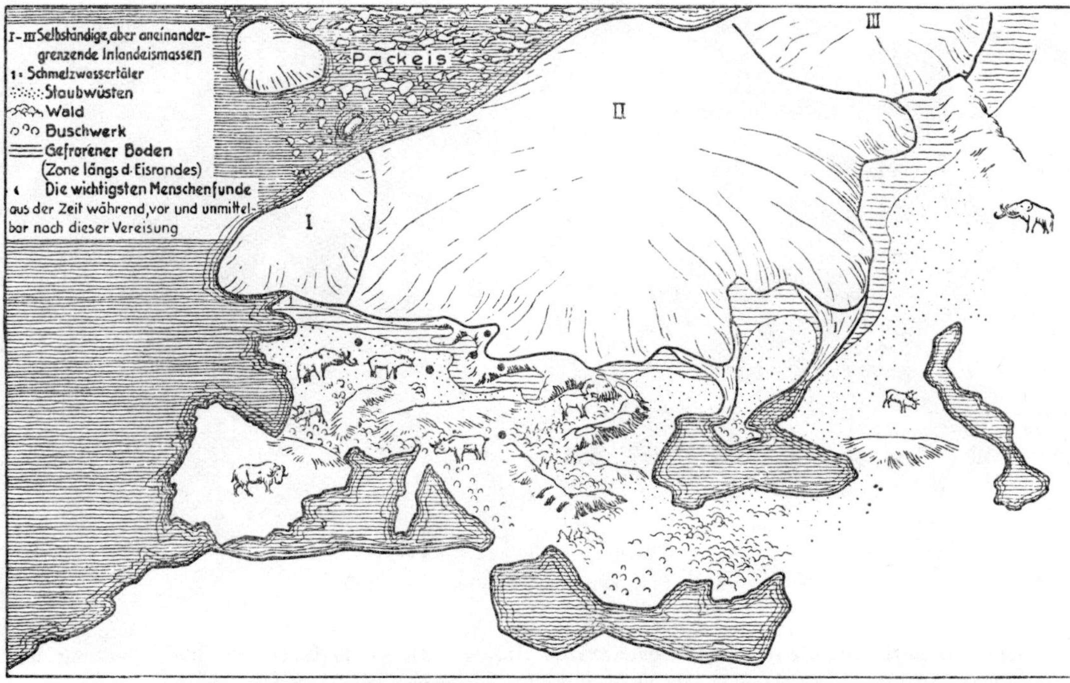

Abb. 170. Europa zur Zeit der zweiten eiszeitlichen Vergletscherung

Vereisungen bereits aus dem Urgebirge, dann aus dem Erdaltertum und auch aus dem Erdmittelalter, kurzum aus allen erdenklichen Abschnitten der Erdgeschichte, und zwar anscheinend jeweils im Anschluß an eine Gebirgsbildung. Es ist heute noch ein fast müßiges Unterfangen, sich den Kopf über die Ursachen der Vereisungen zu zerbrechen. Bisher ist es noch keiner Theorie gelungen, ein einigermaßen befriedigendes Bild von den Zusammenhängen zu entwerfen, die zu der Entwicklung ungeheurer Gletschereismassen geführt haben.

Für uns muß es genügen, festzustellen, daß sich gegen Ende der Erdneuzeit von mehreren Gebirgen ausgehend, unermeßliche Firnfelder entwickelten, die als Gletschereis weit über die Ränder der Gebirge hinausquollen und beispielsweise in Europa allein 6 Millionen Quadratkilometer Landes unter sich begruben. Für uns muß es genügen, festzustellen, daß diese Vereisungen sich sowohl auf der Nordhalbkugel, in Europa und Asien ebenso wie in Nordamerika im großen und ganzen etwa gleichzeitig mit der Gletscherentwicklung im Südpolargebiet abspielten.

Man begegnet, wenn man von der Ausdehnung der Vereisungen (Abb. 170), spricht, sehr häufig ungläubigen Fragen. Zwei Überlegungen jedoch müssen auch den Ungläubigsten überzeugen: Denn einmal befindet sich ja noch ein großer Teil der heutigen Erdoberfläche im Zustand der Eiszeit; man denke nur an die 1 500 000 km² Eis auf Grönland, an die 13 000 000 bis 14 000 000 km² Eis im Südpolgebiet (Abb. 171). Wenn man bedenkt, daß diese Eiskappen im Abtauen begriffen sind, so steht der Vorstellung nichts im Wege, daß lediglich eine Vergrößerung der heutigen Eisdecke den Zustand der Eiszeit wiederbringen könnte. Die zweite Tatsache muß jeden Zweifler bekehren: Das Eis hinterläßt eine Grundmoräne bzw. Geschiebemergel. Es gibt keine andere Kraft auf

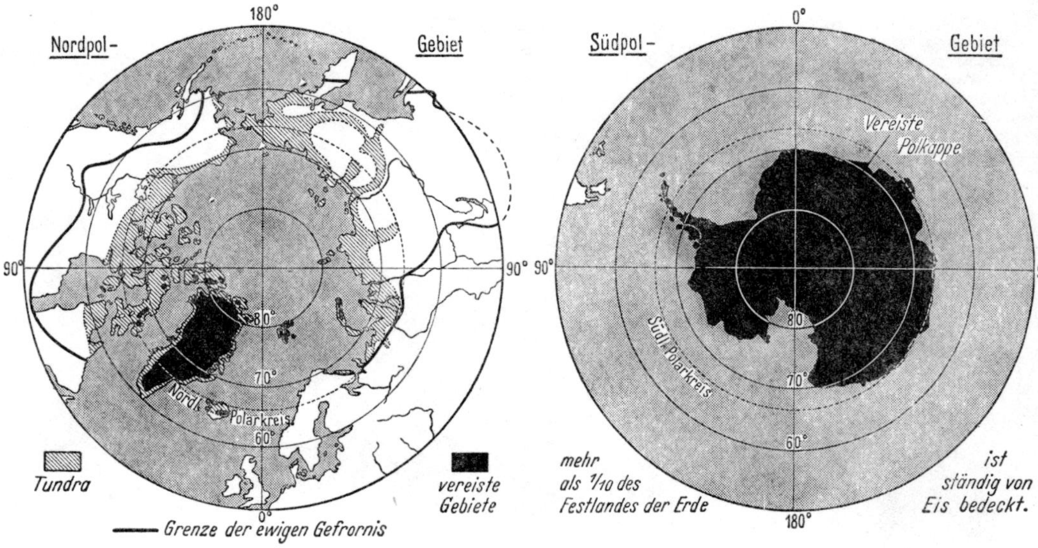

Abb. 171. Vereisung heutiger Festländer

der Erdoberfläche, die derartige Gesteinsanhäufungen, wie sie die Grundmoräne ist, erzeugen könnte; denn alle anderen Kräfte ordnen die Gesteinsbruchstücke, die sie absetzen, nach der Größe bzw. nach dem spezifischen Gewicht, während sich in der Grundmoräne das Gesteinsgut vom Staubkorn bis zum hausgroßen Block nahezu ungeordnet zusammenfindet. Außerdem sind die Geschiebe höchstens an den Kanten gerundet sowie durch die Reibung am Untergrund und an Nachbargeschieben gekritzt und geschrammt. Wo wir also diese Erscheinungen in einer geschiebemergelähnlichen Masse vereinigt finden, bleibt uns keine andere Wahl, als die Entstehung auf Gletschereis zurückzuführen. Und da nun der Geschiebemergel viele Hunderttausend Quadratkilometer große Gebiete bedeckt, so bleibt nichts anderes übrig, als aus dieser Tatsache eine entsprechende Größe der pleistozänen Inlandeismasse zu folgern (Taf. 16/2, S. 112).

Geschiebemergel ist nicht der einzige Zeuge der Eiszeit; denn das Schmelzwasser, das zu jeder Zeit dem Eisrand entströmt, lagert den Moräneninhalt des Eises, nach der Korngröße geseigert, als Kies, als Sand, Feinsand, Schluff und Ton wieder ab (Abb. 172). Stößt dann das Eis weiter vor, so legt es seine Grundmoräne auf die Schmelzwasserbildungen; schmilzt der Eisrand zurück, so legt sich sein Schmelzwassersand auf die vorher abgelagerte Grundmoräne. Derart entstehen zyklische Schichtfolgen, die wechselnd aus Grundmoräne und wassergesonderten Schmelzwasserablagerungen bestehen, Schichtfolgen, die ebenso im Pleistozän Norddeutschlands, wie im Perm Brasiliens und in anderen Systemen mehrere hundert Meter Mächtigkeit erreichen.

Wo das Eis naht, weicht das Leben. Wenn wir daher mitten in einer solchen eisgeborenen Schichtfolge Massen finden, die entweder Versteinerungen enthalten oder, wie Torf und Schlamm, ganz aus Resten von Tieren und Pflanzen bestehen, müssen wir folgern, daß sich zwischen die Vereisungen eine eisfreie, dem Leben nicht feindliche Zeit schob; wir müssen folgern, daß die pleistozäne Eiszeit eisfreie Zwischeneiszeiten einschloß (Abb. 174). Aufgrund entsprechender Beobachtungen kam die Geologie zu einer Unterglie-

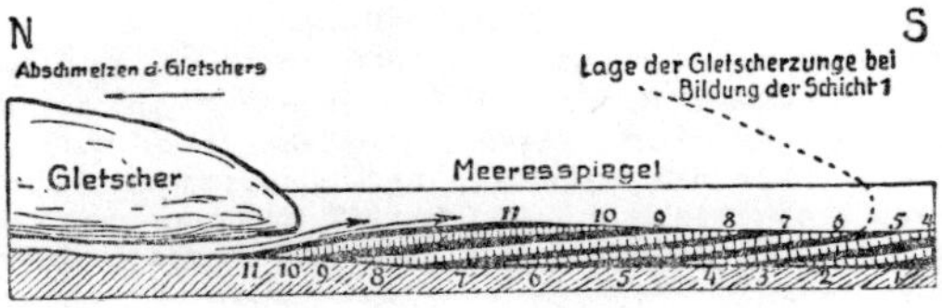

Abb. 172. Wie die Entstehung des „Bändertones" am Fuße des Eises zu denken ist. (Archivbild)

derung des Pleistozäns in mehrere Kaltzeiten (= Glaziale oder Eiszeiten) und Warmzeiten (= Interglaziale) *).

Wie spielte sich nun eine Vereisung ab? Auf dem im tertiären Klima tiefgründig verwitterten Felsuntergrund der Urgebirgskerne der nördlichen Festländer und in Hochgebirgen häufte sich aus noch unbekannten Gründen der Schnee zu mächtigen Massen. Allein kühler werdende Sommer würden zur Erklärung dieser Erscheinung hinreichen. Der Schnee verwandelte sich unter dem eigenen Gewicht in Gletschereis, das über die Ränder des Firnfeldes hinauszufließen begann, da die Niederschläge im Nährgebiet nicht nachließen. Es floß in die Senken, die die Hochgebirge umgeben. Solange aber der Nachschub überwog, rückte der Eisrand vor; wenn Nachschub und Schmelzen sich die Waage hielten, blieb der Eisrand auf einer Linie liegen. Sobald aber der Nachschub nachließ oder das Abschmelzen überhandnahm, begann der Eisrand zurückzuweichen. Das Eis war in seinen tieferen Lagen gesättigt mit dem Gesteinsschutt, den es vom Untergrund aufgenommen hatte (T. 16, S. 112). Der Gesteinsschutt blieb beim Schmelzen des Eises v o r dem Eisrand als hügelige E n d m o r ä n e liegen (T. 16, S. 112), u n t e r d e m Eis als mehr oder weniger ebene G r u n d moräne (T. 16, S. 112) und verlor sich v o r dem Eisrand in den schmelzwasserdurchströmten Ebenen des sogenannten S a n d e r s (T. 16, S. 112), kurzum, es entwickelte sich, gruppiert um jeden Eisrand, die Aufeinanderfolge der Glaziallandschaftsserie (Abb. 52). Jeder Halt des Eisrandes auf seinem Vormarsch, besonders aber jeder Halt während des Rückzuges, erzeugte eine neue Landschaftsserie mit neuen, dem Eisrand folgenden Endmoränenbögen. So schachtelte das zurückweichende Eis einen Endmoränenbogen hinter den anderen (s. geologische Karte im Anhang).

Wir erkennen auf der Karte die größte Ausdehnung des Eises während der Vereisungen, wir erkennen im Verlauf des Hügellandes die Endmoränen während des Rückzuges und in den großen Urstromtälern die Abflußwege des Schmelzwassers zum Meere hin. Im Bereich der Grundmoräne finden wir die Spuren von Gletscherspalten als Talzüge wieder, ausgefurcht vom strömenden Schmelzwasser, wir finden sie wieder als Wallberge, aus Kies und Geröll aufgeschüttet vom gleichen Schmelzwasser (Taf. 17, S. 120).

Vor dem Eis aber häufte der von ihm herabwehende Fallwind den Staub, den er aus den

Abb. 173. Im deutschen Löß häufig vorkommende Schnecken sind: a Helix hispida, b Pupa muscorum, c Succinea oblonga.

*) Es sei bemerkt, daß die Frage nach der Zahl der norddeutschen Vereisungen noch nicht völlig sicher beantwortet ist. Im Randgebiet sind viel häufigere Schwankungen selbstverständlich und auch nachzuweisen.

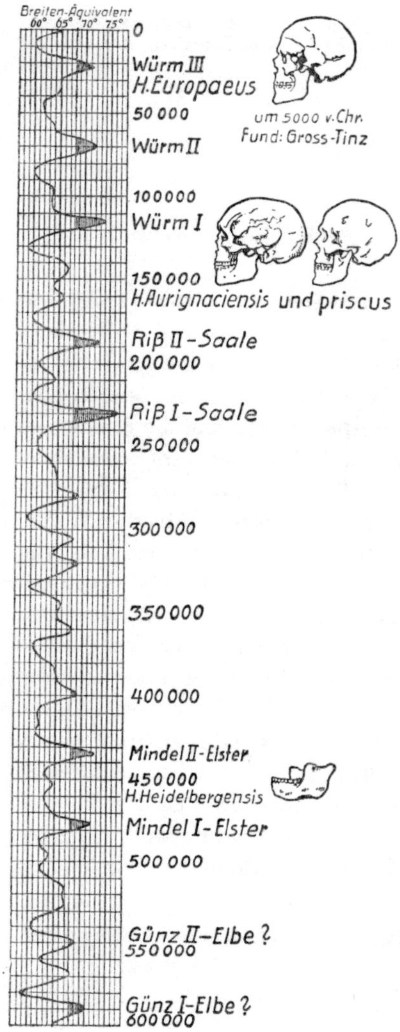

Abb. 174. Die eiszeitliche Sonnenstrahlungskurve, der Verlauf der Eiszeit und die Eingliederung menschlicher Funde. Gang der sommerlichen Bestrahlung eines Ortes auf 65° n. Br. (etwa Island). Der Verlauf der Kurve gibt für 600 000 Jahre an, auf welcher geographischen Breite man gegenwärtig die Strahlungsmenge finden würde, die zu den angegebenen Zeiten dem 65.° zukam; es erscheint daher so, als habe Island einmal nördlicher, dann wieder südlicher gelegen. Die Hauptvorstöße der Eiszeiten und die Menschenformen im wahren gegenseitigen Zeitverhältnis.

(Aus Frenzel, Vorgeschichte)

Eissedimenten und dem Schmelzwassersand entnommen hatte, zu breiten Streifen von Löß an. Der Lößstaub wurde von der Pflanzendecke vor dem weiteren Verwehen geschützt, so daß er sich häufig, besonders in den Tälern, zu beträchtlichen Massen ansammeln konnte.

Der Lößstreifen in der Umrandung der alten Eisfelder umzieht heute die ganze Erde; dabei ist allerdings zu bedenken, daß die Lößbildung in der Umgebung von Wüsten noch heute nicht abgeschlossen ist (Abb. 53 u. T. 21, S. 133).

Überall, wo das Eis und sein abkühlender Einfluß nicht hinreichte, war das Pleistozän doch durch ein von dem tertiären und dem heutigen abweichendes Klima ausgezeichnet. Insbesondere sind große Teile der Erde wesentlich niederschlagsreicher gewesen als gegenwärtig; man spricht für diese Gebiete daher nicht von einer Eiszeit, sondern von der pleistozänen R e g e n z e i t (Pluvialzeit). Doch gibt es auch ausgedehnte Gebiete, die während des Diluviums trockener gewesen sind als heute, und solche, deren Klima sich seit der Eiszeit unverändert erhalten hat; denn die vergrößerte Polarkappe schob die übrigen Klimazonen gleichsam vor sich her.

In einigen Gebieten haben das zurückweichende Eis und das Schmelzwasser die Gletschertrübe im Meer oder in Süßwasserbecken abgelagert. Da das sommerliche Schmelzwasser mehr Trübe und gröbere Teilchen mitbrachte als das winterliche, sind diese tonigen Absätze vielfach j a h r e s r i n g a r t i g g e s c h i c h t e t (B ä n d e r t o n) (Abb. 172). In mühseliger Kleinarbeit ist es insbesondere schwedischen und nordamerikanischen Geologen gelungen, aus der Zählung der Bändertonschichten den Zeitraum zu ermitteln, den das Eis für sein endgültiges Abschmelzen gebraucht hat; daraus wieder ließ sich durch Verbindung mit geschichtlich festliegenden Ereignissen ermitteln, daß das Pleistozän v o r e t w a 20 000 J a h r e n s e i n E n d e gefunden hat, daß aber der Eiskuchen Europas selbst erst vor rund 7000 Jahren aufhörte, das mitteleuropäische Klima und damit die mitteleuropäischen Lebensverhältnisse zu beeinflussen.

Der Versuch des jugoslawischen Astronomen Milankowitch muß hier noch erwähnt werden. Milankowitch hat versucht, aus bekannten astronomischen Größen zu errechnen, wie sich die

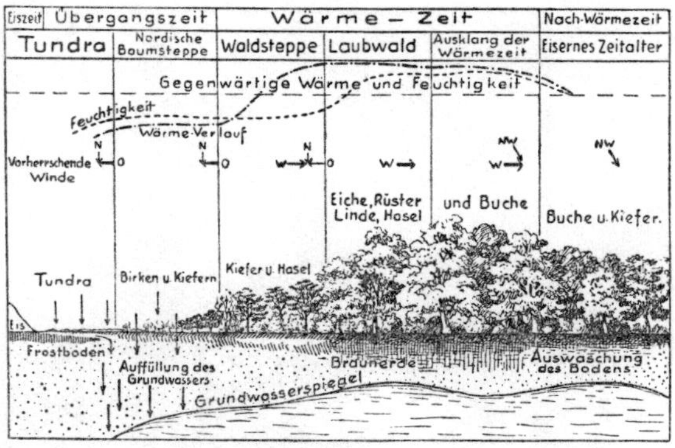

Abb. 175. Der Gesamtablauf der nacheiszeitlichen Entwicklung des deutschen Landes:
Die Entwicklung von Klima, Pflanzendecke, Boden und Grundwasser im Laufe von 20 000 Jahren

von der Sonne der Erde zugestrahlte Wärme im Laufe der letzten Jahrhunderttausende verhalten hat (Abb. 174). Er fand eine **Strahlungskurve**, die sich nach ihrem Verlauf und der Zeitdauer mit den geologisch gewonnenen Vorstellungen vom Ablauf der Vereisungen zu decken scheint. Auch damit wären Zahlenwerte für einen erdgeschichtlichen Zeitraum gewonnen; man darf für das gesamte Pleistozän etwa 1 000 000 Jahre ansetzen. Es scheint, daß die Änderungen in der Sonnenstrahlung, wenn überhaupt, nur den letzten Anstoß für Gliederung und Ablauf der anderweitig bedingten Vereisung gegeben hatten.

Seit rund 20 Jahrtausenden datiert also die *erdgeschichtliche Gegenwart*, die Nacheiszeit (= **Holozän**). Sie ist für große Teile der Erde dadurch gekennzeichnet, daß sich der gegenwärtige Zustand allmählich aus dem am Ende der Eiszeit herrschenden entwickelte. Daß dieser Hergang sich jedoch nicht in gerader Linie, sondern in wellenförmigem Verlauf abgespielt hat, zeigt Abb. 175, die den Ablauf der Nacheiszeit im deutschen Raum auf eine einfache Formel zu bringen versucht. Wesentlich ist, daß wir zwischen den Nachwehen der Eiszeit und der Gegenwart einen Zeitraum verzeichnen müssen, in dem die Jahresdurchschnittswärme etwas höher war als heute. Wir erkennen das an den Spuren, die diese „Wärmezeit" vor rund 7000 Jahren in Mooren, in den Resten der Pflanzenwelt, der Tierwelt und des menschlichen Kulturlebens hinterlassen hat.

Im übrigen ist die Nacheiszeit bisher erst so kurz gewesen, daß wir große Ereignisse von erdgeschichtlicher Bedeutung in ihr kaum erwarten dürfen. Wohl hat sich in ihr alles das abgespielt, was im Kapitel über äußere und innere Vorgänge geschildert worden ist; wohl haben Nord- und Ostsee sich verändert (Abb. 176, 177), hat sich der Hergang der Verwitterung mit dem Wandel des Klimas jeweils in dem einen oder anderen Sinne geändert, hat sich die Wasserführung der Flüsse, der Stand des Grundwassers, der Einfluß des Windes auf den Boden, die Zusammensetzung der torfbildenden Pflanzenwelt gewandelt; wohl haben, auch auf deut-

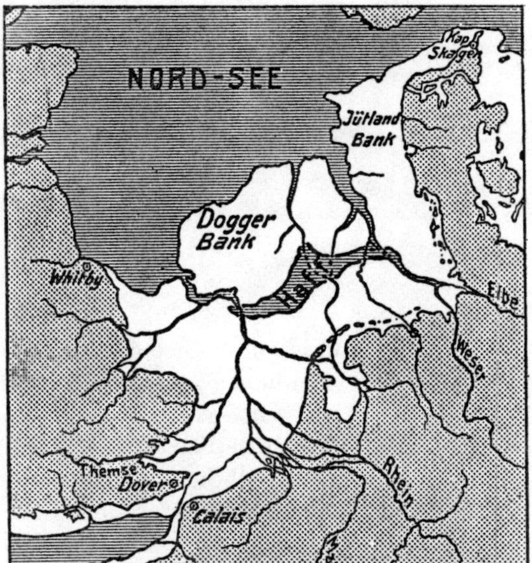

Abb. 176. Die Nordsee vor dem großen Meeresvorstoß (der sog. Litorina-Transgression) von 7000 Jahren

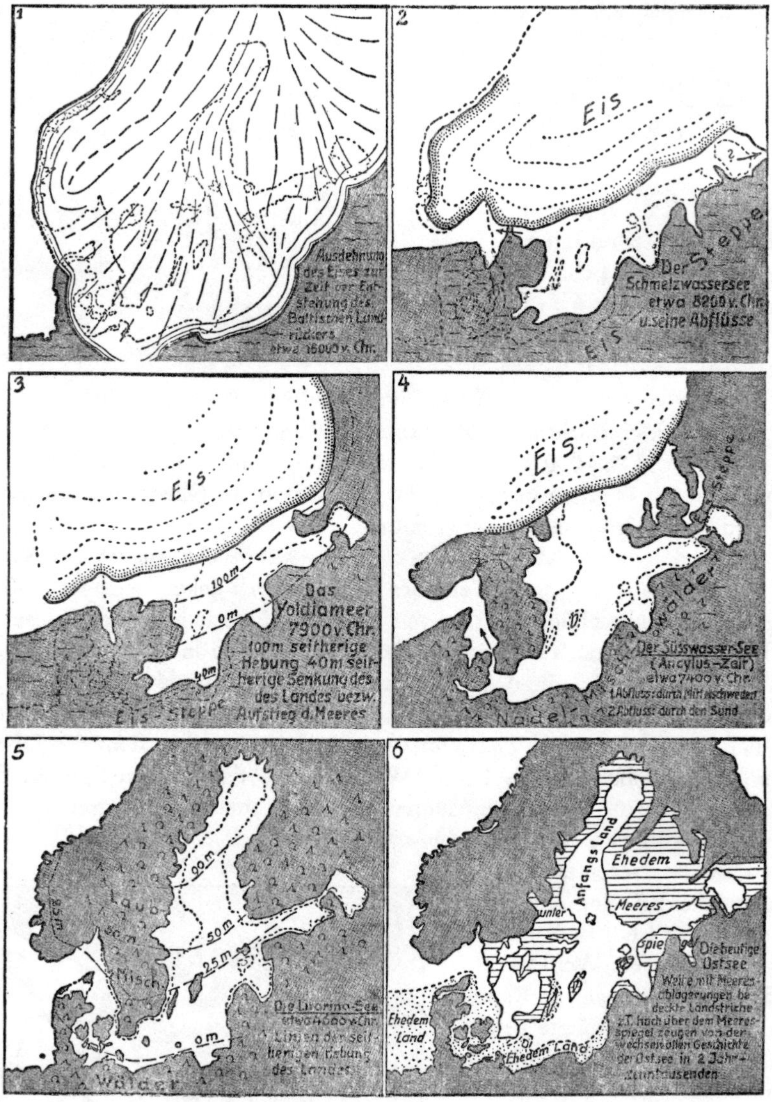

Abb. 177. Die nacheiszeitliche Entwicklung der Ostsee

schem Boden, Vulkane neue Gesteinsmassen aufgeschüttet (Laacher See), haben Erdbeben die Schollen der Erdrinde gegeneinander verschoben, haben Meeresspiegelschwankungen und Landsenkungen die Grenzen zwischen Land und Meer hier und da verschoben. Im großen und ganzen aber ist das Erdbild dieser 20 000 Jahre sich gleich geblieben, so daß wir mit Recht die erdgeschichtliche Gegenwart mit dem Ende der Vereisungen beginnen lassen dürfen, solange wir nicht wissen, ob sie nicht nur eine — Zwischeneiszeit ist.

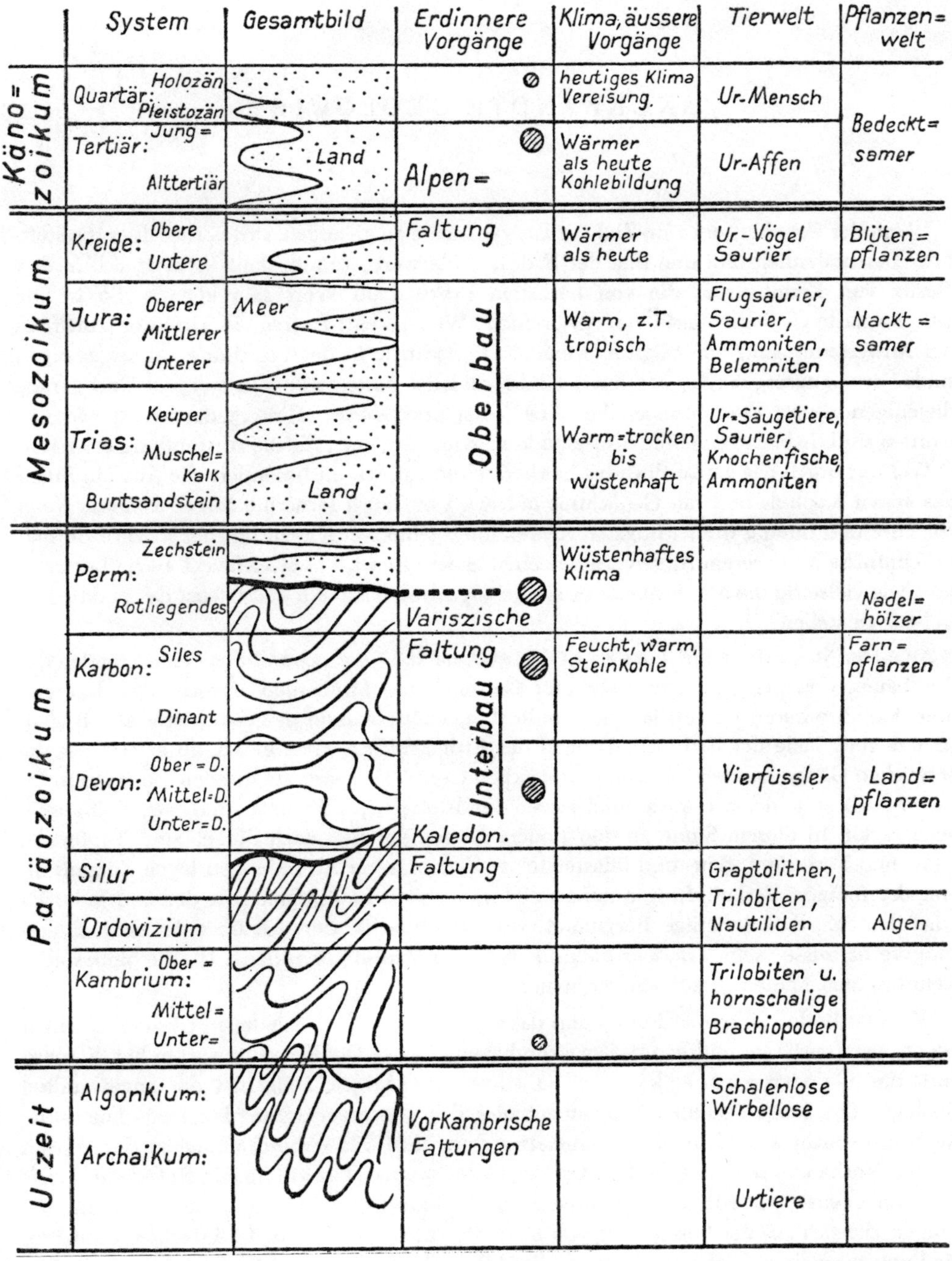

Abb. 178. Vereinfachte Übersicht über den Ablauf der Erdgeschichte auf deutschem Boden. (Die Kreise bedeuten Vulkanismus)

ANGEWANDTE GEOLOGIE

Wenn der Forscher, um zum Ziel der Erdgeschichte zu gelangen, sich vorher über die stoffliche Beschaffenheit und den Bau der Erdrinde klarwerden muß, dann setzt er sich in den Besitz von Kenntnissen, die von höchstem praktischem Wert sein können. So ist die „Angewandte Geologie“ nicht von der „reinen“ Wissenschaft zu trennen. Und Fortschritte in der Anwendung sind nur möglich, wenn ihr Fortschritte in der Forschung vorausgegangen sind. Forschungsergebnisse von heute sind technische Fortschritte von morgen! Und gerade diejenigen neuen Erkenntnisse, die ohne jeden praktischen „Hintergedanken“ gewonnen worden sind, haben sich häufig als besonders bedeutsam auch für die Anwendung erwiesen.

Wer mir durch das ganze Buch bis hierher gefolgt ist, wer insbesondere die Ausführungen des ersten Kapitels noch im Gedächtnis hat, wird mir auch fernerhin folgen können, wenn wir kurz und bündig die wichtigsten Anwendungsgebiete erdgeschichtlicher Kenntnisse und Erkenntnisse an unserem Auge vorüberziehen lassen. Er wird aber vielleicht auch überrascht sein, wie vielseitig die Möglichkeiten sind, geologisches Wissen in den Dienst des praktischen Lebens zu stellen.

An erster Stelle stehe die Lagerstättenkunde, die sich mit den Gegenständen des Bergbaues, den „Lagerstätten nutzbarer Gesteine und Mineralien“, beschäftigt. Bergbau (und Steinbrecherei) ist von je angewandte Lagerstättenkunde gewesen, denn alle Bodenschätze sind Teile der Erdrinde, Zeugen der Erdgeschichte, ganz gleich, ob es sich um die erzreichen Gänge handelt, die von plutonischen Gesteinskörpern ausstrahlen, oder um nutzbare Schichtgesteine, wie etwa eisenreichen Sandstein, Gips, Steinsalz, Kalisalz, Kohle oder auch Erdöl. In diesem Sinne zu den Bodenschätzen gehören auch Ziegel- und Töpferton, Glas- und Formsand, Bau- und Pflastersteine. Viele unserer Abbildungen legen Zeugnis ab von der innigen Verknüpfung nutzbarer Massen mit dem übrigen Bau der Erdrinde. Es wird deutlich, daß derjenige Bergmann oder Steinbrecher, der sich über Art und „Lagerungsverhältnisse“ seines Bodenschatzes klar ist, im Vorteil vor anderen ist, die ohne solche Kenntnis auskommen zu können vermeinen.

Wer den Boden zu seinen Füßen und dessen Aufbau aus verschiedenen Gesteinsschichten kennt, weiß auch, wo und wie tief er Grundwasser, wo er Quellen zu erwarten hat. So wird auch die Grundwasserkunde zu einem gewichtigen Teilgebiet der angewandten Geologie. Die ganze Technik des Brunnenbaues, der Wasserversorgung kommen ohne solche Kenntnisse nicht aus, denn die Voraussetzung für jede Wasserbeschaffung ist das Wissen um das Vorhandensein und die Gesetze des Grundwassers. Das gilt für den einfachsten Dorfbrunnen ebenso wie für das Wasserwerk der Millionenstadt. Das gilt aber auch für die Fragen, die sich aus der Beseitigung von unerwünschtem Wasser aus Bergwerken, Fabriken, Siedlungen ergeben. Wehe, wenn man den Aufbau des Bodens nicht berücksichtigt und etwa durch Abwässer das kostbare Grundwasser verunreinigt, das Städte und Dörfer speisen soll!

Es gibt ein weiteres Gebiet menschlicher Arbeit, auf dem der Rat des erd- und bodenkundigen Forschers und Kenners viel vergeblichen Aufwand an Arbeit, Stoffen und Kosten vermeiden hilft und Schäden zu verhüten oder eingetretene Schäden abzustellen vermag; das ist das weite Gebiet des Bauens in und auf dem Boden, das Gebiet des Erd-, Tief-, Wasserbaues. Man bezeichnet diesen Zweig der angewandten Erdgeschichtsforschung wohl auch als technische oder Ingenieur-Geologie.

Immer neue Bereiche erobert sich die technische Geologie: Kein Bau von Bedeutung, dem nicht eine genaue geologische Erkundung des Baugrundes vorausginge, seien es größere Wohnbauten oder Hafenanlagen, seien es Verkehrs- oder Industriewerke. In allen Fällen gilt es, den Baugrund auf Festigkeit, Tragfähigkeit, Zusammendrückbarkeit und Rutschgefahr zu prüfen (Bodenmechanik, Baugrundmechanik). Besonders nötig ist dies bei Tiefbauten, bei Stollen und Tunnels, auch bei der Gründung schwerer Bauwerke wie z. B. Brückenpfeiler oder Seilbahnstützen, Hochhäuser und Türme. Aber auch im Straßen- und Bahnbau kommt man nicht mehr ohne geologische Untersuchung aus. Nachgiebiger Boden und rutschende Böschungen, Dämme aus ungeeignetem Schüttgut haben schon manchen Verkehrsweg lahmgelegt. Solche Mängel lassen sich vorausschauend vermeiden.

Auch im Wasserbau vermag die technische Geologie zu helfen: Kanalböschungen sollen nicht rutschen; Staubecken sollen ihr Wasser halten und es nicht an die Umgebung verlieren; Staudämme sollen standfest und wasserundurchlässig sein und auch unter sich kein Wasser durchlassen — wer den Boden kennt, weiß von vornherein, ob diese Bedingungen erfüllbar sind oder nicht.

Ein wichtiges Gebiet geologischer Beratung liegt in der Beschaffung und Prüfung von Baustoffen, soweit sie der Erdrinde entstammen: Ziegelrohstoffe, Haustein, Pflastersteine und Straßenschotter, Kalkstein und Gips für Mörtelherstellung, sogenannte Zuschlagstoffe zur Betonbereitung (Kies, Sand und gröbere Steine), Ausgangsstoffe der Zementfabrikation selbst und viele andere mehr. Der Geologe, der den Bau der Erdrinde kennt oder zu durchmustern versteht, wird oft in der Lage sein, benötigte Baustoffe nachzuweisen. Ist er darüber hinaus gesteinskundlich geschult, so wird er den Baustein, den Zuschlag, den Kalk auch auf die praktisch erforderlichen Eigenschaften hin beurteilen können. Er wird über Härte und Druckfestigkeit, über Frost- und Wetterbeständigkeit, über Eignung für Straßen-, Bahn- und Dammbauten, über Verhalten in Meer- und Moorwasser, über Eignung für Steinmetz- und Bildhauerarbeiten, für die Verarbeitung zu Zement oder Ziegelsteinen aussagen können. Auch wird er entscheiden müssen, ob die im Boden steckenden Vorräte für geplante Zwecke ausreichen werden. Kurzum, ohne geologisch-gesteinskundliche Vorarbeiten kann die Baustoffbeschaffung nicht auskommen. Im Grunde genommen ist die Baustoffgeologie ein Teil der Lagerstättenkunde. Denn auch bei Erzen, Salz und Öl sind die Vorfragen nach den Formen des Lagers, seiner Eignung, seiner Größe, der Wirtschaftlichkeit des Abbaues zu beantworten, ehe die Technik ans Werk gehen kann.

Je mehr gebaut wird, je nachhaltiger der Heimatboden beansprucht wird, desto bedeutsamer wird die Mitarbeit des beratenden Geologen. Zeiten des Aufbaues erfordern den vollen Einsatz der Wissenschaft neben der Technik.

Das Klima ist der Träger der Verwitterung. Vom Klima hängt letzthin die Art der Gesteinszerstörung und des Transportes des zerteilten Gesteinsgutes und damit auch die Art der neuentstehenden Absatzgesteine ab. Unser Großkapitel über „Die äußeren Kräfte" ist ein einziger Beweis für die Rolle des Klimas. Daneben aber bestimmt das Klima auch die Art der Pflanzendecke, die ihrerseits auf die Gesteine einwirkt und sie — gemeinsam mit dem Klima — zu „Boden" umformt. Die Bildung des Bodens ist daher Gegenstand der geologischen Forschung, um so mehr, als sie nicht nur vom Klima selbst, sondern auch von seinen Wandlungen bestimmt wird. So wird der Boden geradezu zum Zeugen erdgeschichtlicher Veränderungen. Daneben aber ist der Boden — von der land- und forstwirtschaftlichen Praxis her gesehen — Träger und Lebensraum der Pflanzenwelt. So wird die Bodenkunde, die in der Geologie wurzelt, zu einer Grenzwissenschaft zwischen dieser und der Biologie und — in ihrer „angewandten" Form — der Träger des Urproduktionszweiges der Landwirtschaft im allumfassenden Sinne. Damit hat die Geologie ihr reiches Teil am Aufbau der lebenswichtigen Gewinnung und Erzeugung von Nahrungsmitteln — wie sie am Bergbau als dem anderen großen „Urproduktionszweig" teilhat. Beide sind von je die anfangs unbewußte, in der Neuzeit bewußte Anwendung geologischer Erfahrungen auf die Praxis der Befriedigung menschlicher Grundbedürfnisse.

Verzahnt sich die Geologie im Bereich der Bodenkunde innig mit der Biologie, so auf einem anderen Forschungsgebiet mit der Physik (wie in der Lagerstätten-, Mineral- und Gesteinskunde mit der Chemie): auf dem der Erd- oder Geophysik. Das physikalische Verhalten des Erdballes haben wir anläßlich der Besprechung des Aufbaues der Erde und der erdinneren Kräfte kennengelernt. Das physikalische Verhalten der Erdkruste zu erkunden, wurden Arbeits- und Forschungsweisen erdacht, die sich elektrischer Ströme und Wellen, künstlicher Erschütterungen, magnetischer Beobachtungen und Ermittlungen des überall wechselnden Wertes der Schwerkraft bedienen (erdelektrische, seismische, erdmagnetische, gravimetrische *) Methoden). Da sich die Gesteinskörper der Erdrinde gegen Elektrizität und Erschütterungen (durch Sprengungen) verschieden verhalten, auch verschieden magnetisch sind und infolge ihrer eigenen Schwere örtlich die Anziehungskraft der Erde beeinflussen, kann man aus den Ergebnissen solcher Messungen auf die Zusammensetzung des Untergrundes schließen: Metalle und Erze sind gute Leiter, Wasser z. T. auch, Eisen ist schwer, Salz besonders leicht, Eisenerz zudem magnetisch, Salz unmagnetisch usw. So verraten sich manche Bodenschätze den Methoden der „angewandten Geophysik", sofern der Physiker, der die Ergebnisse erarbeitet, den Geologen zur Deutung seiner Meßergebnisse heranzieht. Die angewandte Geophysik ist längst zu einem selbständigen Forschungszweig geworden. Eigene Unternehmungen oder der Staat selbst pflegen die Aufsuchung und Erkundung von Bodenschätzen und ersparen so der Volkswirtschaft kostspielige und dazu oft noch erfolglose Tiefbohrungen. Der Beruf des Geophysikers tritt mehr und mehr neben den des beratenden und prospektierenden Geologen.

Die abseitigsten und spitzweghaftesten Forschungsarbeiten im Bereich der Geologie haben in den letztverflossenen Jahrzehnten praktische, ja sogar unersetzliche Bedeutung gewonnen: Man schmähe nicht den Liebhaber, der seine Freizeit opferte, um fossile Foraminiferen aufzufinden und einzuordnen — ohne seine selbstlose Arbeit wäre es oft nicht möglich, die Aussichten von Erdölbohrungen zu beurteilen. Denn Foraminiferen sind Leitfossilien in sonst versteinerungsleeren Schichten! Man lächle nicht über den Naturfreund, der den Blütenstaubgehalt der Torfmoore Schicht um Schicht erkundete — aus dem Blütenstaub konnte man auf den Waldbestand und seine Wandlungen seit der Eiszeit folgern, damit auf die Veränderungen des Klimas und der Umwelt des vorgeschichtlichen Menschen. Darüber hinaus werden die Pollen zu Leitfossilien der Kohlenlager und sogar zu Mitteln, die Bewegung der Gletscher zu erkunden. Man verachte nicht die Männer, die Jahrzehnte hindurch um die Entstehung und Klassifizierung der Wald- und Ackerböden stritten — aus ihren zweckfreien Bemühungen ergab sich zum erstenmal die Möglichkeit, einen einheitlichen Maßstab an alle deutschen

*) Seismos = Gott der Erdbeben; Gravimetrie = Schweremessung.

Böden zu legen und das große Werk der Schätzung des Kulturbodens aufzubauen, der Bestandsaufnahme des nährenden Bodens der Heimat.

Die Zahl der Beispiele ließe sich endlos vermehren. Die Forschung von heute, und sei sie noch so abwegig und zwecklos, ist und bleibt die Anwendung von morgen. Dem technischen, dem wirtschaftlichen Fortschritt muß der wissenschaftliche Fortschritt vorausgehen. Nur wer auch zweckfrei forscht, vermag auf die Dauer zweckbewußt zu dienen.

ZUM BESCHLUSS

Wir sind am Ende.

Von den Urzeiten der Erde führte uns unser Weg durch die Jahrmillionen der Erdgeschichte hindurch bis in die Tage, da der Mensch seine Herrschaft über den Planeten antrat, bis in die Tage, da die großen Gesetze der Erdgestaltung zum ersten Male einem Geschöpfe der Natur bewußt wurden.

Wohl kennt der Mensch die Regeln des erdgeschichtlichen Geschehens, wohl vermag er vielen der geologisch tätigen Kräfte ihre Gefahren zu nehmen, indem er sie in Bahnen leitet, die er als „geregelt" ansieht, oder indem er ihnen klug aus dem Wege geht. Er hat gelernt, das Erdgeschehen hier und da sich nutzbar zu machen, hat auch gelernt, den Schätzen der Erde nachzuspüren und sie zu gewinnen, wo die Natur sie ihm zu verheimlichen oder vorzuenthalten schien. Aber er ist machtlos geblieben gegen die verheerenden Gewalten des Erdinnern, nur die Kräfte des äußeren Kreislaufes sind seinem Einfluß zugänglich.

Sie sind seinem Einfluß zugänglich, seit der Mensch Erfahrung auf Erfahrung, Beobachtung auf Beobachtung gehäuft, zu einem wissenschaftlichen Gebäude aufgereiht und aus ihm seine Folgerungen gezogen hat. Er spürt weiter den Gesetzen des Geschehens nach und den Ereignissen der Erdgeschichte. Er erforscht weiter das Verhalten von Meer und Festland, den Wandel des Klimas, das Werden der Gesteine, das Kommen und Gehen der Gebirge, Geburt und Sterben der Vulkane, Aufstieg und Weichen der Tier- und Pflanzengeschlechter im Verlaufe der erdgeschichtlichen Zeitalter. Er müht sich um Dinge, die fernab von jeder unmittelbar praktischen Bedeutung liegen. Je mehr er aber von allen diesen weiß, desto tiefer vermag er in die Geheimnisse der Natur einzudringen, die seine Heimat und Umwelt ist. Desto leichter aber auch vermag er sie zu meistern, sobald die Notwendigkeiten des Lebens es fordern.

Der Mensch sieht sich hineingestellt in ein gesetzmäßiges Geschehen; er blickt hinter sich in einen Abgrund der Zeit, aus dem die Wurzeln seines Daseins, seines So-Seins aufsteigen; er ahnt vor sich einen ebenso unabsehbaren Weg in eine Zukunft, von der er nur weiß, daß auch in ihr die gleichen ewigen Naturgesetze wirken werden, solange die Erde um die Sonne kreist. Er sieht sich eingeordnet einem Kreislauf, der alles auf Erden — auch ihn — umschließt und zwingend weiterführt. Er ahnt sich als Stäubchen im Meere der Zeit, wie die Astronomie ihn erkennen lehrt, daß er auch im endlosen Raum weniger ist als ein Staubkorn im Äther.

Aber er sieht, er ahnt sich selbst im All. Und das ist das Entscheidende. Er ist ein bewußter Teil des Ganzen; er gehorcht nicht dumpf wie das Tier, die Pflanze, der Stein dem Zwange der Umwelt, sondern er erkennt die Gesetze, die sein Leben formen, seine Umwelt bestimmen. Er erkennt die Grenzen, die ihm gesteckt sind, um sich in ihnen frei zu wissen. Er fügt sich dem Gesetz, er paßt sein Tun dem Willen der Natur ein; so steht er der Umwelt selbständig gegenüber, so ist er frei. Frei im Wollen, frei auch im Forschen. In seinen Grenzen frei — — —

Diese Erkenntnis ist der Lohn geologischer Arbeit, wie sie der Lohn ist jeder Naturforschung. Geschenkt wird sie niemandem. Wie die Menschheit sie sich erarbeiten mußte, so muß sie auch der einzelne immer neu sich erwerben.

Deshalb mußten wir, wollen wir uns einführen in geologisches Denken, Arbeiten und Wissen, den Weg dieses Buches gehen: Wir mußten das Denken freimachen für die Gesetze der Erdgeschichte, es freimachen von jeder voreingenommenen Überheblichkeit, es öffnen für die Größe des Unscheinbaren.

Wir mußten arbeiten, um den Weg der Forschung nachempfinden zu können, mußten Mineralien bestimmen, Gesteine deuten, winzige Beobachtungen zu geologischen Karten zusammenfügen und Versteinerungen als Lebewesen erkennen lernen, um zum Ganzen vorstoßen zu können: zum Wissen davon, wie sich Kleinstes zum Größten fügt, wie das Sandkorn im Fluß ein Stück Erdgeschichte ist; zum Wissen vom Kreislauf der Gesteine, vom Abwehrkampf des Erdballes gegen den Zugriff der sonnenbürtigen Außenkräfte, vom Werden des Lebens — zum Wissen vom Wandel des Erdbildes. Wer nicht weiß, was Quarz ist, was eine Muschel, was ein Vulkan, dem wird die Größe des erdgeschichtlichen Werdens immer verschlossen bleiben.

Aus Denken, Arbeiten und Wissen erwächst uns die Erkenntnis von der wirklichen Stellung des Menschen in der Natur.

Es erwächst uns daraus aber auch die Kenntnis von der Entstehung und dem Auftreten der Stoffe, die der Mensch zum Leben und zum Lebenskampf braucht: der Erze, der Kohlen, des Öles, der Baustoffe, des Wassers und des nährenden Bodens. Auch diese Erkenntnis ein Geschenk der Natur an den ewig Suchenden, ein Lohn für geologisches Denken, Arbeiten und Wissen — — —

Laßt uns auch weiterhin vom Häuslichen ausgehen, dann erschließt sich uns die ganze Welt, erschließt sich uns die große Schau vom Sinn des Naturgeschehens —

Wie alles sich zum Ganzen webt,
Eins in dem andern wirkt und lebt!

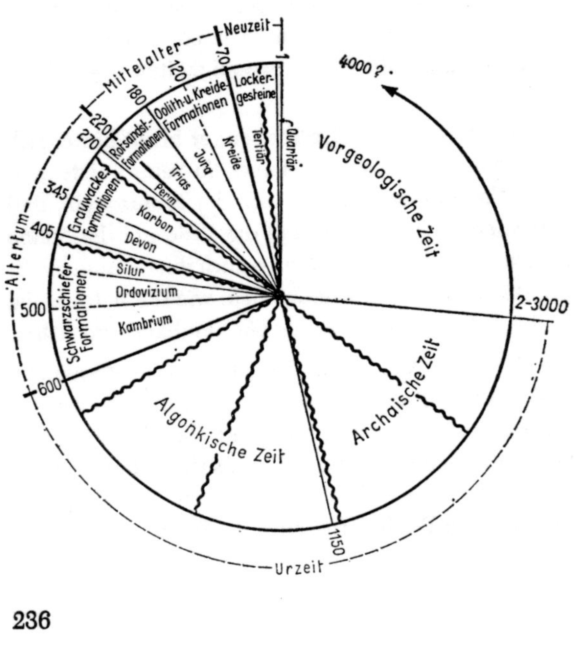

Abb. 179. Die Uhr der Erdgeschichte. Wenn die Zahlen sich auch mit zunehmender Genauigkeit der Untersuchungsmethode ändern, so geben sie doch eine annähernde Vorstellung von der Größenordnung der Zeiträume an. Schlängellinien bedeuten wichtige Gebirgsbildungsphasen.

ANLEITUNG ZUR FERTIGSTELLUNG DER GEOLOGISCHEN KARTE

Die diesem Buche beigegebene geologische Karte von Mitteleuropa im Maßstab 1 : 3,5 Millionen soll vom Leser selbst farbig angelegt werden. Mit etwas Sorgfalt gelingt es, eine farbschöne Karte zu gewinnen, die einen durchaus vollwertigen Ersatz für eine gedruckte geologische Karte gleichen Maßstabes darstellt. Eigene Arbeit zur Fertigstellung aber zwingt zur Vertiefung in den Karteninhalt und damit zum Verständnis geologischer Karten überhaupt.

Man arbeitet am besten mit guten Wasserfarben. Wer mit Wasserfarben nicht umzugehen wagt, benutze gute Farbstifte. Man kann die bereits eingefärbten Flächen laut Gebrauchsanweisung der Stifte nachträglich gleichsam in Wasserfarben verwandeln und erzielt so recht gute Haltbarkeit. Es empfiehlt sich, die fertige angelegte Karte mit durchsichtigem, farblosem Lack, sog. „Landkarten-Lack", zu überziehen (Zerstäuber!). Wer lange Freude an dem Blatt haben will, mag es sich auf Leinwand oder Karton aufziehen, was nach einiger Übung leicht gelingt.

Nun zum *Inhalt der Karte*: Eine Reihe von Farben gibt die Verbreitung der geologischen Systeme in Deutschland an — wohlgemerkt: der Systeme, d. h. eine einzige Farbe umfaßt alle Gesteine, die einem bestimmten Abschnitt der Erdgeschichte entstammen. Farben bedeuten demnach gleich*alte*, nicht gleich*artige* Gesteine! Nur bei den Glutflußgesteinen, die keinem bestimmten System angehören, ist eine Ausnahme gemacht (S. 16 ff.).

Die gewählten Farben entsprechen im allgemeinen den auf geologischen Karten international üblichen Farben; außerdem sind sie nach Möglichkeit um so dunkler gehalten, je ältere Systeme sie bezeichnen. Unterabteilungen eines Systems zeigen die gleiche Farbe in verschiedener Abstufung.

Man halte sich genau an die in folgender Liste vorgeschlagenen Farben; denn sie begegnen uns immer wieder *mit gleicher Bedeutung* auf so gut wie allen deutschen und sehr vielen außerdeutschen Karten!

Die Farbschilder der Erklärung (und die ihnen entsprechenden Flächen der geologischen Karte) erhalten folgende Farben:

27: bleibt weiß
26: gelblich getönt
25: rot
24: bleibt schwarz
23: zartgrün
22: rot
21: leuchtend gelb

20: hellgrün } *)
19: dunkelgrün }
18: hell- } blau *)
17: mittel- }
16: dunkel- }
15: hell- } violett *)
14: mittel- }
13: dunkel- }

12: rotbraun
11: rotbraun
10: hellgrau } *)
9: dunkelgrau }
8: hell- } braun *)
7: mittel- }
6: dunkel- }

5: olivgrün (feldgrau)
4: rosa

3: orangerot hell } *)
2: orangerot dunkel }

1: leuchtend rot

*) Abstufungen innerhalb der gleichen Farbe erhält man durch mehrmaliges Anlegen: hell = 1mal, mittel = 2mal, dunkel = 3mal übermalen. Außer den Farben sind an möglichst vielen Stellen die den Farben zugehörenden „geologischen Symbole", d. h. die Buchstabenabkürzungen der Systeme, einzufügen!

Beim Anlegen beginnt man zweckmäßig mit der Farbe 1 und endet bei 27, d. h., man beginnt mit den ältesten und endet mit den jüngsten Zeugen der Erdgeschichte. So durchlebt man während der Arbeit noch einmal den Ablauf der Erdgeschichte des deutschen Raumes, besonders wenn man zu jeder Farbe die entsprechenden Abschnitte des Kapitels „Erdgeschichte" nachliest. Dann werden die Haupttatsachen der Erdgeschichte unverlierbarer geistiger Besitz.

Sobald die Flächen 1—3 durch ihre leuchtenden Farben das Gerippe der vulkanischen Teile der deutschen Gebirge aufgebaut haben, beginnen wir die eigentliche Erdgeschichte mit den archaischen Blöcken von Gneis und anderen kristallinen Schiefern — den Kernpunkten im Aufbau des mitteleuropäischen Raumes (4). Die grauen und braunen Farben 5—10 legen sich dann gleich den Absätzen der altzeitlichen Meere, die sie darstellen, darüber, um die vorhandenen Gesteinsblöcke herumgefaltet von der am Ende des Erdaltertums stehenden Gebirgsbildung. (Sichtbar von diesen alten Gebirgen sind nur diejenigen Teile, die im Verfolg der Alpengeburt erst in der Erdneuzeit wieder aufstiegen.)

Rotliegendes und Zechstein (11 und 12) legen sich bereits auf den steinkohlenzeitlichen Gebirgsrumpf. Weite Gebiete werden danach vom Violett der Trias, vom Blau des Jura, vom Grün der Kreidezeit überdeckt (13—20). Besonders im Raum des großen Weltmeeres der Erdgeschichte, im Raume der Tethys, häufen sich mächtige Gesteinsmassen aus dem Erdmittelalter. So mächtig werden sie, daß sie in der nun folgenden Tertiärzeit zum Hochgebirge der Alpen aufgestaucht werden. Aber auch anderwärts, ja fast überall hinterlassen die tertiären Meere ihre Absätze, das tertiäre Festland seine Süßwasserschichten und Braunkohlenflöze, zumal in der Voralpensenke und in der norddeutschen Mulde (21). Gewaltig quellen schließlich die nordischen Gletscher von Skandinavien her, die alpinen von Süden her in den deutschen Raum, einen Großteil desselben mit Gletscherschutt und Schmelzwassersand verhüllend (22—26). Die Gegenwart endlich fügt noch Marschen und Moore, Flußauen und Dünen hinzu.

So rundet sich das Kartenbild, rundet sich auch das Bild der erdgeschichtlichen Abläufe zum bunten und doch so sinnvoll zusammengefügten Mosaik des deutschen Bodens. Die Karte aber vermag für den, der sie gelegentlich zur Hand nimmt oder sie an seinem Arbeitsplatz ständig vor Augen hat, zur nie versiegenden Quelle immer neuer Fragen und Anregungen zu werden.

SACHREGISTER

O

P

Q

R

T

U

V

W

Z